人民交通出版社“十二五”
高职高专土建类专业规划教材

钢结构制作与安装

主　编　戚一芳
副主编　苏小梅
主　审　王　伟　尹敏达

人民交通出版社
China Communications Press

内 容 提 要

本书依据现行相关规范对各类结构构件的受力特点和构造要求进行了系统介绍，内容翔实，概念清晰，简明扼要，深入浅出。

全书共11个情境，主要内容包括：钢结构认知，钢结构连接，钢结构构件，钢屋架，轻型钢平台，大型钢结构构件的装配机械，钢结构工程识图，单层、多层和高层钢结构制作，单层、多层和高层钢结构安装，防腐与涂装，钢结构工程施工管理。

本书适合作为广大职业教育建筑工程技术、钢结构工程技术、工程监理等多个专业师生的教学用书，也可作为相关专业工程技术人员的参考资料。

图书在版编目(CIP)数据

钢结构制作与安装/盛一芳主编. —北京：人民交通出版社，2011.8

ISBN 978-7-114-09174-2

Ⅰ.①钢… Ⅱ.①盛… Ⅲ.①钢结构—结构构件—制作②钢结构—建筑安装工程 Ⅳ.①UT391②TU758.11

中国版本图书馆CIP数据核字(2011)第110555号

书　　名：钢结构制作与安装
著 作 者：盛一芳
责任编辑：邵　江　刘彩云
出版发行：人民交通出版社
地　　址：(100011)北京市朝阳区安定门外外馆斜街3号
网　　址：http://www.ccpress.com.cn
销售电话：(010)59757969，59757973
总 经 销：人民交通出版社发行部
经　　销：各地新华书店
印　　刷：北京盈盛恒通印刷有限公司
开　　本：787×1092　1/16
印　　张：16.75
字　　数：392千
版　　次：2011年8月　第1版
印　　次：2012年1月　第2次印刷
书　　号：ISBN 978-7-114-09174-2
定　　价：33.00元

高职高专土建类专业规划教材编审委员会

高职高专土建类专业规划教材出版说明

近年来我国职业教育蓬勃发展，教育教学改革不断深化，国家对职业教育的重视达到前所未有的高度。为了贯彻落实《国务院关于大力发展职业教育的决定》的精神，提高我国土建领域的职业教育水平，培养出适应新时期职业需要的高素质人才，人民交通出版社深入调研，周密组织，在全国高职高专教育土建类专业教学指导委员会的热情鼓励和悉心指导下，发起并组织了全国四十余所院校一大批骨干教师，编写出版本系列教材。

本套教材以《高等职业教育土建类专业教育标准和培养方案》为纲，结合专业建设、课程建设和教育教学改革成果，在广泛调查和研讨的基础上进行规划和展开编写工作，重点突出企业参与和实践能力、职业技能的培养，推进教材立体化开发，鼓励教材创新，教材组委会、编审委员会、编写与审稿人员全力以赴，为打造特色鲜明的优质教材做出了不懈努力，希望以此能够推动高职土建类专业的教材建设。

本系列教材先期推出建筑工程技术、工程监理和工程造价三个土建类专业共计四十余种主辅教材，随后在2～3年内全面推出土建大类中7类方向的全部专业教材，最终出版一套体系完整、特色鲜明的优秀高职高专土建类专业教材。

本系列教材适用于高职高专院校、成人高校及二级职业技术学院、继续教育学院和民办高校的土建类各专业使用，也可作为相关从业人员的培训教材。

人民交通出版社

2011年3月

前言

本书按照《高层民用建筑钢结构技术规程》(JGJ 99—98)、《建筑抗震设计规范》(GB 50011—2010)、《钢结构设计规范》(GB 50017—2003)、《钢结构工程施工质量验收规范》(GB 50205—2001)、《建筑钢结构焊接技术规程》(JGJ 81—2002)、《钢结构工程质量检验评定标准》(GB 50221—95)、《钢结构高强度螺栓连接的设计、施工及验收规程》(JGJ 82—91)及其他相关现行规范编写。力求内容翔实，概念清晰，简明扼要，深入浅出，通俗易懂，注重理论联系实际。通过对各类结构构件的受力特点和构造要求的系统介绍，致力于对学生钢结构工程施工、组织与管理能力的培养。本书实用性强，满足建筑工程技术、工程监理、钢结构工程技术等多个专业使用。为了便于读者掌握重点内容，各章均附有小结、思考题。

本书由湖北城市建设职业技术学院盛一芳副教授、高级工程师担任主编，武汉工业职业技术学院苏小梅副教授担任副主编。具体编写分工：盛一芳编写情景六、九、十一，苏小梅编写情景八，徐俊编写情景七，南学平编写情景一、二、三、四，刘敏编写情景五、十。浙江建设职业技术学院高级工程师王伟和中国建筑金属结构协会钢结构专业委员会主任尹敏达担任主审。

在本书的编写过程中得到了湖北城市建设职业技术学院、武汉工业职业技术学院、浙江建设职业技术学院、中国建筑金属结构协会钢结构专业委员会的各位领导及教师的大力支持，并参考了一些公开出版和发表的文献，谨此一并致谢。

限于编者水平，书中不妥之处在所难免，恳请读者批评指正。

编者

2011 年 6 月

目录

MULU

情景一 钢结构认知

【知识目标】

1. 了解钢结构的特点和应用领域。
2. 了解钢结构的设计原则与规范。
3. 了解化学成分、生产过程、时效温度等因素对钢材的力学性能的影响。
4. 掌握钢材的力学性能、钢种和钢号，了解钢结构常用钢材的型号、规格和表示方法，根据结构类型、使用环境等合理选择钢材。

【能力目标】

具有钢结构材料识别和选择的能力。

【素质目标】

培养学生严谨认真的态度，自觉观察周围建筑实物，接受新鲜事物的能力。

单元一　钢结构的特点

钢结构是用型钢或钢板制成基本构件（梁、板、柱、桁架等），根据使用要求通过焊接、螺栓连接或铆钉连接按照一定的规律形成的承载结构。钢结构在工程建设中应用广泛，如工业厂房中的承重骨架或钢屋盖，道路工程中的钢桥，水工建筑中的钢闸门，加油站的钢顶棚，大跨度公共建筑、超高层和钢结构住宅等。

一 钢结构的特点

与钢筋混凝土结构、砌体结构、木结构相比，钢结构具有以下特点。

1. 重量轻、强度高

虽然钢材的密度比混凝土或其他建筑材料的密度大，但它的承载力比其他材料高很多，所以在承受相同荷载的情况下，钢结构的构件截面更小，自重更轻。例如，在相同的跨度和荷载作用下，普通钢屋架重量只有同等跨度钢筋混凝土屋架的1/4～1/3；如果采用薄壁型钢屋架则更轻，均为1/10。可见，钢结构比钢筋混凝土结构自重更轻，截面更小，能承受更大的荷载，实现更大的跨度。

2. 塑性、韧性好

钢材有良好的塑性和韧性。钢材破坏前会经过很大的塑性变形过程，能吸收和消耗很大的能量。因为钢材塑性好，所以钢结构不会因偶然超载或局部超载而发生突然断裂。钢材韧性好，使钢结构较能适应不同温度情况下的振动荷载和冲击荷载作用。地震区的钢结构比其他材料的工程结构更耐震，钢结构是一般地震中损坏最少的结构。

3. 钢结构计算准确，安全可靠

钢材质地均匀，各向同性，弹性模量大，是比较理想的弹塑性体，符合目前所用的计算方法和基本假定，因此，钢结构计算准确，安全可靠。

4. 钢结构制造简单，施工速度快

钢结构由各种型材和钢板组成，采用机械加工，在专业化的钢结构工厂制造，并由专业施工人员在工程现场安装。钢结构的工地拼装常用螺栓连接和焊接连接，不仅施工快速、方便，而且已建成的钢结构也易于拆卸、加固或改建。钢结构材料是可持续性好的材料，可以重复利用。

5. 钢结构的密封性好

钢材组织非常致密，采用焊接连接可做到完全密封，一些要求气密性和水密性好的耐压容器、大型油库、煤气罐、流体输送管道等结构，最适宜采用钢结构。

6. 钢材不耐高温

钢材随着温度升高而弹性模量降低，导致钢材强度下降。在火灾中，未加防护的钢结构一般只能维持很短的时间，因此其表面需采取防火措施。

7. 钢材耐腐蚀性差

钢材在潮湿的环境中易于锈蚀，处于有腐蚀性介质的环境中更易生锈，钢材锈蚀严重时，会影响结构的使用寿命。钢结构随着使用年限的增长被腐蚀的速度加快，工业大气中碳素钢的腐蚀速度为每年0.1mm，低合金钢的腐蚀速度为每年0.08～0.09mm。因此，钢结构必须进行防腐蚀处理。

虽然钢结构优点甚多、用途广泛，但是钢材价格较贵。在设计中，应合理使用钢材，降低工程造价。

二　钢结构的应用

在土木工程中，钢结构有着广泛的用途，由于使用功能及结构组成方式不同，钢结构的种类也很多。钢结构应用范围大致有以下几方面。

1. 大跨度结构

对于大跨度结构，减轻其横梁自重会有明显的经济效果。轻质高强的钢结构能够充分满足这一要求。同时，钢结构在大跨度建筑中的应用，往往能够更好地体现和提升建筑物的自身形象。建筑物中属于大跨度结构的有体育馆、飞机库、航空港、汽车库、火车站、会议厅、展览馆、影剧院等，这些建筑的屋顶结构或整个建筑的结构经常采用钢结构。例如，上海大剧院的屋盖体系是采用的钢桁架结构，由纵向两榀主桁架和两榀次桁架，横向12榀半月形无斜腹杆屋架组成（见图1-1）；举世瞩目的北京奥运会国家体育场鸟巢气势宏伟，其主体部分由巨大的门式刚架组成，内部组件相互支撑，形成网格状钢结构构架，图1-2是建造中的鸟巢。钢结构常用的结构体系主要有框架结构、拱式结构、网架结构、悬索结构、悬挂结构、预应力钢结构等（见图1-3）。图1-4是建造中的北京理工大学体育馆图片，该体育馆的屋面结构体系采用双道圆弧拱形钢桁架下部悬吊整个屋盖体系。这是一种极稳定的结构体系，可以减少跨度，节约钢材。这种结构形式常用于桥梁，而用于建筑设计是非常少见的。

图 1-1

图1-2 建造中的鸟巢

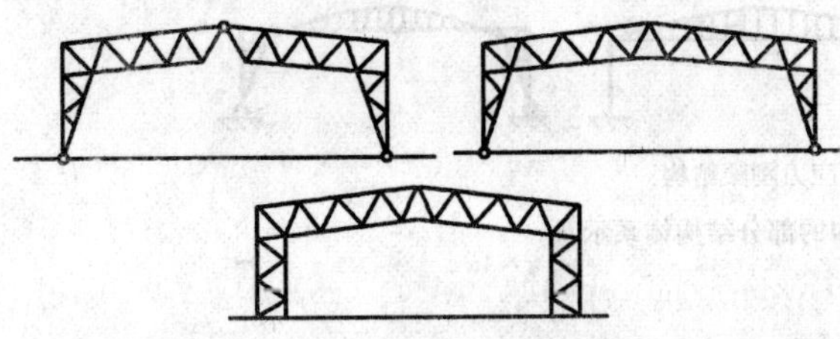

a)三铰、双铰和无铰框架结构

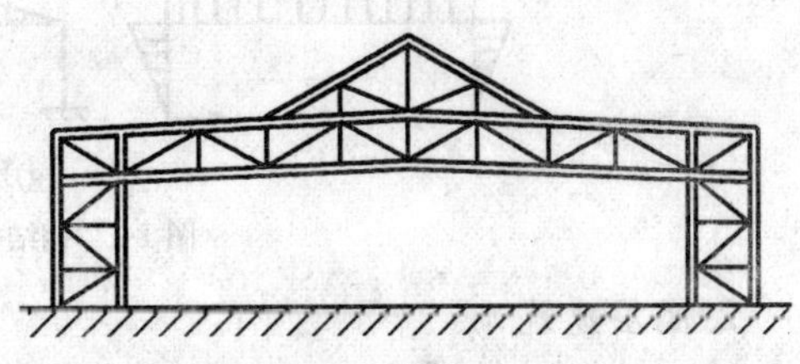

b)格构式框架结构

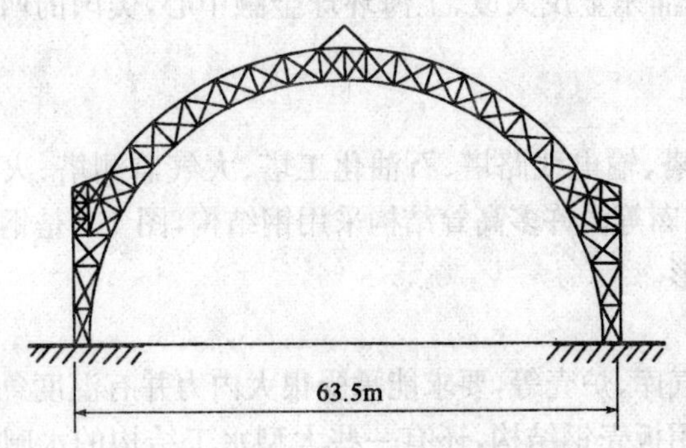

c)拱式结构

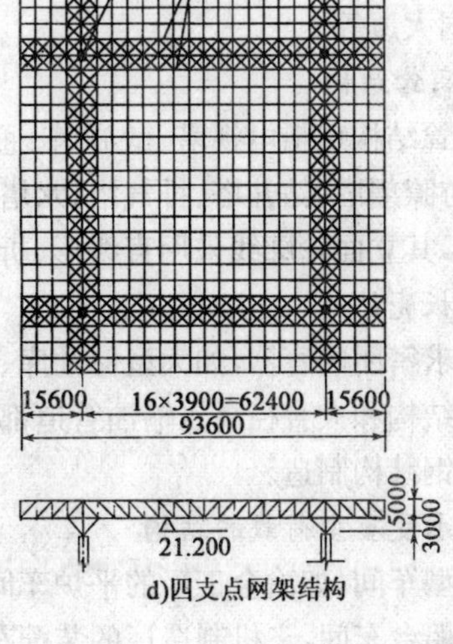

d)四支点网架结构

图 1-3

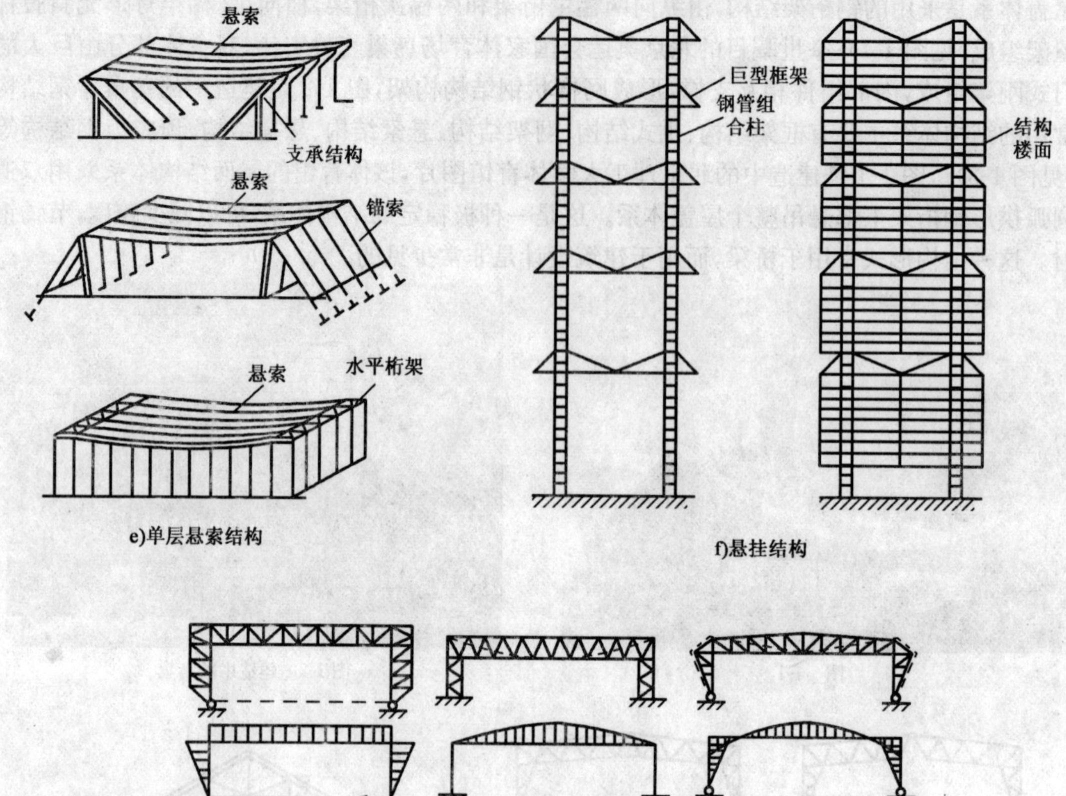

图 1-3 钢结构的部分结构体系示意

2. 高层建筑

由于钢结构的承载力大，在承受相同荷载时，构件截面往往更小，可以使建筑物获得更大的使用空间，世界上很多高层建筑是采用钢结构或钢结构和混凝土组合结构，如北京京伦饭店、上海新锦江宾馆、深圳地王大厦、上海浦东金茂大厦、上海环球金融中心，美国的西尔斯大厦、帝国大厦等。

3 高耸结构

高耸结构包括电视塔、微波塔、通信塔、输电线路塔、石油化工塔、大气监测塔、火箭发射塔、旅游瞭望塔、钻井塔、排气塔、水塔、烟囱等。许多高耸结构采用钢结构，图 1-5 是钢结构塔桅结构，其立面轮廓线采用直线形、折线形。

4. 板壳结构

要求密闭的容器，如大型储油库、煤气库、炉壳等，要求能承受很大内力并有温度急剧变化的高炉结构和大直径高压输油管道都采用板壳钢结构，还有一些大型水工结构的水闸闸门也常采用钢结构制造。

5. 承受重型荷载的结构

重型车间，如冶金工厂的平炉车间、初轧车间、冶炼车间，重机厂的铸钢车间、锻压车间，造船厂的船台车间，飞机制造厂的装配车间，以及其他一些车间的屋架、柱、吊车梁等承重体系和一些结构的支撑，一般都采用钢结构。这在后面的章节中再学习。

图 1-4　建造中的北京理工大学体育馆

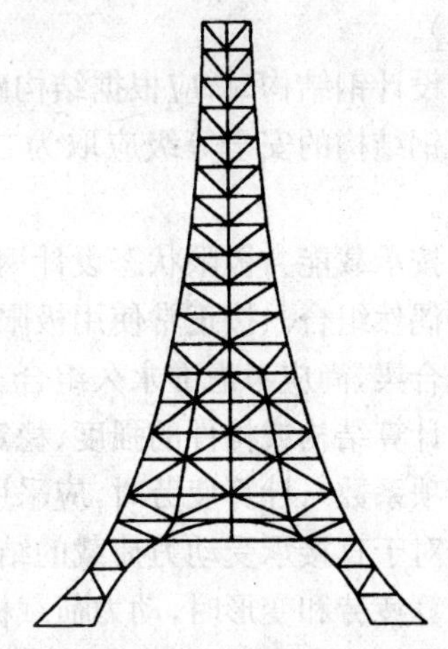

图 1-5　塔桅结构

6. 轻型结构

轻型钢结构是一种以轻型冷弯薄壁型钢、轻型焊接和高频焊接型钢、薄钢板、薄壁钢管、轻型热轧型钢拼接而成的组合构件为主要受力构件，大量采用轻质围护隔离材料的单层或多层建筑。中小型房屋建筑、体育场看台、雨篷、小型仓库等多采用轻型钢结构。图 1-6 是某机场外面采用轻型钢结构的雨篷。

7. 桥梁结构

钢结构桥梁被越来越多的应用，特别是中等跨度和大跨度的斜拉桥和悬索桥应用非常广泛。例如，上海著名的大桥——南浦大桥、杨浦大桥，江苏的江阴长江大桥，近年建成的公铁两用双层九江大桥等，均采用钢结构。

图 1-6　钢结构雨篷

8. 移动结构

由于钢结构强度较高、相对较轻，因此一些经常需要进行拆、装的结构，如装配式房屋、水工闸门、升船机、桥式吊车和各种塔式起重机、龙门起重机、缆索起重机等，都采用钢结构。

近年来，我国钢结构的设计和制造取得了巨大的进步，建造“鸟巢”的钢材是在设计单位、施工单位和国内钢厂通力合作下，经过反复研究、反复试验，完全由我国自主研发的 Q460 高强度钢材，整个工程使用钢材的合格率达到 100%。正因如此，“鸟巢”钢结构在我国建筑用钢史上树立了一个新的里程碑，可以预见我国未来钢结构的应用必将有更广阔的前景。

三　钢结构的设计原则与规范

承重结构应按承载能力极限状态和正常使用极限状态进行设计。承载能力极限状态包括构件和连接的强度破坏、疲劳破坏和因过度变形而不适于继续承载，结构和构件丧失稳定，结构转变为机动体系和结构倾覆。正常使用极限状态包括影响结构、构件和非结构构件正常使用或外观的变形,影响正常使用的振动,影响正常使用或耐久性能的局部损坏(包括混凝土裂缝)。

设计钢结构时,应根据结构破坏可能产生的后果,采用不同的安全等级。一般工业与民用建筑钢结构的安全等级应取为二级,其他特殊建筑钢结构的安全等级应根据具体情况另行确定。

按承载能力极限状态设计钢结构时,应考虑荷载效应的基本组合,必要时尚应考虑荷载效应的偶然组合。按正常使用极限状态设计钢结构时,应考虑荷载效应的标准组合,对钢与混凝土组合梁,尚应考虑准永久组合。

计算结构或构件的强度、稳定性及连接的强度时,应采用荷载设计值(荷载标准值乘以荷载分项系数);计算疲劳时,应采用荷载标准值。

对于直接承受动力荷载的结构,在计算强度和稳定性时,动力荷载设计值应乘动力系数;在计算疲劳和变形时,动力荷载标准值不乘动力系数。

与钢结构有关的现行规范、规程和标准有:

《建筑结构可靠度设计统一标准》(GB 50068—2001);

《建筑抗震设计规范》(GB 50011—2010);

《建筑结构设计术语和符号标准》(GB/T 50083—97);

《建筑结构制图标准》(GB/T 50105—2001);

《建筑结构荷载规范》(GB 50009);

《钢结构设计规范》(GB 50017—2003);

《冷弯薄壁型钢结构技术规范》(GB 50018—2002);

《高层民用建筑钢结构技术规程》(JGJ 99—98);

《门式刚架轻型房屋钢结构技术规程》(CECS 102:2002);

与施工相关的规范、规程有:

《钢结构工程施工质量验收规范》(GB 50205—2001);

《建筑钢结构焊接技术规程》(JGJ 81—2002);

《钢结构高强度螺栓连接的设计、施工及验收规程》(JGJ 82—91);

《网架结构工程质量检验评定标准》(JGJ 78—91);

《钢网架螺栓球节点》(JGJ 75.1—91);

《钢网架焊接球节点》(JGJ 75.2—91)。

另外,还有与上述设计和施工规范、规程配套的钢材、焊条、型钢、钢板、紧固件等标准。这些标准既是制定各种钢结构规范的依据,又是施工现场材料检验的标准。其他还有与建筑抗震、防火、防腐有关的规范,它们分别是建筑抗震设防、防火设计及防腐设计和施工的依据。

按照适用范围,我国的工程建设标准可分为国家标准、行业标准、地方标准和企业标准等若干层面。按执行效力,可分为强制性标准和推荐性标准。上述规范、规程、标准名称后面的括号内容是其代号,GB 和 GBJ 表示国家标准,JGJ 表示建设部制定的行业标准,CECS 表示由工程建设标准化协会制定的工程建设推荐性标准。推荐性标准不具备强制性,可以由用户自愿选用。

单元二　钢结构的材料

一 钢种与钢号

钢结构所用的钢材依据分类标准的不同有不同的种类，每个种类中又有不同的牌号，简称钢种与钢号。

在普通钢结构中采用的钢材主要有两个种类，即碳素结构钢和低合金高强度结构钢。后者因含有锰、钒等合金元素而具有较高的强度。另外，还有一些特殊用途的钢结构钢材。

1. 碳素结构钢[《碳素结构钢》(GB/T 700—2006)]

根据钢材厚度(或直径)≤16mm 时的屈服点数值，碳素结构钢的牌号有 Q195、Q215A 及 B，Q235A、B、C 及 D，Q255A、B 及 Q275。

钢材的牌号由代表屈服点的字母 Q、屈服强度的大小、质量等级符号(A、B、C 或 D)、脱氧方法的符号四个部分按顺序组成。

钢号中质量等级由 A~D，表示质量的由低到高。质量高低主要是以对冲击韧性(夏比试验)的要求区分的，对冷弯试验的要求也有所区别。对 A 级钢，只保证其抗拉强度、屈服点和伸长率，冲击韧性不作要求，对冷弯试验只在需方有要求时才进行；而 B、C、D 各级则都要求保证其抗拉强度、屈服点、伸长率，冷弯性能和冲击韧性(分别对应 20℃、0℃、−20℃时的冲击韧性)。

建筑结构在碳素结构钢这一钢种中主要应用 Q235 这一钢号。不同等级的 Q235 钢的化学元素含量略有区别。对 C 级和 D 级钢要求锰含量较高以改进韧性，同时降低其含碳量的上限以保证可焊性，此外，对硫、磷含量的控制更严格以保证质量。

在浇铸过程中由于脱氧程度的不同钢材有镇静钢、半镇静钢与沸腾钢之分。用汉语拼音字首表示，符号分别为 Z、b、F。此外，还有用铝补充脱氧的特殊镇静钢，用 TZ 表示。按国家标准规定，符号 Z 和 TZ 在表示牌号时予以省略。对 Q235 钢来说，A、B 两级的脱氧方法可以是 Z、b 或 F，C 级只能是 Z，D 级只能是 TZ。这样，其牌号表示法及代表的意义如下：

Q235A-b(F)　　屈服强度为 235MPa，A 级，半镇静钢(沸腾钢)和镇静钢

　　B-b(F)　　屈服强度为 235MPa，B 级，半镇静钢(沸腾钢)和镇静钢

　　C　　屈服强度为 235MPa，C 级，镇静钢

　　D　　屈服强度为 235MPa，D 级，特殊镇静钢

另外，随着对进口产品使用的增多，在使用钢材时，要确认国外的钢材牌号是用屈服强度还是抗拉强度。由以上内容可知，我国使用的是屈服强度，但国外的钢材牌号一般使用的是抗拉强度。

2. 低合金高强度结构钢[《低合金高强度结构钢》(GB/T 1591—2008)]

低合金钢是在普通碳素钢中添加一种或几种少量合金元素，总量低于 5%的钢称低合金钢，高于 5%的称高合金钢。建筑结构只用低合金钢，其屈服点和抗拉强度比相应的碳素钢高，并具有良好的塑性和冲击韧性(特别是低温冲击韧性)，也较耐腐蚀。

根据国家标准《低合金高强度结构钢》(GB/T 1591—2008)的规定，低合金高强度结构钢

分为 Q295、Q345、Q390、Q420 及 Q460 五种。阿拉伯数字表示以 MPa 为单位的屈服强度的大小，其中 Q345、Q390 为钢结构常用的钢种。这种钢的牌号仍有质量等级符号，除与碳素结构钢四个等级 A、B、C、D 相同外，增加一个等级 E，主要是要求－40℃的冲击韧性。低合金高强度结构钢无沸腾钢和半镇静钢，因此牌号中不标注脱氧符号。

3. 专用结构钢

专用结构钢是在碳素结构钢或低合金结构钢的基础上冶炼的，其要求更高，价格也较贵。专用结构钢的钢号用在相应钢号后再加上专业用途代号，如压力容器、桥梁、船舶和锅炉用钢材的专业用途代号分别为 r、q、c 和 g 来表示。

为了克服钢材易于锈蚀这一弱点，在钢材冶炼时加入少量的合金元素如铜(Cu)、铬(Cr)、镍(Ni)、钼(Mo)、铌(Nb)、钛(Ti)、锆(Zr)、钒(V)等，使其在金属基体表面形成保护层，提高钢材的耐腐蚀性能，这种钢材称为耐大气腐蚀钢，简称耐候钢。

我国生产的耐候钢牌号、化学成分及机械性能等标准可参见《焊接结构用耐候钢》(GB/T 4172—2000)、《高耐候结构钢》(GB/T 4171—2000)、《结构用高强度耐候焊接钢管》(YB/T 4112—2002)。高耐候结构钢的牌号有 Q295GNH、Q295GNHL、Q345GNH、Q345GNHL、Q390GNH。

高耐候结构钢其牌号的含义：由代表屈服点的字母 Q、屈服强度的大小、"高"的代号"G"、"耐"的代号"N"、"候"的代号"H"等部分按顺序组成，铬(Cr)、镍(Ni)的高耐候钢在牌号后加代号"L"表示。

焊接结构用的耐候钢具有良好的焊接性能，厚度可达 100mm。牌号有 Q235NH、Q295NH、Q355NH、Q460NH。其牌号的含义：由代表屈服点的字母 Q、屈服强度的大小、"耐"的代号"N"、"候"的代号"H"等部分按顺序组成，另外有质量等级 C、D、E 等级。

结构用高强度耐候焊接钢管多用于脚手架、铁塔、支柱、网架结构等。

对于外露结构且对抗大气腐蚀有特殊要求，或在腐蚀性介质环境下工作的承重结构，宜选用耐候钢。

随着高层建筑、大跨度结构的发展，对于构件的承载力要求越来越高，各种钢结构构件的截面厚度日趋加大。钢板沿厚度方向性能最差，当构件或节点材料沿厚度方向受拉时，较厚的钢板存在沿厚度方向发生层状撕裂破坏的可能性。为了保证结构安全，研究人员专门开发了一种能抗层状撕裂的钢材，这种钢材称之为厚度方向性能钢板，简称 Z 向钢。Z 向钢是一种在母级钢的基础上经过特殊冶炼、处理的钢材，其含硫量控制十分严格，沿厚度方向具有更好的延性。当焊接承重结构为防止钢材的层状撕裂而采用 Z 向钢时，其材质应符合现行国家标准《厚度方向性能钢板》(GB/T 5313—2010)的规定。

《建筑结构用钢板》(GB 19879—2005)的规定，体现了我国建筑结构用钢板的技术发展，该规范与《碳素结构钢》(GB/T 700—2006)、《低合金高强度结构钢》(GB/T 1591—2008)、《厚度方向性能钢板》(GB/T 5313—2010)等基础通用标准相协调一致，同时又考虑到使用部门的要求，特别是结合了建设部的标准《高层民用建筑钢结构技术规程》(JGJ 99—98)，满足了钢结构建筑规范的规定。本标准中的牌号分为屈服点 Q235、Q345、Q390、Q420、Q460 五个强度级别，各强度级别分为 Z 向和非 Z 向钢，Z 向钢有 Z15、Z25、Z35 三个等级，各牌号又按照不同的冲击实验要求分质量等级，均具有良好的焊接性能。例如，Q345GJCZ25，其含义是屈服强度为 345MPa，GJ 代表高层建筑，C 是其质量等级，对应 0℃时的冲击试验温度，Z25 代表的是厚度方向性能要求。

 钢材的规格

建筑钢结构常用钢材，主要品种有中厚板、薄板、镀锌卷板、彩色涂层卷板、中小型钢（工字钢、槽钢、角钢）、热轧 H 型钢、焊管（直缝管和螺旋管）、冷弯型钢（C 形钢、Z 形钢、矩形管、方形管）及无缝钢管、压型板等，目前我国的用钢市场很大，更加速了钢结构的发展。下面介绍常见的品种。

1. 热轧钢板

在图纸中钢板用符号“－”（表示钢板横断面）后加“宽×厚×长”（单位为 mm）的方法表示，如－ 800×12×2100 等。

2. 热轧型钢

1）扁钢

扁钢厚度为 4～60mm，宽度为 30～200mm，长度为 3～9m，可用于梁的翼缘板。

2）角钢

角钢有等边和不等边两种。等边角钢（也叫等肢角钢），以边宽和厚度表示，如∟1 000×10 为肢宽 100mm、厚 10mm 的角钢；不等边角钢（也叫不等肢角钢）则以两边宽度和厚度表示，如∟100×80×8 等。角钢用途很广，可用一对或两对角钢作独立的受力构件如桁架杆件、格构柱等，也可用作构件间的连接件。

3）槽钢

我国槽钢有两种尺寸系列，即热轧普通槽钢与普通低合金钢热轧轻型槽钢。前者用 Q235 号钢轧制，表示方法如［30a，指槽钢外廓高度为 30cm 且腹板厚度为最薄的一种；后者的表示方法如［25Q，表示外廓高度为 25cm，Q 是汉语拼音“轻”的字首。同样号数时，轻型者由于腹板薄及翼缘宽薄，故而截面积小但回转半径大，能节约钢材减少自重，但轻型系列的实际产品较少。

4）普通工字钢、H 型钢、T 型钢

普通工字钢由 Q235 号钢热轧而成。与槽钢相同，普通工字钢也分为上述两种尺寸系列，其外廓高度的厘米数即为型号。对于普通工字钢，当型号大于 20 号时，腹板厚度分 a、b 及 c 三种，轻型工字钢由于壁薄而不再按厚度划分。两种工字钢表示方法，如 I32C、I32Q。

H 型钢亦称“宽翼缘工字钢”，是钢结构建筑中使用的一种重要型钢。H 型钢与普通工字钢相比，其翼缘内外两侧平行，便于与其他构件相连，回转半径大，能单独作为梁柱构件，可使钢结构构件用钢量减少 6%～17%。H 型钢分为宽翼缘 H 型钢（代号 HW，翼缘宽度 B 与截面高度 H 相等）、中翼缘 H 型钢［代号 HM，翼缘宽度 $B=(1/2\sim2/3)H$］、窄翼缘 H 型钢［代号 HN，翼缘 $B=(1/3\sim1/2)H$］。各种 H 型钢可剖分为 T 型钢供应，代号 TW、TM 和 TN，H 型钢和部分 T 型钢的规格标记均采用“高度 H×宽度 B×腹板厚度 t_1×翼缘厚度 t_2”表示，如 HM340mm×250mm×9mm×14mm，其剖分的 T 型钢为 TM170mm×250mm×9mm×14mm，用剖分的 T 型钢作桁架杆件比双角钢组合截面省材料。

5）钢管

圆钢管有无缝和焊接两种，用“ϕ”和“外径(mm)×厚度(mm)”表示，如 ϕ400×6，即外径为 400mm、厚度为 6mm 的圆钢管。方钢管用“□”后面加“长 mm×宽 mm×厚 mm”来表示，如□120×80×4。

部分热轧型钢截面见图 1-7。

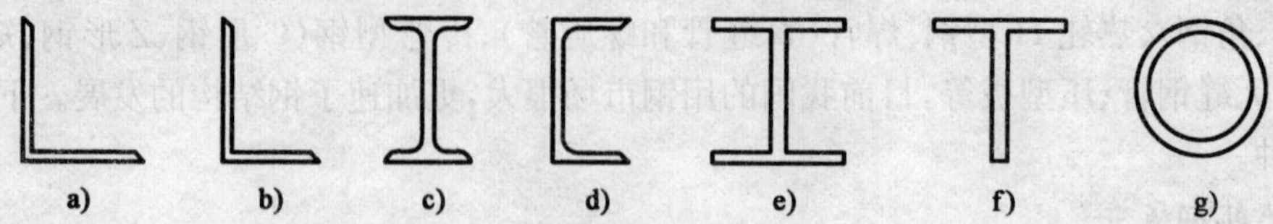

图 1-7 热轧型钢截面

部分热轧型钢的型号及截面几何特性见本书附录。

6)薄壁型钢

薄壁型钢是用 2～6mm 厚的薄钢板经冷弯或模压而成型的。在国外，冷弯型钢所用钢板的厚度有加大范围的趋势，如美国可用到 1in(25.44mm)厚。压型钢板是近年来开始使用的薄壁型钢，所用钢板厚度为 0.4～2mm，用作轻型屋面等构件。压型钢板上绑扎钢筋浇筑混凝土后，可用作建筑结构的叠合楼板。压型钢板既可替代一部分楼板的下层抗拉钢筋，又可替代模板，而且上层混凝土可以提高钢结构的耐火能力。压型钢板与混凝土组成的合成板是一种施工性、经济性俱佳的楼板形式，目前已逐步成为钢结构建筑楼面的主流。薄壁型钢截面见图 1-8。

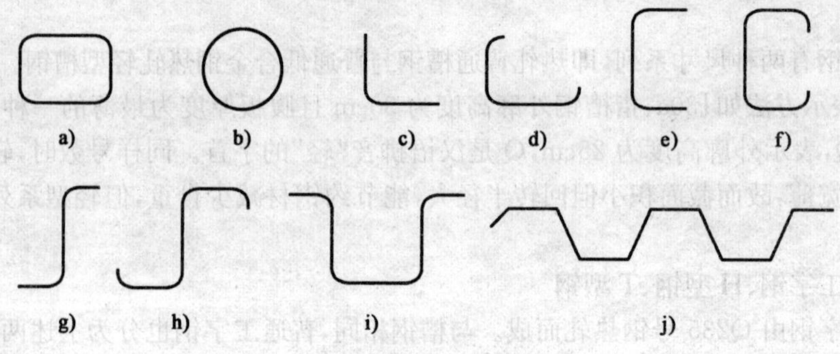

图 1-8 薄壁型钢截面

3. 常见建筑用钢材品种介绍

1)压型钢板

按其用途可以分为屋面压型板、墙面压型板和楼面压型板。按波形分类，可以分为高波板(波高大于 75mm，适用屋面)、中波板(波高 50～70mm，适用楼盖板、屋面和墙面)、低波板(波高小于 50mm，适用墙面和坡度较大的屋面)。常见规格可以参看现行国家标准图集和生产厂家提供的技术资料。

2)常用夹芯板

轻质隔热夹芯板发展很快，广泛用于厂房、仓库、净化车间等工业建筑和部分民用建筑，以及工业民用建筑的加层、组合式活动房中。

岩棉、矿渣棉芯夹芯板是用彩色钢板作面层，以非燃材料岩棉、矿渣棉板为芯材，用双组分聚氨酯为胶黏剂，经连续加热加压复合成型，定尺同步切割制成的夹芯板。它具有可达 600℃的使用温度，用于防火等级要求高的建筑物的轻型板材。岩棉不含石棉、氟利昂的材料。达到同样的隔热效果这种材料厚度要小很多，而且岩棉夹芯板可使用 20 年以上，具有良好的吸音性，可防噪声。

另外，还有聚氨酯夹芯板、聚苯乙烯夹芯板等。前者具有保温隔热性能好、防火性能好等特点，被广泛用于厂房、大型公共建筑等；后者的表面较平整，装饰性好，但防火性能较低，应用受到限制，一般用于冷库、临时建筑和防火要求较低的厂房。

三 钢材的主要性能

1. 塑性破坏与脆性破坏

由于钢材所处的工作环境不同，会出现两种截然不同的破坏形式，即塑性破坏和脆性破坏。钢结构中所用的钢材虽然具有较高的塑性和韧性，但在特定的条件亦可能出现脆性破坏。

建筑用钢材超过屈服点 f_y 即有明显塑性变形产生，达到抗拉强度 f_u 后构件将在很大变形的情况下断裂，这是钢材的塑性破坏，也称为延性破坏。塑性破坏的断口常为环形，并因晶体在剪切之下相互滑移的结果而呈纤维状。塑性破坏前，结构有很明显的变形，将有较长的变形持续时间，可便于发现和补救。与此相反，在没有塑性变形或只有很小塑性变形即发生的破坏，是钢材的脆性破坏。其断口平直并因各晶粒往往在一个面断裂而呈光泽的晶粒状。脆性破坏变形极小并突然发生，无预兆，危险性大。因此，钢结构除选用塑性好的材料外，在设计、制造和使用时，还应采取措施防止钢材发生脆性破坏。

2. 钢材的机械性能

钢材的机械性能是反映钢材在各种受力作用下的特性，它包括强度、塑性和韧性等，须由试验测定。

1)强度

钢材的强度主要是屈服点 f_y 和抗拉强度 f_u 这两项指标。

在静载、常温条件下，对钢材标准试件作单向拉伸试验是机械性能试验中最具有代表性的。它简单易行，可得到反映钢材强度和塑性的几项主要机械性能指标。其他受力（受剪、受压）性能也与受拉相似。

钢材单向拉伸时的应力—应变曲线如图 1-9 所示。钢材的屈服点 f_y 是衡量结构的承载能力和确定强度设计值的指标。虽然钢材在应力达到抗拉强度时才发生断裂，但结构强度设计却以屈服点 f_y 作为确定钢材强度设计值的依据。这是因为钢材的应力在达到屈服点后应变急剧增长，从而使结构的变形迅速增加，以致不能继续使用。

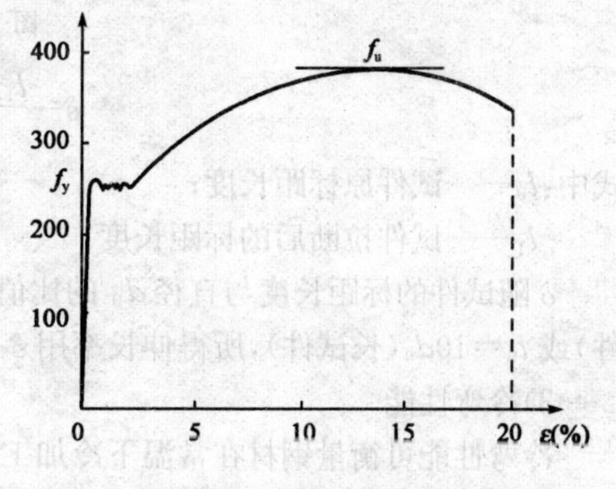

图 1-9 钢材单向拉伸时的应力—应变曲线

抗拉强度 f_u 可直接反映钢材内部组织的优劣，同时还可作为钢材的强度储备，是抵抗塑性破坏的重要指标。

常用钢材的强度设计值见表 1-1。

常用钢材的强度设计值(单位:MPa)　　表 1-1

钢料		抗拉、抗压和抗弯强度 f	抗剪强度 f_v	端面承压(刨平顶紧)强度 f_{ce}
牌号	厚度或直径(mm)			
Q235 钢	≤16	215	125	325
	>16~40	205	120	
	>40~60	200	115	
	>60~100	190	110	
Q345 钢	≤16	310	180	400
	>16~35	295	170	
	>35~50	265	155	
	>50~100	250	145	
Q390 钢	≤16	350	205	415
	>16~35	335	190	
	>35~50	315	180	
	>50~100	295	170	

2)伸长率

塑性是指钢材破坏前产生塑性变形的能力。可由静力拉伸试验得到的伸长率 δ 来衡量。

伸长率 δ 等于标准试件(见图 1-10)拉断后的原标距间的塑性变形(即伸长值)和原标距的比值,以百分数表示,即:

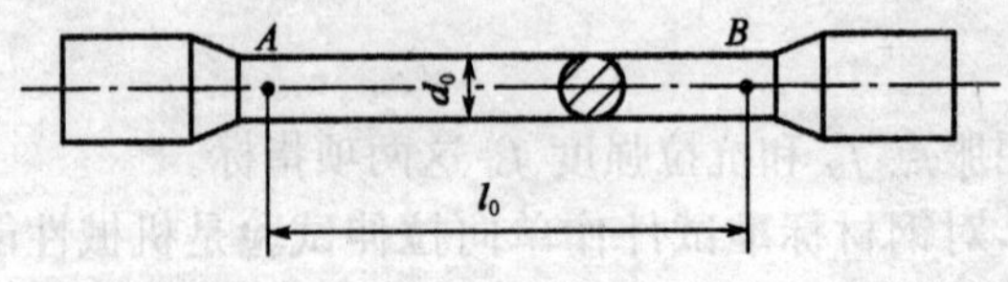

图 1-10　标准试件

$$\delta=\frac{l_1-l_0}{l_0}=\times100\% \tag{1-1}$$

式中:l_0——试件原标距长度;

l_1——试件拉断后的标距长度。

δ 随试件的标距长度与直径 d_0 的比值 l_0/d_0 增大而减小。标准试件一般取 $l_0=5d_0$(短试件)或 $l_0=10d_0$(长试件),所得伸长率用 δ_5 和 δ_{10} 表示。现钢材标准规定采用 δ_5。

3)冷弯性能

冷弯性能可衡量钢材在常温下冷加工弯曲产生塑性变形时对裂缝的抵抗能力。根据试样厚度,按规定的弯心直径将试样弯曲 180°,其表面及侧面无裂纹、裂缝或裂断则为冷弯试验合格(见图 1-11)。

冷弯试验合格,一方面同伸长率符合规定一样,表示材料塑性变形能力符合要求;另一方

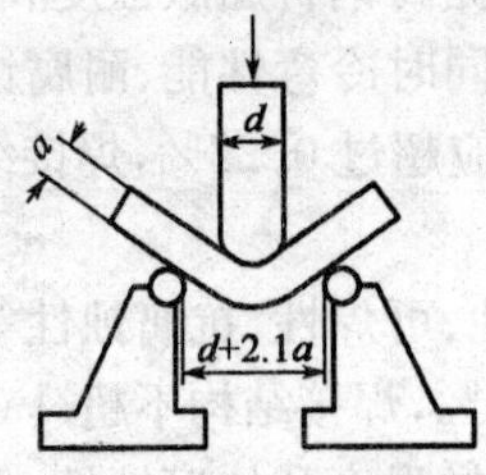

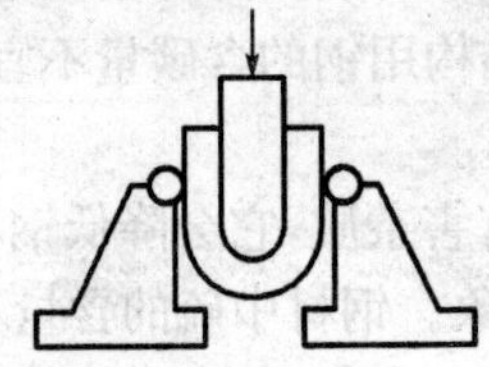

图 1-11 冷弯试验

面表示钢材的冶金质量(颗粒结晶及非金属夹杂分布,甚至在一定程度上包括可焊性)符合要求。因此,冷弯性能是判别钢材塑性变形能力及冶金质量的综合指标。用于焊接承重结构的钢材和重要的非焊接承重结构的钢材都要保证冷弯试验合格。

4)冲击韧性

与抵抗冲击作用有关的钢材性能是韧性。韧性是钢材获得冲击能量后的一种塑性变形能力,吸收较多能量才断裂的钢材,是韧性好的钢材。实际结构在动力荷载下脆性断裂总是发生在钢材内部缺陷处或有缺口处。因此,最有代表性的是用钢材的缺口冲击韧性衡量钢材在冲击荷载下抗脆断的性能,简称冲击韧性或冲击值。

国家标准规定采用国际上通用的夏比试验法测量冲击韧性。该法所用的试件带 V 形缺口,由于缺口比较尖锐(见图 1-12),缺口根部的应力集中现象能很好地描绘实际结构的缺陷。夏比缺口韧性用 A_{kv} 表示,其值为试件折断所需的功,单位为 J。

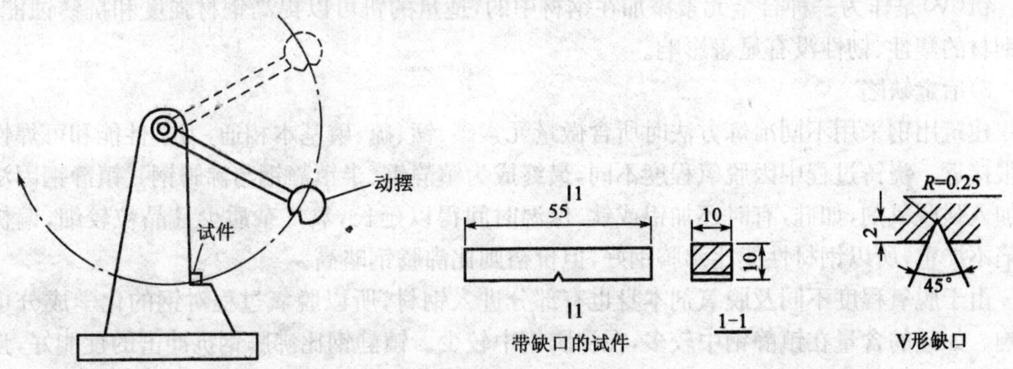

图 1-12 冲击试验(尺寸单位:mm)

3. 影响钢材性能的因素

1)化学成分

钢是含碳量 2%的铁碳合金,含碳量大于 2%时则为铸铁。

钢材的主要组成成分是纯铁(Fe)和碳(C),此外还含有微量的硅(Si)、锰(Mn)等有益元素和硫(S)、磷(P)、氧(O)、氮(N)等有害杂质元素,其中纯铁约占 99%,碳及杂质元素约占 1%。低合金结构钢中,除上述元素外还加入合金元素钒(V)、钛(Ti)、铬(Cr)、硼(B)和铜(Cu)等,总量通常不超过 3%。

钢材中的微量元素碳及其他元素虽然所占比重不大,但对钢材性能却有重要影响。

碳是形成钢材强度的主要成分。增加含碳量可以提高钢材屈服强度和抗拉强度，但却降低钢材的塑性和韧性，特别是降低负温下的冲击韧性，同时冷弯性能、耐腐蚀性能及可焊性都显著下降。因此，结构用钢的含碳量不宜太高，一般不应超过 0.22%，焊接结构中则应限制在 0.20%以下。

硫(S)是一种有害杂质，它会降低钢材的塑性、韧性、可焊性、抗腐蚀性等，同时，硫还会导致钢材发生热脆现象。钢材中硫的含量不得超过 0.05%，焊接结构不超过 0.045%。

磷(P)也是一种有害杂质，虽然磷的存在会提高钢材强度和抗腐蚀性，但却会严重降低钢材的塑性、韧性、可焊性和冷弯性能等，特别是磷会导致钢材发生冷脆现象。钢材中磷的含量一般不允许超过 0.045%。

氧(O)和氮(N)都是钢材中的有害杂质，氧的作用与硫类似，使钢材产生热脆，一般要求其含量低于 0.05%，而氮的作用则类似于磷，它会使钢材产生冷脆。氧和氮在冶炼过程中容易逸出，且钢材在冶炼过程中根据需要会使用脱氧剂以降低氧含量，所以一般氧、氮元素含量不会超标。

锰(Mn)是一种弱脱氧剂，适量的锰能够提高钢材强度，但又不会过多降低塑性和冲击韧性。此外，钢材中的锰能够和硫生成硫化锰，能够消除硫对钢材性能的不利影响，锰还可以改善钢材冷脆性质。但是，如果锰元素含量过高，会导致钢材变脆，降低抗锈蚀能力和可焊性。

硅(Si)是一种强脱氧剂，硅作为合金元素可以提高钢材强度，同时对于塑性、冷弯性能、冲击韧性和可焊性不会产生不良影响。但是，当硅含量过高(超过 1%)时，会降低钢材塑性、韧性、抗锈蚀性和可焊性。

钒(V)是作为一种合金元素添加在钢材中的，适量的钒可以提高钢材强度和抗锈蚀能力，对钢材的塑性、韧性没有显著影响。

2)冶金缺陷

建筑用钢采用不同冶炼方法时所含微量元素碳、锰、硫、磷基本相通，力学性能和可焊性能也很接近。浇铸过程中因脱氧程度不同，最终成为镇静钢、半镇静钢与沸腾钢。镇静钢因浇铸时加入强脱氧剂，如硅，有时还加铝或钛，保温时间得以延长，氧气杂质少且晶粒较细，偏析等缺陷不严重，所以钢材性能比沸腾钢好，但价格则比沸腾钢略高。

由于脱氧程度不同及脱氧剂本身也有部分进入钢材，所以脱氧过程对钢的化学成分也有影响。如硅的含量在镇静钢中较多，在沸腾钢中较少。镇静钢比沸腾钢抗冲击的性能好，强度也略高。

常见的冶金缺陷有偏析、非金属夹杂、气孔及裂纹等。偏析是指金属结晶后化学成分分布不均匀；非金属夹杂是指钢中含有如硫化物等杂质；气泡是指浇铸时所生成的气体不能充分逸出而留在钢锭内形成的。这些缺陷都将影响钢的力学性能。

钢材的轧制能使金属的晶粒变细，也能使气泡、裂纹等焊合，因而改善了钢材的力学性能。薄板因辊轧次数多，其强度比厚板略高。

3)钢材的硬化

钢材在常温下加工叫冷加工。冷拉、冷弯、冲孔、机械剪切等加工使钢材产生很大塑性变形，产生塑性变形后的钢材再重新加荷时将提高屈服点，同时降低塑性和韧性。由于减小了塑性和韧性性能，普通钢结构中不利用硬化现象所提高的强度。重要结构还把钢板因剪切而硬化的边缘部分刨去。

时效硬化是指钢材随时间的增长而变硬转脆的现象。表现为屈服点和极限强度提高，塑性和韧性降低，特别冲击韧性急剧下降。其原因是在高温时熔化于铁中的少量氮和碳，随时间的延长逐渐从铁体中析出，并形成自由的碳化物和氮化物，分布在晶粒的滑动面上，阻碍铁体的滑移。故可知，时效硬化与冶炼工艺有着密切的关系，沸腾钢内含有杂质较多，而且晶粒不均匀，最容易发生时效硬化，镇静钢次之，用铝、钛脱氧的钢时效硬化现象不明显。另外，在重复荷载和温度变化等情况下极易发生时效硬化。图 1-13 为钢材拉伸试验的时效硬化。

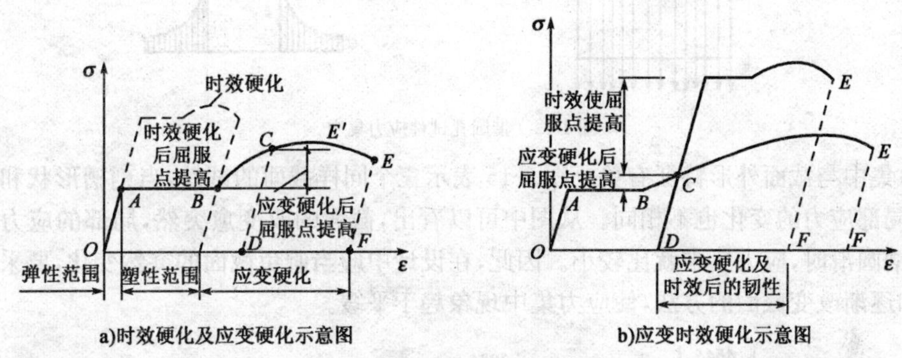

图 1-13　钢材的时效硬化

4)温度影响

随着温度的升高，钢材的机械性能总的趋势为强度降低，变形增大。约在 200℃以内钢材性能没有很大变化；250℃附近有蓝脆现象，抗拉强度 f_u 有局部性提高，屈服强度 f_y 也有回升现象，同时塑性有所降低，材料有转脆倾向；约 260～320℃时有徐变现象，徐变现象指在应力持续不变的情况下钢材变形缓慢增长的现象，结合在 200℃以内钢材性能没有人的变化这一特点，设计时规定结构表面所受辐射温度应不超过这一温度，以 150℃为宜，超过后结构表面即需加设隔热保护层；430～540℃之间则强度(f_y，f_u)急剧下降；600℃时强度很低不能承担荷载。

了解钢材在正常温度范围的性能，可以合理地进行焊缝设计与构造处理，避免焊缝过热产生的不良影响，并对在高温环境下工作的结构进行合理地处置。

当温度从常温开始下降时，钢材的 f_y 与 f_u 都略有增高但塑性变形能力减小，因而材料转脆。当温度下降至一特定值时，冲击韧性急剧下降，材料由塑性破坏转为脆性破坏，这种现象称作低温冷脆现象。在结构设计中要求避免脆性破坏，所以结构在整个使用期间所处最低温度应高于钢材的冷脆转变温度。设计处于低温环境的重要结构，尤其受动载作用的结构时，不但要求保证常温(20℃±5℃)冲击韧性，还要保证负温(−40～−20℃)冲击韧性。

5)应力集中

当截面完整性遭到破坏，如有裂纹(内部的或表面的)、孔洞、刻槽、凹角，以及截面的厚度或宽度突然改变处，构件中的应力分布将变得很不均匀。在缺陷或截面变化处附近，应力线曲折、密集、出现高峰应力的现象称为应力集中。应力的不均匀分布，可通过力线的传递过程清楚地表示出来。如图 1-14 所示，在离孔较远的部分，力线是均匀分布的直线，且平行于构件的轴线；而靠近圆孔的部分，力线的弯曲很大，密集且不均匀，所以靠近孔边的应力最大。

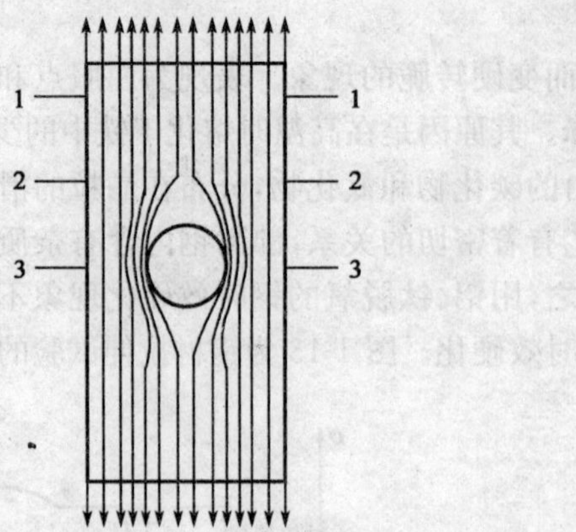

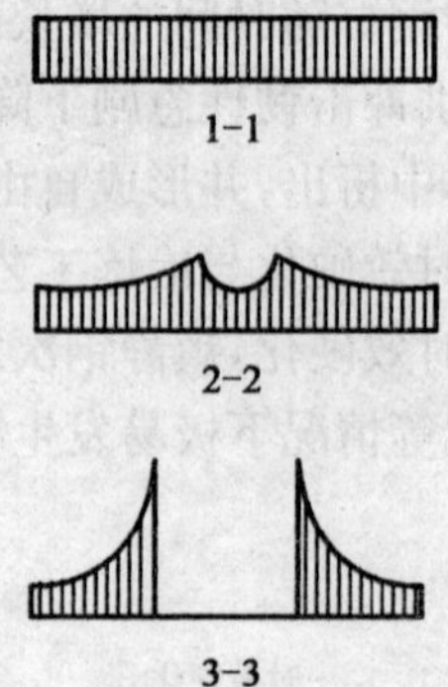

图 1-14　带圆孔试件应力集中

应力集中与截面外形特征有关。图 1-15 表示三个同样截面的试件,当刻槽形状和尺寸不同时,其局部应力的变化也不相同。从图中可以看出,截面的改变愈突然,局部的应力集中愈大;当刻槽圆滑时,应力集中就比较小。因此,在设计中应当避免截面的突然变化,要采用圆滑的形状和逐渐改变截面的方法,使应力集中现象趋于平缓。

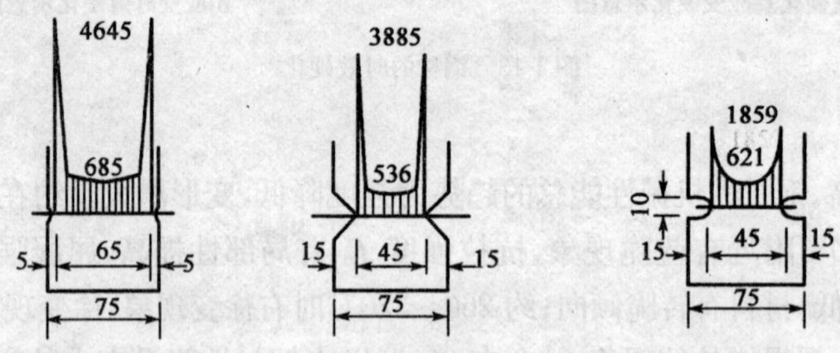

图 1-15　刻槽形状不同时的应力集中

为防止应力集中,构件边缘特别是受弯矩的钢梁,立柱翼板上的切割缺口、咬边、凹陷、缺棱等缺陷应焊补并修磨平整。这不仅是为了观感和外形美观,更重要的是确保钢结构整体强度,防止因应力高度集中而导致钢梁折断。

6)反复荷载作用

在连续反复荷载作用下,钢材往往在应力远小于抗拉强度时发生断裂,这种破坏称为钢材的疲劳破坏。疲劳破坏前,钢材并无明显的变形,它是一种突然发生的脆性破坏。

一般认为,钢材的疲劳破坏是由拉应力引起的,对长期承受动荷载重复作用的钢结构构件(如吊车梁等)及其连接,应进行疲劳计算。不出现拉应力的部位,不必进行疲劳验算。

除此之外,钢材的性能还与加载速度、板厚等因素有关。

四 钢材的选用

1. 用作钢结构的钢材所需具备的性能

(1)较高的强度,即抗拉强度 f_u 和屈服强度 f_y 比较高。屈服强度高可以减小构件的截面,从而减轻自重,节约钢材,降低造价。抗拉强度高,可以增加结构的安全性。

(2)足够的变形能力,即塑性和韧性性能好。塑性好则结构破坏前变形比较明显,从而可减少脆性破坏的危险性,并且塑性变形还能调整局部高峰应力、使之趋于平缓。韧性好表示结构在动力荷载作用下破坏时能吸收比较多的能量,表示钢材有较好的抵抗冲击荷载的能力。

(3)良好的加工性能,即适合冷、热加工,同时具有良好的可焊性,不因各种加工而对强度、塑性及韧性产生较大的不利影响。

此外,根据结构的具体工作条件,在必要时还应该具有适应低温、有害介质侵蚀(包括大气侵蚀)及疲劳荷载作用等性能。现行的钢结构设计规范对防止钢结构脆性破坏、提高寒冷地区结构抗脆断能力等内容,提出了新要求。

在符合上述性能的条件下,同其他建筑材料一样,钢材也应该容易生产,价格便宜。

2.钢材的选用方法

选择钢材的目的是要做到安全可靠,同时用材经济合理。在选择钢材时既要确定所用钢材的钢号,又要满足应有的机械性能和化学成分保证项目。

为保证承重结构的承载能力和防止在一定条件下出现脆性破坏,应根据结构的重要性、荷载特征、结构形式、应力状态、连接方法、钢材厚度和工作环境等因素综合考虑,选用合适的钢材牌号和材性。

1)结构或构件的重要性

结构和构件按其用途、部位和破坏后果的严重性可以分为重要、一般和次要三类,不同类别的结构或构件应选择不同的钢材。承重结构采用的钢材应具有抗拉强度、伸长率、屈服强度和硫、磷含量的合格保证。对焊接结构尚应具有碳含量的合格保证。焊接承重结构及重要的非焊接承重结构采用的钢材还应具有冷弯试验的合格保证。对于需要验算疲劳的焊接结构的钢材,应具有常温冲击韧性的合格保证。

对重型工业建筑结构、大跨度结构、高层或超高层的民用建筑结构或构筑物等重要结构,应考虑选用质量好的钢材;对一般工业与民用建筑结构,可按工作性质分别选用普通质量的钢材。规范对承重钢结构推荐推荐采用 Q235 钢、Q345 钢、Q390 钢和 Q420 钢,其质量要符合《碳素结构钢》(GB/T 700—2006)和《低合金高强度结构钢》(GB/T 159—2008)的规定。

2)荷载性质

结构承受的荷载可分为静力荷载和动力荷载两种。对承受动力荷载的结构应选择塑性、冲击韧性较好的钢材,对于承受静力荷载作用的结构则可以选择质量一般的钢材。一般来说,受拉构件的材料性质要求较受压构件高。

3)连接方法

钢结构的连接有焊接和非焊接之分,焊接结构由于在焊接过程中不可避免的会产生焊接应力、焊接变形和焊接缺陷,因此应选择碳、硫、磷含量较低,塑性、韧性和可焊性都较好的钢材。对于非焊接结构,如采用高强度螺栓连接的结构,这些要求就可以适当放宽。

4)工作条件(温度及腐蚀介质)等因素

结构所处的环境如温度变化、腐蚀作用等对钢材性能的影响很大。在低温下工作的结构,尤其是焊接结构,应选择具有良好抵抗低温脆断性能的镇静钢,结构可能出现的最低温度应高于钢材的冷脆转变温度。当周围有腐蚀性介质时,应对钢材的抗锈蚀性作相应的要求。

5)钢材厚度

厚度大的钢材不仅强度较低，而且塑性、冲击韧性和可焊性也较差，因此，厚度大的焊接结构应采用材质较好的钢材。

小 结

1. 钢结构因具有材料均质、各向同性、结构自重轻、塑性韧性好等优点而大量应用于大跨度结构、高层建筑和高耸结构中。在了解钢结构的应用的同时要了解钢结构设计的各类规范。

2. 钢结构所用的钢材依据分类标准的不同有不同的种类，每个种类中又有不同的牌号，简称钢种与钢号。在普通钢结构中采用的钢材主要有两个种类，即碳素结构钢和低合金高强度结构钢。后者因含有锰、钒等合金元素而具有较高的强度。另外，还有一些特殊用途的钢结构钢材。

3. 建筑钢结构常用钢材，主要品种有中厚板、薄板、镀锌卷板、彩色涂层卷板、中小型钢(工字钢、槽钢、角钢)、热轧 H 型钢、焊管(直缝管和螺旋管)、冷弯型钢(C 形钢、Z 形钢、矩形管、方形管)及无缝钢管、压型板等。要了解常用的扁钢、角钢、槽钢、薄壁型钢、钢管、H 型钢等的规格。

4. 钢结构的性能有强度、塑性、冲击韧性、伸长率、冷弯性能等，钢材的化学成分、冶金缺陷、时效、温度等因素影响其性能。

5. 钢材的选用要依据钢结构的重要性、荷载性质、连接方法、工作环境等因素选择不同的品种的钢材。

思 考 题

1. 钢结构的特点有哪些？钢结构通常应用在哪些方面？
2. Q235 中四个质量等级的钢材在脱氧方法和机械性能上有何不同？
3. 钢材有哪几项主要机械性能指标？各项指标可用来衡量钢材的哪些方面的性能？
4. 随着温度的变化，钢材的力学性能有何变化？
5. 什么情况下会产生应力集中？应力集中对材料性质有何影响？
6. 影响钢材的可焊性的化学元素有哪些？
7. 钢结构所用的各种型钢的符号的含义是什么？
8. 选择钢材应该考虑哪些因素？

情景二 钢结构连接

【知识目标】

1. 掌握常用钢结构连接方法及其应用上的特点。
2. 掌握焊缝连接和螺栓连接的受力特点、构造要求、计算方法及施工工艺。

【能力目标】

1. 具有轴心受力条件下的典型角焊缝连接节点强度的计算能力。
2. 具有轴心受力条件下的典型螺栓群普通螺栓和高强度螺栓连接节点的计算能力。
3. 具备螺栓连接和焊缝连接的施工能力。

【素质目标】

培养学生的质量安全意识、团结合作精神和良好的沟通能力。

单元一 钢结构的连接方法

钢结构是由钢板、型钢通过必要的连接组成构件(如梁、柱、桁架等),再通过一定的安装连接而形成整体结构。因此,钢结构的连接方式直接影响钢结构的工作性能。钢结构的连接必须符合安全可靠、传力明确、构造简单、节约钢材和施工方便的原则。

钢结构的连接方法可分为焊接连接、铆钉连接和螺栓连接三种(见图 2-1)。

1. 焊接连接

焊接连接是目前钢结构最主要的连接方法,焊接连接与螺栓连接、铆钉连接比较有下列优点:

(1)不需要在钢材上打孔钻眼,既省工,又不减损钢材截面,使材料可以充分利用;

(2)任何形状的构件都可以直接相连,不需要辅助零件,构造简单;

(3)焊接连接的密封性好,结构刚度大。

但是焊接连接也存在下列问题:

(1)由于施焊时的高温作用,形成焊缝附近的热影响区,使钢材的金属组织和机械性能发生变化,材质变脆;

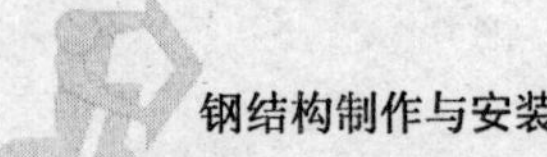

(2)焊接的残余应力使焊接结构发生脆性破坏的可能性增大,残余变形使其尺寸和形状发生变化,矫正费工;

(3)焊接结构对整体性不利的一面是,局部裂缝一经发生便容易扩展到整体,焊接结构低温冷脆问题比较突出。

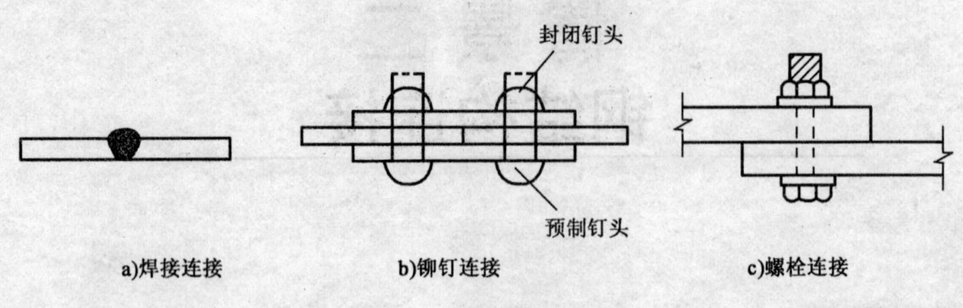

图 2-1　钢结构的连接方式

2. 铆钉连接

铆钉连接的塑性和韧性好,传力可靠,质量易于检查,在一些重型和直接承受动力荷载的结构中采用。但铆接构造复杂,用钢量多。

3. 螺栓连接

螺栓连接分为普通螺栓连接和高强度螺栓连接两种,见后面的具体介绍。

单元二　焊 接 连 接

一　焊接连接的形式、代号

1. 连接形式

焊接连接形式按被连接构件间的相对位置分为对接(又称平接)、搭接、T 形连接(又称顶接)和角接四种,见图 2-2。

焊缝的形式是指焊缝本身的截面形式,主要有对接焊缝和角焊缝,见图 2-3。

焊缝按施焊位置分为俯焊(平焊)、立焊、横焊、仰焊几种,见图 2-4。焊接符号表示如下:F 指平焊,V 指立焊,H 指横焊,O 指仰焊。

2. 焊缝代号

建筑钢结构焊缝符号的表示应按国家标准《建筑结构制图标准》(GB/T 50105—2001)和《焊缝符号表示法》(GB/T 324—2008)的规定执行。焊缝符号主要由基本符号、辅助符号和引出线组成,必要时还可以加上补充符号和焊缝尺寸符号。

1)基本符号

基本符号是表示焊缝横截面形状的符号,见表 2-1。手工电弧焊和埋弧焊焊接接头的基本形式和尺寸见本书后的附录附表。

2)辅助符号

辅助符号是表示焊缝表面形状特征的符号,见表 2-1。

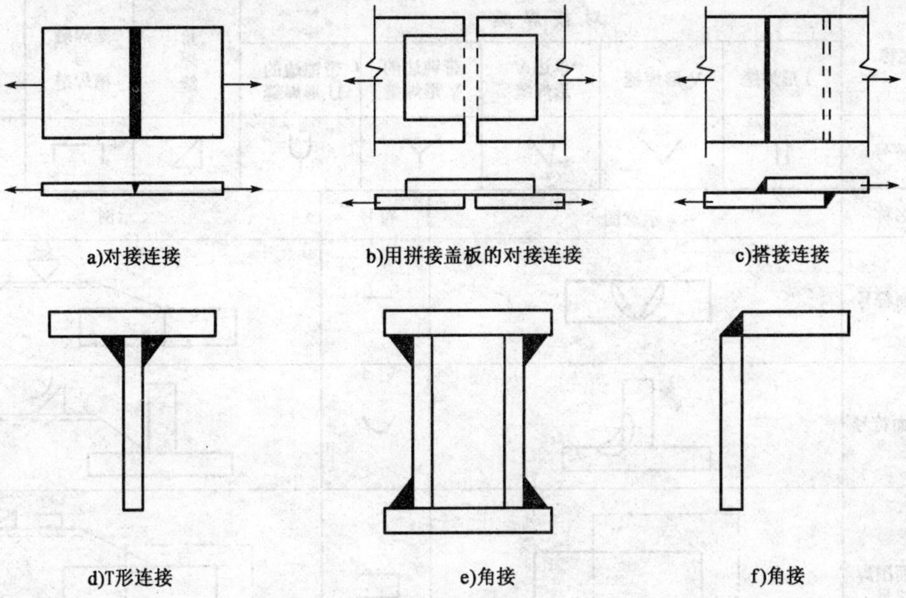

a)对接连接　b)用拼接盖板的对接连接　c)搭接连接

d)T形连接　e)角接　f)角接

图 2-2　焊接连接的形式

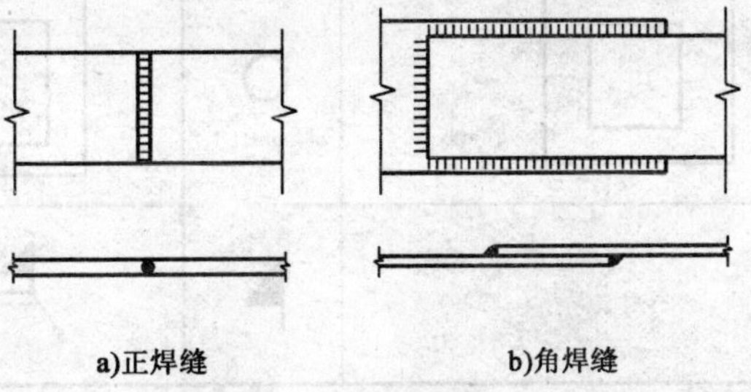

a)正焊缝　b)角焊缝

图 2-3　焊缝的形式

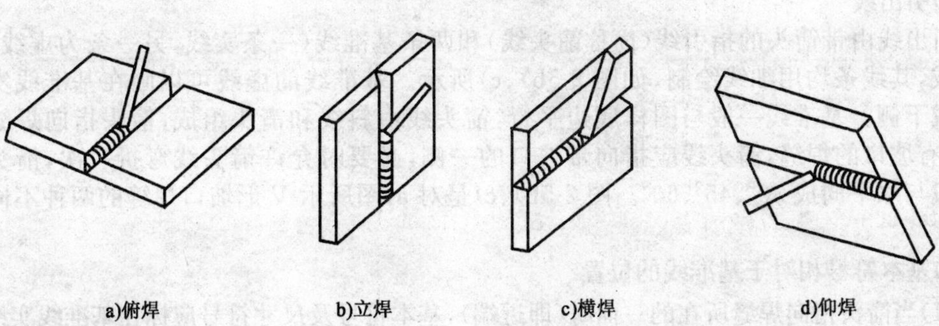

a)俯焊　b)立焊　c)横焊　d)仰焊

图 2-4　焊缝施焊位置

3)补充符号

补充符号是为了补充说明焊缝的某些特征而采用的符号,见表 2-1。

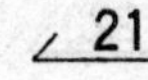

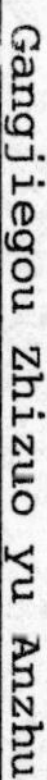

焊缝符号中的基本符号、辅助符号、补充符号摘录　　表 2-1

基本符号	名称	对接焊缝					角焊缝	塞焊缝与槽焊缝	点焊缝
		I 形焊缝	V 形焊缝	单边 V 形焊缝	带钝边的 V 形焊缝	带钝边的 U 形焊缝			
	符号								

	名称	示意图	符号	示例
辅助符号	平面符号			
	凹面符号			
补充符号	三面围焊符号			
	周边焊缝符号			
	工地现场焊缝符号			或

4)引出线

引出线由带箭头的指引线(简称箭头线)和两条基准线(一条实线,另一条为虚线)两部分组成,其线条均用细线绘制,如图 2-5b)、c)所示。基准线的虚线可以画在基准线实线的上侧或下侧。基准线一般与图样底边平行,箭头线由斜线和箭头组成,箭头指向焊缝的位置,对有坡口的焊缝,箭头线应指向带坡口的一侧,必要时允许箭头线弯折一次,箭头指引线一般与水平向成 30°、45°、60°。图 2-5b)、c)是对 a)图所示 V 形坡口焊缝的两种不同的表示法。

5)基本符号相对于基准线的位置

(1)当箭头指向焊缝所在的一面时(即近端),基本符号及尺寸符号应标在基准线实线侧。

(2)当箭头指向焊缝所在的另一面时(相对的一面,即远端),应将基本符号及尺寸符号等标在基准线虚线侧。

(3)若为双面对称焊缝,基准线可不加虚线。箭头线相对焊缝的位置一般无特殊要求,对有坡口的焊缝,箭头线应指向带坡口的一侧。

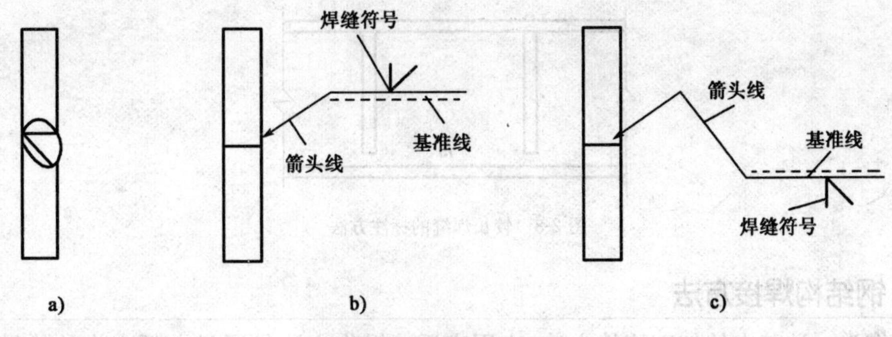

图 2-5　焊缝引出线的画法

6)常用焊缝的表示方法

相同焊缝符号的表示方法如图 2-6 所示。

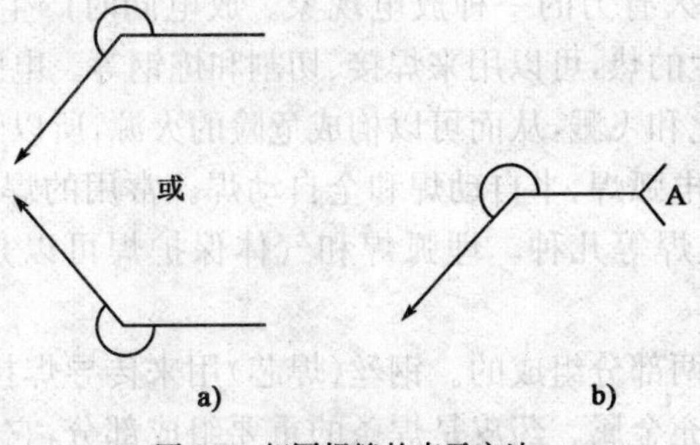

图 2-6　相同焊缝的表示方法

(1)同一图形上，当焊缝形式、断面尺寸和辅助要求均相同时，可只选择一处标注焊缝的符号和尺寸，并加注“相同焊缝符号”，相同焊缝符号为 3/4 圆弧，画在引出线的转折的外突一侧，如图 2-6a)所示。

(2)在同一图形上，当有数种相同的焊缝时，可将焊缝分类编号标注。在同一类焊缝中选择一处标注焊缝符号和尺寸，分类编号采用大写的英文字母 A、B、C、…，如图 2-6b)所示。

(3)熔透角焊缝的符号应按图 2-7a)方式标注，其符号为涂黑的圆圈，绘在引出线的转折处。局部焊缝应按图 2-7b)方式标注。

(4)图样中较长的角焊缝(如焊接实腹钢梁的翼缘焊缝)，可不用引出线标注，而直接在角焊缝旁标注焊缝高度值，如图 2-8 所示。

(5)当焊缝分布不规则时，在标注焊缝代号同时，宜在焊缝处加中实线(表示可见焊缝)或加栅线(表示不可见焊缝)，表示方法见《建筑结构制图标准》(GB/T 50105—2001)。

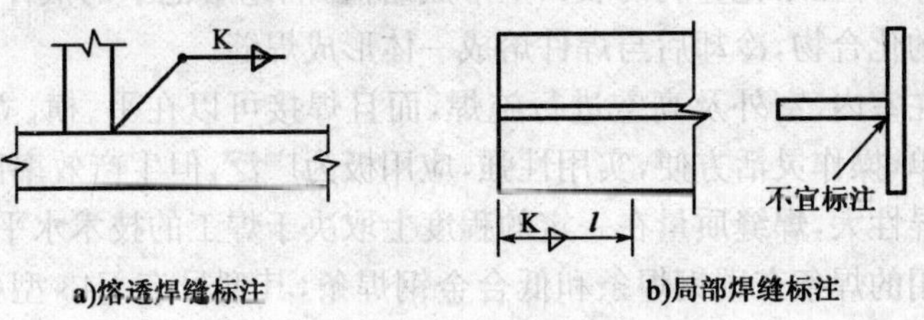

图 2-7　熔透焊缝和局部焊缝标注方法

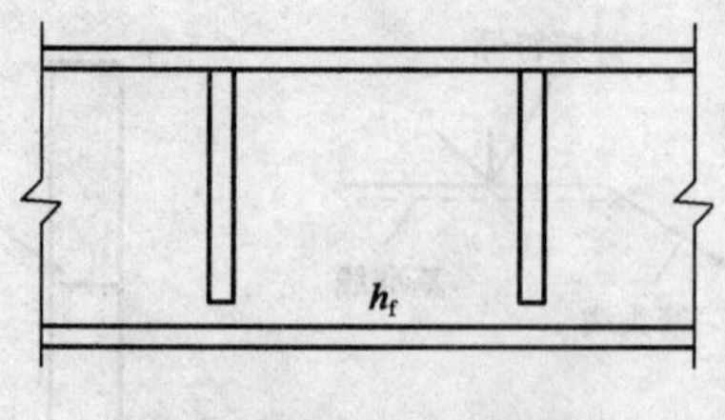

图 2-8　较长焊缝的标注方法

二　钢结构焊接方法

焊接作为一种基本的加工连接方法，应用广泛。操作方法是通过电弧产生的热量使焊条和焊件局部熔化，然后经冷却形成焊缝，从而使焊件连接成为一体。钢结构构件制造要通过焊接连接，同时钢结构构件安装的定位焊也是焊缝的一种。

电弧是两电极间的持久有力的一种放电现象。放电同时产生高热（温度可达 6000℃左右）和强烈弧光。电弧产生的热，可以用来焊接、切割和炼钢等。电弧的温度很高，它可以引起可燃物质燃烧，使金属熔化和飞溅，从而可以构成危险的火源，所以焊接要注意安全。

焊接方法有焊条手工电弧焊、半自动焊和全自动焊。常用的焊接方法包括焊条手工电弧焊、CO_2 气体保护焊、埋弧焊等几种。埋弧焊和气体保护焊可以是半自动焊也可以是全自动焊。

焊条是由药皮和钢丝两部分组成的。钢丝（焊芯）用来传导焊接电流和产生电弧，本身熔化后形成焊缝中的主要填充金属。药皮是焊条的重要组成部分，它由一定数量和不同用途的矿石、铁合金、化工原料（有的焊条还含有机物）混合而成。

我国目前生产的焊条，按化学成分可分为酸性焊条和碱性焊条两大类。酸性焊条药皮中主要含有二氧化钛、氧化铁、二氧化硅等酸性氧化物，焊条药皮的氧化性较强。焊接过程中，它对铁锈、油脂和水的敏感性不大，抗气孔能力强。而碱性药皮焊条中主要含有碳酸钙、氟化钙、碳酸镁及二氧化锰等碱性氧化物，并含有较多的铁合金作为脱氧剂和渗合金剂，使焊条具有足够的脱氧能力，焊缝中含氢量低（与酸性焊条相比），抗裂性能强，所以碱性焊条多用于重要构件的焊接。

1. 手工电弧焊

图 2-9 是手工电弧焊的原理示意图。它是由焊条、焊钳、焊件、电焊机和导线等组成电路。通电后，在涂有焊药的焊条端和焊件间的间隙中产生电弧，由电弧提供热源，使焊条熔化，滴入被电弧吹成的焊件熔池中，并与焊件熔化部分结成焊缝，包在焊条外面的焊药同时燃烧，在熔池周围形成保护气体，并在熔化金属的表面上形成熔渣，隔绝熔池中的液体金属和空气接触，避免形成脆性易裂的化合物，冷却后与焊件熔成一体形成焊缝。

手工电弧焊可在室内、室外及高空进行施焊，而且焊接可以在平、横、立、仰等位置进行。手工电弧焊设备简单，操作灵活方便，实用性强，应用极为广泛，但生产效率比自动或半自动焊低，质量较差，且变异性大，焊缝质量在一定的程度上取决于焊工的技术水平。

手工电弧焊常用的焊条有碳钢焊条和低合金钢焊条，其型号有 E43 型（E4300～E4328）、E50 型（E5000～E5048）和 E55 型（E5500～E5518）等。其中，E 表示焊条，前两位数字表示焊条熔敷金属抗拉强度的最小值（单位为 kgf/mm^2，具体数字×10 换算成 MPa），第三、四位数

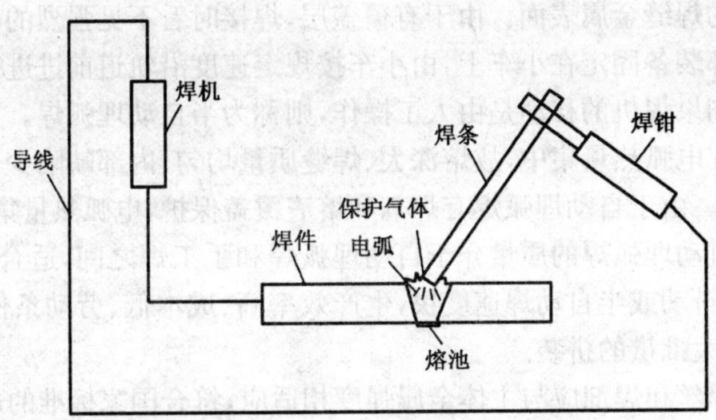

图 2-9　手工电弧焊原理

字表示适用焊接位置、焊接电流种类及药皮类型等。手工焊采用的焊条应符合国家标准的规定。

在选用焊条时，应与主体金属相匹配。一般情况下，对 Q235 钢采用 E43 型焊条，对 Q345 钢采用 E50 型焊条，对 Q390 和 Q420 钢采用 E55 型焊条。当不同强度的两种钢材进行连接时，宜采用与低强度钢材相适应的焊条。

手工电弧焊操作者接触电的机会比较多，在更换焊条时，手要与电极接触，电器装置有了毛病，防护用品有缺陷及违反操作规程等，都有可能发生触电事故。焊条及焊件在焊接电弧高温下，将会发生物质蒸发、凝结和气化，并产生大量烟尘，同时还会产生臭氧、氮氧化物等有毒气体，在通风条件差的情况下长期工作，易使人中毒。弧光中的紫外线和红外线，会引起眼睛和皮肤疾病。

2. 埋弧焊

自动或半自动埋弧焊的原理如图 2-10 所示。其特点是焊丝成卷装置在焊丝转盘上，焊丝外表裸露不涂焊剂(焊药)。焊剂成散状颗粒装置在焊剂漏斗中。通电引弧后，当电弧下的焊丝和附近焊件金属熔化时，焊剂也不断从漏斗流下，将熔融的焊缝金属覆盖，其中部分焊剂将

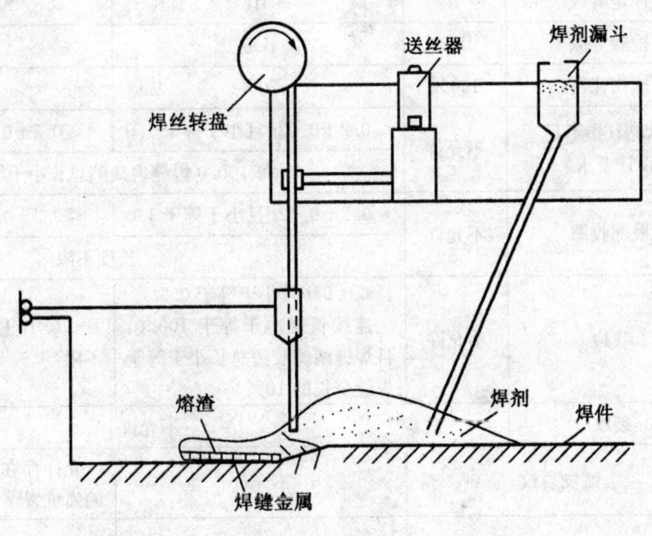

图 2-10　自动焊焊接原理

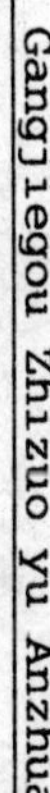

熔成焊渣浮在熔融的焊缝金属表面。由于有覆盖层，焊接时看不见强烈的电弧光，故称为埋弧焊。当埋弧焊的全部装备固定在小车上，由小车按规定速度沿轨道前进进行焊接时，这种方法称为自动埋弧焊。如果焊机的移动是由人工操作，则称为半自动埋弧焊。

由于自动埋弧焊电弧热量集中，故熔深大、焊缝质量均匀、内部缺陷少、塑性和冲击韧性都好，质量比手工焊好。由于自动埋弧焊有焊剂和熔渣覆盖保护，电弧热量集中，熔深大，可以焊接较厚的钢板。半自动埋弧焊的质量介于自动埋弧焊和手工焊之间，适合于焊接曲线或任意形状的焊缝。另外，自动或半自动焊速度快，生产效率高、成本低、劳动条件好，适用于焊接较长的直线焊缝，适合大批量的拼装。

埋弧焊采用的焊丝和焊剂应与主体金属强度相适应，符合国家标准的规定和工艺要的求。

3. CO_2 气体保护焊

CO_2 气体保护焊是用喷枪喷出 CO_2 气体作为电弧的保护介质，使熔化金属与外界空气隔绝，以保持焊接过程稳定。由于焊接时没有焊剂产生的熔渣，便于观察焊缝的成型过程，但操作时须在室内避风处，在工地则须搭设防风棚。

CO_2 气体保护焊手工操作比手工电弧焊的焊接速度快，热量集中，熔池深度大，焊缝强度高，塑性好。CO_2 气体保护焊采用的焊丝为高锰型焊丝，具有较强的抗锈能力，焊缝不容易产生气孔。

关于手工电弧焊和埋弧焊焊接接头的基本形式与尺寸表见附录。

三 焊缝缺陷及焊缝质量等级

由于焊缝中存在不同程度的缺陷，为了判断焊缝中缺陷严重的程度，在规范中区分不同的质量等级，见表 2-2。

焊缝质量等级及缺陷分级 表 2-2

<table>
<tr><th colspan="2">焊缝质量等级</th><th>一级</th><th>二 级</th><th>三 级</th></tr>
<tr><td rowspan="3">内部缺陷
超声波探伤</td><td>评定等级</td><td>II</td><td>III</td><td>—</td></tr>
<tr><td>检验等级</td><td>B级</td><td>B级</td><td>—</td></tr>
<tr><td>探伤比例</td><td>100%</td><td>20%</td><td>—</td></tr>
<tr><td rowspan="8">外观缺陷</td><td rowspan="2">未焊满(指不足设计要求)</td><td rowspan="2">不允许</td><td>≤0.2+0.02t 且小于等于 1.0</td><td>≤0.2+0.04t 且小于等于 2.0</td></tr>
<tr><td colspan="2">每 100.0 焊缝内缺陷总长小于等于 25.0</td></tr>
<tr><td rowspan="2">根部收缩</td><td rowspan="2">不允许</td><td>≤0.2+0.02t 且小于等于 1.0</td><td>≤0.2+0.04t 且小于等于 2.0</td></tr>
<tr><td colspan="2">长度不限</td></tr>
<tr><td>咬边</td><td>不允许</td><td>≤0.05t 且小于等于 0.5t
连续长度小于等于 100.0，且焊缝两侧咬边总长小于等于焊缝全长的 10%</td><td>≤0.1t 且小于等于 1.0，长度不限</td></tr>
<tr><td>裂纹</td><td colspan="3">不允许</td></tr>
<tr><td colspan="2">弧坑裂纹</td><td>不允许</td><td>允许存在个别长小于等于 5.0 的弧坑裂纹</td></tr>
<tr><td colspan="2">电弧擦伤</td><td>不允许</td><td>允许存在个别电弧擦伤</td></tr>
</table>

续上表

焊缝质量等级		一级	二级	三级
外观缺陷	飞溅	清除干净		
	接头不良	不允许	缺口深度小于等于 0.05t 且小于等于 0.5	缺口深度小于等于 0.1t 且小于等于 1.0
			每米焊缝不得超过 1 级	
	焊缝	不允许		
	表面夹渣	不允许		深不大于 0.2t 长不大于 0.5t 且小于等于 20
	表面气孔	不允许		每 50.0 长度焊缝内允许直径小于等于 0.4t 且小于等于 3.0 气孔 2 个；孔距大于等于 6 倍孔径
	角焊缝厚度不足（按设计焊缝厚度计）	—		≤0.3＋0.05t 且小于等于 2.0；每 100.0 焊缝长度内缺陷总长小于等于 25.0
	角焊缝焊脚不对称	—		差值不大于 2＋0.2h

注：1. 超声波探伤用于全熔透焊缝，其探伤比例按每条焊缝长度的百分数计，且不小于 200mm，不要求熔透的焊缝（角焊缝或组合焊缝）不能进行超声波探伤。

2. 除注明角焊缝缺陷外，其余均为对接、角接焊缝通用。

3. 咬边如经磨削修整并不平滑过渡，则只按焊缝最小允许厚度值评定。

4. 表内 t 为连接处较薄的板厚。

焊缝连接的缺陷是指在焊接过程中，产生于焊缝金属或附近热影响区钢材表面或内部的缺陷。最常见的缺陷有裂纹、焊瘤、烧穿、弧坑、气孔、夹渣、咬边、未熔合、未焊透（规定部分不焊透者除外）及焊缝外形尺寸不符合要求、焊缝成型不良等（见图 2-11～图 2-14），它们将直接影响焊缝质量和连接强度，使焊缝受力面积削弱，且在缺陷处引起应力集中，导致产生裂纹，并使裂纹扩展引起断裂。

气孔（图 2-11）是由空气侵入或受潮的药皮熔化时产生气体而形形成的，也可能是金属上的油锈、垢物等引起的。

裂纹（图 2-12）是焊缝连接中很危险的缺陷。产生裂纹的原因很多，如钢材的化学成分不当，未按照规定的施工工艺焊接等。

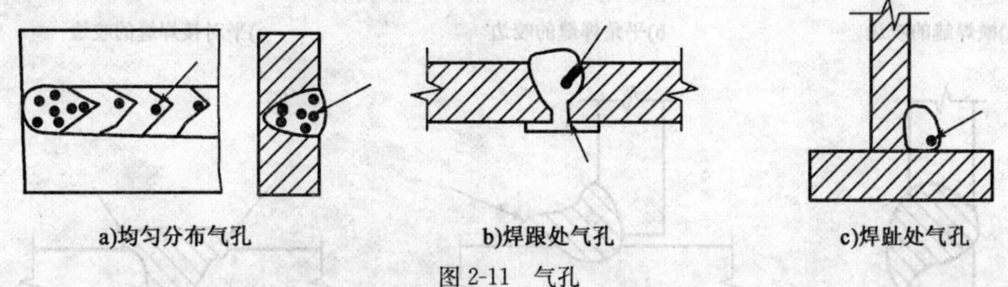

a)均匀分布气孔　b)焊跟处气孔　c)焊趾处气孔

图 2-11　气孔

焊缝的质量检验，按《钢结构工程施工质量验收规范》（GB 50205—2001）规定分为三级，一般一级焊缝是适用于动载受拉等强的对接缝；二级是适用于静载受拉、受压的等强焊缝，都是结构的关键连接。其中，三级焊缝只要求对全部焊缝作外观检查；二级焊缝除要对全部焊缝作外观检查外，还须对部分焊缝作超声波等无损探伤检查；一级焊缝要求对全部焊缝作外观检查及无损探伤检查，这些检查都应符合各自的检验质量标准。

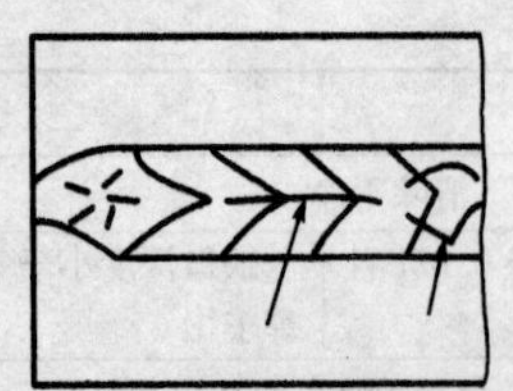
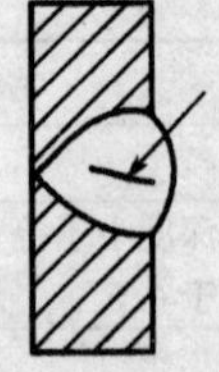

a)热裂纹分布示意图

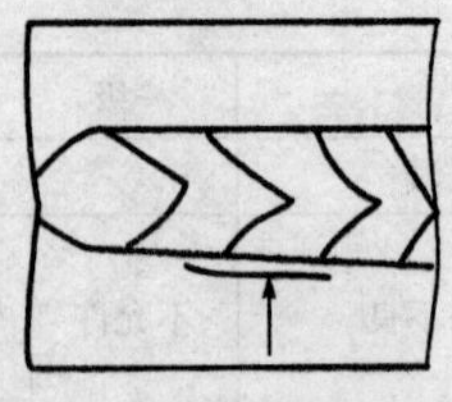

b)冷裂纹分布示意图

图 2-12　焊缝裂纹

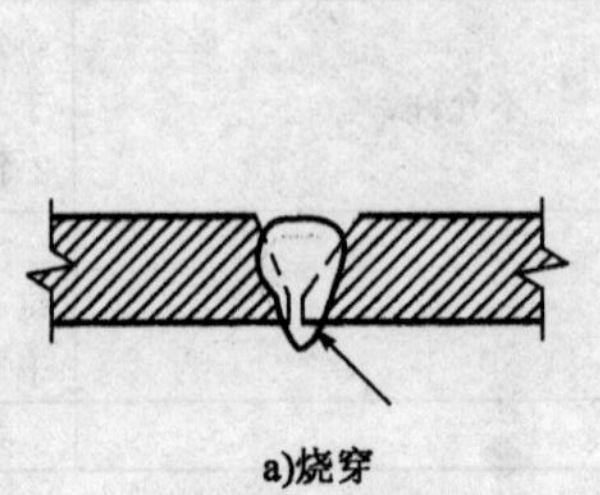

a)烧穿

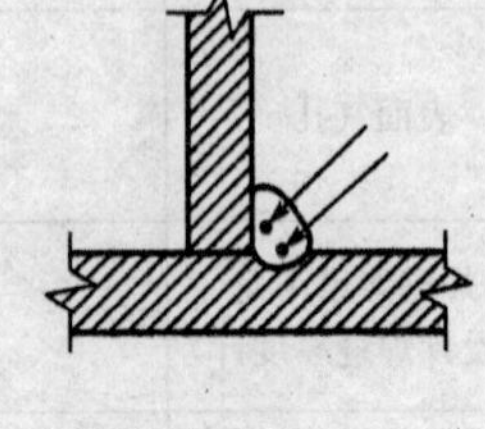

b)夹渣

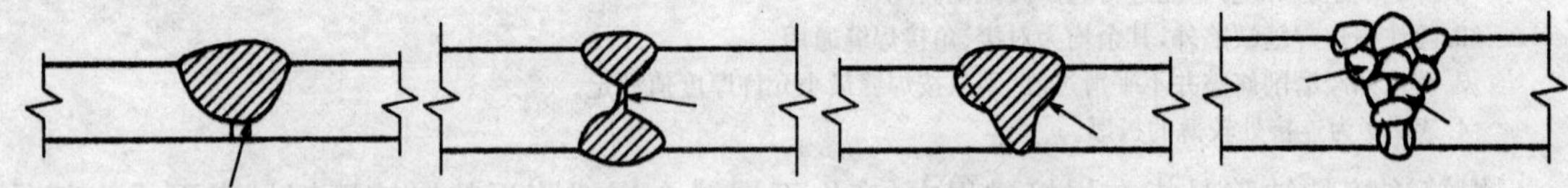

c)跟部未焊透　　d)边缘未熔合　　e)焊缝层间未熔合

图 2-13　烧穿、夹渣、未焊透、未熔合

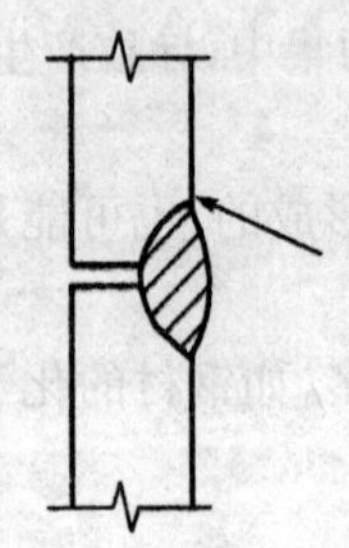

a)横焊缝的咬边

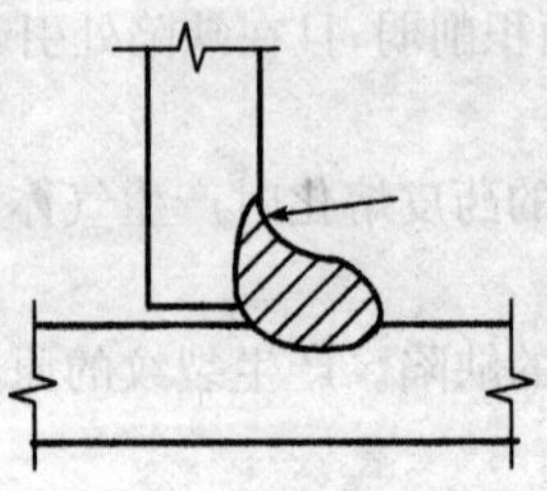

b)平角焊缝的咬边

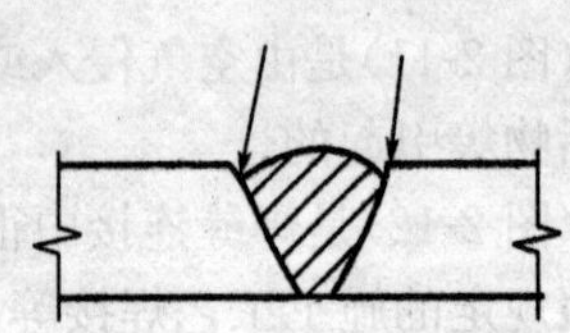

c)平对接焊缝的咬边

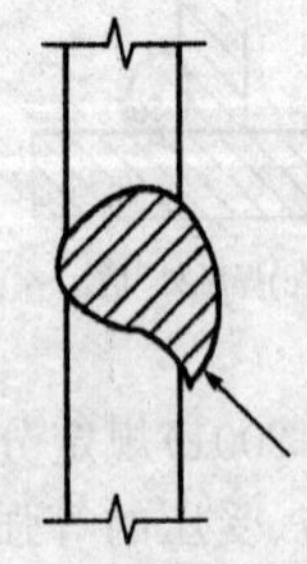

d)横焊缝的焊瘤

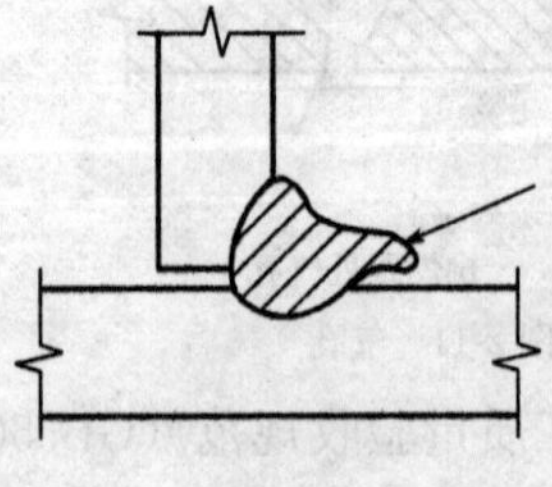

e)平角焊缝的焊瘤

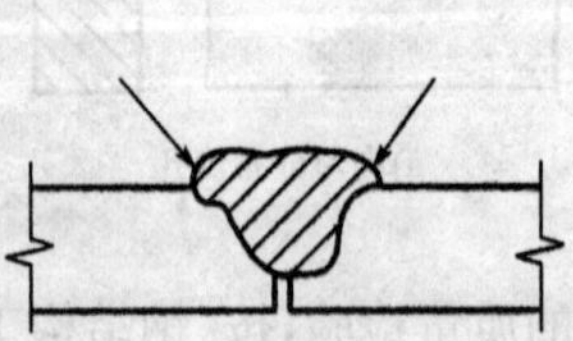

f)平对接焊缝的焊瘤

图 2-14　咬边、焊瘤

四 对接焊缝的构造与计算

1. 对接焊缝的构造要求

对接焊缝的焊件常需做成坡口，故又叫坡口焊缝。坡口形式与焊件厚度有关。当焊件厚度很小（$t\leqslant 6$mm）时，可用直边缝；对于一般厚度（$t=6\sim 20$mm）的焊件可采用具有斜坡口的单边或双边 V 形焊缝，斜坡口和离缝共同组成一个焊条能够运转的施焊空间，使焊缝易于焊透，钝边有托住金属的作用，对于较厚的焊件（$t>20$mm），则采用 U 形、K 形和 X 形坡口。对于 V 形缝和 U 形缝需对焊缝根部进行补焊。对接焊缝的坡口形式如图 2-15 所示。

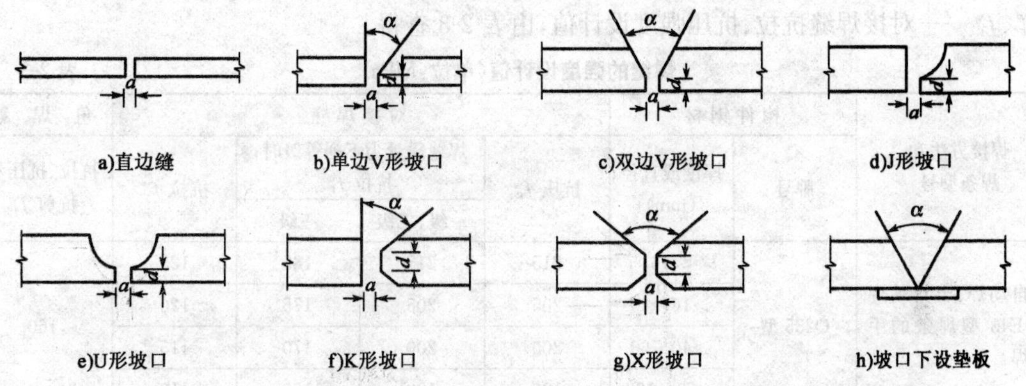

图 2-15　对接焊缝的坡口形式

在对接焊缝的拼接处，当焊件的宽度不同或厚度相差 4mm 以上时，应分别在宽度方向或厚度方向从板的一侧或两侧作成坡度不大于 1∶2.5（对直接承受动力荷载的结构为不大于 1∶4）的斜坡（见图 2-16），形成平缓过渡。

对接焊缝的起弧和落弧点，常因不能熔透而出现缺陷，该处易产生裂纹和应力集中。为消除焊口缺陷，焊接时可将焊缝的起点和终点延伸至引弧板上（见图 2-17），焊后用气割将引弧板切除，并修磨平整，不得用锤击落。

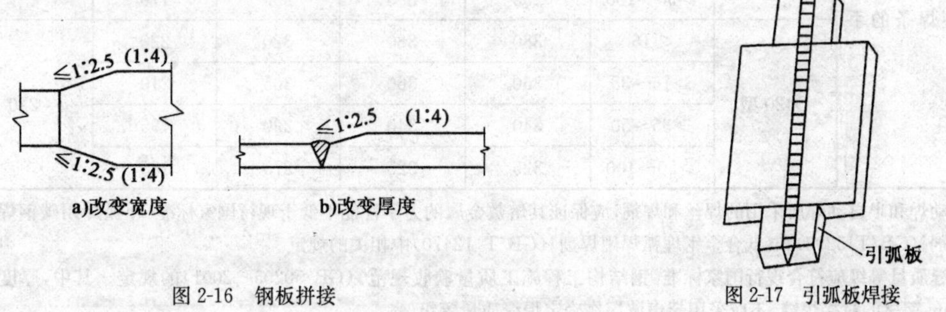

图 2-16　钢板拼接

图 2-17　引弧板焊接

2. 对接焊缝的计算

对接焊缝的应力分布情况，基本上与焊件原来的情况相同，可用计算焊件的方法进行计算。对于重要的构件，按一、二级标准检验焊缝质量，焊缝和构件强度相等，不必另行计算。由于三级焊缝允许存在的缺陷较多，故其抗拉强度为母材强度的 85%。

对接焊缝的轴线与轴心力 N 垂直时，对接焊缝受拉(压)力作用，在轴心力作用下，对接焊缝内的应力可看作是均匀分布的，故焊透的对接焊缝不破坏的设计强度应按下式计算(见图 2-18a)：

$$\sigma=N/l_{\rm w}t\leqslant f_{\rm t}^{\rm w}\ 或\ f_{\rm c}^{\rm w} \tag{2-1}$$

式中：N——轴心拉力或压力的设计值；

$l_{\rm w}$——焊缝计算长度，当采用引弧板施焊时，取焊缝实际长度，当不采用引弧板时，每条焊缝取实际长度减去 $2t$(引弧、灭弧端每端各 t)；

t——在对接焊缝为连接件的较小厚度(mm)，在 T 形连接中为腹板厚度；

$f_{\rm t}^{\rm w}$、$f_{\rm c}^{\rm w}$——对接焊缝抗拉、抗压强度设计值，由表 2-3 查得。

焊缝的强度设计值(单位：MPa)　　表 2-3

焊接方法和焊条型号	构件钢材		对接焊缝				角焊缝
	牌号	厚度或直径(mm)	抗压 $f_{\rm c}^{\rm w}$	焊缝质量为下列等级时，抗拉 $f_{\rm t}^{\rm w}$		抗拉 $f_{\rm v}^{\rm w}$	抗拉、抗压和抗剪 $f_{\rm f}^{\rm w}$
				一级、二级	三级		
自动焊、半自动焊和 E43 型焊条的手工焊	Q235 型	≤16	215	215	185	125	160
		>16～40	205	205	175	120	
		>40～60	200	200	170	115	
		>60～100	190	190	160	110	
自动焊、半自动焊和 E50 型焊条的手工焊	QG45 钢	≤16	310	310	265	180	200
		>16～35	295	295	250	170	
		>35～50	265	265	225	155	
		>50～100	250	250	210	145	
自动焊、半自动焊和 E55 型焊条的手工焊	Q390 型	≤16	350	350	300	205	220
		>16～35	335	335	285	190	
		>35～50	315	315	270	180	
		>50～100	295	295	250	170	
	Q420 型	≤16	380	380	320	220	220
		>16～35	360	360	305	210	
		>35～50	340	340	290	195	
		>50～100	325	325	275	185	

注：1. 自动焊和半自动焊所采用的焊丝和焊剂，应保证其熔敷金属的力学性能不低于现行国家标准《埋弧焊用碳钢焊丝和焊剂》(GB/T 5293)和《低合金钢埋弧焊用焊剂》(GB/T 12470)中相关的规定。

2. 焊缝质量等级应符合现行国家标准《钢结构工程施工质量验收规范》(GB 50205—2001)的规定。其中，厚度小于 8mm 钢材的对接焊缝，不应采用超声波探伤确定焊缝质量等级。

3. 对接焊缝在受压区的抗弯强度设计值取 $f_{\rm c}^{\rm w}$，在受拉区的抗弯强度设计值取 $f_{\rm t}^{\rm w}$。

4. 表中厚度系指计算点的钢材厚度，对轴心受拉和轴心受压构件系指截面中较厚板件的厚度。

5. 强度设计值的折减系数：

现行《钢结构设计规范》(GB 50017—2003)3.4.2 条(也就是强制性文件)中增加了一项："对于单面施焊的对接焊缝，当不用垫板时，由于不易焊满，其强度设计值应乘以折减系数 0.85，其余均未改动。

当直缝连接的强度低于焊件的强度时，为了提高连接的承载能力，可改用斜缝(图 2-18b)，但用斜缝时焊件较费材料。规范规定，当斜缝和作用力间夹角 θ 满足 $\tan\theta \leqslant 1.5$ ($\theta \leqslant 56°$)时，可不计算焊缝强度。

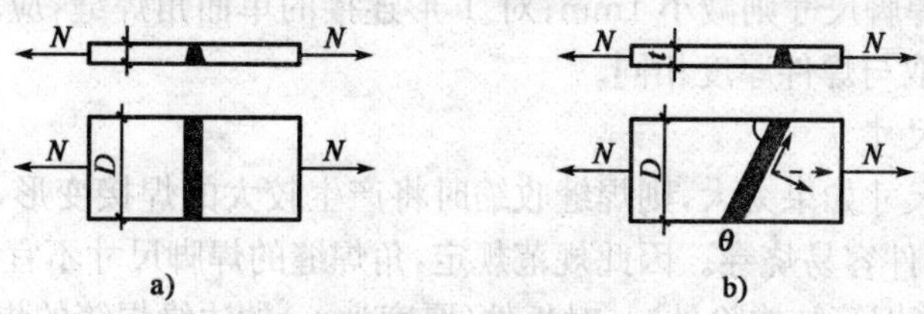

图 2-18 对接焊缝受轴心力

五 角焊缝的构造与设计

1. 角焊缝的构造

角焊缝是最常见的焊缝。角焊缝按其与作用力的关系可分为其长度垂直于力作用方向的正面角焊缝和其长度平行于力作用方向的侧面角焊缝，按其截面形式可分为直角角焊缝和斜角角焊缝。角焊缝截面的两焊脚边的夹角 α 一般为 90°称直角角焊缝，夹角 α 大于 120°或小于 60°的称斜角角焊缝(见图 2-19)，除钢管结构外，斜角角焊缝不宜用作受力焊缝。

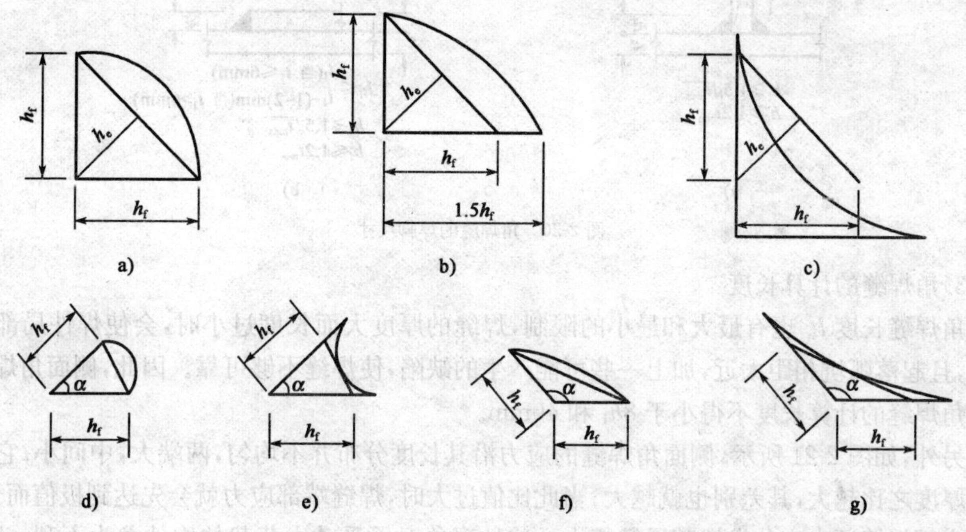

图 2-19 角焊缝的截面形式

直角角焊缝通常做成表面微凸的等腰三角形截面，在直接承受动力荷载的结构中，为了减缓应力集中，角焊缝表面应做成直线形或凹形(见图 2-19)。各种角焊缝的焊脚尺寸 h_f 如图 2-19 所示。不等边角焊缝以较小焊脚尺寸为 h_f。对正面角焊缝焊缝直角边的比例宜为 1∶1.5(见图 2-19b)(长边顺内力方向)，侧面角焊缝可为 1∶1(见图 2-19a)。本书我们只学习截面是等腰直角三角形的角焊缝。

1)最小焊脚尺寸

角焊缝的直角边边长称为角焊缝的焊脚尺寸。板件厚度较大而焊缝焊脚尺寸过小，会使焊接过程中焊缝冷却过快，产生淬硬组织，从而引起焊缝附近主体金属产生裂缝。因此规范规定：角焊缝的焊脚尺寸 h_f 不得小于 $1.5\sqrt{t_{max}}$，t_{max} 为较厚焊件厚度（单位：mm），如图 2-20a）所示；对自动焊，最小焊脚尺寸则减小 1mm；对 T 形连接的单面角焊缝，应增加 1mm；当焊件厚度小于 4mm 时，则取与焊件厚度相同。

2）最大的焊脚尺寸

角焊缝的焊脚尺寸如果太大，则焊缝收缩时将产生较大的焊接变形，且热影响区扩大，容易产生脆裂，较薄焊件容易烧穿。因此规范规定：角焊缝的焊脚尺寸不宜大于较薄焊件厚度的 1.2 倍（见图 2-20a）（钢管结构除外）。对板件（厚度为 t_1）的边缘焊缝的焊脚尺寸 h_f，还应符合下列要求：

当 $t_1 \leqslant 6$mm 时，$h_f \leqslant t_1$（见图 2-20b）；

当 $t_1 > 6$mm 时，$h_f \leqslant t_1-(1\sim2)$mm（见图 2-20b）。

当两焊件厚度相差悬殊，用等焊脚尺寸无法满足最大、最小焊脚尺寸要求时，可用不等焊脚尺寸。

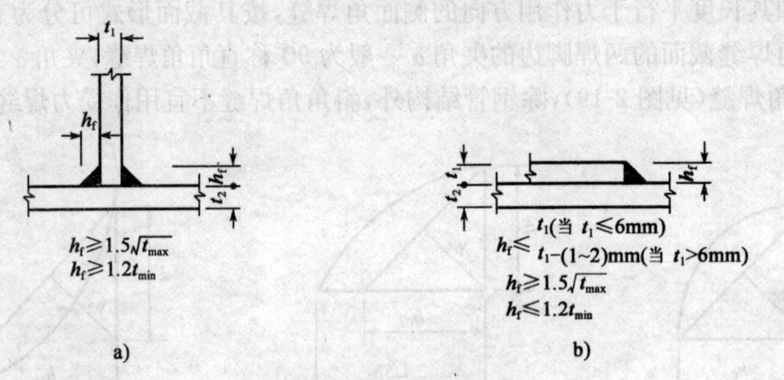

图 2-20 角焊缝的焊脚尺寸

3）角焊缝的计算长度

角焊缝长度 l_w 也有最大和最小的限制，焊缝的厚度大而长度过小时，会使焊件局部加热严重，且起落弧坑相距太近，加上一些可能产生的缺陷，使焊缝不够可靠。因此，侧面角焊缝或正面角焊缝的计算长度不得小于 $8h_f$ 和 40mm。

另外，如图 2-21 所示，侧面角焊缝的应力沿其长度分布并不均匀，两端大，中间小；它的长度与厚度之比越大，其差别也就越大；当此比值过大时，焊缝端部应力就会先达到极值而开裂，此时中部焊缝还未充分发挥其承载能力。这种现象对承受动力荷载的构件尤为不利。因此，侧面角焊缝的计算长度在动力荷载作用下，不宜大于 $40h_f$；在静力荷载作用下，不宜大于 $60h_f$。如大于上述数值，其超过部分在计算中不予考虑。但内力若沿侧面角焊缝全长分布，其计算长度不受此限。例如，梁及柱的翼缘与腹板的连接焊缝，屋架中弦杆与节点板的连接焊缝，梁的支承加劲肋与腹板的连接焊缝。

4）搭接连接的构造要求

当板件的端部仅有两条侧面角焊缝的连接时，每条侧面焊缝长度不宜小于两侧面角焊缝之间的距离；同时，两侧面角焊缝之间的距离不宜大于 $16t$（$t>12$mm 时）或 190mm（$t \leqslant$

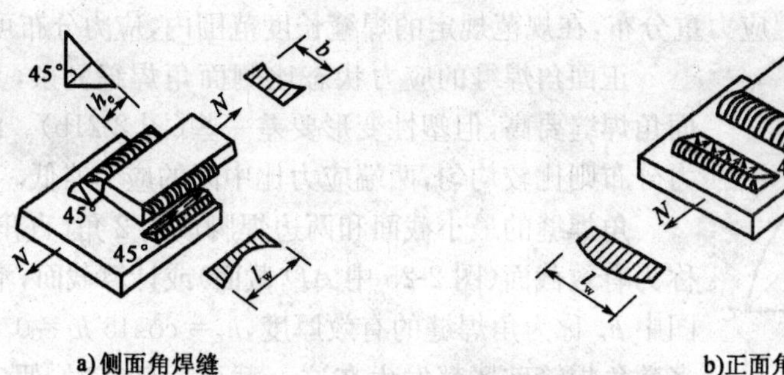

图 2-21　角焊缝的应力分布

12mm)，t 为较薄焊件的厚度。

在搭接连接中，当仅采用正面角焊缝时，其搭接长度不得小于焊件较小厚度的 5 倍，也不得小于 25mm，如图 2-22 所示。

单独用纵向角焊缝连接型钢杆件端部时，型钢杆件的宽度 W 应不大于 200mm。当宽度 W 大于 200mm 时，需加横向角焊或中间塞焊。型钢杆件每一侧纵向角焊缝的长度 L 应不小于 W，如图 2-23 所示。

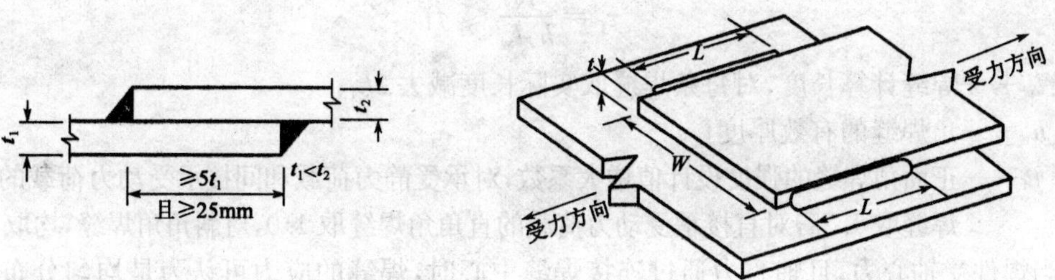

图 2-22　搭接长度要求　　　　图 2-23　纵向角焊缝连接

杆件与节点板一般采用两面侧焊，也可采用三面围焊，对角钢杆件也可用 L 形围焊，所有围焊的转角处必须连续施焊。当角焊缝的端部在构件转角处时，可连续地作长度为 $2h_f$ 的绕角焊(图 2-24)，以免起落弧处焊口缺陷发生在应力集中较大的转角处，从而改善连接的工作。

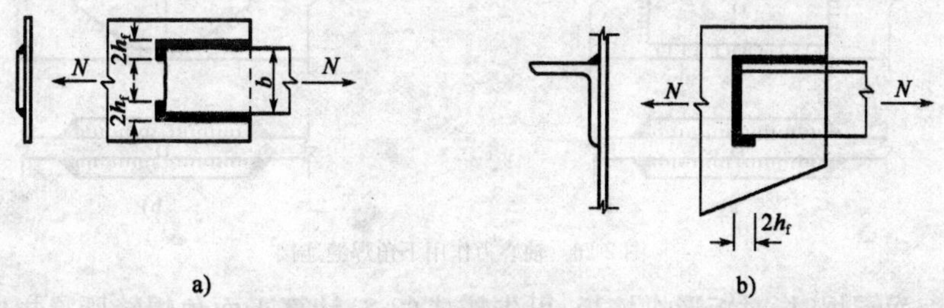

图 2-24　角焊缝的绕角焊

2. 角焊缝的受力特点与计算

1)角焊缝的受力特点

侧面角焊缝主要承受剪力作用。在弹性阶段，应力沿焊缝长度方向分布不均匀，两端大而中间小，且焊缝越长剪应力分布越不均匀(图 2-21a)。但由于侧面角焊缝的塑性较好，两端如

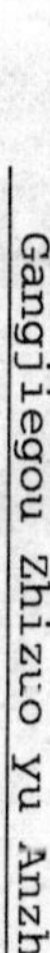

出现塑性变形，会产生应力重分布，在规范规定的焊缝长度范围内，应力分布可趋于均匀。

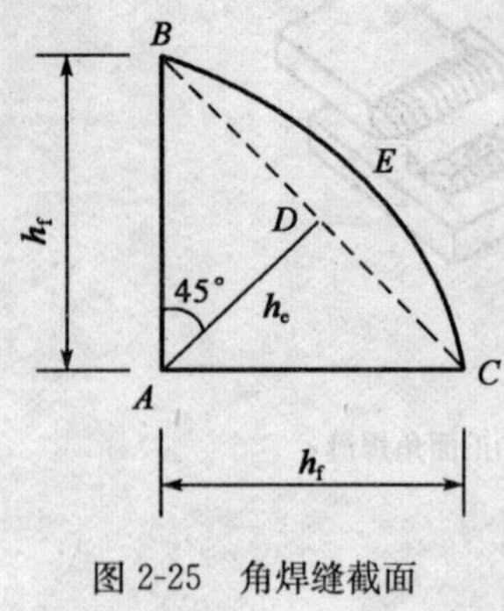

图 2-25　角焊缝截面

正面角焊缝的应力状态比侧面角焊缝复杂，其破坏强度比侧面角焊缝要高，但塑性变形要差一些(图 2-21b)。沿焊缝长度的应力分布则比较均匀，两端应力比中间的应力略低。

角焊缝的最小截面和两边焊脚成 $\alpha/2$ 角(直角角焊缝为 45°)，称为有效截面(图 2-25 中 AD 截面)或计算截面，不计余高和熔深，图中 h_e 称为角焊缝的有效厚度，$h_e=\cos45°h_f=0.7h_f$。试验证明，多数角焊缝破坏都发生在这一截面。计算时，假定有效截面上应力均匀分布，并且不分抗拉、抗压或抗剪都采用同一强度设计值，用 f_f^w 表示，见表 2-3。

2)角焊缝的计算

当采用正面角焊缝时，按下式计算：

$$\sigma_f=\frac{N}{h_e l_w}\leqslant\beta_f f_f^w \tag{2-2}$$

当采用侧面角焊缝时，按下式计算：

$$\tau_f=\frac{N}{h_e l_w}\leqslant f_f^w \tag{2-3}$$

式中：l_w——焊缝计算长度，对每条焊缝取实际长度减去 $2h_f$；

h_e——角焊缝的有效厚度；

β_f——正面角焊缝的强度设计值增大系数，对承受静力荷载和间接承受动力荷载的直角角焊缝取 1.22，对直接承受动力荷载的直角角焊缝取 1.0，对斜角角焊缝，均取 1.0。

当焊件受轴心力，且轴心力通过连接焊缝中心时，焊缝的应力可认为是均匀分布的。如图 2-26a)所示连接，是用拼接板将两焊件连成整体，需要计算拼接板和一侧(左侧或右侧)焊件连接的角焊缝。

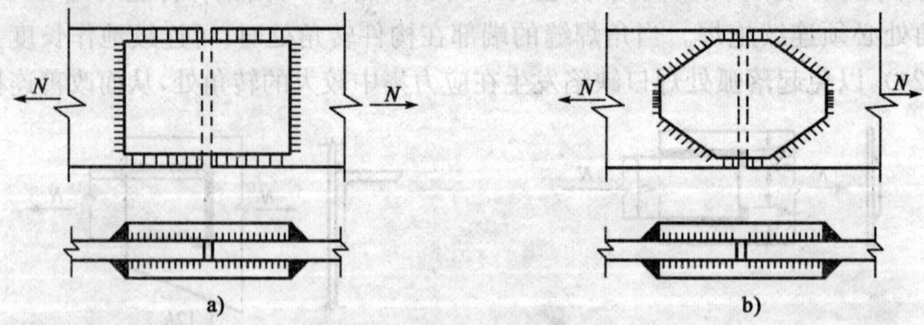

图 2-26　轴心力作用下角焊缝连接

当采用三面围焊时：对矩形拼接板，可先按式(2-2)计算正面角焊缝所承担内力 $N'=0.7h_f\sum l_w^1\beta_f f_f^w$，再由 $N-N'$ 按式(2-3)计算侧面角焊缝长度 $\sum l_w=\dfrac{N-N'}{h_e f_f^w}$。

为了使传力线平缓过渡，减小矩形拼接板转角处的应力集中，可改用菱形拼接板(图 2-26b)。菱形拼板周围焊缝分为正面角焊缝、斜面角焊缝和侧面角焊缝三种，菱形拼接板的角焊缝可按下式计算：

$$N/\sum(\beta_f h_e l_w) \leqslant f_f^w \tag{2-4}$$

【例 2-1】 如图 2-27 所示用拼接板的平接连接，若主板截面为 400mm×18mm，承受轴心力设计值 N=1500kN(静力荷载)，钢材为 Q235，采用 E43 系列型焊条，手工焊。试设计此拼接板连接。

解 (1)拼接板截面选择：根据拼接板和主板承载能力相等原则，拼接板钢材亦采用 Q235，两块拼接板截面面积之和应不小于主板截面面积。考虑拼接板要侧面施焊，取拼接板宽度为 360mm(主板和拼接板宽度差略大于 $2h_f$)。

拼接板厚度 $t_1 = 40 \times 1.8/(2 \times 36) = 1\text{cm}$，取 10mm，故每块拼接板截面为 10mm×360mm。

(2)焊缝计算：因 t=10mm＜12mm，且 b＞190mm，为防止仅用侧面角焊缝引起板件拱曲过大，故采用三面围焊。由表 2-3 查得 $f_f^w = 160\text{N/mm}^2$。

设 $h_f = 8\text{mm} \leqslant t-(1\sim2) = 10-(1\sim2) = 8\sim9\text{mm}$

$> 1.5\sqrt{t} = 1.5\sqrt{18} = 6.4\text{mm}$

正面角焊缝承担的力为：

$$N' = 0.7h_f \sum l_w^1 \beta_f f_f^w = 0.7\times8\times2\times360\times1.22\times160 = 787046.4\text{N}$$

侧面角焊缝的总长度为：

$$\sum l_w = \frac{N-N'}{h_e f_f^w} = \frac{1500000-787046.4}{0.7\times8\times160} = 795.7\text{mm}$$

一条侧焊缝的计算长度为：$l_w = 795.7/4 = 199\ \text{mm} > 8h_f = 64\text{mm} > 25\text{mm}$。被拼接两板间留出缝隙 10mm，拼接板长度为 $L = (199+8)\times2+10 = 424\text{mm}$，取拼接板长度为 430mm，如图 2-27a)所示。

为了减少矩形盖板四角焊缝的应力集中，可将盖板改为菱形如图 2-27b)所示，接头一侧焊缝由三部分组成，取：①每条端缝长度为 120mm；②每条侧缝长度为 65－8＝57mm；③每条斜缝长度为$\sqrt{280^2+120^2} = 304\text{mm}$。近似地计算接头一侧需要的焊缝总长度为(取三种焊缝的 β_f 均为 1.0 计算，偏安全)：

$$\sum l_w = N/(h_e f_f^w) = 1500000/(2\times0.7\times8\times160) = 837\text{mm}$$

实际焊缝的总长度为：

$$\sum l_w = 2\times(60+\sqrt{280^2+120^2})+120 = 848\text{mm} > 837\text{mm}(\text{满足})$$

改用菱形盖板后盖板长度为 $L = 2\times(65+280)+10 = 700\text{mm}$，长度增加，但受力状况有大的改善。

3)角钢连接的角焊缝计算

当用侧面角焊缝连接截面不对称的角钢(图 2-28a)时，虽然轴心力通过截面形心，但由于截面形心到角钢肢背和肢尖的距离不等，肢背焊缝和肢尖焊缝受力也不相等。

设 N_1、N_2 分别为角钢肢背焊缝和肢尖焊缝承担的内力，由平衡条件得：

$$N_1 = e_2 N/(e_1+e_2) = K_1 N \tag{2-5a}$$

$$N_2 = e_1 N/(e_1+e_2) = K_2 N \tag{2-5b}$$

式中：K_1、K_2——焊缝内力分配系数，可按表 2-4 查得。

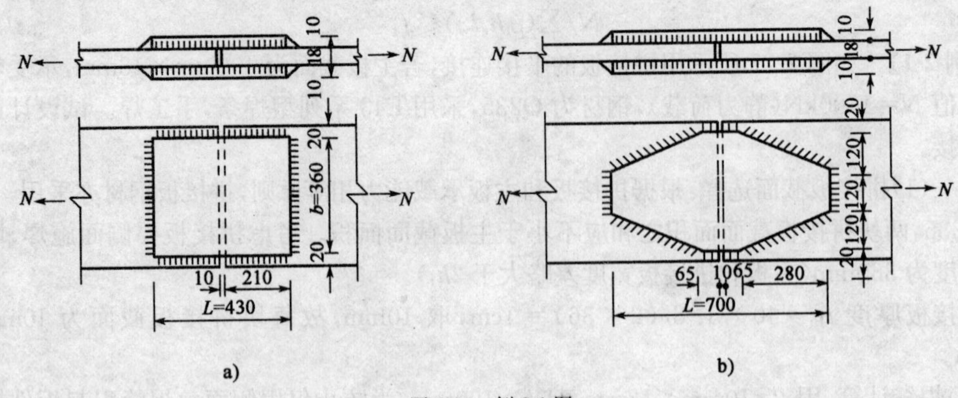

图 2-27 例 2-1 图

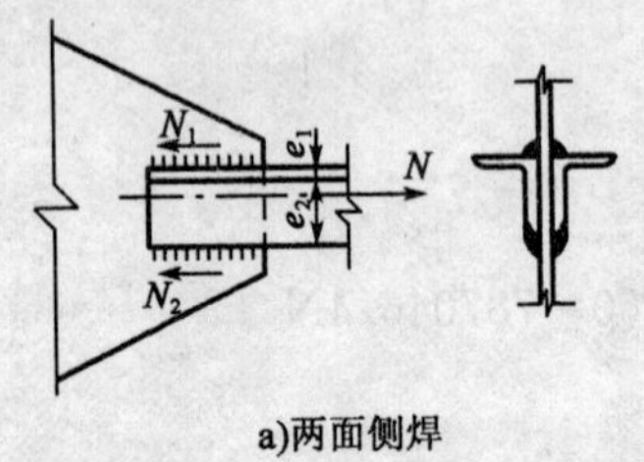

a)两面侧焊

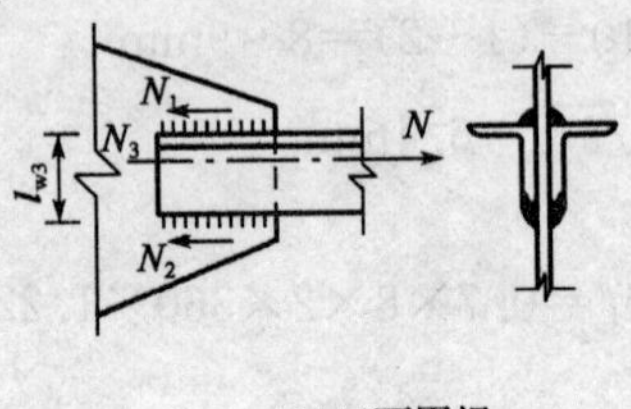

b)三面围焊

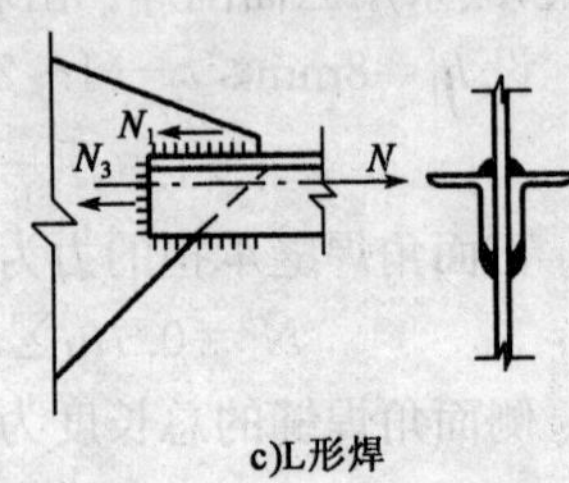

c)L形焊

图 2-28 角钢角焊缝上受力分配

角钢角焊缝的内力分配系数 表 2-4

角钢种类	连接情况	角钢肢背 K_1	角钢肢尖 K_2
等肢		0.7	0.3
不等肢		0.75	0.25
		0.65	0.35

当采用三面围焊(图 2-28b)时,可选定正面角焊缝的焊脚尺寸,并算出它所能承担的内力 $N_3=0.7h_f\sum l_{w3}\beta_f f_f^w$,再通过平衡关系,可以解得 $N_1=K_1N-\frac{N_3}{2}$,$N_2=K_2N-\frac{N_3}{2}$,再按式(2-3)计算侧面角焊缝长度,肢背的一条焊缝计算长度 $l_{w1}=\frac{N_1}{2h_e f_f^w}$,肢尖的一条焊缝的计算长度

$l_{w2}=\dfrac{N_2}{2h_e f_f^w}$。

对于 L 形的角焊缝(图 2-28c),$N_2=0$,可得 $N_3=2K_2N$,可得 $N_1=N-N_3=(1-2K_2)N$,求得 N_1 和 N_3 后,也可按式(2-2)和式(2-3)计算侧面角焊缝和正面角焊缝的长度。

【例 2-2】 在如图 2-29 所示角钢和节点板采用两边侧焊缝的连接中,$N=660$kN(静力荷载,设计值),角钢为 2∟110×10,节点板厚度 $t_1=12$mm,钢材为 Q235-A·F,焊条为 E43 系列型,手工焊。试确定所需角焊缝的焊脚尺寸 h_f 和实际长度。

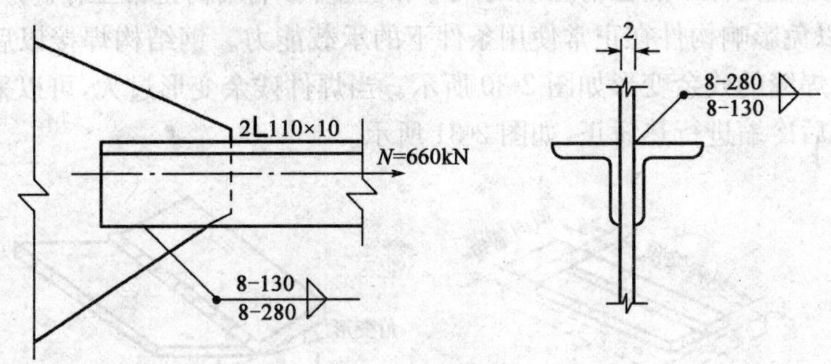

图 2-29 例 2-2 图

解 角焊缝的强度设计值 $f_f^w=160$MPa

最小 h_f:$h_f>1.5\sqrt{t}=1.5\sqrt{12}=5.2$mm

角钢肢尖处最大 h_f:$h_f\leqslant t-(1\sim2)\text{mm}=10-(1\sim2)=8\sim9$mm

角钢肢尖和肢背都取 $h_f=8$mm

焊缝受力:$N_1=K_1N=0.7\times660=462$kN

$N_2=K_2N=0.3\times660=198$kN

所需焊缝长度:$l_{w1}=\dfrac{N_1}{2h_e f_f^w}=\dfrac{462\times10^3}{2\times0.7\times8\times160}=257$mm

$$l_{w2}=\frac{N_2}{2h_e f_f^w}=\frac{198\times10^3}{2\times0.7\times8\times160}=110\text{mm}$$

因需增加 $2h_f=2\times8=16$mm 的焊口长,故肢背侧焊缝的实际长度为 280mm,肢尖侧焊缝的实际长度为 130mm,如图 2-29 所示。肢尖焊缝也可改用 6-170。

六 残余焊接应力和焊接残余变形

焊接过程是一个不均匀的加热和冷却过程,焊缝是由熔池结晶而成,熔池仿佛一只微型的炼钢炉,焊条或焊丝与焊件母材一起在熔池里面熔炼。在焊缝的旁边母材晶粒发生变化,塑性和韧性下降,因而焊件上产生不均匀的温度场,焊缝及其附近温度最高可达 1500℃以上,并由焊缝中心向周围区域急剧递降。在施焊时,焊缝区域受热膨胀,但周围冷的金属要阻止热的金属膨胀,高温下热的金属的强度很小,因而热的金属受到很大的压力并发生变形,随着加热金属的冷却上面的压力减少,热的金属上加热区段要开始收缩,但由于周围连在一起的金属的阻止,热的金属受到拉力,使得热金属(焊缝)不能得到充分的收缩。从施焊完毕冷却过程中看出,由于焊件各部分之间热胀冷缩的不均匀,这样在材料内部的变形就受到相互制约,从而使结构在承受外力作用之前就在局部形成了变形和应力,即所谓的焊接残余变形和焊接残余应力。

常温下对于具有较好塑性的钢材,在静荷载作用下,残余应力不会影响结构强度,但却会降低其刚度。有焊接残余应力的受压构件,刚度降低疲劳强度也会降低,必定影响构件的稳定承载力。若该区域处于结构应力集中部位或焊接缺陷较多部位,则拉伸残余应力的存在是十分危险的,会使结构使用寿命减少,导致开裂,也可能引起低应力脆断。

焊接残余变形使构件不能保持正确的尺寸和位置,影响结构正常工作。严重时,必须采取措施进行校正,以免影响构件在正常使用条件下的承载能力。钢结构焊接以后的变形规律是焊缝趋于变短。焊缝的残余变形如图 2-30 所示。当焊件残余变形过大,可以采用机械方法顶压或者局部加热后冷缩进行热矫正,如图 2-31 所示。

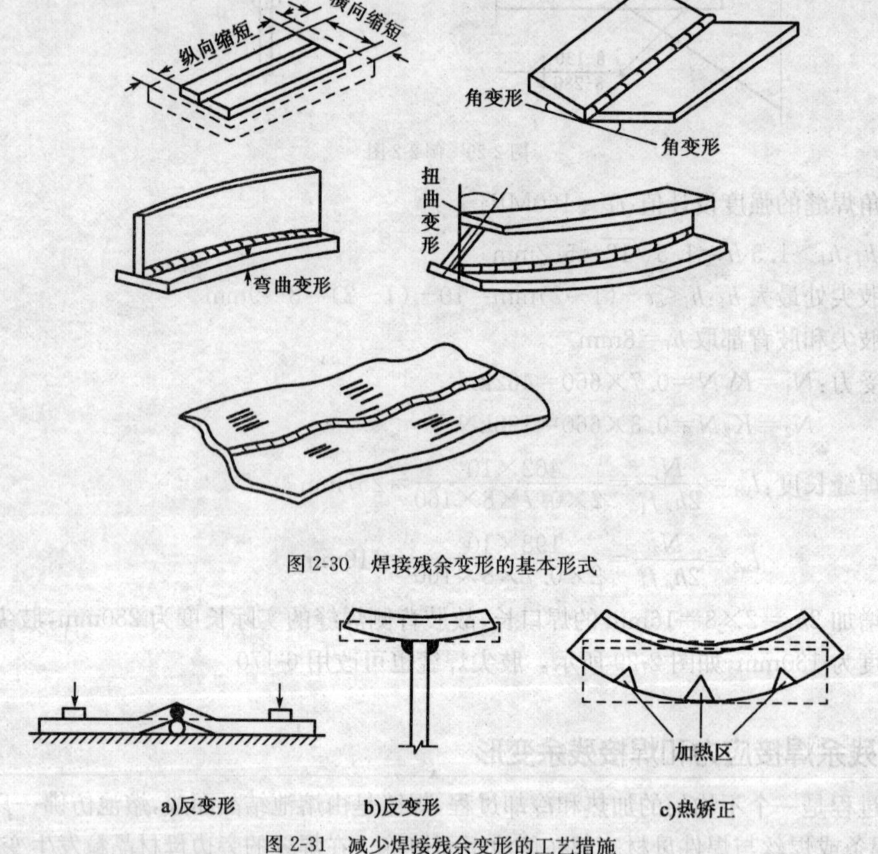

图 2-30 焊接残余变形的基本形式

a)反变形 b)反变形 c)热矫正

图 2-31 减少焊接残余变形的工艺措施

减少残余焊接应力和焊接残余变形的措施如下。

1. 设计上的措施

(1)合理安排焊接位置,只要结构上允许,尽可能使焊缝对称于构件截面的中和轴,以减少焊接残余变形。

(2)焊缝尺寸要适当,在保证安全的前提下,不得随意加大焊缝厚度,否则易引起过大的焊接残余应力，且在施焊时有焊穿、过热等缺点。

(3)焊缝的数量宜少，且不宜过分集中，以免热量高度集中，引起过大的焊接残余变形。

(4)应尽量避免两条或三条焊缝垂直交叉。例如，梁肋板加劲肋与腹板及翼缘的连接焊缝，就应中断，以保证主要焊缝(翼缘与腹板的连接焊缝)连续通过。

(5)尽量避免在母材厚度方向上的收缩应力。

2. 工艺上的措施

(1)采取合理的施焊次序。如钢板对接时采用分段退焊，厚焊缝采用分层焊，工字形截面按对角跳焊等，如图 2-32 所示。

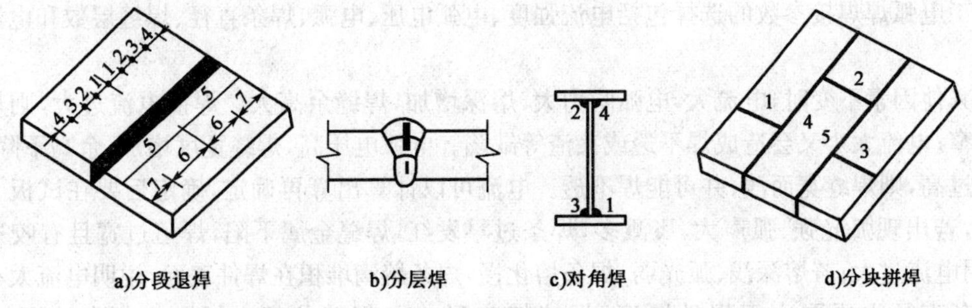

图 2-32　合理的焊接次序

(2)采用反变形法。施焊前给构件一个与焊接残余变形反方向的预变形，使之与焊接引起的残余变形相抵消，从而达到减少焊接残余变形的目的。

(3)对于小尺寸焊件，焊前预热，或焊后加热至 600℃左右，然后缓慢冷却，可以消除接残余应力和焊接残余变形。

七 焊接工艺

1. 焊接前准备

1)技术准备

在构件制作前，工厂应按施工图纸的要求及《建筑钢结构焊接技术规程》(JGJ 81—2002)的要求进行焊接工艺评定试验。针对产品材料、结构特点等，按照实际的焊接条件进行试验。目的是为了验证工艺规范参数能否保证焊接接头的质量，满足产品设计要求。然后要根据施工制造方案和钢结构技术规范，以及施工图纸的有关要求编制各类施工工艺，工厂应组织有关部门进行工艺评审。

2)材料准备

工件表面的水汽、油、锈、氧化皮必须清理干净。坡口钝边及两侧 10～20mm 范围也应作同样清理，装配好的工件应及时焊接，因为装配间隙很小，如果间隙中生锈和积聚水分是很难清理的。当焊接部位受潮或天气潮湿时，焊前应用火焰烘烤。实心焊丝及熔嘴导管应无油污、锈蚀，镀铜层应完好无损。

焊条在使用前应按产品说明书规定的烘焙时间和烘焙温度进行烘焙。低氢型焊条烘干后必须存放在保温箱内，随用随取。从保温箱取出到施焊的时间不宜超过 2h(酸性焊条不超过

4h)。不符合上述要求时应重新烘干后再用,但焊条反复烘干次数不宜超过2次。

3)焊接工艺参数的确定

为了保证产品质量,焊工在实际操作中应严格遵守经过工艺评定验证合格的焊接工艺。不得自行选择或更改工艺。

按照焊接电源的不同,焊接设备可分为交流焊机和直流焊机两类,直流焊机又可分为旋转直流焊机和整流式焊机。焊机的内部结构、工作原理和技术参数是各不相同的。

焊接设备包括焊接电源、控制箱及调节机构等。交流电焊机种类很多,一般常用的有漏磁式、电抗式、复合式、动圈式四种。目前,最广泛使用的直流焊机是两极式类型直流弧焊机。

手工电弧焊焊接参数的选择包括电流强度、电弧电压、电弧、焊条直径、焊缝层数和电流种类等。

当其他因素不变时,电流大,电弧吹力大,熔深增加,焊缝余高大。焊接电流过大,则焊缝深而较窄;电流太小又会造成焊不透或夹渣等缺陷。电弧电压高,焊缝宽度增加,余高下降;电弧电压过高,则焊缝宽而浅、并可能焊不透。电流可以计算出算再确定,确定后要在试板上试焊一下,若出现弧光强、弧声大,飞溅多,焊条过早发红,焊缝金属下陷,焊道过宽且有咬边现象,说明电流过大;若熔深浅、弧光弱,焊条熔化慢,焊条熔滴堆积在焊件表面,说明电流太小。

焊条直径主要取决于焊件厚度、焊接接头形式及焊缝位置。板厚和焊条直径选择见表2-5。

板厚和焊条直径(单位:mm)　　表2-5

板厚(δ)	2.0	2.5	3.0	4～5	5.0	6112	≥13
焊条直径(d)	2.0	2.5	3.2	3.2～4	4.0	4～5	4～6

电弧长度对焊缝质量有极大的影响,一般电弧长度超过焊条直径称为长弧,小于焊条直径称为短弧。碱性焊条要取短弧,因为长弧容易吸收空气中的氧和氮而出现气孔。

关于电流种类与极性,用直流反接极时生成气孔最少;用直流正接极时生成气孔较多;用交流电时气孔最多,碱性焊条一定要直流反接极(工件接负极)。

其他的焊接方式也要严格遵循评定的工艺参数。

2. 预热、后热和焊后热处理

1)环境对施焊的影响

风速:气体保护焊风速不大于2m/s,其他焊接风速不大于1m/s。

相对湿度不大于90%。

雨雾环境不准在露天施焊。

焊接时气温在0℃以下,原则上不得进行焊接,若把距焊缝100mm以内母材加热到36℃以上仍允许进行焊接。

2)预热

钢结构焊接应视钢种、板厚、接头拘束度、焊接方法和焊接环境等综合考虑是否要预热,必要时通过试验确定。除电渣焊外,I、II类钢材匹配相应强度级别的低氢型焊接材料并采用中等热输入进行焊接时,板厚与最低预热温度要求宜符合表2-6的规定。预热在焊道两侧,其宽度各为焊件厚度的2倍以上,且不小于100mm。若工艺及设计文件另有规定,按规定预热。

常用结构钢材最低预热温度(单位:℃) 表 2-6

钢 材 牌 号	接头最厚部件的板厚(mm)				
	$t<25$	$25\leqslant t\leqslant 40$	$40\leqslant t\leqslant 60$	$60\leqslant t\leqslant 80$	$t>80$
Q235	—	—	60	80	100
Q295、Q345	—	60	80	100	140

实际工程结构施焊时的预热温度,尚应满足下列规定:

(1)根据焊接接头的坡口形式和实际尺寸、板厚及构件约束条件确定预热温度。焊接坡口角度及间隙增大时,应相应提高预热温度。

(2)根据熔敷金属的扩散氢含量确定预热温度,扩散氢含量高时应适当提高预热温度。

(3)当其他条件不变时,使用超低氢型焊条打底预热温度可降低 25~50℃。CO_2 气体保护焊当气体含水量符合《氩气》(GB/T 4842)的要求或使用富氩混合气体保护焊时,其熔敷金属扩散氢可视同低氢型焊条。

(4)根据焊接时热输入的大小确定预热温度。当其他条件不变时,热输入增大 5kJ/cm,预热温度可降低 25~50℃。电渣焊和气电立焊在环境温度为 0℃以上施焊时可不进行预热。

(5)根据接头热传导条件选择预热温度。在其他条件不变时,T 形接头应比对接接头的预热温度高 25~50℃。但 T 形接头两侧角焊缝同时施焊时应按对接接头确定预热温度。

(6)根据施焊环境温度确定预热温度。操作地点环境温度低于常温时(高于 0℃),应提高预热温度 15~25℃。

3)后热处理

碳素结构钢在焊缝冷却到环境温度即可进行焊缝探伤检查;低合金钢则在焊接后 24h 方可进行焊缝探伤检查。这是为了防止延迟裂纹。延迟裂纹是焊接结构的一大隐患。产生原因是焊缝中的氢在结晶过程中扩散、聚集,变脆而出现裂纹。消氢处理也称后热,即在焊后立即加热到 200~350℃,保温一段时间后在静止的空气中冷却。最短保温时间有规定。局部后热的加热也与预热一样,在坡口范围内保持一个均热带,加热后用石棉布覆盖保温。若焊后立即进行热处理,可不做后热处理。

4)焊后热处理

设计文件对焊后消除应力有要求时,根据构件的尺寸,工厂制作宜采用加热炉整体退火或电加热器局部退火对焊件消除应力,仅为稳定结构尺寸时,可采用振动法消除应力,工地安装焊缝宜采用锤击法消除应力。

焊后热处理应符合现行国家标准《碳钢、低合金钢焊接构件焊后热处理方法》(JB/T 6046—92)的规定。

用锤击法消除中间焊层应力时,应使用圆头手锤或小型振动工具进行,不应对根部焊缝、盖面焊缝或焊缝坡口边缘的母材进行锤击。

用振动法消除应力时,应符合国家现行标准《振动时效工艺参数选择及技术要求》(JB/T 5926—91)的规定。

单元三　螺 栓 连 接

螺栓连接分为普通螺栓连接和高强度螺栓连接两种。

一　普通螺栓连接的构造与计算

1.普通螺栓的连接构造

1)普通螺栓的规格

普通螺栓一般用Q235钢(用于螺栓时也称4.6级)制成,大六角头形,粗牙普通螺栓,其代号用字母M与公称直径(mm)表示,常用的螺栓直径为18mm、20mm、22mm、24mm,工程中常用M18、M20、M22、M24。

普通螺栓按加工精度分为A、B级螺栓和C级螺栓两种。

A、B级的区别只是尺寸不同,其中A级包括$d \leqslant 24$mm且$L \leqslant 150$mm的螺栓,B级包括$d > 24$mm或$L > 150$mm的螺栓,d为螺杆直径,L为螺杆长度。

C级螺栓加工粗糙,尺寸不够准确,只要求Ⅱ类孔(在单个零件上一次冲成或不用钻模钻成设计孔径的孔),成本低,栓径比孔径小1.5～2.0mm。由于螺杆与螺孔之间存在着较大的孔隙,当传递剪力时,连接变形较大,工作性能较差,但传递拉力的性能仍较好。所以C级螺栓广泛用于需要拆装的连接,承受拉力的安装连接,不重要的连接或作安装时的临时固定。

A、B级螺栓需要机械加工,尺寸准确,要求Ⅰ类孔,栓径和孔径的公称尺寸相同,栓径比孔径小0.18～0.25mm。这种螺栓连接传递剪力的性能较好,变形很小。但制造和安装比较复杂,价格昂贵,目前在钢结构应用较少。

孔壁质量属于下列情况者为Ⅰ类孔:

(1)在装配好的构件上按设计孔径钻成的孔;

(2)在单个构件和零件上按设计孔径分别用钻模钻成的孔;

(3)在单个零件上,先钻成或冲成较小的孔径,然后在装配好的构件上再扩钻至设计孔径的孔。

2)螺栓的制图符号

在钢结构施工图上需将螺栓及螺孔的施工要求,用图形表示以免引起混淆(图2-33)。详细表示方法参见《建筑结构制图标准》(GB/T 50105—2001)。

图2-33　螺栓的制图符号

3)螺栓的排列和构造要求

在同一结构连接中,无论是临时安装螺栓还是永久螺栓,为了便于制造,宜用同一种直径

的螺栓孔 d，螺栓直径 d 的选择根据连接件的尺寸和受力大小而定，按螺栓结构形式和受力大小进行计算。

螺栓在构件上的排列可以是并列或错列（图 2-34），排列时应考虑下列要求。

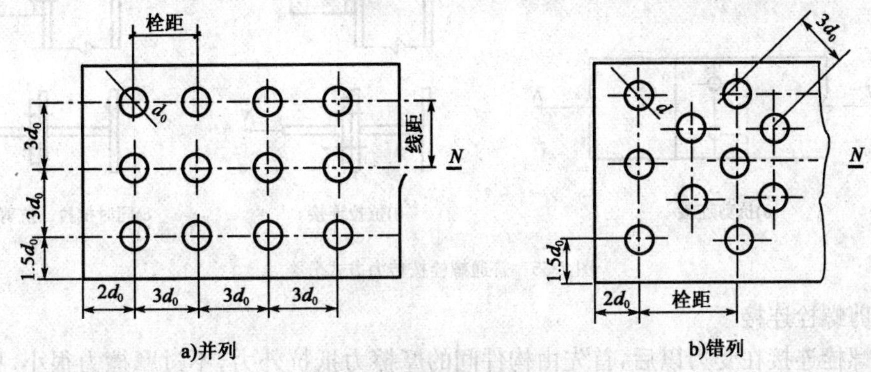

图 2-34　螺栓的排列

(1)受力要求。螺栓孔(d_0)的最小端距(沿受力方向)为 $2d_0$，以免板端被剪掉；螺栓孔的最小边距(垂直于受力方向)为 $1.5d_0$(切割边)或 $1.2d_0$(轧成边)。在型钢上，螺栓应排列在型钢准线上。中间螺孔的最小间距(栓距和线距)为 $3d_0$，否则螺孔周围应力集中的相互影响较大，且对钢板的截面削弱过多，从而降低其承载能力。

(2)构造要求螺栓的间距也不宜过大，尤其是受压板件，当栓距过大时，容易发生凸曲现象。板和刚性构件(如槽钢、角钢等)连接时，栓距过大不易紧密接触，潮气易于侵入缝隙而锈蚀。按规范规定，栓孔中心最大间距受压时为 $12d_0$ 或 $18t_{min}$(t_{min}为外层较薄板件的厚度)，受拉时为 $16d_0$ 或 $24t_{min}$，中心至构件边缘最大距离为 $4d_0$ 或 $18t_{min}$。

(3)施工要求。螺栓应有足够距离，以便于转动扳手，拧紧螺母。

根据以上要求，规范规定的螺栓最大和最小容许距离，如表 2-7。

螺栓或铆钉的最大、最小容许距离　　表 2-7

名　称	位置和方向			最大容许距离	最小容许距离
中心间距	任意方向	外排		$8d_0$ 或 $12t$	$3d_0$
		中间排	构件受压力	$12d_0$ 或 $18t$	
			构件受拉力	$16d_0$ 或 $24t$	
中心至构件边缘距离	顺内力方向			$4d_0$ 或 $8t$	$2d_0$
	垂直内力方向	切割边			$1.5d_0$
		轧制边	高强度螺栓		
			其他螺栓或铆钉		$1.2d_0$

注：1. d_0 为螺栓的孔径，t 为外层较薄板件的厚度。

2. 钢板边缘与刚性构件(如角钢、槽钢等)相连的螺栓或铆钉的最大间距，可按中间排的数值采用。

2. 普通螺栓连接计算

普通螺栓连接按其传力方式可分为外力与栓杆垂直的抗剪螺栓连接，外力与栓杆平行的抗拉螺栓连接，以及同时抗剪和抗拉的螺栓连接，如图 2-35 所示。

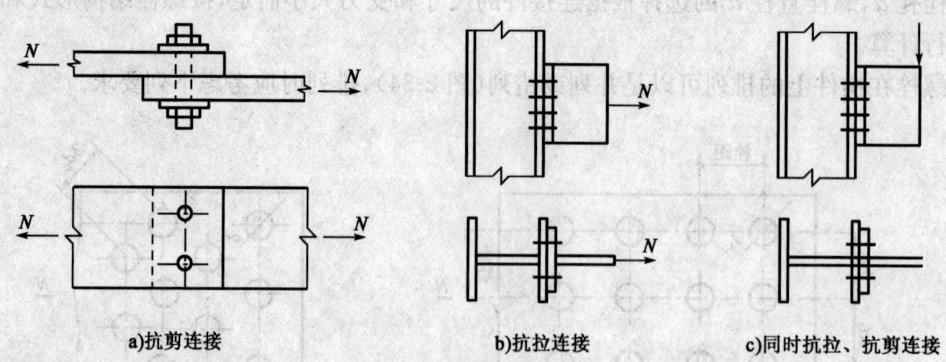

图 2-35 普通螺栓按传力方式分类

1)抗剪螺栓连接

抗剪螺栓连接在受力以后,首先由构件间的摩擦力抵抗外力,不过摩擦力很小,构件间不久就出现滑移,螺栓杆和螺栓孔壁发生接触,使螺栓杆受剪,同时螺栓杆和孔壁间互相接触挤压,连接的承载力随之增加,连接变形迅速增大,直至连接达到极限状态而破坏。

普通螺栓和承压型螺栓以螺栓最后被剪断或孔壁被挤压破坏为极限承载力;而摩擦型高强度螺栓则以板件间摩擦力被克服而产生相对滑移为极限承载力。

图 2-36 表示普通抗剪螺栓连接的五种可能破坏情况:

(1)当螺栓杆较细、板件较厚时,螺栓杆可能被剪断(图 2-36a);

(2)当螺栓杆较粗、板件相对较薄时,板件可能先被挤压而破坏,(图 2-36b);

(3)当螺栓孔对板的削弱过多,板件可能在削弱处被拉断(图 2-36c);

(4)当端距太小,板端可能受冲剪而破坏(图 2-36d);

(5)当栓杆细长,螺栓杆可能发生过大的弯曲变形面使连接破坏(图 2-36e)。

其中,对螺栓杆被剪断、孔壁挤压及板被拉断,要进行计算。而对于钢板剪断和螺栓杆弯曲破坏两种形式,可以通过以下措施防止:规定端距的最小容许距离(见表 2-7),以避免板端受冲剪而破坏;限制板叠厚度,即$\sum t \leqslant 5d$以避免螺杆弯曲过大而破坏。

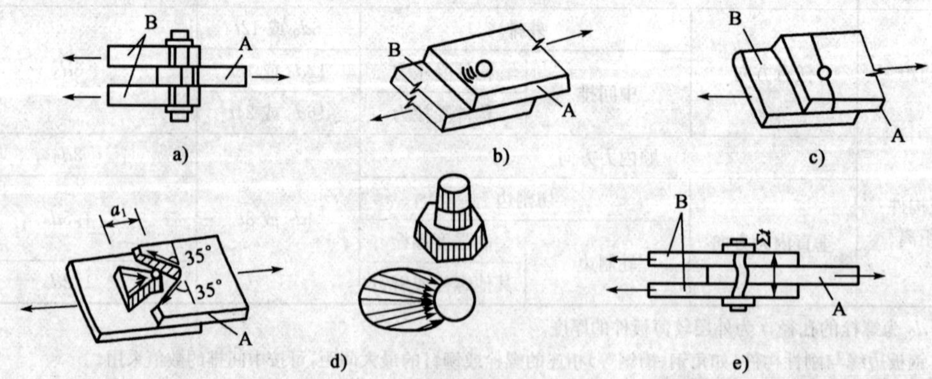

图 2-36 抗剪螺栓连接的破坏形式

当连接处于弹性阶段时,螺栓群中各螺栓受力不相等,两端大而中间小,超过弹性阶段出现塑性变形后,因内力重分布使螺栓受力趋于均匀。这样,在设计时,当外力通过螺栓群中心时，可认为所有螺栓受力相同。

一个抗剪螺栓的设计承载能力按下面两式计算。

抗剪承载力设计值：

$$N_v^b = n_v \frac{\pi d^2}{4} f_v^b \tag{2-6}$$

承压承载力设计值：

$$N_c^b = d \sum t f_c^b \tag{2-7}$$

式中：n_v——螺栓受剪面数（见图 2-37），单剪 $n_v=1$，双剪 $n_v=2$，四剪面 $n_v=4$ 等；

d——螺栓杆直径；

$\sum t$——在同一方向承压的构件较小总厚度，如图 2-37c）所示，对于四剪面 $\sum t$ 取 $(a+c+e)$ 或 $(b+d)$ 的较小值；

f_v^b、f_c^b——螺栓的抗剪、承压强度设计值（见表 2-8）。

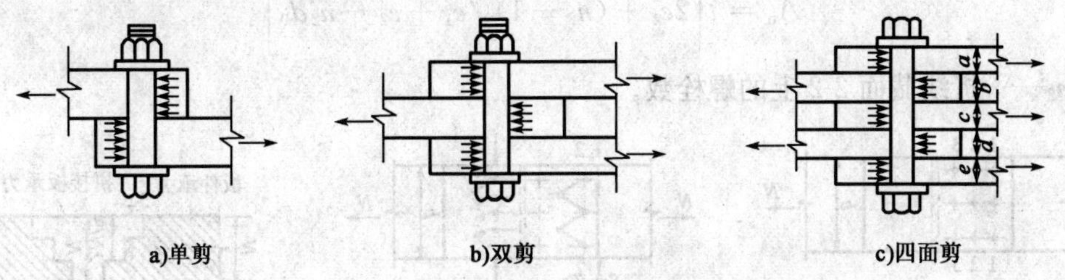

图 2-37　抗剪螺栓连接

螺栓连接的强度设计值（单位：MPa）　　表 2-8

螺栓的性能等级、锚栓和构件钢材的牌号		普通螺栓 C级螺栓 抗拉 f_t^b	普通螺栓 C级螺栓 抗剪 f_v^b	普通螺栓 C级螺栓 承压 f_c^b	普通螺栓 A级、B级螺栓 抗拉 f_t^b	普通螺栓 A级、B级螺栓 抗剪 f_v^b	普通螺栓 A级、B级螺栓 承压 f_c^b	锚栓 抗拉 f_t^a	承压型连接高强度螺栓 抗拉 f_t^b	承压型连接高强度螺栓 抗剪 f_v^b	承压型连接高强度螺栓 承压 f_c^b
普通螺栓	4.6 级、4.8 级	170	140	—	—	—	—	—	—	—	—
	5.6 级	—	—	—	210	190	—	—	—	—	—
	8.8 级	—	—	—	400	320	—	—	—	—	—
锚栓	Q235 钢	—	—	—	—	—	—	140	—	—	—
	Q345 钢	—	—	—	—	—	—	180	—	—	—

一个抗剪螺栓的承载力设计值应该取 N_v^b 和 N_c^b 的较小值 N_{min}^b。

当外力通过螺栓群形心时，假定诸螺栓平均分担剪力，接头一边所需螺栓数目为：

$$n = N / N_{min}^b \tag{2-8}$$

式中：N——作用于螺栓的轴心力的设计值。

由于螺栓孔削弱了板件的截面，为防止板件在净截面上被拉断，需要验算净截面的强度：

$$\sigma = N / A_n \leqslant f \tag{2-9}$$

式中，A_n 为净截面面积，其计算方法分析如下（图 2-38a）。

螺栓并列，板件左边截面 1-1、2-2、3-3 的净截面面积均相等。根据传力情况，截面 1-1 受力为 N，截面 2-2 受力为 $N-\frac{n_1}{n}N$，截面 3-3 受力为 $N-\frac{n_1+n_2}{n}N$，以截面 1-1 受力最大，其净截面面积为：

$$A_n = t(b - n_1 d_0) \tag{2-10}$$

板件所承担 N 力，通过左边螺栓传至两块拼接板，再由两块拼接板通过右边螺栓，传至右边板件，这样左右板件内力平衡。在力的传递过程中，各部分承力情况，如图 2-38c)所示。

对于拼接板来说，以截面 3-3 受力最大，其净截面面积为：

$$A_n = 2t_1(b - n_3 d_0) \tag{2-11}$$

式中：n——左半部分螺栓总数；

n_1、n_2、n_3——为截面 1-1、2-2、3-3 上的螺栓数；

d_0——螺栓孔径。

如图 2-38b)所示的错列螺栓排列，对于于板件不仅需要考虑沿截面 1-1(正交截面)破坏的可能，此时计算净截面面积，还需要考虑沿截面 2-2(折线截面)破坏的可能。此时：

$$A_n = t\left[2e_4 + (n_2 - 1)\sqrt{e_1^2 + e_2^2} - n_2 d_0\right] \tag{2-12}$$

式中：n_2——折线截面 2-2 上的螺栓数。

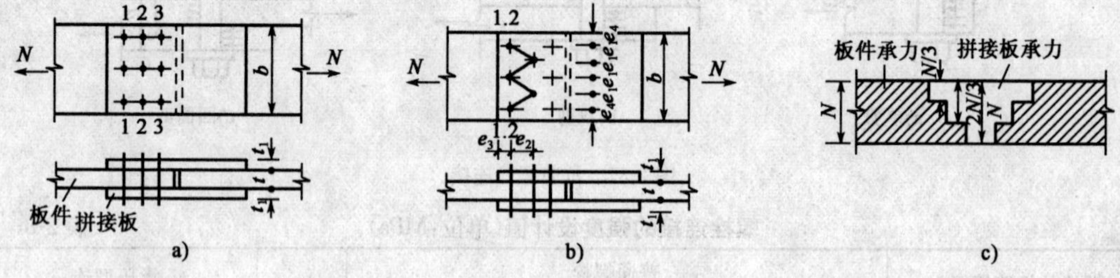

图 2-38　力的传递及净截面面积计算

【例 2-3】 如图 2-39 所示，用 C 级普通螺栓和双盖板拼接。承受轴心拉力设计值 $N=900\text{kN}$，钢板截面 400mm×14mm，钢材为 Q235 钢，螺栓直径 $d=20\text{mm}$，孔径 $d_0=21.5\text{mm}$。

解　(1)确定连接盖板截面。

采用双盖板拼接，截面尺寸选 400mm×7mm，与被连接钢板截面面积相等，钢材为 Q235 钢。

(2)确定螺栓数目和螺栓排列布置。

一个螺栓的承载力设计值如下。

抗剪承载力设计值：$N_v^b = n_v \dfrac{\pi d^2}{4} f_v^b = 2 \times \dfrac{\pi \times 20^2}{4} \times 140 = 87964\text{N}$

承压承载力设计值：

$$N_c^b = d\sum t f_c^b = 20 \times 14 \times 305 = 85400\text{N}$$

则 $N_{min}^b = 85400\text{N}$。

连接一边所需螺栓数：$n = N/N_{min}^b = 600000/85400 = 10.5$

取 12 个，采用并列式排列，按规定排列距离，如图 2-39 所示。

(3)验算连接板件净截面积强度。

构件净截面积：$A_n = A - n_1 d_0 t = 400 \times 14 - 4 \times 21.5 \times 14 = 4396\text{mm}^2$

式中的 $n_1=3$，为第一列螺栓的数目。

构件的净截面强度验算：

$$\sigma = N/A_n = 900000/4396 = 205\text{MPa} < 215\text{MPa}$$

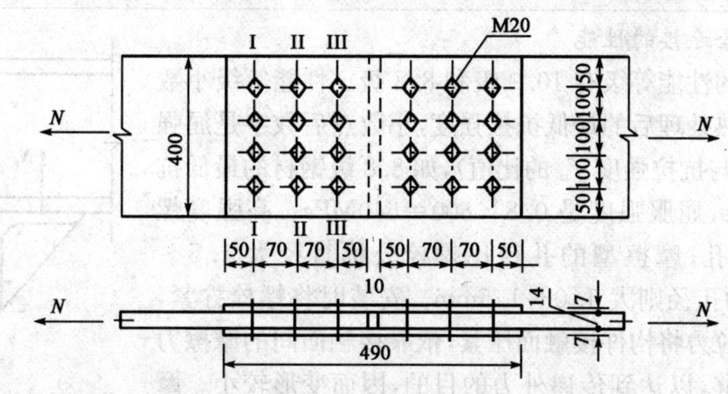

图 2-39　例 2-3 图(尺寸单位:mm)

2)抗拉螺栓连接

当外力作用在抗拉螺栓连接中，构件间有相互分离的趋势，使螺栓受拉。受拉螺栓的破坏形式是栓杆被拉断，拉断的部位通常在螺纹削弱的截面处。计算时，应根据螺纹削弱处的有效直径 d_e 或有效截面来确定其承载能力。在抗拉螺栓连接中，外力将被连接构件拉开而使螺栓受拉，最后螺杆会被拉断。

一个抗拉螺栓的承载力设计值按下式计算：

$$N_t^b = \frac{\pi d_e^2}{4} f_t^d \tag{2-13}$$

式中：d_e——普通螺栓或锚栓螺纹处的有效直径，其取值见表 2-9；

f_t^b——普通螺栓或锚栓的抗拉强度设计值，见表 2-8。

螺栓的有效直径

表 2-9

螺栓直径 d(mm)	螺距 p(mm)	螺栓有效直径 d_0(mm)	螺栓有效面积 d_0(mm^2)	螺栓直径 d(mm)	螺距 p(mm)	螺栓有效直径 d_0(mm)	螺栓有效面积 A_0(mm^2)
16	2.0	14.1236	156.7	45	4.5	40.7781	1306
18	2.5	15.6545	192.5	48	5.0	43.3090	1473
20	2.5	17.6545	244.8	52	5.0	47.3090	1758
22	2.5	19.6545	303.4	56	5.5	50.8399	2030
24	3.0	21.1854	352.5	60	5.5	54.8399	2362
27	3.0	24.1854	459.4	64	6.0	58.3708	2676
30	3.5	26.7163	560.6	68	6.0	62.3708	3055
33	3.5	29.7163	693.6	72	6.0	66.3708	3460
36	4.0	32.2472	816.7	76	6.0	70.3708	3889
42	4.5	37.7781	1121	80	6.0	74.3708	4344

图 2-40 为螺栓群在轴心力作用下的抗拉连接，通常假定每个螺栓平均受力，则如图的连接所需螺栓数每侧为为 $n=N_t/N_t^b$。

二 高强度螺栓连接的性能和计算

1. 高强度螺栓连接的性能

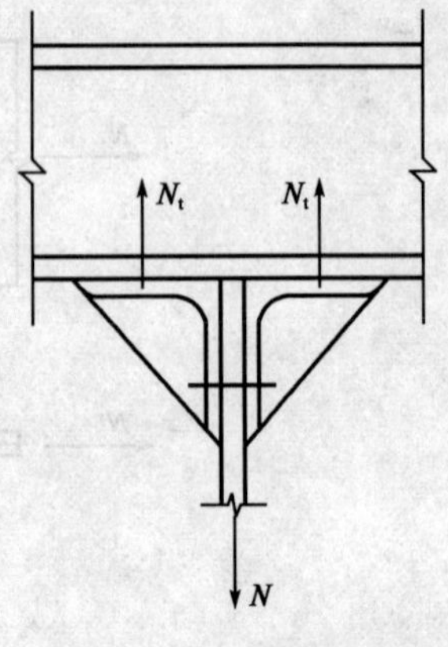

图 2-40 抗拉螺栓连接

高强度螺栓的性能等级有 10.9 级和 8.8 级。性能等级小数点前数字是螺栓热处理后的最低抗拉强度，小数点后数字是屈强比（屈服强度 f_y，与抗拉强度 f_u 的比值），如 8.8 级钢材的最低抗拉强度是 800MPa，屈服强度是 0.8×800＝640MPa。高强度螺栓孔应采用钻成孔；摩擦型的孔径比螺栓公称直径大 1.5～2.0mm，承压型的孔径则大 1.0～1.5mm。安装时将螺栓拧紧，并使螺栓产生预拉力将构件接触面压紧，依靠接触面间的摩擦力来阻止其相互滑移，以达到传递外力的目的，因而变形较小。摩擦型高强度螺栓连接只利用到摩擦传力的工作阶段，具有连接紧密，受力良好，耐疲劳，可拆换，安装简单，便于养护及动力荷载作用下不易松动等优点。

高强度螺栓连接和普通螺栓连接的主要区别是：普通螺栓连接在抗剪时依靠杆身承压和螺栓抗剪来传递剪力，在扭紧螺帽时螺栓产生的预拉力很小，其影响可以忽略。而高强度螺栓则除了其材料强度高之外还给螺栓施加很大的预拉力，使被连接构件的接触面之间产生挤压力，因而垂直螺栓杆的方向有很大摩擦力。这种挤压力和摩擦力对外力的传递有很大影响。为了产生更大的摩擦阻力，高强度螺栓应采用强度高的材料。

高强度螺栓的紧固需用专门扳手拧紧螺母，使螺杆内产生设计所要求的拉力。大六角头高强度螺栓一般用两种方法拧紧，即扭矩法和转角法。其中，扭矩法分初拧和终拧两次拧紧。为了减少先拧的和后拧的高强度螺栓预应力的差别，一般先用普通扳手对其初拧。初拧扭矩用终拧的 50％力矩进行，再用终拧扭矩把螺栓拧紧。如板层较厚，板叠较多，初拧的板层达不到充分密贴，还要在初拧和终拧之间增加复拧，复拧扭矩和初拧扭矩相同或略大。

转角法也分初拧和终拧两次进行。初拧用定扭矩扳手以终拧扭矩的 60％～80％进行。使接头各层钢板达到充分密贴，再在螺母和螺栓杆上面通过圆心画一条直线，然后用扭矩扳手转动螺母一个角度，使螺栓达到终拧要求。转动角度的大小在施工前由试验确定。

扭剪型高强度螺栓紧固分初拧和终拧两次进行。初拧用扭矩扳手，以终拧扭矩的 30％～50％进行，使接头各层钢板达到充分密贴，再用电动扭剪型扳手把梅花头拧掉，使螺栓杆达到设计要求的轴力。对于板层较厚，板叠较多的节点，安装时发现连接部位有轻微翘曲时应增加复拧，复拧扭矩和初拧扭矩相同或略大。扭剪型高强度螺栓紧固过程示意如图 2-41。

常见的安装高强度螺栓工具如图 2-42 所示。高强度螺栓如图 2-43。

高强度螺栓连接，从受力特征分为摩擦型高强度螺栓、承压型高强度螺栓和承受拉力的高强度螺栓连接。

a)紧固前　　b)紧固中　　c)紧固后

图 2-41　扭剪型高强度螺栓紧固过程示意

1-梅花头；2-断裂切口；3-螺栓螺纹部分；4-螺母；5-垫圈；6-被紧固的构件；7-外套筒；8-内套筒

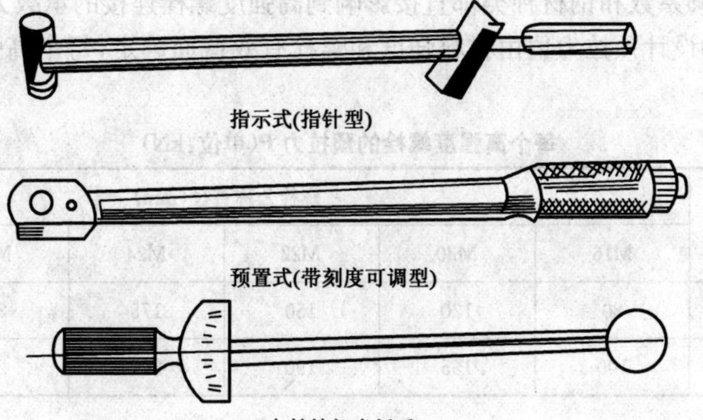
指示式(指针型)

预置式(带刻度可调型)

双向棘轮扭力扳手

图 2-42　安装高强度螺栓工具

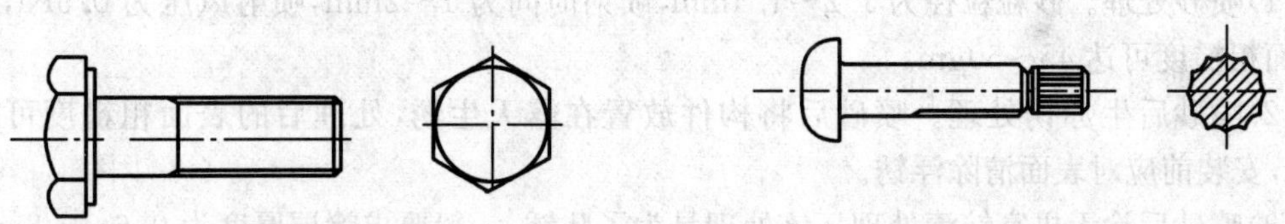
a) 高强度大六角头螺栓　　b) 扭剪型高强度螺栓

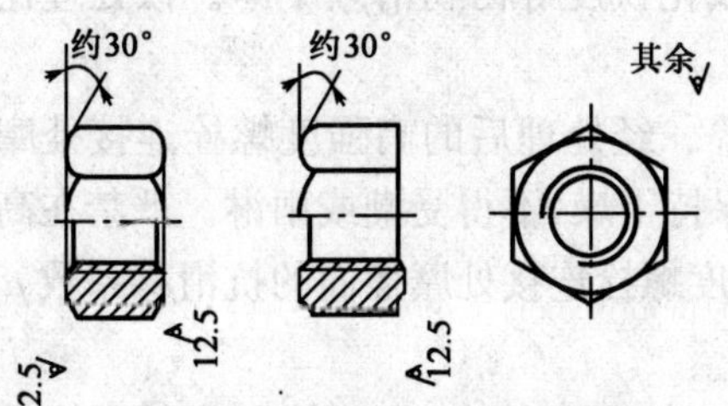

c) 扭剪高强度螺栓螺母

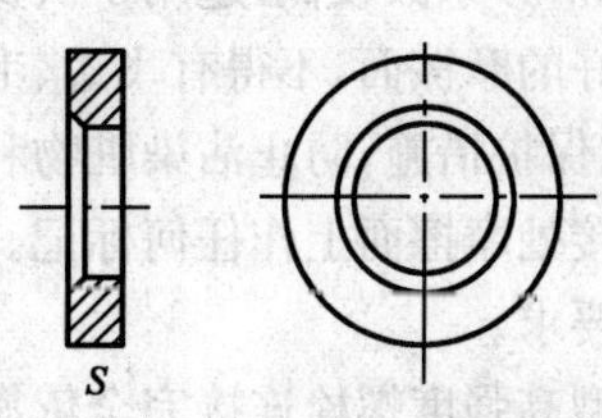

d) 高强度螺栓圈

图 2-43　高强度螺栓

摩擦型高强度螺栓连接单纯依靠被连接构件间的摩擦阻力传递剪力，以摩擦阻力刚被克服，连接钢板间即将产生相对滑移，为承载能力的极限状态。承压型高强度螺栓连接的传力特征是剪力超过摩擦力时，被连接构件间发生相互滑移，螺栓杆身与孔壁接触，螺杆受剪，孔壁承压。最终随外力的增大，以螺栓受剪或钢板承压破坏为承载能力的极限状态，其破坏形式和普通螺栓连接相同。这种螺栓连接还应以不出现滑移作为正常使用的极限状态。

承受拉力的高强度螺栓连接，由于预拉力作用，构件间在承受荷载前已经有较大的挤压力，拉力作用首先要抵消这种挤压力。至构件完全被拉开后，高强度螺栓的受拉力情况就和普通螺栓受拉相同。不过这种连接的变形要小得多。当拉力小于挤压力时，构件未被拉开，可以减小锈蚀危害，改善连接的疲劳性能。

预拉力、抗滑移系数和钢材种类都直接影响到高强度螺栓连接的承载力。

高强度螺栓的设计预拉力值由材料强度和螺栓有效截面确定，每个高强度螺栓预拉力设计值 P 见表 2-10。

每个高强度螺栓的预拉力 P(单位:kN)　　表 2-10

螺栓的性能等级	螺栓公称直径(mm)					
	M16	M20	M22	M24	M27	M30
8.8 级	80	120	150	175	230	280
10.9 级	100	155	190	225	290	355

高强度螺栓连接中，摩擦面的状态对连接接头的抗滑移承载力有很大影响，因此，摩擦面必须进行处理，常见的处理方法如下。

(1)喷砂处理。砂粒粒径为 1.2～1.4mm，喷射时间为 1～2min，喷射风压为 0.5Pa，处理完表面粗糙度可达 45～50μm。

(2)喷砂后生赤锈处理。喷砂后将构件放置在露天生锈，处理后的表面粗糙度可达到 55μm，安装前应对表面清除浮锈。

(3)喷砂后涂无机富锌漆处理。该处理是为了防锈，一般要求涂层厚度为 0.6～0.8μm。

(4)砂轮打磨。使用粗砂轮沿构件受力方向的垂直方向进行打磨，打磨后置于露天生锈效果更好，其表面粗糙度可达 5μm 以上，但离散性较大。

(5)手工钢丝刷清理。使用钢丝刷将钢材表面的氧化铁皮等污物清理干净。该处理比较简便，但抗滑移系数较低，适用于次要结构和构件。

处理好的摩擦面，不得有飞边、毛刺、焊疤或污损等。经处理后的高强度螺栓连接处摩擦面，应采取保护措施，防止沾染脏物和油污，摩擦面应保持干燥，不得受潮或雨淋。严禁在高强度螺栓连接处摩擦面上作任何标记。经处理后的高强度螺栓连接处摩擦面的抗滑移系数 μ 应符合设计要求。

摩擦型高强度螺栓连接完全依靠被连接构件间的摩擦阻力传力，而摩擦阻力的大小与螺栓的预拉力和连接件间的摩擦面的抗滑移系数 μ 有关。

规范规定的摩擦面抗滑移系数 μ 值见表 2-11。

摩擦面的抗滑移系数 μ　　表 2-11

在连接处构件接触处理方法	构件的钢号		
	Q235 钢	Q345 钢	Q390 钢
喷砂	0.45	0.50	0.50
喷砂后涂无机富锌漆	0.35	0.40	0.40
喷砂后生赤锈	0.45	0.50	0.50
钢丝刷清除浮锈或未经处理的干净轧制表面	0.30	0.35	0.35

注：当连接构件采用不同钢号时，μ 值应按相应的较低值取用。

试验证明，构件摩擦面涂红丹后，抗滑移系数 μ 甚低（在 0.14 以下），经处理后仍较低，故摩擦面应严格避免涂染红丹。另外，连接在潮湿或淋雨状态下进行拼装，μ 值会降低，故应采取防潮措施并避免雨天施工，以保证连接处表面干燥。

2. 摩擦型高强度螺栓的计算

摩擦型高强度螺栓连接可以用于承受剪力也可以用于承受拉力，下面只介绍承受剪力的计算。

摩擦型高强度螺栓承受剪力时的设计准则是剪力不得超过最大摩擦阻力。每个螺栓的最大摩擦阻力应该 $n_f\mu P$，但是考虑到整个连接中各个螺栓受力未必均匀，故乘以系数 0.9，故一个摩擦型高强度螺栓的抗剪承载力设计值为：

$$N_v^b = 0.9 n_f \mu P \tag{2-14}$$

式中：n_f——一个螺栓的传力摩擦面数目；

μ——摩擦面的抗滑移系数，见表 2-11；

P——高强度螺栓预拉力，见表 2-10。

一个承压型高强度螺栓的抗剪承载力设计值求得后，仍按式（2-8）计算高强度螺栓连接所需螺栓数目，其中 N_{min}^b 对摩擦型为按式（2-14）算得的 N_v^b 值。

对摩擦型高强度螺栓连接的构件净截面强度验算，要考虑由于摩擦阻力作用，一部分剪力由孔前接触面传递（图 2-44）。按照规范规定，孔前传力占螺栓传力的 50%。这样截面 I-I 处净截面传力为：

$$N' = N\left(1 - \frac{0.5n_1}{n}\right) \tag{2-15}$$

式中：n_1——计算截面上的螺栓数；

n——连接一侧的螺栓总数。

求出 N' 后，构件净截面强度仍按式（2-9）进行验算。

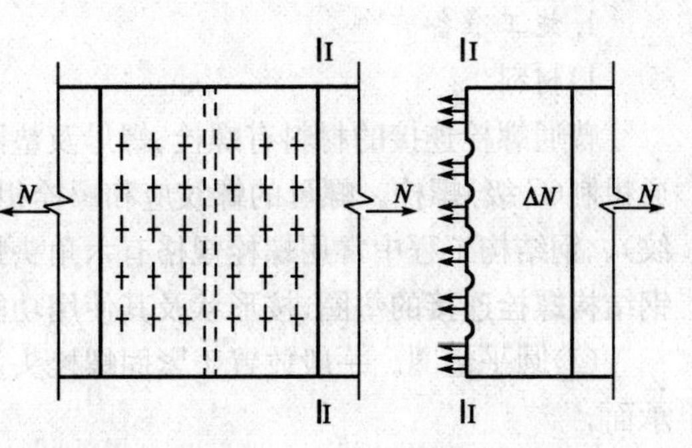

图 2-44　摩擦型高强度螺栓净截面孔前传力

【例 2-4】　用高强度螺栓连接的双拼接板拼接，承受轴心力设计值 $N=600\text{kN}$，钢板截面 340mm×12mm，钢材为 Q235 钢，螺栓直径 $d=20\text{mm}$，孔径 $d_0=21.5\text{mm}$。采用 10.9 级的 M22 高强度螺栓，连接处构件接触面用钢丝刷清理浮锈。

解 (1)采用摩擦型高强度螺栓时,一个螺栓的抗剪承载力设计值:

$$N_v^b = 0.9 n_f \mu P = 0.9 \times 2 \times 0.3 \times 190 = 102.6\text{kN}$$

连接一侧所需螺栓数为:

$$n = N/N_v^b = 600/102.6 = 5.84$$

用 6 个,螺栓排列如图 2-45 所示。

(2)构件净截面强度验算:钢板第一列螺栓孔处的截面最危险。

$$N' = N\left(1 - \frac{0.5n_1}{n}\right) = 600 \times \left(1 - 0.5 \times \frac{3}{6}\right) = 450\text{kN}$$

$$\sigma = \frac{N'}{A_n} = \frac{450000}{340 \times 120 - 3 \times 23.5 \times 12} = 139.1\text{MPa} < 215\text{MPa}$$

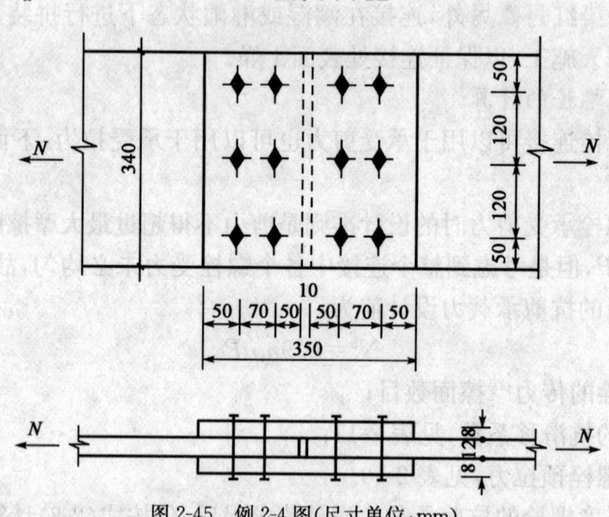

图 2-45 例 2-4 图(尺寸单位:mm)

三 普通螺栓的连接工艺

在钢结构制作和安装中,普通螺栓作为永久性连接时其连接施工的施工工艺标准的要点如下。

1.施工准备

1)材料

普通螺栓连接的材料有螺栓、螺母及垫圈。钢结构中连接螺栓,除特殊注明外一般即为普通粗制(C 级)螺栓。螺母的螺纹应和螺栓相一致,一般应为粗牙螺纹(除非特殊注明用细牙螺纹)。钢结构工程中常用螺栓规格有六角头螺栓(C 级)和六角头螺栓(全螺纹 C 级)等。常用钢结构螺栓连接的垫圈,按形状及其使用功能可以分成以下几类。

(1)圆平垫圈。一般放置于紧固螺栓头及螺母的支承面下面,用以增加螺栓头及螺母的支承面。

(2)方形垫圈。一般置于地脚螺栓头及螺母支承面下,用以增加支承面及遮盖较大螺栓孔眼。

(3)斜垫圈。主要用于工字钢、槽钢翼缘倾斜面的垫平，使螺母支承面垂直于螺杆，避免紧固时造成螺母支承面和被连接的倾斜面局部接触。

(4)弹簧垫圈。防止螺栓拧紧后在动荷载作用下的振动和松动，依靠垫圈的弹性功能及斜口摩擦面防止螺栓的松动，一般用于有动荷载(振动)或经常拆卸的结构连接处。

钢结构的连接材料要符合有关规范要求，在进行连接前要先确定钢构件的连接接头合格并且被连接件表面应清洁、干燥后才能进行紧固施工。雨天及钢结构表面有凝露时，不宜进行普通紧固件连接施工。

2)主要施工机具

普通螺栓主要施工机具为扳手。根据螺栓的不同规格、不同操作位置可选用双头扳手、单头梅花扳手、套筒扳手、活动扳手、电动扳手等。

3)技术准备

熟悉图纸，掌握设计对普通螺栓的要求，分规格统计所需的材料。

2.施工工艺

1)工艺流程

准备工作→施工交底→构件安装、调试符合要求→连接件清洁→螺栓连接→验收。

2)操作要点

(1)普通螺栓作为永久性连接螺栓时，应符合下列要求。

①一般螺栓连接中，螺栓头和螺母下面应放置平垫圈，以增大承压面积。螺栓头下面放置的垫圈一般不应少于2个，螺母下的垫圈一般不应多于1个。

②对于设计有要求防松动的螺栓，锚固螺栓应采用有防松装置的螺母或弹簧垫圈，或用人工方法采取防松措施。对于承受动荷载或重要部位的螺栓连接，应按设计要求放置弹簧垫圈，弹簧垫圈必须设置在螺母一侧。

③对于工字钢、槽钢应尽量使用斜垫圈，使螺母和螺栓头部的支承面垂直于螺杆。

(2)螺栓直径和长度的选择。

螺栓直径应与被连接件的厚度相匹配。不同厚度连接件应选用与之相应的螺栓直径，见表2-12。

螺栓直径与连接件厚度的匹配表(单位:mm)　　表2-12

连接件厚度	4～6	5～8	7～11	10～14	13～20
推荐螺栓直径	12	16	20	24	27

(3)安装永久螺栓前应先检查构件位置是否正确，精度是否满足《钢结构工程施工质量验收规范》(GB 50205—2001)的要求，尺寸有误差的应事先进行调整。在永久螺栓安装中应注意：

①精制螺栓的安装孔在结构安装时应均匀地放入临时螺栓和冲钉。临时螺栓和冲钉的数量应计算确定，但不少于安装孔总数的1/3。每一节点应至少放入两个临时螺栓，冲钉的数量不多于临时螺栓数量的30%。精制螺栓的安装孔在条件允许时可直接放入永久螺栓。扩钻后的A、B级螺栓孔不允许使用冲钉。

②永久性的普通螺栓，每个螺栓的一端不得垫2个及2个以上的垫圈，并不得采用大螺母

代替垫圈。螺栓拧紧后，外露螺纹不应少于2丝。

四 高强度螺栓的连接工艺

在钢结构制作和安装中，普通螺栓作为永久性连接时其连接施工的施工工艺标准的要点如下。

1. 施工准备

1)材料

大六角头高强度螺栓连接副含一个螺栓、一个螺母、两个垫圈(螺头和螺母两侧各一个垫圈)。

扭剪型高强度螺栓连接副包含一个螺栓、一个螺母、一个垫圈。

钢结构用高强度螺栓连接副的品种、规格、性能等应符合现行国家产品标准和设计要求，出厂时应附带产品合格证明文件、中文标志及检验报告。高强度大六角头螺栓连接副和扭剪型高强度螺栓连接副出厂时应随箱带有扭矩系数和紧固轴力(预拉力)的检验报告。

2)主要机具

高强度螺栓施工最主要的施工机具有扭剪型高强度螺栓用扳手和扭矩型高强度螺栓扳手(大六角头螺栓适用)。其他必备工具有风动扳手、力矩扳手、手动棘轮扳手、力矩倍增计、手锤、钢丝刷等。扭矩型高强度螺栓扳手(大六角头螺栓适用)一般由机体、扭矩控制盒、套筒、反力承管器、漏电保护器等部件组成。

大六角头高强度螺栓施工所用的扭矩扳手，使用前必须校正，其扭矩误差不得大于5%，合格后方准使用。校正用的扭矩扳手，其扭矩误差不得大于3%。

3)技术准备

高强度螺栓施工前，必须先检验连接构件摩擦面的抗滑移系数。抗滑移系数测试试件制造应与钢结构连接构件同批。高强度大六角头螺栓连接副的扭矩系数和扭剪型高强度螺栓的紧固轴力(预拉力)，经复验后必须符合有关规范要求。如储存超过6个月，应重新复验扭矩系数或紧固轴力。

施工前应当根据本工艺标准的质量技术要求结合工程实际编制专项作业指导书。指导书应根据施工范围、施工作业要求等，用书面形式交底到每一个施工作业人员。针对不同的施工和管理人员，技术交底应明确其施工安全、技术责任，使施工人员清楚地知道本道工序及上下工序应达到什么质量要求，使用哪些特殊的施工方法，施工中发现问题按照什么途径寻求技术指导和援助，需要达到何种施工质量标准，如何交接给下一施工工序等，使整个施工进程规范有序。

2. 高强度螺栓连接的施工工艺

1)工艺流程

作业指导书编制及交底→被连接构件制孔检查→螺栓、螺母、垫圈检查→轴力、扭矩系数试验合格→连接件摩擦试验合格→检查连接面，清除油污、毛刺等→安装构件到位，临时螺栓固定→校正钢柱并预留偏差值→紧固临时螺栓、冲孔，检查缝隙→确定可作业条件→初拧(按紧固顺序,采用转角法作标记)→终拧→检验。

2)操作工艺

(1)高强度螺栓的储运

高强度螺栓连接副由制造厂按批号、一定数量、同一规格配套后装为一箱(桶),从出厂至安装前严禁随意开包。在运输过程中应轻装轻卸,防雨防潮,防止包装损坏。当出现包装破损、螺栓有污染等异常情况时,应及时用煤油清洗,并按高强度螺栓验收规程进行复验,经复验扭矩系数合格后,方能使用。

工地储存高强度螺栓时,应放在干燥、通风、防雨、防潮的仓库内,并不得损伤丝扣和沾染脏物。连接副入库应按包装箱上注明的规格、批号分类存放。安装时,要按使用部位领取相应规格、数量、批号的连接副。当天没有用完的螺栓,必须装回干燥、洁净的容器内妥善保管,并尽快使用完毕,不得乱放乱扔。

(2)高强度螺栓连接构件的螺栓孔孔径制作

高强度螺栓连接构件的螺栓孔孔径应符合设计要求,孔径允许偏差应符合表 2-13 的规定。高强度螺栓的栓孔应采用钻孔成型,孔边应无飞边、毛刺。

高强度螺栓连接构件制孔允许偏差(单位:mm) 表 2-13

名称		直径及允许偏差						
螺栓	公称直径	12	16	20	22	24	27	30
	允许偏差	±0.43		±0.52			±0.84	
螺孔	直径	13.5	17.5	22	(24)	26	(30)	33
	允许偏差	+0.43 0		+0.52 0			0.84 0	
圆度(最大和最小直径之差)		1.00		1.50				
中心线倾斜度		应不大于板厚的 3%,且单层板不得大于 2.0mm,多层板叠组合不得大于 3.0mm						

高强度螺栓连接构件的孔距允许偏差应符合表 2-14 的规定。

高强度螺栓连接构件的孔距允许偏差(单位:mm) 表 2-14

序号	项目		螺栓孔距			
			<500	500~1200	1200~3000	>3000
1	同组内任意两孔间	允许偏差	±1.0	±1.2	—	—
2	相邻两组的端孔间		±1.2	±1.5	±2.0	±3.0

(3)节点处理

高强度螺栓连接应在其结构架设调整完毕后,再对接合件进行矫正,消除接合件的变形、错位和错孔。待接合摩擦面贴紧后,再进行高强度螺栓安装。为了使接合部板间摩擦面贴紧,结合良好,应先用临时普通螺栓和手动扳手紧固,达到贴紧为止。高强度螺栓连接安装时,在每个接点上应穿入的临时螺栓和冲钉数量,由安装时可能承担的荷载计算确定,安装用临时螺栓共穿入数量不得少于安装孔总数的 1/3,且不少于两个螺栓,如穿入部分冲钉则其数量不得多于临时螺栓的 30%。

组装时先用穿杆对准孔位，在适当位置插入临时螺栓，用扳手拧紧。不允许使用高强度螺栓兼作临时螺栓，以防损伤螺纹引起扭矩系数的变化。本阶段安装完成，经检查确认符合要求后方可安装高强度螺栓。

(4)高强度螺栓的安装顺序

一个接头上的高强度螺栓，应从螺栓群中部开始安装，逐个拧紧，严格按照从中间向四周扩展的顺序，执行初拧、复拧、终拧的施工工艺程序，严禁一步到位直接终拧。螺栓初拧、复拧和终拧后，要做出不同标记，以便识别，避免重拧或漏拧。接头如有高强度螺栓连接同时又有电焊连接时，是先紧固还是先焊接应按设计要求规定的顺序进行。设计无规定时，按紧固后焊接的施工工艺顺序进行，即先拧完高强度螺栓再焊接焊缝。高强度螺栓的紧固顺序应从刚度大的部位向不受约束的自由端进行，同一节点内从螺栓群中间向四周进行，以使板间密贴。整体结构的不同连接位置或同一节点的不同位置有两个连接构件时，应先紧主要构件，后紧次要构件。

(5)高强度螺栓的一般安装方法

高强度螺栓的安装、运输与使用应尽量保持出厂状态。

高强度螺栓的安装应在结构构件中心位置调整好后进行，其穿入方向应以施工方便为准，并力求一致。高强度螺栓连接副组装时，螺母带有圆台面的一侧应朝向垫圈有倒角的一侧。大六角头高强度螺栓连接副组装时，螺栓头下垫圈有倒角的一侧应朝向螺栓头。

安装高强度螺栓时，应顺畅穿入孔内，严禁强行穿入(如用锤敲打等)。螺栓穿入方向以便利施工为准，每个节点整齐一致。如不能自由穿入时，该孔应用铰刀进行修整，修整后最大直径应小于1.2倍螺栓直径。修孔时，为了防止铁屑落入板叠缝中，应将四周螺栓全部拧紧，板叠密贴后再进行铰孔。严禁气割扩孔。

因空间狭窄致使高强度螺栓扳手不宜操作的部位，可采用加高套管或用手动扳手安装的方法。

(6)螺栓的紧固

高强螺栓的紧固，应分两次拧紧(即初拧和终拧)，每组拧紧顺序应从节点中心开始逐步向边缘端施拧。

当日安装的螺栓应在当日终拧完毕，以防构件摩擦面、螺纹沾污、生锈及螺栓漏拧。

高强螺栓紧固宜用电动扳手进行。扭剪型高强螺栓初拧一般用60%～70%轴力控制，以拧掉尾部梅花卡头为终拧结束。不能使用电动扳手的部位，则用测力扳手紧固，初拧扭径。高强螺栓终拧后外露丝扣不得小于两扣。

应定期校正电动扳手或手动扳手的扭矩值使其偏差不大于±5%，严格控制超拧。

(7)高强度螺栓的检查

对大六角头高强度螺栓的检查如下。

①用小锤敲击法对高强度螺栓进行检查，防止漏拧。小锤敲击法是指用手指紧按住螺母的一个边，按的位置尽量靠近螺母近垫圈处，然后采用0.3～0.5kg重的小锤敲击螺母相对应的另一个边(手按边的对侧边)，如手指感到轻微颤动即为合格，如颤动较大即为欠拧或漏拧，完全不颤动即为超拧。

②进行扭矩检查，抽查每个节点螺栓数的10%，但不少于1个。即先在螺母与螺杆的相

对应位置画一条细直线，然后将螺母拧松约60°，再拧到原位(即与该细直线重合)时测得的扭矩，该扭矩与检查扭矩的偏差在检查扭矩的±10%范围以内即为合格。

③扭矩检查应在终拧1h以后进行，并且应在24h以内检查完毕。

④扭矩检查为随机抽样，抽样数量为每个节点的螺栓连接副的10%，但不少于1个连接副。如发现不符合要求的，应重新抽样10%检查；仍不合格的，整个节点必须重新紧固并检查。

⑤检查中发现欠拧、漏拧的，应该重新补拧，超拧的应予更换螺栓。高强度螺栓超拧应更换并废弃换下来的螺栓，不得重复使用。再次使用的连接板须再次处理。

扭剪型高强度螺栓连接副的检查如下。

①扭剪型高强度螺栓连接副在施工中梅花杆部分承受与栓杆部分大小相等的反扭矩作用，因而当梅花头部分被拧断，螺栓连接副已被施加了相同的扭矩，故检查只需目测梅花头拧断即为合格。但个别部位的螺栓无法使用专用扳手，则按相同直径的高强度大六角头螺栓检验方法实行，不得采用其他方法去除螺栓的梅花卡。

②扭剪型高强度螺栓施拧必须进行初(复)拧和终拧。初(复)拧后，应做好标志。此标志是为了检查螺母转角量及有无共同转角量或螺栓空转的现象而设置的。

(8)成品保护

①高强度螺栓连接副在工厂制造时，虽经表面防锈处理，有一定的防锈能力，但远不一能满足长期使用的防锈要求，故在高强度螺栓连接处，不仅应对钢板进行防锈处理，对高强度螺栓连接也应进行防锈涂漆。

②为了防止螺栓在紧固后发生松动，应对螺栓螺母的连接采取必要的防松措施。根据其结构性质可选用垫放弹簧垫圈、副螺母防松和永久防松方法进行处理。永久防松是指用电焊将螺母与螺栓的相邻位置对称点焊3～4处或将螺母与构件相点焊，也可以用钢冲在螺栓侧面对称点铆3～4处，破坏螺纹以此阻止螺母旋转，起到防松作用。

小　　结

1. 钢结构的连接方法可分为焊缝连接、铆钉连接和螺栓连接三种。

2. 建筑钢结构焊缝符号的表示应按国家标准《建筑结构制图标准》(GB/T 50105—2001)和《焊缝符号表示法》(GB 324—88)的规定执行。焊缝符号主要由基本符号、辅助符号和引出线组成，必要时还可以加上补充符号和焊缝尺寸符号。

3. 焊缝的截面形式有对接焊缝和角焊缝两种，焊接应满足构造和强度计算要求。

4. 螺栓连接分为普通螺栓连接和高强度螺栓连接。普通螺栓常用C级螺栓，其受力形式为受拉和受剪，受剪时设计承载力取抗剪承载力和抗压承载力中的较小值，并验算构件净截面强度。高强度螺栓分为摩擦型、承压型及受拉型，其各自的受力工作性能和形式不同。

5. 焊接工艺分为焊接前要进行技术准备、材料准备等，环境对施焊有影响。钢结构焊接应视钢种、板厚、接头拘束度、焊接方法和焊接环境等综合考虑是否要预热，必要时通过试验确定。消氢处理也称后热，即在焊后立即加热到200～350℃，保温一段时间后在静止的空气中冷却。若焊后立即进行热处理,可一不做后热处理。

6. 普通螺栓连接和高强度螺栓连接的施工工艺连接前要做材料、机具和技术准备,具体的施工流程是准备工作→施工交底→构件安装、调试符合要求→连接件清洁→螺栓连接→验收。

思 考 题

1. 焊缝符号由哪几部分组成? 举几个常用的例子说明。

2. 什么是角焊缝? 角焊缝尺寸有哪些构造要求?

3. 减少残余焊接应力和焊接残余变形的措施有哪些?

4. 焊接前的准备工作有哪些?

5. 螺栓在钢板和型钢上的排列有哪些规定? 为什么?

6. 受剪普通螺栓有哪几种可能的破坏形式? 如何防止?

7. 摩擦型高强度螺栓和普通螺栓连接有何不同?

8. 永久性连接的普通螺栓的连接施工的施工工艺流程是怎样的?

9. 高强度螺栓连接的施工工艺流程是怎样的?

10. 设计一双盖板的钢板的对接接头,题 10 图所示,已知钢板截面为 300mm×14mm,承受轴心拉力设计值 N=850kN(静力荷载),钢材为 Q235,焊条用 E43 型,手工焊。

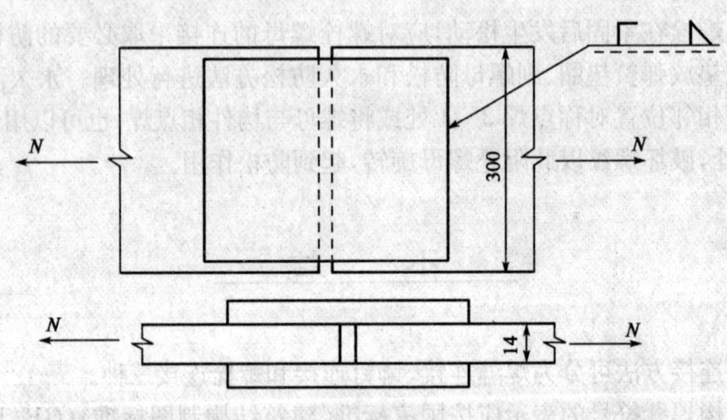

题 10图

11. 在题 11 图中所示角钢和节点板采用两边侧焊缝的连接中,N =380kN(静力荷载,设计值),角钢为 2∟140×90×10,节点板厚度 t_1 =10mm,钢材为 Q235-A · F,焊条为 E43 系列型,手工焊。试设计所需角焊缝。

12. 将题 10 改用 C 级普通螺栓连接,螺栓直径 d=20mm,孔径 d_0=21.5mm,盖板截面为 300mm×7mm,试计算连接所需螺栓数量。

13. 两钢板截面为 500mm×12mm,承受轴心力设计值 N=1000kN(静力荷载),钢材为 Q235,采用双盖板高强度螺栓连接,高强度螺栓采用 10.9 级,直径 M20,孔径 d_0=21.5mm,连接接触面采用喷砂处理,试进行设计。

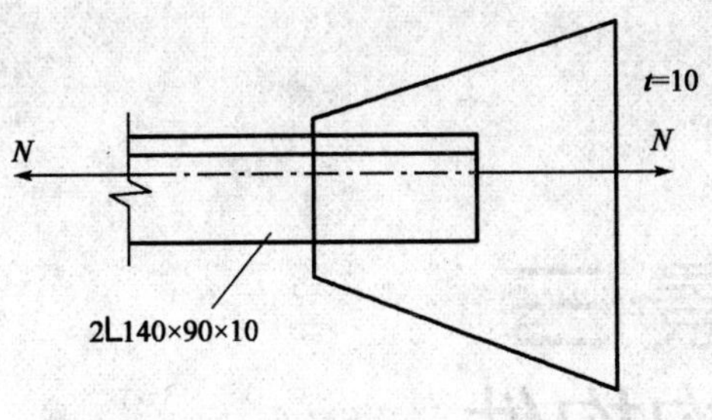

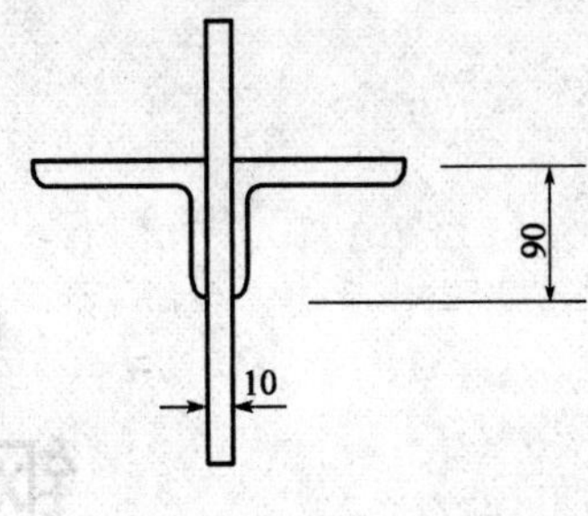

题　11 图

情景三 钢结构构件

【知识目标】

1. 掌握轴心受力构件的强度、刚度计算公式。
2. 掌握梁的设计程序。
3. 了解梁的拼接和连接。
4. 了解柱头和柱脚的连接节点构造。

【能力目标】

1. 具有钢结构轴心受力构件强度刚度计算的能力。
2. 具有钢结构构件拼接的能力。

【素质目标】

培养学生的质量安全意识、团结合作精神和良好的沟通能力。

单元一　梁

一 概述

1. 梁的类型和应用

钢梁在建筑结构中应用广泛，主要用以承受横向荷载。在工业和民用建筑中常用的有工作平台梁、楼盖梁、墙架梁、吊车梁及檩条等。

钢梁按制作方法的不同可以分为型钢梁和组合梁两大类，如图 3-1 所示。常用的型钢梁有热轧工字钢、热轧 H 型钢和槽钢，其中以 H 型钢的截面分布最合理，翼缘的外边缘平行，与其他构件连接方便，应优先采用。用于梁的 H 型钢宜为窄翼缘型（HN 型）。槽钢的剪力轴不在腹板平面内，弯曲时将同时伴随有扭转，对受力不利，如果能在结构上保证截面不发生扭转或扭矩很小的情况下，才可采用槽钢。

当跨度和荷载较大时，可采用组合梁。当荷载很大，梁高受到限制或抗扭要求较高时，可采用箱形截面。组合梁的截面组成比较灵活，可使材料在截面上的分布更为合理，节省钢材。组合梁按其连接方法和使用材料的不同，可以分为焊接组合梁（简称为焊接梁）、铆接组合梁（简称为铆接梁）、异种钢组合梁和钢与混凝土组合梁等几种。组合梁截面的组成比较灵活，可使材料在截面上的分布更为合理。

最常应用的是由两块翼缘板加一块腹板做成的焊接工字形截面组合梁，见图 3-1d)、e)，它的构造比较简单。

型钢梁构造简单、制造省工，成本较低，应优先采用。但在荷载较大或跨度较大时，由于轧制条件的限制，型钢的尺寸和规格不能满足梁承载力和刚度要求，此时要采用组合梁。

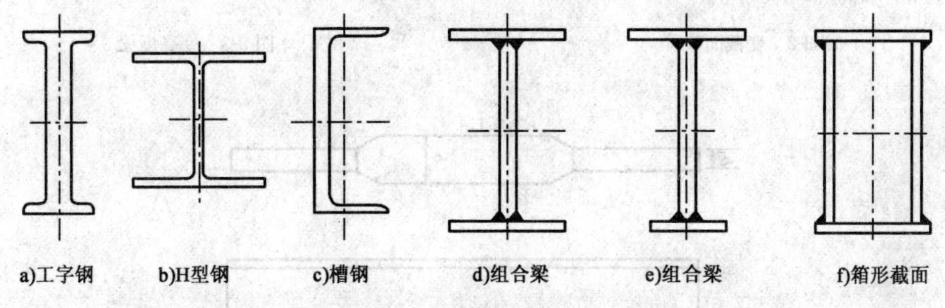

图 3-1　钢梁的截面形式

依梁支承情况的不同，可以分为简支梁、悬臂梁和连续梁。钢梁一般多采用简支梁，不仅制造简单，安装方便，而且可以避免支座沉陷所产生的不利影响。

按受力情况的不同，可以分为单向受弯梁和双向受弯梁。依梁截面沿长度方向有无变化，可以分为等截面梁和变截面梁。

对于简支组合梁，弯矩值沿梁的长度分布通常是变化的（见图 3-2），而梁截面是按最大弯矩来选择的。因此，梁的其他部位的强度就有富裕，为充分发挥材料的作用，可将梁截面随弯矩而变化。常用的改变截面的方法有两种：一种是改变梁的高度；另一种是改变翼缘的宽度。

改变梁的高度，将梁的下翼缘做成折线外形，翼缘的截面保持不变，仅在靠近梁端处变化腹板的高度（见图 3-3）。这样可使梁的支座处高度显著减少，同时可以降低机械设备的重心高度，使连接构造简化。改变翼缘宽度，这种方法比较常用，为了便于制造，通常梁只改变一次截面，这样大约节约钢材 10%～12%，如再多改变一次，再多节约 3%～4%，改变次数增多，其经济效益并不显著，反而增加了制造工作量。

截面改变设在离两端支座约 1/6 处（见图 3-4），较为经济。初步确定了改变截面的位置后，可以根据该处梁的弯矩反算出需要的翼缘板宽度 b。为了减小应力集中，应将宽板从截面改变位置以≤1∶4 的斜角向弯矩较小侧延长，与宽度为 b_1 的窄板相对接。

对于跨度较小的梁，改变截面的经济效果不大，且在构造上给制造增加了工作量，通常不改变截面。

混凝土抗压强度比抗拉强度高，更适合承受压力，而钢材的抗压强度与抗拉强度都高，为了充分发挥两种材料的优势，国内外广泛研究应用了钢与混凝土组合梁，可以收到较好的经济效果。

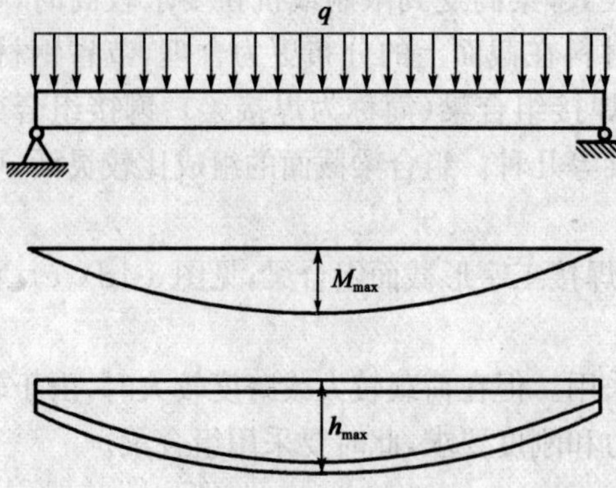

图 3-2　变截面梁

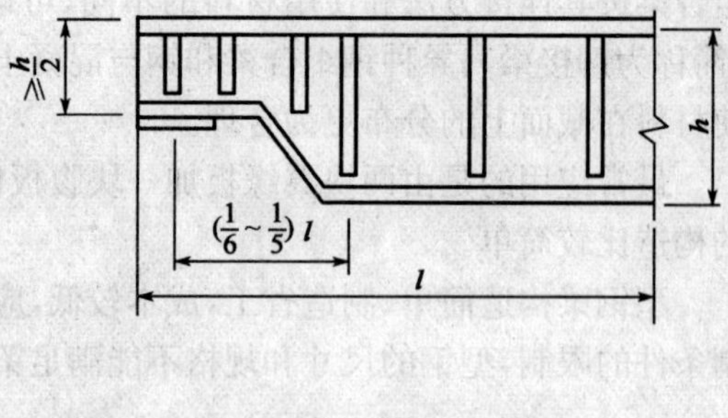

图 3-3　变高度梁

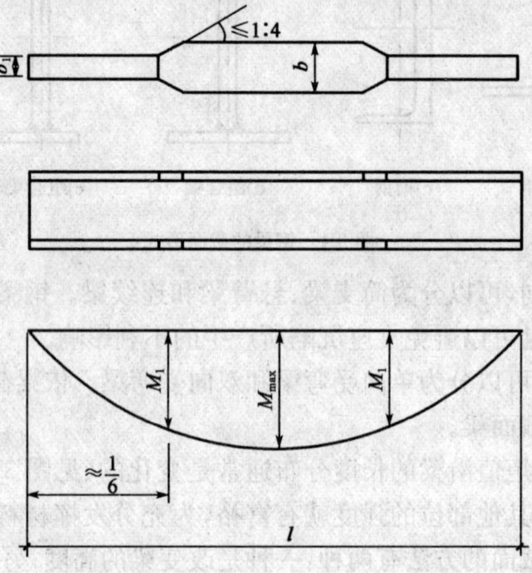

图 3-4　变宽度梁

2. 梁的强度、刚度与稳定要求

梁的设计应满足强度、刚度、整体稳定和局部稳定四方面的要求，现分述如下。

1)梁的强度计算

梁在横向荷载作用下，承受弯矩和剪力作用，故应进行抗弯强度和抗剪强度计算。当梁的上翼缘受有沿腹板平面作用的集中荷载，且在荷载作用处又未设置支承加劲肋时，还应进行计算高度上边缘的局部承压强度计算。对组合梁腹板计算高度边缘处，同时受有较大的弯曲应力、剪应力和局部压应力时，尚应验算折算应力。

2)梁的刚度计算

梁的刚度用荷载作用下的挠度大小来度量。在荷载作用下，梁出现过大变形时，会影到梁的正常使用。如楼盖梁的挠度超过正常使用的某一限值时，一方面给人一种不舒服不安全的感觉，另一方面可使其上部的楼面及下部的抹灰开裂影响结构的功能。因此梁须具有足够的刚度，以保证其变形不超过正常使用的极限状态。梁的刚度要求，就是使用时限制梁的最大变形，即挠度应符合下式要求：

梁的最大挠度 ν_{max}（按一般材料力学公式计算）或相对最大挠度 ν_{max}/l 应满足下式：

$$\nu_{max} \leqslant [\nu] \tag{3-1}$$

或

$$\frac{\nu_{max}}{l} \leqslant \frac{[\nu]}{l} \tag{3-2}$$

式中：$[\nu]$——梁的容许挠度；

ν_{max}——梁的最大挠度，按标准荷载计算。

3）梁的整体稳定

（1）丧失整体稳定的现象

在梁的强度设计时，为了有效地发挥材料的作用，梁的截面常设计成窄而高。当梁上有荷载作用在最大刚度平面内，而荷载较小时，梁只在弯矩作用平面内弯曲。虽然外界各种因素会使梁产生微小的侧向弯曲和扭转变形，但外界的影响消失后，梁便能恢复到原来的平衡状态。当荷载逐渐增加到某一数值时，梁突然发生侧向弯曲和扭转，失去继续承受荷载的能力，这种现象称为梁丧失整体稳定，如图 3-5 所示。使梁丧失整体稳定的弯矩或弯曲正应力称为临界弯矩或临界应力。如果临界应力低于钢材屈服点，梁将在强度破坏之前发生整体失稳。

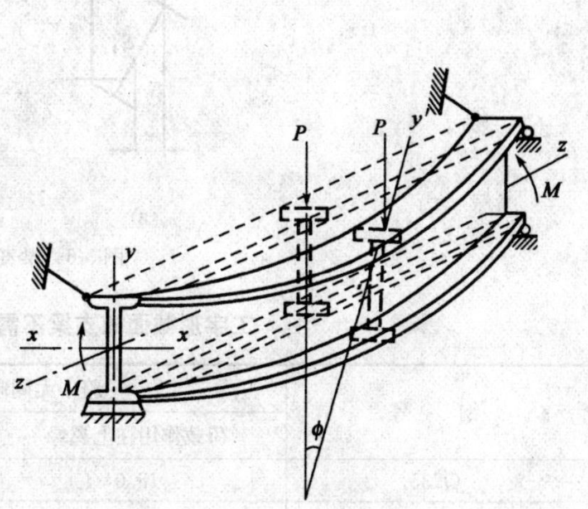

图 3-5　梁的整体失稳

临界弯矩或临界应力与荷载在截面上的作用位置有关。当荷载作用在上翼缘时（见图 3-6a），在梁产生微小侧向位移和扭转时，荷载 P 产生的附加扭矩 $P \times e$，P 促进了梁的扭转。当荷载 P 作用在梁的下翼缘时（见图 3-6b），它将产生一个与截面扭转方向相反的扭矩，对截面的继续扭转能起到阻碍作用。显然，荷载作用于上翼缘时的临界应力较低，作用于下翼缘时临界应力则较高。

（2）整体稳定性的保证

梁丧失整体稳定是突然发生的，事先并无明显预兆，因而比强度破坏更为危险，设计、施工中要特别注意。在实际工程中，梁的整体稳定常由铺板或支撑来保证。梁常与其他构件相互连接，有利于阻止梁丧失整体稳定。规范规定，当符合下列情况之一时，都不必计算梁的整体稳定性。

①有铺板（各种钢筋混凝土板和钢板）密铺在梁的受压翼缘上，并与其牢固相连，能阻止梁的受压翼缘的侧向位移时。

②工字形截面简支梁受压翼缘自由长度 l_1 与 b_1 宽度之比不超过表 3-1 所规定的数值时（如图 3-7 所示，梁受压翼缘的跨中侧向连有支撑，可以作为其侧向不动支承点，l_1 则为梁的半跨长度）。

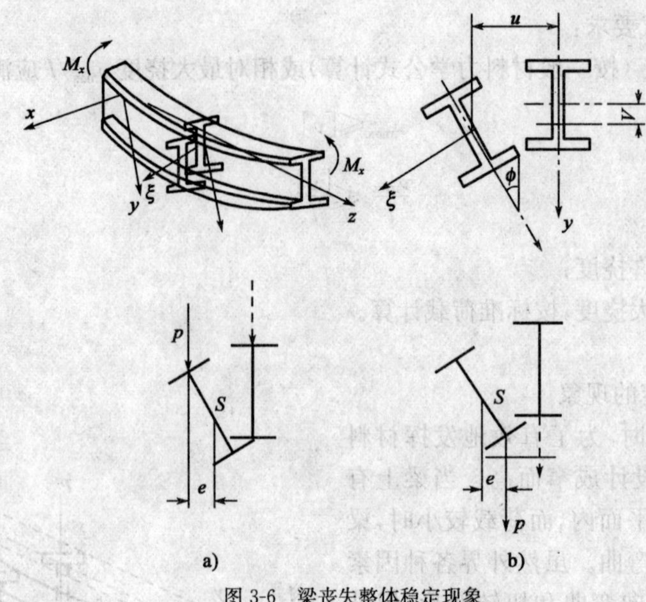

图 3-6 梁丧失整体稳定现象

工字形截面简支梁不需计算整体稳定的$\frac{l_1}{b_1}$最大值　　表 3-1

钢号	跨中无侧向支撑点的梁		跨中有侧向支撑点的梁
	荷载作用在上翼缘	荷载至作用在下翼缘	不论荷载作用在何处
Q235	13.0	20.0	16.0
Q345	10.5	16.5	13.0
Q390	10.0	15.5	12.5
Q420	9.5	15.0	12.0

注：1. 其他钢号的梁不需计算锥体稳定性的最大 l_1/b_1 值，应取 Q235 钢的数值乘以 $\sqrt{235/f_y}$。
2. 梁的支座处，应采取构造措施以防止梁端截面的扭转。

为提高梁的稳定承载能力，任何钢梁在其端部支承处都应采取构造措施，以防止其端部截面的扭转；在梁的上翼缘设置可靠的侧向支撑，如图 3-7 所示的梁，其下翼缘连于支座，上翼缘也用钢板连于支承构件上以防止侧向移动和梁截面扭转。厂房结构中的钢吊车梁就常采用这种做法。高度不大的梁也可以靠在支座截面处设置的支承加劲肋来防止梁端的扭转。

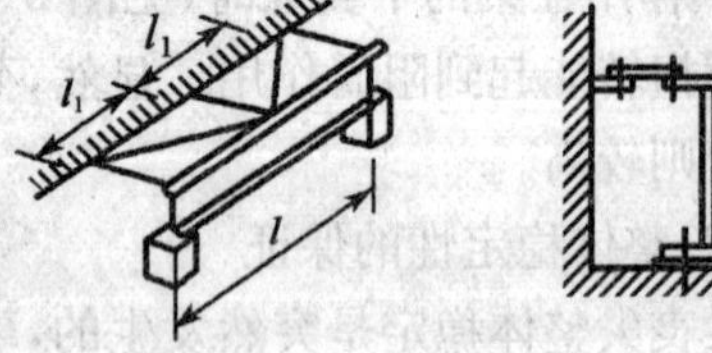

图 3-7 有侧向支撑的梁

③箱形截面梁(见图 3-8)，其截面尺寸满足 $h/b_0 \leqslant 6$，且 l_1/b_0 不超过 $95\sqrt{\frac{235}{f_y}}$时，不必计算梁的整体稳定性。

对于不符合上述任一条件的梁，则应进行整体稳定性计算，可参见有关资料。

4)梁的局部稳定和加劲肋设置

组合梁为了获得经济的截面尺寸，常采用宽而薄的翼缘板和高而薄的腹板。当钢板过薄的时候，梁的腹板和受压翼缘在尚未达到强度和整体稳定性限值之前，就可能发生波浪变形的局部屈曲，这种现象称为梁丧失局部稳定，如图 3-9 所示。如果板件丧失局部稳定，整个构件一般还不至于立即丧失承载能力，但由于对称截面转化为非对称截面而产生扭转、部分截面退出工作等原因，使梁的承载能力大为降低。

为了避免组合梁出现局部失稳，可以采用以下措施：限制板件的宽厚比或高厚比；在垂直于钢板平面的方向，设置具有一定刚度的加劲肋，以防止局部失稳。

轧制型钢梁，因受轧制条件的限制，其翼缘和腹板相对较厚，因此不必计算局部失稳，也不必采取措施。

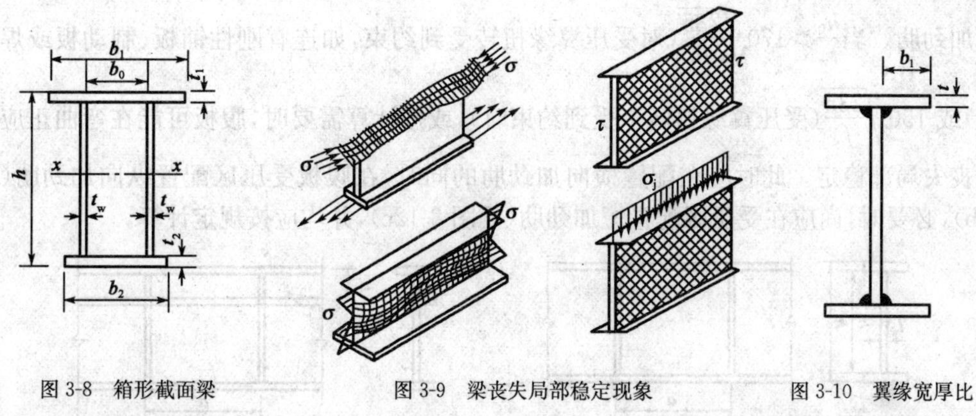

图 3-8　箱形截面梁　　图 3-9　梁丧失局部稳定现象　　图 3-10　翼缘宽厚比

(1)翼缘板的局部稳定

梁的翼缘板远离截面的形心，强度一般能够得到比较充分的利用。同时，翼缘板发生局部屈曲，会很快导致梁丧失继续承载的能力。因此，常采用限制翼缘宽厚比的办法，即保证必要的厚度的办法，来防止其局部失稳。

梁受压翼缘自由外伸宽度 b_1 与其厚度 t 之比(见图 3-10)，即宽厚比应满足下式：

$$\frac{b_1}{t} \leqslant 13\sqrt{\frac{235}{f_y}} \tag{3-3}$$

当计算梁抗弯强度取 $\lambda_x = 1.0$ 时，$\frac{b_1}{t}$ 可以放宽至 $\frac{b_1}{t} \leqslant 15\sqrt{\frac{235}{f_y}}$。

(2)腹板的局部稳定和加劲肋设置

梁的腹板一般常设计的高而薄，为了提高它的局部屈曲荷载，常采用构造措施，即如图 3-11 所示设置加劲肋来予以加强。加劲肋主要可以分为横向、纵向、短加劲肋和支承加劲肋等几种，与梁跨度方向垂直的叫横向加劲肋，主要作用是用来防止因剪切使腹板产生的屈曲；在梁的受压区，顺梁跨度方向设置的叫纵向加劲肋，主要作用是用来防止因弯曲而使腹板产生的屈曲，设计中按照不同情况采用。如果不设置加劲肋，腹板厚度必须用得较大，而大部分应力很低，不够经济。

腹板在放置加劲肋以后，被划分为不同的区段。对于简支梁的腹板，根据弯矩、剪力的分布情况，靠近梁端部的区段主要受有剪应力的作用，而在跨中附近的区段则主要受到正应力的作用，其他区段则常受到正应力和剪应力的联合作用。对于受有集中荷载作用的区段，则还承受局部压应力的作用。

组合梁腹板的局部稳定性，应按下列规定在腹板上配置加劲肋(见图 3-12)。

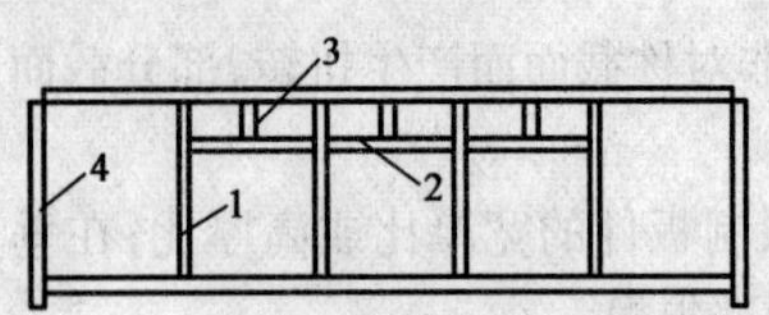

图 3-11 梁的加劲肋

1-横向加劲肋；2-纵向加劲肋；3-短加劲肋；4-支承加劲肋

①当$\frac{h_0}{t_w} \leqslant 80\sqrt{\frac{235}{f_y}}$时，对于无局部压应力（$\sigma_c=0$）的梁，可不配置加劲肋。对于有局部压应力（$\sigma_c \neq 0$）的梁，宜按构造要求在腹板上配置横向加劲肋，横向加劲肋的间距 a 应满足 $0.5h_0 \leqslant a \leqslant 2h_0$（见图 3-12a）。

②当 $80\sqrt{235/f_y} < h_0/t_w \leqslant 170\sqrt{235/f_y}$时，应配置横向加劲肋。当$\frac{h_0}{t_w} > 170\sqrt{\frac{235}{f_y}}$（对受压翼缘扭转受到约束，如连有刚性铺板、制动板或焊有钢轨时）或 $150\sqrt{\frac{235}{f_y}}$（受压翼缘扭转未受到约束时），或按计算需要时，腹板可能在弯曲正应力作用下丧失局部稳定。此时应在配置横向加劲肋的同时，在腹板受压区配置纵向加劲肋（见图 3-12b），必要时，尚应在受压区配置短加劲肋（见图 3-12c），并均应按规定计算。

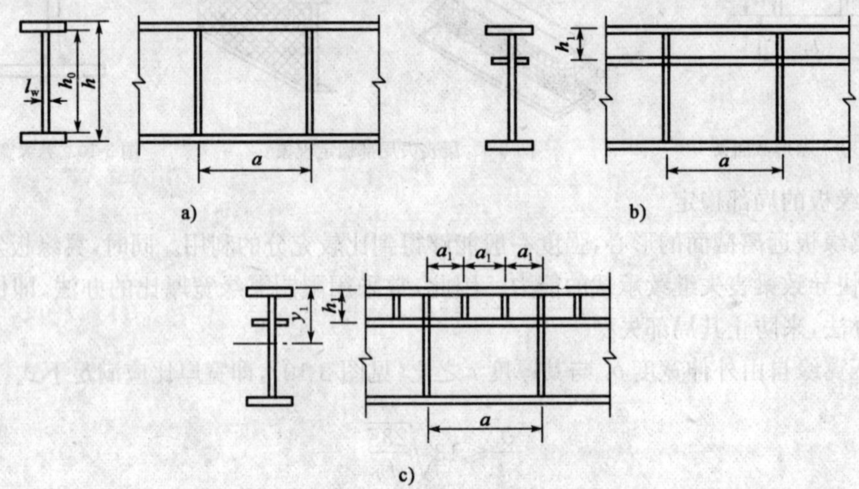

图 3-12 腹板加劲肋布置

③在梁的支座处和上翼缘受有较大固定集中荷载处，宜设置支承加劲肋。在任何情况下，腹板的高厚比均不宜超过 250。

④加劲肋常在腹板两侧成对配置（见图 3-13a），对于仅受静荷载作用或受动荷载作用较小的梁腹板，为了节省钢材和减轻制造工作量，其横向和纵向加劲肋亦可考虑单侧配置（见图 3-13b）。

加劲肋可以用钢板或型钢做成，焊接梁一般常用钢板。

横向加劲肋的最小间距为 $0.5h_0$，最大间距为 $2h_0$，对 $\sigma_c=0$ 的梁，当 $h_0/t_w \leqslant 100$ 时，可采用 $a=2.5h_0$。

(3)加劲肋的截面选择

为了保证梁腹板的局部稳定，加劲肋应具有一定的刚度，应按下列要求。

①在腹板两侧成对配置的钢板横向加劲肋，其截面尺寸按下列经验公式确定：

外伸宽度
$$b_s \geqslant \frac{h_0}{30}+40 \tag{3-4}$$

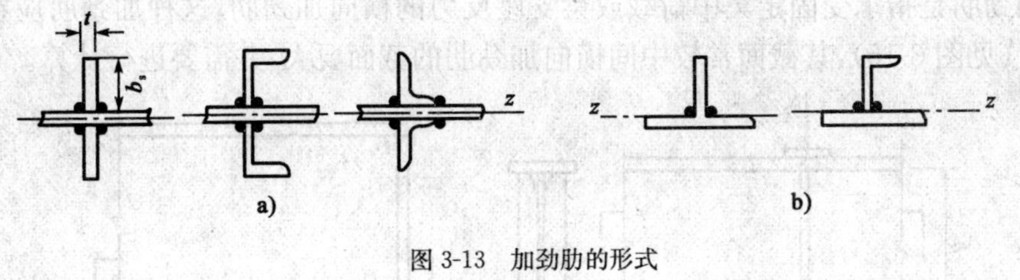

图 3-13　加劲肋的形式

厚度
$$t_s \geqslant \frac{b_s}{15} \tag{3-5}$$

②仅在腹板一侧配置的钢板横向加劲肋，其外伸宽度应大于按式(3-4)算得的 1.2 倍，厚度应不小于其外伸宽度的 1/15。

③在同时用横向加劲肋和纵向加劲肋加强的腹板中，应在其相交处将纵向加劲肋断开，横向加劲肋保持连续(见图 3-14)。

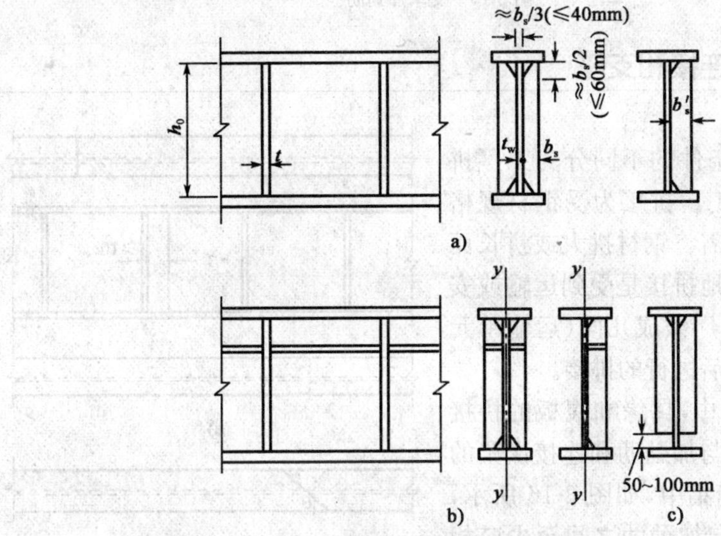

图 3-14　加劲肋构造

④当配置有短加劲肋时，其短加劲肋的外伸宽度应取为横向加劲肋外伸宽度的 0.7～1.0 倍，厚度不应小于短加劲肋外伸宽度的 1/15。

⑤用型钢做成的加劲肋，其截面相应的惯性矩有一定的要求。

为了减少焊接应力，避免焊缝的过分集中，横向加劲肋的端部应切去宽约 $b_s/3$(但不大于 40mm)、高约 $b_s/2$(但不大于 60mm)的斜角(见图 3-14a)，以使梁的翼缘焊缝连续通过。在纵向加劲肋与横向加劲肋相交处，应将纵向加劲肋两端切去相应的斜角，使横向加劲肋与腹板连接的焊缝连续通过(见图 3-14b)。

吊车梁横向加劲肋的上端应与上翼缘刨平顶紧，当为焊接吊车梁时，尚宜焊接。中间横向加劲肋的下端一般在距受拉翼缘 50～100mm 处断开(见图 3-14c)，不应与受拉翼缘焊接，以改善梁的抗疲劳性能。

(4)支承加劲肋的设置

支承加劲肋是指承受固定集中荷载或梁支座反力的横向加劲肋，这种加劲肋应在腹板两侧成对配置(见图 3-15)，其截面常较中间横向加劲肋的截面要大，并需要进行计算。

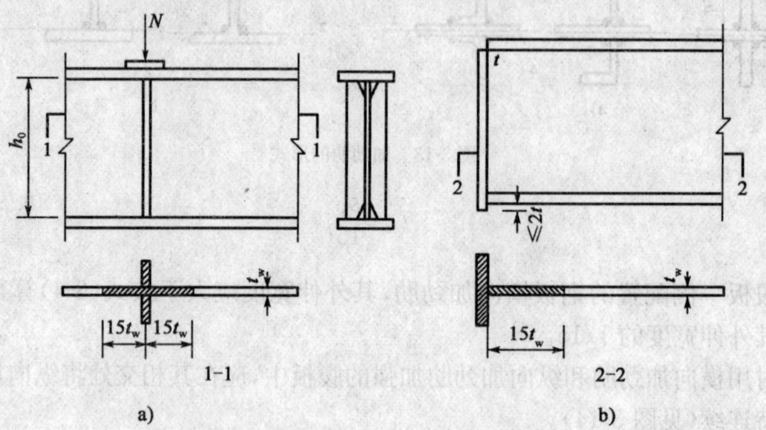

图 3-15　支承加劲肋

二　梁的拼接、连接和支座

1.梁的拼接

梁的拼接依施工条件的不同分为工厂拼接和工地拼接两种。工厂拼接为受钢材规格或现有钢材尺寸限制，需将钢材拼大或拼长而在工厂进行的拼接；工地拼接是受到运输或安装条件限制，将梁在工厂做成几段(运输单元或安装单元)运至工地后进行的拼接。

(1)梁的工厂拼接中，翼缘和腹板的拼接位置最好错开，并避免与加劲肋和连接次梁的位置重合，以防止焊缝集中，如图 3-16 所示，腹板的拼接焊缝与横向加劲肋之间至少应相距 $10t_w$。在工厂制造时，常先将梁的翼缘板和腹板分别接长，然后再拼装成整体，可以减少梁的焊接应力。

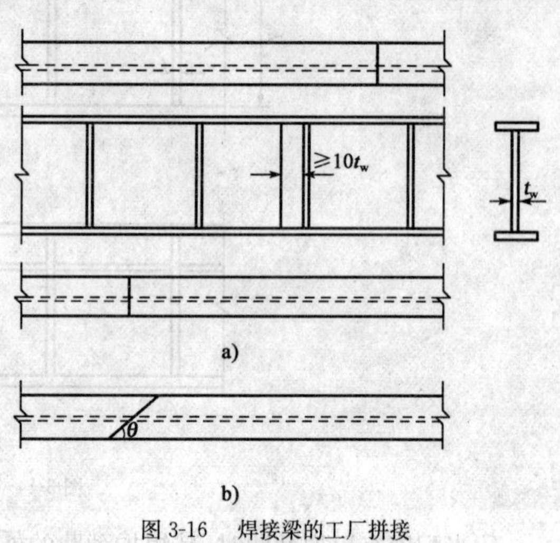

图 3-16　焊接梁的工厂拼接

(2)工地拼接的位置由运输和安装条件确定。此时，需将梁在工厂分成几段制作，然后再运往工地。对于仅受到运输条件限制的梁段，可以在工地地面上拼装，焊接成整体，然后吊装；而对于受到吊装能力限制而分成的梁段，则必须分段吊装，在高空进行拼接和焊接。

工地拼接一般应使翼缘和腹板在同一截面或接近于一截面处断开，以便于分段运输。图 3-17a)为断在同一截面的方式，梁段比较整齐，运输方便。为了便于焊接，将上下翼缘板均切割成向上的 V 形坡口。为了使翼缘板在焊接过程中有一定范围的伸缩余地，以减少焊接残余应力，可将翼缘板在靠近拼接截面处的焊缝预先留出约 500mm 的长度，按照如图 3-17a)所示序号出工厂最后焊接。

图 3-17b)为将梁的上下翼缘板和腹板的拼接位置适当错开的方式，可以避免焊缝集中在

同一截面。这种梁段有悬出的翼缘板，运输过程中必须注意防止碰撞破坏。

对于铆接梁和较重要的或受动力荷载作用的焊接大型梁，其工地拼接常采用高强度螺栓连接。

图 3-18 为采用高强度螺栓连接的焊接梁的工地拼接。在拼接处同时有弯矩和剪力的作用。设计时，必须使拼接板和高强度螺栓都具有足够的强度，满足承载力的要求，并保证梁的整体性。

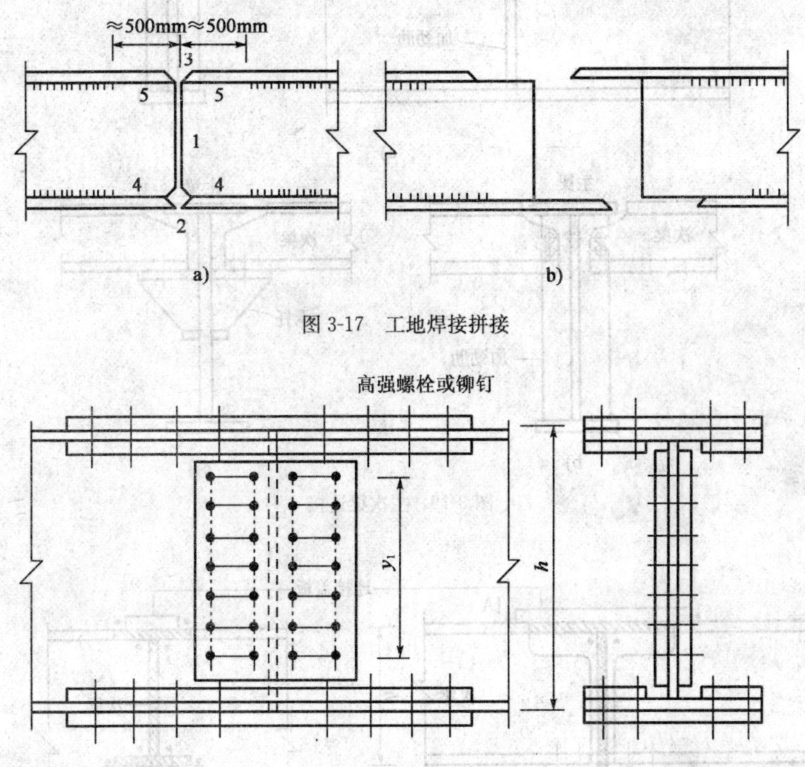

图 3-17　工地焊接拼接

图 3-18　焊接梁的工地拼接

2. 主次梁的连接

次梁与主梁的连接分为铰接和刚接。铰接应用较多，刚接则在次梁设计成连续梁时采用。

铰接连接按构造可分为叠接(见图 3-19a)和平接(见图 3-19b)两种。

叠接是将次梁直接搁在主梁上，用焊缝或螺栓相连。这种连接构造简单，但结构所占空间较大，故应用常受到限制。平接可降低建筑高度，次梁顶面一般与主梁顶面同高，也可略高于或低于主梁顶面。次梁可侧向连接在主梁的横肋上(见图 3-19b)，而当次梁的支反力较大时，通常应设置承托(见图 3-19c)。

连续次梁的连接形式，主要是在次梁上翼缘设置连接盖板，在次梁下面的肋板上也设有承托板(见图 3-20)，以便传递弯矩。为了避免仰焊，盖板的宽度应比次梁上翼缘稍窄，承托板的宽度应比下翼缘稍宽。

3. 梁的支座

梁的荷载通过支座传给下部支承结构，如墩支座、钢筋混凝土柱或钢柱等。梁与钢柱的铰接连接在轴压构件的柱头中叙述，此处仅介绍墩支座和钢筋混凝土支座。

常用的墩支座或钢筋混凝土支座有平板支座、弧形支座和滚轴支座三种形式(见图 3-21)。

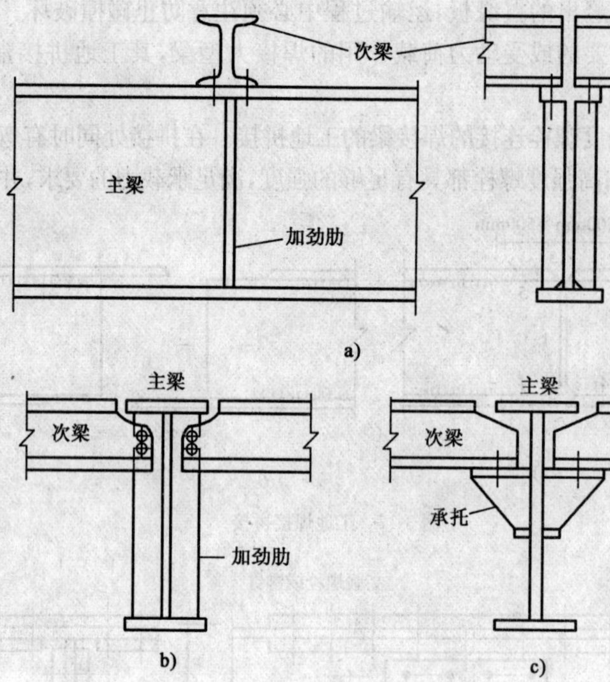

a)　b)　c)

图 3-19　主次梁连接

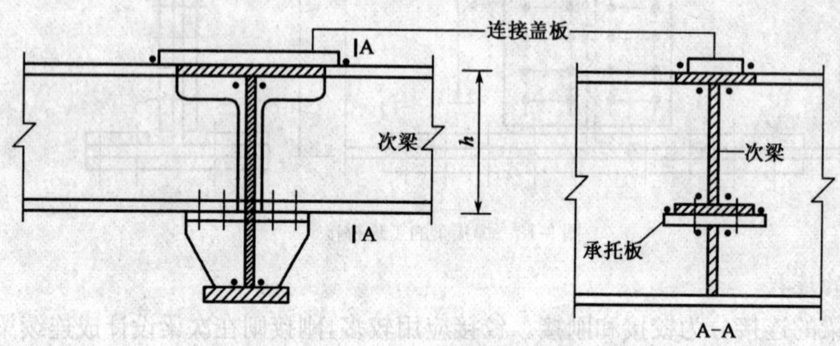

图 3-20　连续次梁的连接

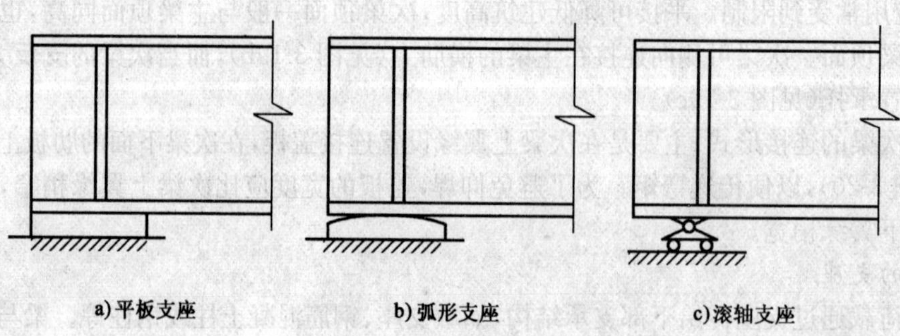

图 3-21　梁的支座形式

平板支座不能自由转动，一般用于跨度小于 20m 的梁中。弧形支座构造与平板支座相仿，但支承面为弧形，使梁能自由转动，因而底部受力比较均匀，常用在跨度 20～40m 的梁中。滚轴支座由上、下支座板和中间枢轴及下部滚轴组成。梁上荷载经上支座板通过枢轴传给下支座板，枢轴可以自由转动，形成理想铰接。下支座板支承于滚轴上，以滚动摩擦代替滑动摩擦，能自由移动。滚轴支座可消除梁由于挠度或温度变化而引起的附加应力，适用于跨度大于 40m 的梁中。能移动的滚轴支座只能安装在梁的一端，另一端须采用铰支座。

单元二 轴心受力构件

一 轴心受力构件

1. 轴心受力构件的截面形式

轴心受力构件是指只承受通过构件截面形心轴线的轴向力作用的构件。当这种轴向力为拉力时，称为轴心受拉构件，或简称轴心拉杆；当轴心力为压力时，称为轴心受压构件或简称轴心压杆。

轴心受力构件广泛地用于主要承重钢结构，如桁架和网架等(见图 3-22)。轴心受力构件还常常用作操作平台和其他结构的支柱。一些非主要承重构件如支撑，也常常由许多轴心受力构件组成。

轴心受力构件截面形式一般可分为型钢截面和组合截面两类。型钢截面如图 3-23a)所示，有圆钢、钢管、角钢、槽钢、工字钢、H 型钢和 T 型钢等。它们只需经过少量加工就可作为构件使用。由于制造工作量少，省工省时，故使用型钢截面构件成本较低，一般只用于受力较小的构件。

组合截面是由型钢和钢板连接而成，按其形式可分为实腹式截面和格构式截面两种。由于组合截面的形状和尺寸几乎不受限制，可根据轴心受力性质和力的大小选用合适的截面(见图 3-23b)。

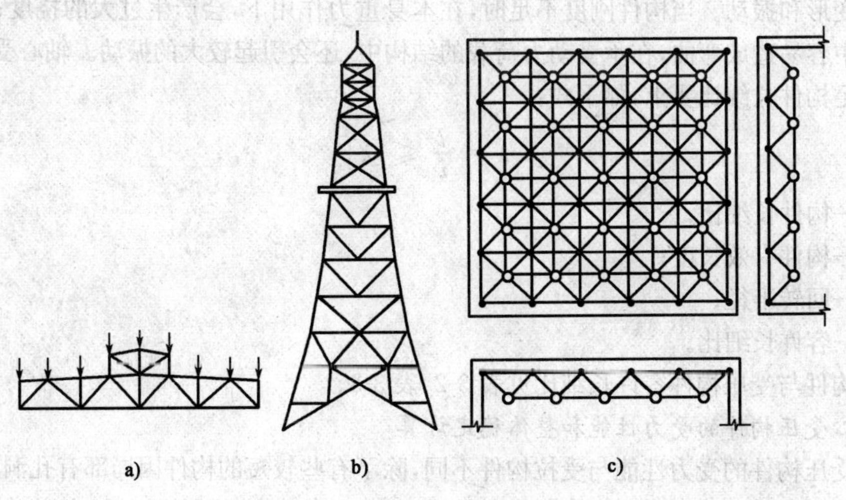

图 3-22 轴心受力构件的应用

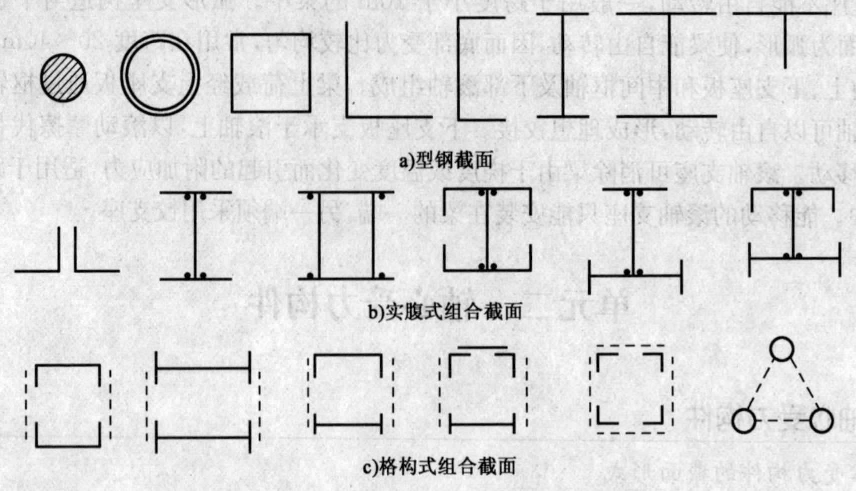

图 3-23　轴心受力构件的截面形式

2. 轴心受力构件的强度与刚度

1)轴心受力构件的强度计算

规范对轴心受力构件的强度计算,规定净截面的平均应力不应超过钢材的屈服强度,轴心受力构件的强度计算公式是:

$$\sigma=\frac{N}{A_n}\leqslant f \tag{3-6}$$

式中:N——轴心拉力的设计值;

A_n——构件的净截面面积;

f——钢材的抗拉、抗压强度设计值,见情景一表 1-2。

2)轴心受力构件的刚度计算

按正常使用极限状态的要求,轴心受拉构件和轴心受压构件均应具有一定的刚度,避免产生过大的变形和振动。当构件刚度不足时,在本身重力作用下,会产生过大的挠度;且在运输安装过程中容易造成弯曲,在承受动力荷载的结构中,还会引起较大的振动。轴心受力构件的刚度应满足构件长细比要求,如下式:

$$\lambda=\frac{l}{i}\leqslant[\lambda] \tag{3-7}$$

式中:λ——构件长细比;

e——构件有效长度;

i——回转半径;

$[\lambda]$——容许长细比。

受拉构件与受压构件容许长细比见表 3-2、表 3-3。

3. 轴心受压构件的受力性能和整体稳定计算

轴心受压构件的受力性能与受拉构件不同,除了有些较短的构件因局部有孔洞削弱,净截面的平均应力有可能达到屈服强度而需要按式(3-6)计算它的强度外,一般来说,轴心受压构件的承载能力是由稳定条件决定的。它应该满足整体稳定和局部稳定的要求。构件的稳定和强度是承载力完全不同的两个方面。强度承载力取决于所用钢材的屈服强度，而稳定承载力取决于构件的临界应力。后者与截面形状、尺寸、构件长度及构件两端的固定状况有关。

受拉构件的容许长细比

表 3-2

项　次	构件名称	承受静力荷载或间接承受动力荷载的结构		直接承受动力荷载的结构
		一般建筑结构	有重级工作制吊车的厂房	
1	桁架的杆件	350	250	250
2	吊车梁或吊车桁架以下的柱间支撑	300	200	—
3	其他拉杆、支撑、系杆等(张紧的圆钢除外)	400	350	—

受压构件的容许长细比

表 3-3

项　次	构件名称	长细比限度
1	柱、桁架和天窗架构件，柱的缀条、吊车梁和吊车桁架以下的柱间支撑	150
2	其他支撑(吊车梁和吊车桁架以下的柱间支撑除外)，用以减少受压构件长细比的杆件	200

理想轴心压杆在压力小于临界力时保持压而不弯的直线平衡状态，当压力达到临界力时，压杆就不能维持直线平衡。压杆发生弯曲并处于曲线平衡状态，也就出现了平衡分支现象，通常称为屈曲或失稳。这时，如有偶然干扰力或荷载超出极限时，杆轴不断挠曲直至形成塑性铰而破坏。理想的挺直的轴心受压柱发生弹性弯曲时，所受的力为欧拉临界力为 N_{cr}($N_{cr}=\pi^2EI/l_0^2$)。但是，实际的轴心受压柱不可避免地都存在几何缺陷和承受荷载前就存在的残余应力，同时柱的材料有可能不均匀。所以，实际的轴心受压柱一经压力作用就产生挠度，其按极限强度理论计算的稳定承载力，称为柱的极限承载力，用符号 N_u 表示。N_u 取决于柱的长度和初弯曲、柱的截面形状和尺寸，以及残余应力的分布等因素。

考虑初弯曲和残余应力两个最主要的不利因素。初弯曲的矢高取柱长度的 1/1000，而残余应力则根据柱的加工条件确定。图 3-24 是轴心受压柱按极限强度理论确定的承载力曲线，即柱子曲线，纵坐标是柱的截面平均应力 σ_u 与屈服强度 f_y 的比值[$\sigma_u/f_y=N_u/(Af_y)$]，可以用符号 φ 表示，称为轴心受压构件稳定系数，横坐标为柱的相对长细比 $\bar{\lambda}=\dfrac{\lambda}{\pi}\sqrt{\dfrac{f_y}{E}}$。

轴心受压柱应按下式计算整体稳定：

$$N/(\varphi A)\leqslant f \tag{3-8}$$

式中：N——轴心受压构件的压力设计值；

A——构件的毛截面面积；

f——钢材的抗压强度设计值；

φ——轴心受压构件的稳定系数，见附表。

在钢结构中，轴心受压构件的类型很多，当构件的长细比相同时，其承载力往往有很大差别。基于此，可以根据设计中经常采用柱的不同截面形式和不同的加工条件，按极限强度理论得到考虑初弯曲和残余应力影响的一系列柱的曲线，在图 3-24 中以两条虚线标示这一系列柱曲线变动范围的上限和下限。实际轴心受压柱的稳定系数基本上都在这两条虚线之间。分析认为，把诸多柱曲线划分为四类比较经济合理。图3-24中a、b、c、d四条柱曲线各自代表一组截面柱的φ值的平均值。我国钢结构设计规范的a、b、c、d四类截面的分类见图3-24中的文字部分。

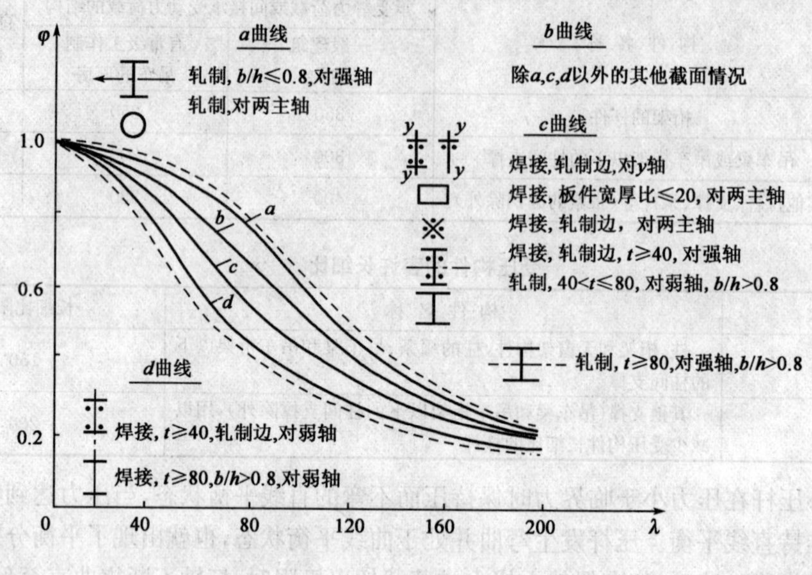

图3-24 柱子曲线

4. 轴心受压构件的局部稳定

轴心受压构件不仅有丧失整体稳定的可能性，而且也有丧失局部稳定的可能性。组成构件的板件，如工字形截面构件的翼缘和腹板，它们的厚度与板其他两个尺寸相比很小。在均匀压力的作用下，当压力到达某一数值时，板件不能继续维持平面平衡状态而产生凸曲现象，见图3-25。因为板件只是构件的一部分，所以把这种屈曲现象称为丧失局部稳定。丧失局部稳定的构件还可能继续维持着整体稳定的平衡状态，但因为有部分板件已经屈曲，所以会降低构件的承载力，可能导致构件的提前破坏。因此，规范规定受压构件中板件的局部稳定以板件屈曲不先于构件的整体屈曲为条件，并以限制板件的宽厚比来加以控制。

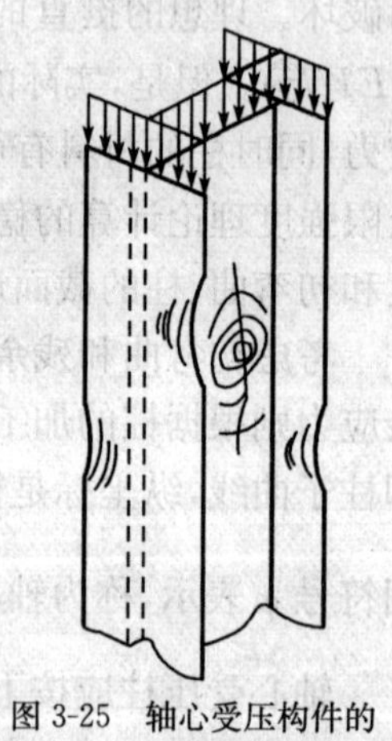

图3-25 轴心受压构件的局部稳定

1）在轴心受压构件中，工字形翼缘（见图3-26a）自由外伸段宽厚比的限值

$$\frac{b_1}{t} \leqslant (10+0.1\lambda)\sqrt{\frac{235}{f_y}} \tag{3-9}$$

式中：λ——构件两方向长细比的较大值，当$\lambda<30$时取$\lambda=30$，当$\lambda>100$时取$\lambda=100$。

式(3-9)同样适用于计算T形截面翼缘板和腹板的宽厚比(b_1/t和h_0/t_w)限值（见图3-26b）。

对于箱形截面（见图3-26c）：

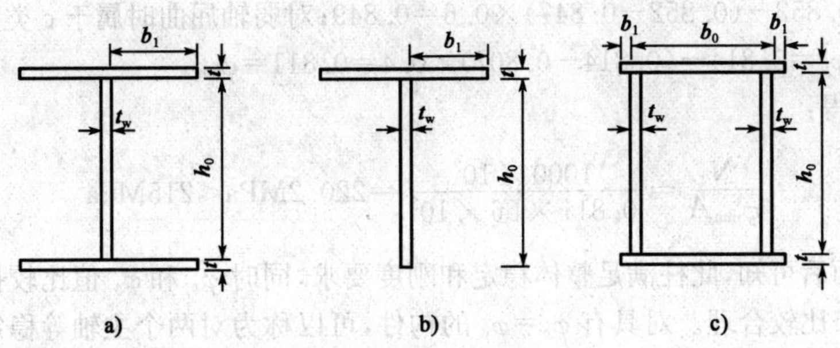

图 3-26　工字形、T 形和箱形截面板件尺寸

$$\frac{b_0}{t} \leqslant 40\sqrt{\frac{235}{f_y}} \tag{3-10}$$

2)腹板高厚比的限值

对于工字形截面：

$$\frac{h_0}{t_w} \leqslant (25+0.5\lambda)\sqrt{\frac{235}{f_y}} \tag{3-11}$$

对于箱形截面：

$$\frac{h_0}{t_w} \leqslant 40\sqrt{\frac{235}{f_y}} \tag{3-12}$$

如果受压构件有腹板高厚比不能满足式(3-11)和式(3-12)的要求时，可用纵向加劲肋加强，或在计算构件的强度和稳定性时，将腹板的截面仅考虑高度边缘范围内两侧宽度各为 $20t_w\sqrt{235/f_y}$ 的部分(计算构件的稳定系数时，仍用全部截面)。

【例 3-1】 验算如图 3-27 所示某工作平台结构中的支柱 AB 的整体稳定。柱所承受的压力设计值 $N=1000\text{kN}$，柱的长度为 5.0m。在柱截面的强轴平面内有支撑系统以阻止柱的中点在 $ABCD$ 的平面内产生侧向位移。柱截面为焊接工字钢，具有轧制边翼缘，其尺寸为翼缘 2-220×10，腹板 1-200×6。柱由 Q235-A 钢制作。

解 已知 $N=1000\text{kN}$，由支撑体系知对截面强轴弯曲的计算长度 $l_{0x}=l=500\text{cm}$，对弱轴的计算长度 $l_{0y}=l/2=0.5\times500=250\text{cm}$。抗压强度设计值 $f=215\text{MPa}$。

(1)计算截面几何特性

毛截面面积 $A=2\times22\times1+20\times0.6=56\text{cm}^2$

截面惯性矩 $I_x=(22\times22^3-21.4\times20^3)/12=5254.7\text{cm}^4$，$I_y\approx2\times\frac{1\times22^3}{12}=1775\text{cm}^4$

截面回转半径 $i_x=\sqrt{\frac{I_x}{A}}=\sqrt{\frac{5254.7}{56}}=9.69\text{cm}$，$i_y=\sqrt{\frac{I_y}{A}}=\sqrt{\frac{1775}{56}}=5.63\text{cm}$

(2)柱的长细比验算

$$\lambda_x=l_{0x}/i_x=500/9.68=51.6<[\lambda]=150$$

$$\lambda_y=l_{0y}/i_y=250/5.63=44.4<[\lambda]=150$$

(3)整体稳定验算

从截面分类可知，此柱翼缘为轧制，对截面的强轴屈曲时属于 b 类截面，由附表按 $\lambda_x=$

51.6得到 $\varphi_x=0.852-(0.852-0.847)\times0.6=0.849$；对弱轴屈曲时属于 c 类截面，由附表按 $\lambda_y=44.4$ 得到 $\varphi_y=0.814-(0.814-0.807)\times0.4=0.811=\varphi_{\min}$。

由式(3-8)得：

$$\frac{N}{\varphi_{\min}A}=\frac{1000\times10^3}{0.811\times56\times10^2}=220.2\text{MPa}<215\text{MPa}$$

经验算截面后可知，此柱满足整体稳定和刚度要求，同时 φ_x 和 φ_y 值比较接近，说明材料在截面上的分布比较合理。对具有 $\varphi_x=\varphi_y$ 的构件，可以称为对两个主轴等稳定的轴心压杆。这种杆的材料消耗最少。

(4)局部稳定验算

腹板高厚比 $\frac{h_0}{t_w}=\frac{200}{6}=33.33<(25+0.5\lambda)\sqrt{\frac{235}{f_y}}=(25+0.5\times51.6)\sqrt{\frac{235}{235}}=50.8$，局部稳定满足。

翼缘自由外伸段宽高比 $\frac{b_1}{t}=\frac{(220-6)/2}{10}=\frac{107}{10}=10.7<(10+0.1\lambda)\sqrt{\frac{235}{f_y}}$

$$=(10+0.1\times51.6)\sqrt{\frac{235}{235}}=15.16$$

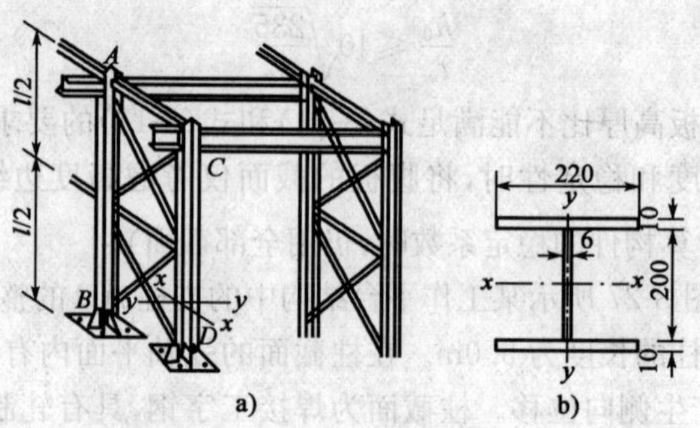

图 3-27 例 3-1 图(尺寸单位:mm)

5.轴心受压柱的设计与构造

1)实腹式轴心压杆

实腹式轴心压杆常用的截面形式有如图 3-23a)、b)所示的型钢和组合截面两种。选择截面的形式时不仅要考虑用料经济而且还要尽可能使构造简单、制造省工和便于运输。为了用料经济，一般选择壁薄而宽敞的截面。这样的截面有较大的回转半径，使构件具有较高的承载力。不仅如此，还要使构件在两个方向的稳定系数接近。当构件在两个方向的长细比相同时，虽然有可能属于不同的类别而它们的稳定系数不一定相同，但其差别一般不大。所以，可用长细比 $\lambda_x=\lambda_y$ 作为评价稳定的方法，故选择截面形状时要考虑构件的计算长度 l_{0x} 和 l_{0y}。

对于内力较小的压杆，如果按照整体稳定的要求选择截面的尺寸，会出现截面过小致使构件过于细长，刚度不足使杆件容易弯曲，不仅影响所设计构件本身的承载能力，有时还可能影响与此压杆有关结构体系的可靠性。为此，规范规定，对柱和主要压杆，其容许长细比为[λ]=150；对次要构件如支撑等，则[λ]=200。遇到内力很小的压杆，截面尺寸应该用容许长细比来确定，使它具有足够大的回转半径以满足刚度要求。

2)格构式轴心压杆

为提高轴心受压构件的承载能力，应在不增加材料用量的前提下，尽可能增大截面的惯性矩，并使两个主轴方向的惯性矩相同，使 x 轴和 y 轴具有等稳定性。如图 3-28 所示，格构式受压构件就是把肢件布置在距截面形心一定距离的位置上，通过调整肢件间距离以使两个方向具有相同的稳定性。肢件通常为槽钢或工字钢，用缀材把它们连成整体，以保证各肢件能共同工作。

格构柱常用两槽钢组成，槽钢肢件的翼缘向内者用得较多，这样可以得到一个如图 3-28a)所示平整的外表，而且与如图 3-28b)所示肢件翼缘向外相比，在轮廓尺寸相同的情况下，前者可以得到较大的截面惯性矩。当荷载较大时，也可用两工字钢组成，如图 3-28c)所示。对于长度较大而受力不大的压杆，如桅杆、起重机机臂等，肢件可以由四个角钢组成，四周均用缀材连接，如图 3-28d)所示。工地中的卷扬机架，常用三个肢件组成的格构柱，如图 3-28e)所示。三角形格构柱的柱肢一般用钢管组成。

缀材有缀条和缀板两种。缀条用斜杆组成，如图 3-29a)所示；也可以用斜杆和横杆共同组成，如图 3-29b)所示；一般用单角钢作缀条；缀板用钢板组成，如图 3-29c)所示。

在构件截面上，与肢件的腹板相交的轴线称为实轴，如图 3-28a)～c)中的 y 轴，与缀材平面相垂直的轴线称为虚轴，如图 3-28a)～c)中的 x 轴，而图 3-28d)、e)中的 x 与 y 轴都是虚轴。

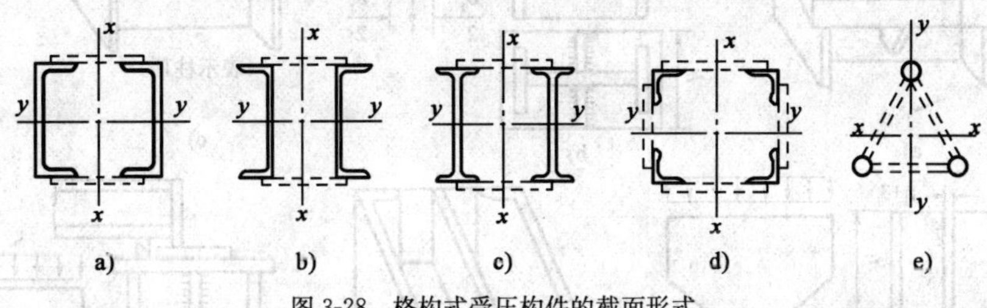

图 3-28　格构式受压构件的截面形式

3)柱头的构造设计

轴心压杆也经常用作建筑物的支柱，由柱头、柱身和柱脚三部分组成，如图 3-30 所示。柱头用来支承梁或桁架，柱脚的作用是将压力传至基础。

柱头是指柱的上端与梁相连的构造，其作用是承受并传递梁及上部结构传来的内力。轴心受压柱是一根独立的构件，它要直接承受从上部传来的荷载。最常见的上部结构是梁格系统，柱头的构造与梁的端部构造密切相关。为了适应梁的传力要求，轴心受压柱的柱头有两种构造方案：一种是将梁设置于柱顶，另一种是将梁连接于柱的侧面。

1)梁支承于柱顶的构造设计

在柱顶设一放置梁的顶板，由梁传给柱子的压力一般要通过顶板使压力尽可能均匀地分布到柱上。顶板应具有足够的刚度，其厚度不宜小于 16mm，通常取为 20mm。

图 3-31a)假设顶板透明显示顶板底下的柱的构造。图 3-31b、f)工字形截面梁的端部设有突缘式支撑加劲肋，将梁所承受的荷载传给垫板，垫板放在柱顶板上面的中间位置。垫板与顶板之间以构造角焊缝相连。顶板的下面设两个加劲肋，顶板与柱身采用构造焊缝进行围焊。为了固定梁在柱头上的位置，常采用 C 级普通螺栓将梁下翼缘与柱顶相连。

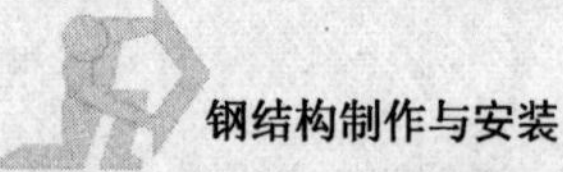

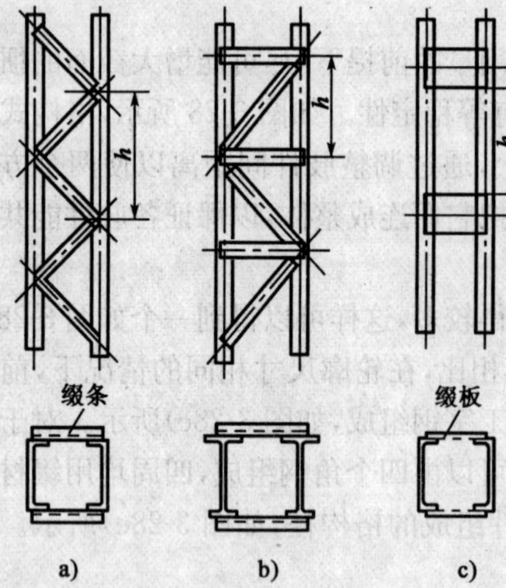

图 3-29　格构柱的组成

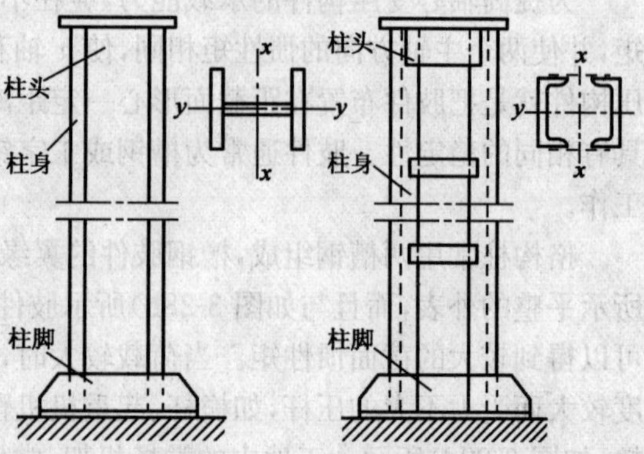

图 3-30　柱的组成

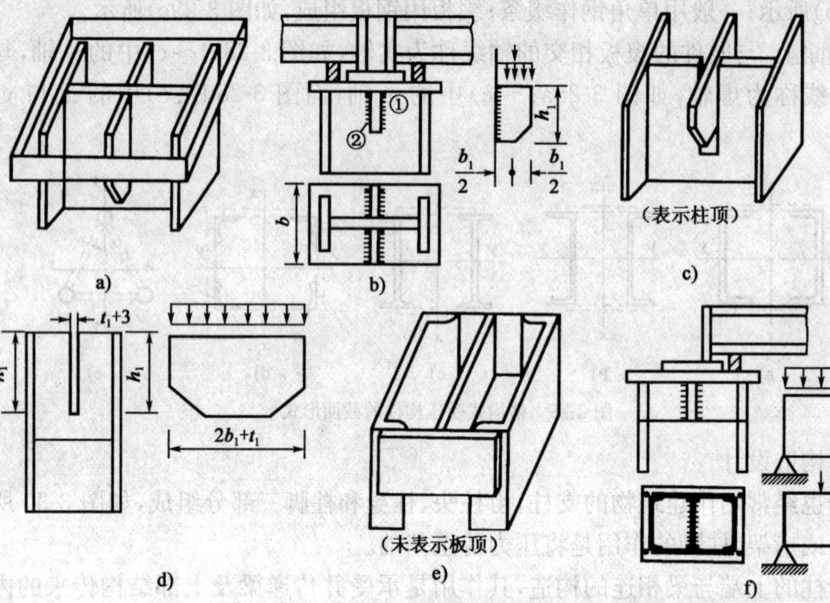

图 3-31　梁支承于柱顶的构造

当梁传给柱头的压力较大时，可将柱腹板开一个槽将两个加劲肋合并成一个双悬臂梁放入柱腹板的槽口，如图 3-31c)所示。

图 3-31c)、f)所示为格构柱的柱头构造图。当格构式柱的柱身由两个分肢组成时柱头可由垫板、顶板、加劲肋和两块缀板组成。为了保证传力均匀，在柱顶必须用缀板将两个分肢连接起来，同时分肢间的顶板下面亦须设加劲肋。

2)梁支承于柱侧的构造设计

梁连接在柱的侧面有利于提高梁格系统在其水平面内的刚度。最简单的构造方案是在柱的翼缘上焊一个如图 3-32a)所示的 T 形承托。为防止梁的扭转，可在其顶部附设一小角钢用构造螺栓与柱连接。用厚钢板作承托的方案如图 3-32b)所示，适用于承受较大的压力，但制造与安装的精度要求更高，承托板的端面必须刨平顶紧以便直接传递压力，而承托板与翼缘的连接焊缝考虑到有一定偏心力矩，可把压力加大 25％来计入其影响。在柱两侧的作用压力不相等时，以上两种方案都可能使柱偏心受力，计算柱的承载力时必须予以考虑。

如图 3-32c)所示，梁沿柱翼缘平面方向与柱相连，在柱腹板上设置支托，梁端板支承在承托上，梁吊装就位后，用填板和构造螺栓将柱腹板与梁端板连接起来。

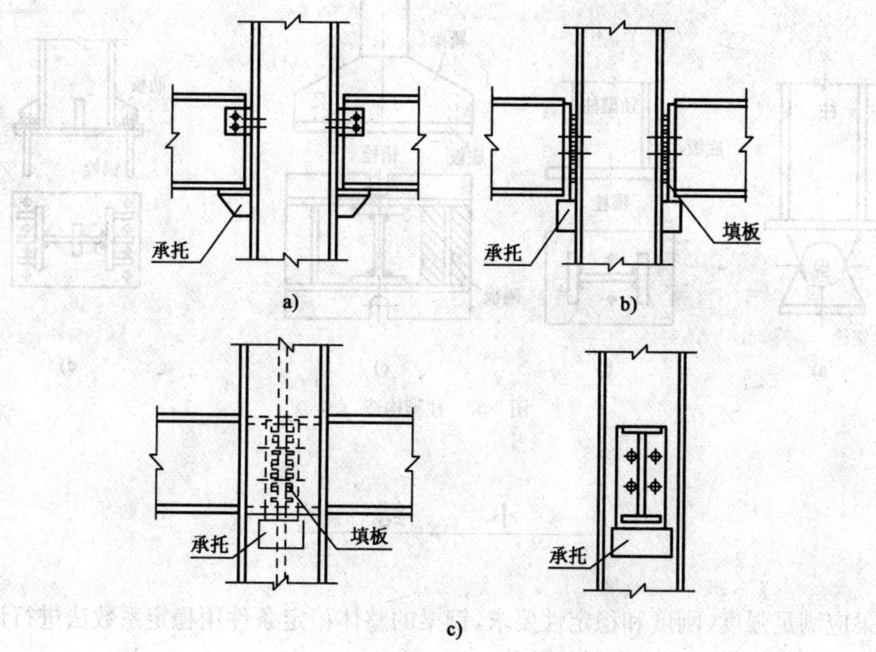

图 3-32 梁支承于柱侧的构造

3)柱脚的构造设计

轴心受压柱柱脚的作用是将柱身的压力均匀地传给基础，并和基础牢固连接。因此，柱脚构造设计应尽可能符合结构的计算简图。在整个柱中，柱脚是比较费钢材也比较费工的部分，设计时应力求构造简单，并便于安装固定。

轴心受压柱的柱脚按其和基础的固定方式可以分为两种：一种是铰接柱脚，如图 3-33a)、～c)所示；另一种是刚接柱脚，如图 3-33d)所示。

图 3-33a)是一种轴承式铰接柱脚，柱可以围绕枢轴自由转动，其构造形式很符合铰接连接的力学计算简图。但是，这种柱脚的制造和安装都很费工，也很费钢材，只有少数大跨度结构因要求压力的作用点不允许有较大变动时才采用。

图 3-33b)、c)都是平板式铰接柱脚。图 3-33b)是一种最简单的柱脚构造方式，在柱的端部只焊了一块不太厚的钢板，这块板通常称为底板，用以分布柱的压力。由于柱身压力要先经过焊缝后才由底板到达基础，如果压力太大，焊缝势必很厚而超过构造限制的焊缝高度，而且基础的压力也很不均匀，直接影响基础的承载能力，所以这种柱脚只适用于压力较小的轻型柱。

最常采用的铰接柱脚是由靴梁和底板组成的柱脚，如图 3-33c)所示。柱身的压力通过与靴梁连接的竖向焊缝先传给靴梁，这样柱的压力就可向两侧分布开来，然后再通过与底板连接的水平焊缝经底板到达基础。当底板的底面尺寸较大时，为了提高底板的抗弯能力，可以在靴

梁之间设置隔板。柱脚通过埋设在基础里的锚栓来固定，按照构造要求采用 2～4 个直径为 20～25mm 的锚栓。为了便于安装，底板上的锚栓孔径为锚栓直径的 1.5～2 倍，待柱安装就位后再将套在锚栓上的垫板与底板焊牢。

图 3-33d)是刚性柱脚，柱脚锚栓分布在底板的四周以便使柱脚不能转动。

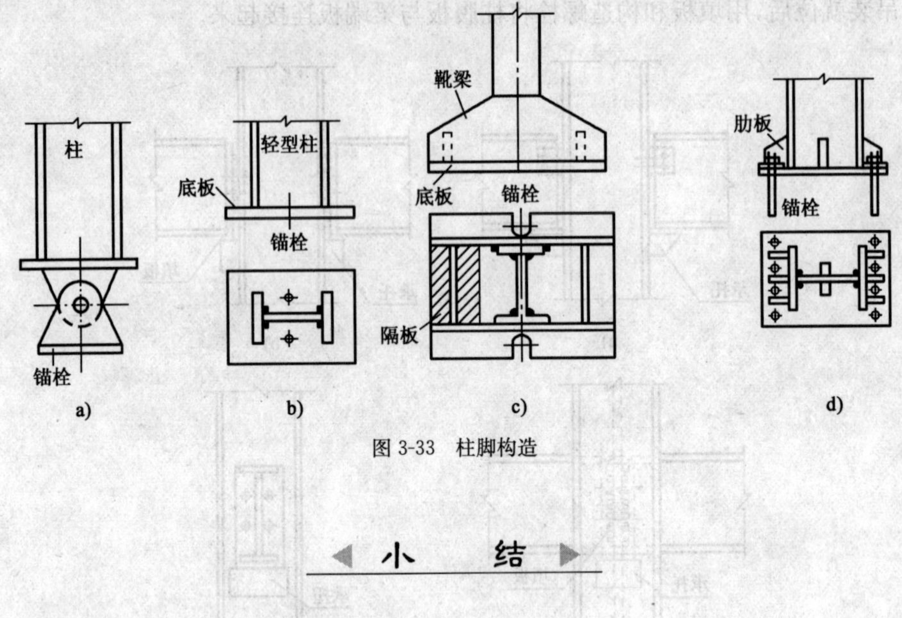

图 3-33　柱脚构造

小　　结

1. 钢梁应满足强度、刚度和稳定性要求，钢梁的整体稳定条件用稳定系数法进行计算。一般情况下梁设置腹板加劲肋和支承加劲肋。

2. 轴心受力构件的截面形式分为实腹式型钢截面和格构式组合截面两类。实腹式轴心受压构件的截面由构造要求和强度、刚度、稳定性要求共同确定，实腹式轴心受压构件的局部稳定条件由板的宽厚比、长厚比确定，格构式压弯构件安全的关键是考虑稳定，其肢件间需用缀条连接。

3. 柱与梁和基础的连接构造称为柱头和柱脚。柱头的构造分为柱顶连接和柱侧连接两种形式。柱脚的构造主要由底板、靴梁和隔板组成。

思　考　题

1. 什么是梁的整体稳定？在何种条件下可不计算梁的整体稳定？组合梁的翼缘和腹板各采取什么办法保证局部稳定？

2. 轴心受力构件应满足哪些方面的要求？

3. 实际轴心压杆与理想轴心压杆的工作有何不同？

4. 说明稳定系数 φ 的意义。为什么要将截面形式和对应轴分为四类求 φ？

5. 实腹柱与格构柱常用何种截面？格构柱的肢间距离根据什么原则确定？

6. 画出柱头与柱脚的构造各一种。

情景四 钢屋架

【知识目标】

1. 掌握钢屋盖结构的组成。
2. 掌握支撑的作用、种类和设置原则。
3. 掌握钢屋盖的施工图。

【能力目标】

具有钢屋盖结构施工图的识读能力。

【素质目标】

培养学生严谨认真的精神，自觉观察周围建筑实物，接受新鲜事物的能力。

单元一 桁架的应用及外形

一 钢桁架的应用

桁架是指由直杆在端部相互连接而组成的格子式结构。桁架中的杆件大部分情况下只受轴心拉力或压力。应力在截面上均匀分布，因而容易发挥材料的作用。桁架用料经济，结构的自重小，易于构成各种外形以适应不同用途。桁架是一种应用极其广泛的结构，除工业厂房和一些剧院、商场、体育馆、火车站、展览厅、大型船体车间、飞机库等的屋盖结构外，还用于施工脚手架、输电塔架和桥梁等。

在工业与民用房屋建筑中，当跨度比较大时用梁作屋盖的承重结构是不经济的，此时，要用屋架作为屋盖的承重结构。此外，钢结构的拱架、网架等也可用作屋盖的承重结构。

本单元只学习作屋盖的桁架，即屋架。

二 屋架的外形

钢屋架可分为普通钢屋架和轻型钢屋架。普通钢屋架由角钢和节点板焊接而成。这种屋架受力性能好、构造简单、施工方便,广泛应用于工业和民用建筑的屋盖结构中。轻型钢屋架指由小角钢(小于∟45×4 或∟56×36×4)、圆钢组成的屋架及冷弯薄壁型钢屋架。其屋面荷载较轻,因此杆件截面小、轻薄、取材方便、用料省,当跨度及屋面荷载均较小时,采用轻型钢屋架可获得显著的经济效果。但不宜用于高温、高湿及强烈侵蚀性环境或直接承受动力荷载的结构。

常用屋架按外形可分为三角形屋架(见图 4-1)、梯形屋架(见图 4-2)和平行弦屋架(见图 4-3)三种形式。

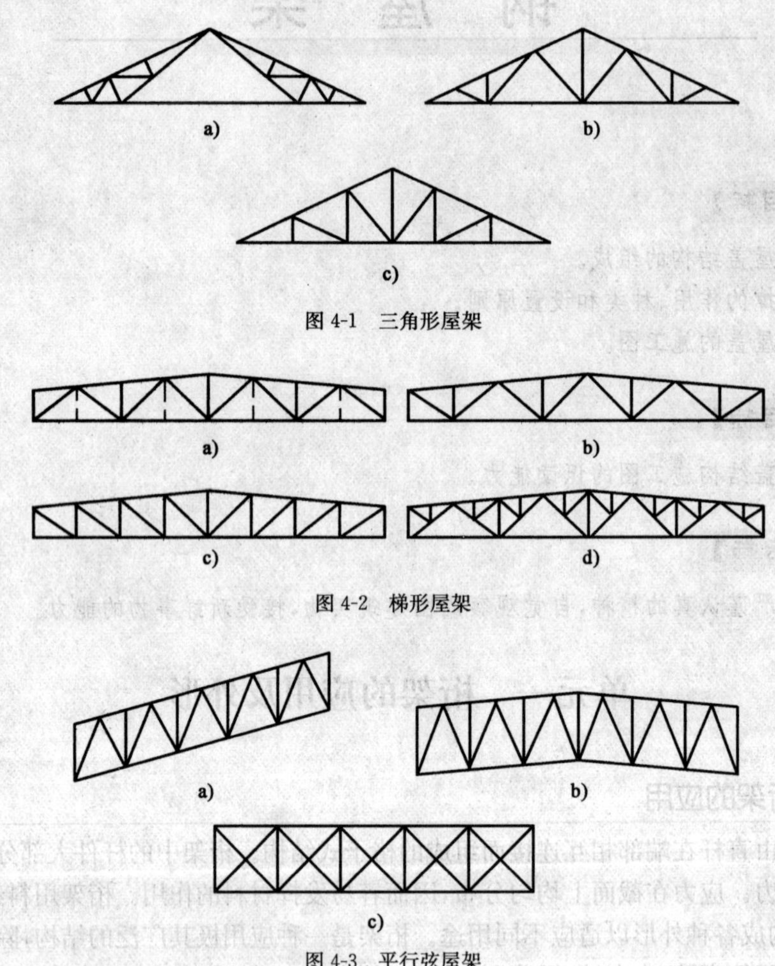

图 4-1 三角形屋架

图 4-2 梯形屋架

图 4-3 平行弦屋架

1)三角形屋架

三角形屋架的腹杆布置有芬克式(见图 4-1a)、人字式(见图 4-1b)和单斜杆式(见图 4-1c)三种。芬克式屋架的腹杆受力合理,长腹杆受拉,短腹杆受压,且可分为两小榀屋架制造,运输方便,故应用较广。人字式的杆件和节点都较少,但受压腹杆较长,只适用于跨度小于 18 m 的屋架。单斜杆式的腹杆和节点数量都较多,只适用于下弦设置天棚的屋架,一般较少采用。

三角形屋架适用于屋面坡度较陡的,有檩体系屋盖。三角形屋架的外形与均布荷载作用下的弯矩图相差较大,因此,弦杆内力沿屋架跨度分布很不均匀,弦杆内力在支座处最大,在跨中最小，故弦杆截面不能充分发挥作用。三角形屋架的上、下弦杆交角一般都较小，尤其在屋面坡度不大时更小，使支座节点构造复杂，故一般宜用于中、小跨度的轻屋面结构。屋面太重或跨度很大，采用三角形屋架不经济。

2）梯形屋架

梯形屋架适用于屋面坡度平缓的无檩体系屋盖和采用长尺压型钢板和夹芯保温板的有檩体系屋盖。其屋面坡度一般为 1/8～1/16，跨度 18～36m。由于梯形屋架外形与均布荷载作用下的弯矩图比较接近，因而弦杆内力比较均匀。梯形屋架与柱连接可做成刚接，也可做成铰接。由于刚接可提高房屋横向刚度，因此在全钢结构厂房中被广泛采用。当屋架支撑在钢筋混凝土柱或砖柱上时，只能做成铰接。

3）平行弦屋架

平行弦屋架的上、下弦弦杆平行，且可做成不同的坡度。与柱连接可做成刚接或铰接。多用于托架、吊车自动桁架或支撑体系。平行弦屋架的不足是弦杆内力分布不均匀。

三 屋架主要尺寸的确定

屋架的主要尺寸是指屋架的跨度和跨中高度、端部高度（梯形屋架）。屋架的跨度取决于柱网布置，即由生产工艺和建筑使用要求确定，同时应考虑结构布置济合理性。柱网纵向轴线的间距就是屋架的标志跨度，其尺寸以 3 m 为模数。屋架的高度则由经济条件、刚度条件（屋架的挠度限值 $L/500$）、运输界限（铁路运输界限高度为 3.85m）及屋面坡度等因素来决定。

根据上述原则，各种屋架中部高度 H 常在下述范围：三角形屋架 $H\approx(1/6\sim1/4)L$；梯形屋架 $H\approx(1/10\sim1/6)L$，但当跨度大时注意尽可能不超出运输界限。梯形屋架端部高度 H_0 与其中部高度及屋面坡度有关，通常取 1.8～2.1m。

单元二　屋 盖 支 撑

钢屋盖结构由屋架、檩条、屋面板、屋盖支撑系统，有时还有天窗架及托架等构件组成。根据屋面所用材料的不同，屋盖结构可分为有檩屋盖结构和无檩屋盖结构。

1. *有檩屋盖*

当屋面采用压型钢板、石棉瓦、钢丝网水泥波形瓦、预应力混凝土槽瓦和加气混凝土屋面板等轻型材料时，屋面荷载由檩条传给屋架，这种屋盖承重方案称为有檩屋盖结构体系，见图 4-4a）。有檩屋盖构件种类和数量较多，安装周期长，但其构件自重轻，用料省，安装和运输方便。

有檩屋盖屋架间距和跨度较为灵活，屋架间距通常为 6m，较经济的间距为 4～6m；当屋架间距为 12～18m 时，宜将檩条直接支承在钢屋架上；当屋架间距大于 18m 时，以纵横方向的次桁架来支承檩条较好。

2. *无檩屋盖*

当屋面采用钢筋混凝土大型屋面板时，屋面荷载通过大型屋面板直接传给屋架，这种屋盖承重方案称为无檩屋盖结构体系，见图 4-4b）。无檩屋盖构件种类和数量都少，安装效率高，施工速度快，屋盖整体性好，便于做保温层，在工业厂房中应用广泛。

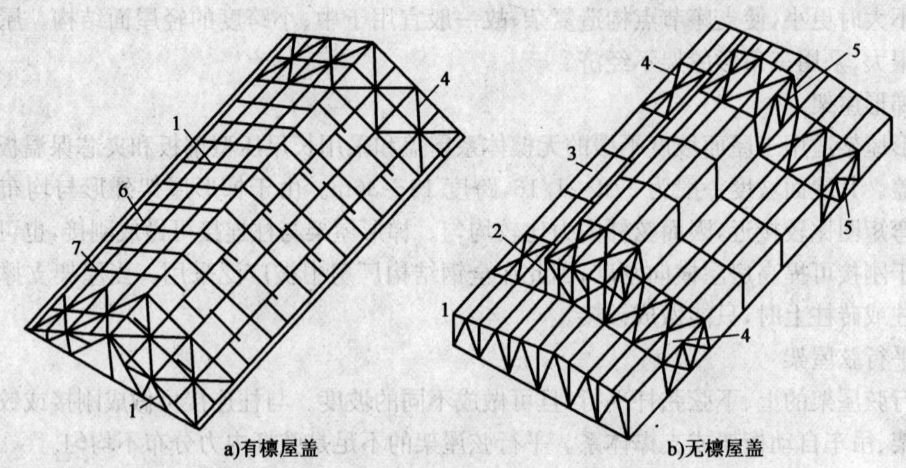

图 4-4　屋盖结构的组成形式

1-屋架；2-天窗架；3-大型屋面板；4-上弦横向水平支撑；5-垂直支撑；6-檩条；7-拉条

在工业厂房中，钢屋盖和柱组成的结构体系是一平面排架结构，无论是有檩屋盖还是无檩屋盖，仅将简支在柱顶的钢屋架用大型屋面板或檩条联系起来，它仍是一种几何可变体系，存在着所有屋架同向倾覆的危险，如图 4-5a)所示。此外，由于在这样的体系中，檩条和屋面板不能作为上弦杆的侧向支承点，故上弦杆在受压时极易发生侧向失稳现象，如图 4-5a)中虚线所示。

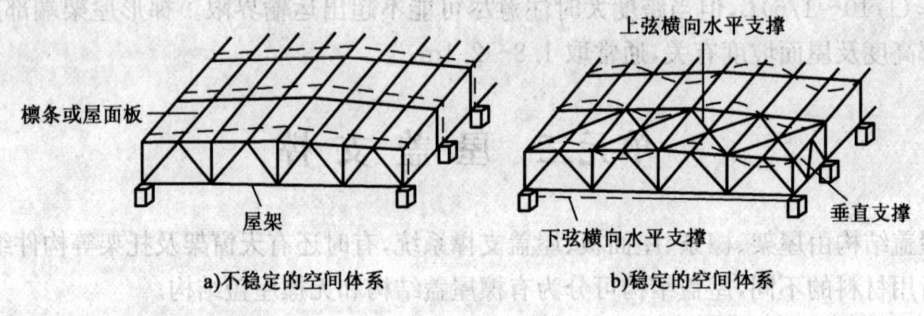

图 4-5　屋盖的支撑

一　支撑的种类、作用和布置原则

支撑（包括屋架支撑和天窗架支撑）是屋盖结构的必要组成部分。

在屋盖两端相邻的两榀屋架之间布置上弦横向支撑和垂直支撑，将平面屋架连成一空间结构体系，形成屋架与支撑桁架组成的空间稳定体。其余屋架用檩条或大型屋面板及系杆与之相连，从而保证了整个屋盖结构的空间几何不变和稳定性，如图 4-5b)所示。

根据支撑布置的位置可分为上弦横向水平支撑、下弦横向水平支撑、下弦纵向水平支撑支撑、垂直支撑和系杆等五种，如图 4-6 所示。

1. 上弦横向水平支撑

在通常情况下，在屋架上弦和天窗架上弦均应设置横向水平支撑。横向水平支撑一般应设置在房屋两端或纵向温度区段两端。当山墙承重，或设有纵向天窗但此天窗又未到温度区段尽端而退一个柱间断开时，为了与天窗支撑配合，可将屋架的横向水平支撑布置在第二个柱间，但在第一个柱间要设置刚性系杆以支持端屋架和传递端墙风力，如图 4-6a)所示。两道横向水平支撑间的距离不宜大于 60m，当温度区段长度较大时，尚应在中部增设支撑，以符合此要求。当采用大型屋面板无檩屋盖时，如果大型屋面板与屋架的连接满足每块板有 3 点支撑处进行焊接等构造要求时，可考虑大型屋面板起一定支撑作用。但由于施工条件的限制，很难保证焊接质量，一般只考虑大型屋面板起系杆作用，而在有檩屋盖中，上弦横向水平支撑可用檩条代替。

当屋架间距大于 12m 时，上弦水平支撑还应予以加强，以保证屋盖的刚度。

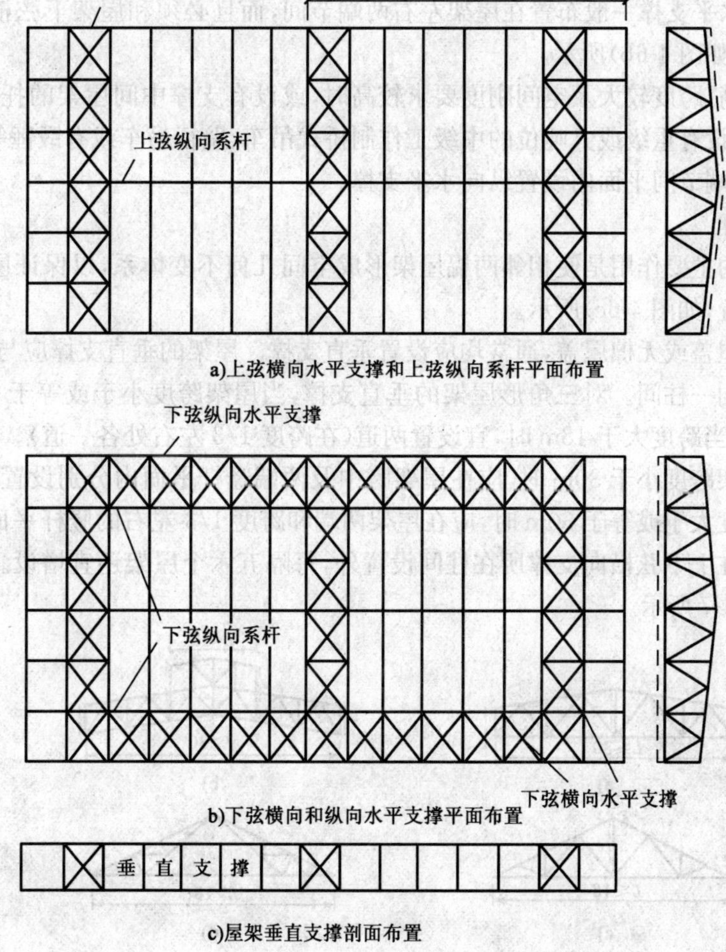

图 4-6 屋盖支撑的布置

2. 下弦横向水平支撑

下弦横向水平支撑的形式与上弦横向水平支撑基本相同，不同的是它以两榀屋架的下弦作为支撑的弦杆，如图 4-6b)所示。下弦横向支撑的主要作用是作为山墙抗风柱的上支点，以

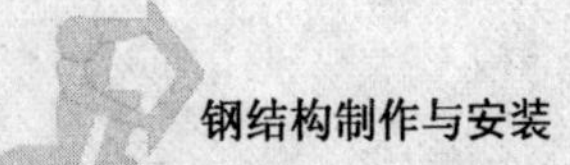

承受并传递由山墙传来的纵向风荷载、悬挂吊车的水平力和地震引起的水平力，减小下弦在平面外的计算长度，从而减小下弦的振动。

上、下弦横向支撑应布置在同一柱间内，和相邻的两榀屋架组成一个空间桁架体系。当屋架间距小于 12m 时，应在屋架下弦设置横向水平支撑，但当屋架跨度比较小（小于 18m）又无吊车或其他振动设备时，可不设下弦横向水平支撑。当屋盖间距大于或等于 12m 时，由于在屋架下弦设置支撑不便，可不必设置下弦横向水平支撑，但上弦支撑应适当加强，并应用隅撑或系杆对屋架下弦侧向加以支撑。

3. 下弦纵向水平支撑

下弦纵向水平支撑的主要作用是加强房屋的整体刚度，保证平面排架结构的空间工作，并可承受和传递吊车横向水平制动力。

下弦纵向水平支撑一般布置在屋架左右两端节间，而且必须和屋架下弦横向支撑相连以形成封闭体系，如图 4-6b）所示。

当房屋较高、跨度较大及空间刚度要求较高时，或设有支撑中间屋架的托架，为保证托架的侧向稳定，或设有重级或大吨位的中级工作制桥式吊车、壁行吊车或有锻锤等较大振动设备时，均应在屋架端节间平面内设置纵向水平支撑。

4. 垂直支撑

垂直支撑的主要作用是使相邻两榀屋架形成空间几何不变体系，以保证屋架在使用和安装时的正确位置，如图 4-6c）所示。

无论有檩屋盖或无檩屋盖，通常均应设置垂直支撑。屋架的垂直支撑应与上、下弦横向水平支撑设置在同一柱间。对三角形屋架的垂直支撑，当屋架跨度小于或等于 18m 时，可仅在跨中设置一道；当跨度大于 18m 时，宜设置两道（在跨度 1/3 左右处各一道）。

当梯形屋架跨度小于 30m 时，应在屋架跨中及两端竖杆平面内分别设置一道垂直支撑；当梯形屋架跨度大于或等于 30m 时，应在屋架两端和跨度 1/3 左右的竖杆平面内各设置一道垂直支撑。除在上下弦横向支撑所在柱间设置外，每隔五六个屋架还宜增设。垂直支撑的布置和形式如图 4-7 所示。

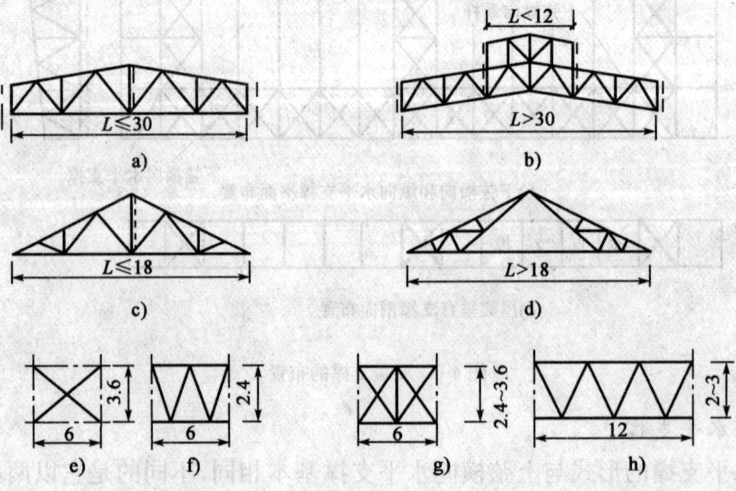

图 4-7 垂直支撑的布置和形式（尺寸单位：m）

5. 系杆

系杆是沿房屋纵长方向在上、下水平面内设置的钢杆，将各屋架加以联系。它的作用是保证无支撑处屋架的稳定和传递水平荷载，并减小屋架上、下弦杆平面外的计算长度；在安装过程中可起到架立屋架的作用。系杆必须与横向水平支撑的节点相连，以便将力传至横向水平支撑。系杆分刚性系杆和柔性系杆两种。刚性系杆一般由两个角钢组成，能承受压力；柔性系杆则常由单角钢或圆钢组成，只能承受拉力。

在竖向支撑的上、下弦节点处应设置通长刚性或柔性系杆；有天窗时，在屋脊处设置通长的刚性系杆；当横向水平支撑布置在第二柱间时，在第一柱间应设置刚性系杆，并与山墙抗风柱相连接；在屋架支座节点处，设置刚性系杆，如有圈梁或托架时可以不设置；如为有檩屋盖或将大型屋面板与屋架三点焊牢固时，可不设上弦系杆。

二 支撑的形式和连接构造

横向支撑和纵向支撑常采用交叉斜杆和直杆形式，垂直支撑一般采用平行弦桁架形式，其腹杆体系应根据高和长的尺寸比例确定。当高和长的尺寸相差不大时，采用交叉式，如图 4-7e)、g)所示；相差较大时，则采用 W 式或 V 式，如图 4-7f)、h)所示。

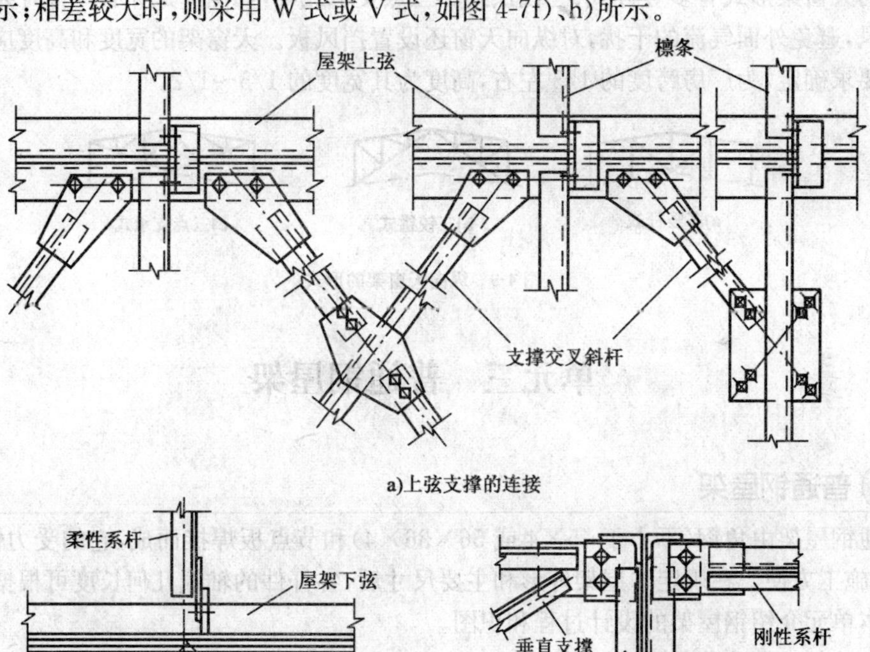

a)上弦支撑的连接

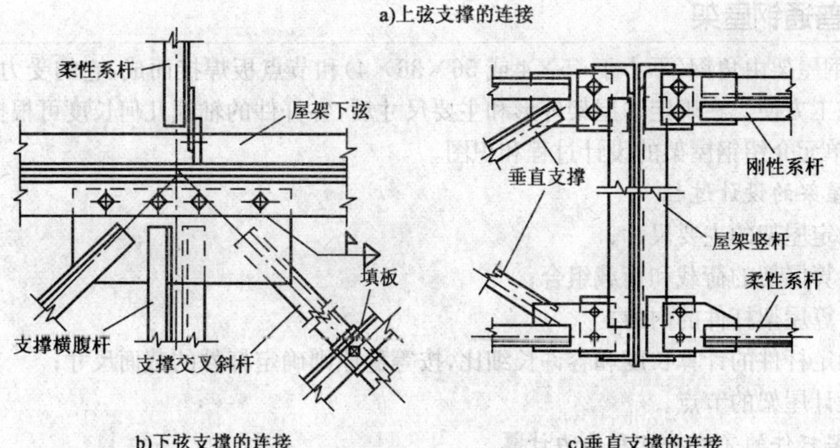

b)下弦支撑的连接　　c)垂直支撑的连接

图 4-8　支撑与屋架的连接构造

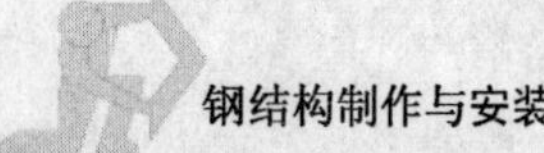

支撑与屋架的连接应构造简单，安装方便(图 4-8)。上弦横向支撑角钢的肢尖应朝下，以免影响大型屋面板或檩条的安放。因此，对交叉斜杆应在交叉点切断一根另用连接板连接。下弦横向支撑角钢的肢尖允许朝上，故交叉斜杆可肢背靠肢背交叉放置，采用填板连接。支撑与屋架或天窗架的连拉通常采用连接板和 M16～M20 的 C 级螺栓，且每端不少于两个。在 A6～A8 工作级别的吊车或有其他较大设备的房屋中，屋架下弦支撑和系杆宜采用高强度螺栓连接，或用 C 级螺栓再加焊缝将节点板固定；若不加焊缝，则应采用双螺帽或将栓杆螺纹打毛，或与螺帽焊死，以防止松动。

三 托架、天窗架

托架是支承中间屋架的桁架。一般采用平行弦桁架，属于屋盖系统中的支承结构。托架的高度根据所支承的屋架端部高度、刚度要求、经济要求及节点构造来确定。托架的高度，一般为其跨度的 1/5～1/10，托架的节间长度一般为 2m 或 3m。

天窗架一般是支承并固定于屋架上弦节点的桁架，其作用是设置天窗以满足室内采光和通风的要求。天窗的形式可分为纵向天窗、横向天窗和井式天窗等，一般多采用纵向天窗。纵向天窗的天窗架形式有多竖杆式、三铰拱式和三点支承式等，如图 4-9 所示。有时为了更好地组织通风，避免外面气流的干扰，对纵向天窗还设置挡风板。天窗架的宽度和高度应根据工艺和建筑要求确定，为厂房跨度的 1/3 左右，高度为其宽度的 1/5～1/2。

图 4-9 纵向天窗架的形式

单元三 普通钢屋架

一 普通钢屋架

普通钢屋架由角钢(不小于 45×4 或 56×36×4)和节点板焊接而成，它的受力性能好，构造简单，施工方便。在确定了屋架外形和主要尺寸后，各杆件的轴线几何长度可根据几何关系求得。本单元介绍钢屋架的设计过程和识图。

1. 钢屋架的设计过程

(1)确定屋架的主要尺寸；

(2)计算屋架的荷载和荷载组合；

(3)计算屋架杆件的内力；

(4)确定杆件的计算长度和容许长细比，按等稳原则确定杆件的截面尺寸；

(5)设计屋架的节点。

2. 屋架杆件的受力特点和内力计算

计算屋架杆件内力时，假定屋架的节点为铰接；屋架所有杆件轴线为直线且都在同一平面内，并相交于节点的中心；荷载都作用在节点上，且都在屋架平面内，故屋架各杆均为轴心受力杆件。屋架杆件的内力可以根据屋架计算简图采用图解法、数解法或电算法计算。

3. 屋架杆件截面形式的确定

各杆件的内力求出后，确定屋架各杆（上弦杆、下弦杆和腹杆）在平面内和平面外的计算长度，根据截面选择的基本公式和等稳定性的要求，进行杆件截面设计。

1）杆件的计算长度

（1）杆件在屋架平面内的计算长度 l_{0x}

在理想铰接的屋架中，杆件在屋架平面内的计算长度 l_{0x} 应等于节点中心间的距离，即杆件的几何长度 l，如图 4-10 所示。但实际屋架是用焊接将杆件端部和节点板相连，故节点板本身具有一定的刚度，杆件两端为弹性嵌固。实论分析证明，约束节点的主要因素是拉杆。当某一压杆因失稳杆端绕节点转动时，节点上汇集的拉杆数目多，线刚度大，则产生的约束作用也大，压杆在节点处的嵌固程度也大，其计算长度就小。根据这个原理，可视节点的嵌固程度来确定各杆件的计算长度。弦杆、支座斜杆和支座竖杆其本身的刚度较大，且两端相连的拉杆少，因而对节点的嵌固程度很小，其计算长度不折减而取几何长度（即节点间距离）。其他受压腹杆，考虑到节点处受到拉杆的牵制作用，计算长度应适当折减，可取 $l_{0x}=0.8l$，如图 4-10 所示。

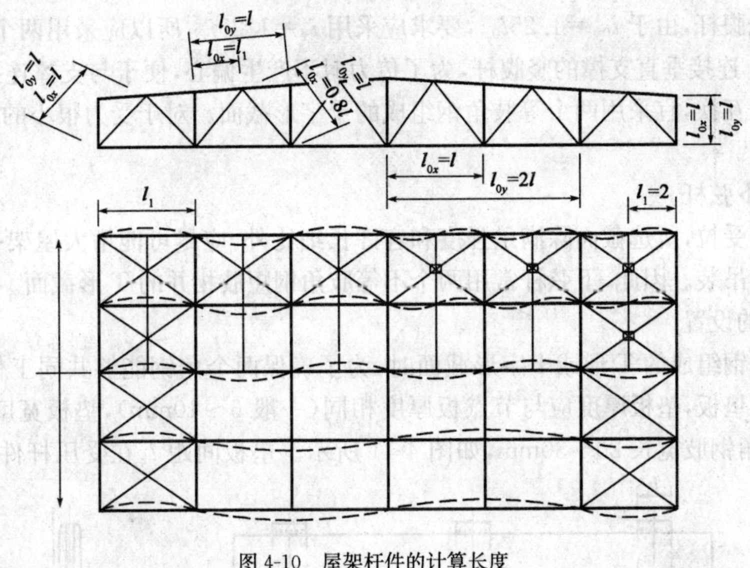

图 4-10 屋架杆件的计算长度

（2）杆件在屋架平面外的计算长度 l_{0y}

弦杆在平面外的计算长度等于侧向固定节点间的距离。屋架弦杆在平面外的计算长度，应取侧向支撑点间的距离。对于上弦杆，在有檩设计中当檩条与支撑交叉点不连接时，$l_{0y}=l_1$，l_1 是支撑节点的距离；当檩条与支撑交叉点相连时，则 $l_{0y}=l_1/2$。在无檩设计中把屋面板视作刚性系杆时，$l_{0y}=l_1$；当屋面板起支撑作用时，$l_{0y}=2b$，且不大于 3m，b 为大型屋面板的宽度。对于下弦杆，$l_{0y}=l_1$，l_1 为侧向支撑点间的距离，有横向水平支撑时，为横向水平支撑节点的距离；无横向水平支撑，有系杆时，则为系杆之间的距离。对于腹杆，因节点在桁架平面外的刚度很小，对杆件没有嵌固作用，故所有腹杆均取 $l_{0y}=l$。

2）杆件截面形式

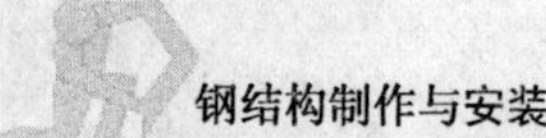

钢屋架的杆件一般采用两个等肢或不等肢角钢组成的T形截面或十字形截面。轴心受拉杆件按强度计算所需净截面面积A_{nreq}，根据所求得的A_{nreq}，从角钢规格中选出重量轻、回转半径大、面积和A_{nreq}相近的角钢。轴心受压杆件则按稳定计算要求选择截面并进行验算。选择的一般配原则是：尽量做到两个方向等稳定（即$\lambda_x=\lambda_y$），节约材料，与节点板连接方便，具有必要的刚度便于施工安装。屋架中的腹杆、竖杆和支撑杆件，有时受力很小，常按容许长细比选择截面。

(1)屋架上弦杆

屋架上弦在一般支撑布置的情况下，屋架平面外的计算长度等于平面内计算长度的两倍，为满足$\lambda_x \approx \lambda_y$，必须使$i_y \approx 2i_x$，这时宜采用由两个不等肢角钢短肢相并的T形截面。如果上弦杆有节间荷载作用，为了增加屋架平面内的抗弯刚度，宜采用由两个等肢角钢组成的T形截面或两个不等肢角钢长肢相并的T形截面。

(2)屋架的端斜杆

屋架的端斜杆，由于它在屋架平面内和平面外的计算长度相等，从等稳条件出发，要求所选截面的$i_x \approx i_y$，故应采用两个不等肢角钢长肢相并的T形截面。

(3)其他腹杆

对于其他腹杆，由于$l_{0y}=1.25l_{0x}$，要求应采用$i_y=1.25i_x$，所以应采用两个等肢角钢组成的T形截面。连接垂直支撑的竖腹杆，为了传力时不产生偏心，便于与支撑连接，以及吊装时屋架两端可以互换，宜采用两个等肢角钢组成的十字形截面。对于受力很小的腹杆，也可采用单角钢截面。

(4)屋架下弦杆

屋架下弦受拉，所选截面除满足强度和容许长细比外，应尽可能增大屋架平面外的刚度，以利于运输和吊装。因此，下弦杆常用两个不等肢角钢短肢相并的T形截面。

(5)垫板的设置

采用双角钢组成的T形或十字形截面时，为了确保两个角钢能够共同工作，应在角钢相并肢之间焊上垫板，垫板厚度应与节点板厚度相同（一般6～10mm），垫板宽度一般取60mm左右，长度比角钢肢宽长20～30mm，如图4-11所示。垫板间距l_z在受压杆件中不大于$40i$，

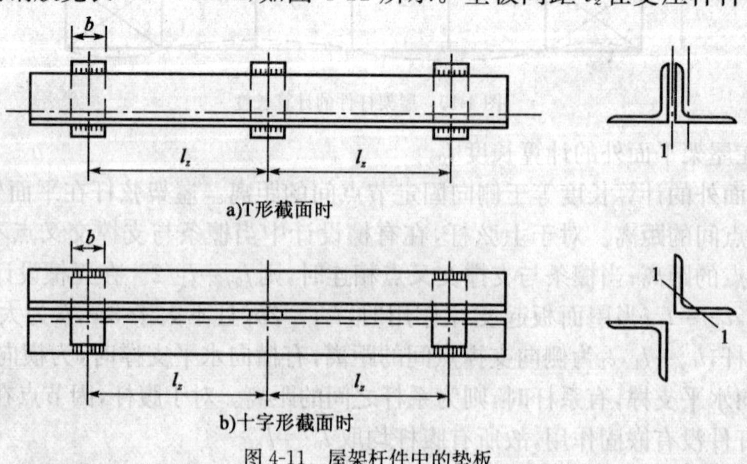

图4-11　屋架杆件中的垫板

在受拉杆件中不大于 $80i$。对于 T 形截面，i 为一个角钢平行于垫板的形心轴的回转半径；对于十字形截面，i 取一个角钢的最小回转半径。在受压杆件的两个侧向支承点之间的垫板数不宜少于两个。

4. 屋架节点设计

屋架上各个杆件通过节点上的节点板相互连接。各杆件的内力通过各杆件与节点板上的角焊缝传力，并在节点上取得平衡。节点设计的任务是确定节点的构造、计算焊缝，以及确定节点板的形状和尺寸。下面将重点介绍各种节点的构造要求，以此能正确确定节点板的形状和尺寸。

1）节点的构造要求

（1）各杆件的形心线应尽量与屋架的几何轴线重合，并交于节点中心，以避免杆件偏心受力。但为了制造方便，通常将角钢肢背至形心线的距离取为 5mm 的倍数，以作为角钢的定位尺寸。当弦杆截面有改变时，为方便拼接及放置屋面构件，应该使角钢肢背平齐，并使两侧角钢形心线的中心线与屋架几何轴线重合。当两侧形心线偏移距离不超过较大弦杆截面高度 5%时，可不考虑此偏心影响。

（2）屋架各杆件在节点板上焊接时，弦杆与腹杆之间及腹杆与腹杆之间的间隙不宜小于 20mm，以便于施焊和避免由于焊缝过于密集而使节点板材质变脆。

（3）角钢的截断宜采用垂直于杆件轴线直切（见图 4-12a），有时为了减小节点板的尺寸，也可将其一肢斜切（见图 4-12b、c），但不能采用将一个肢完全切去而另一肢伸出的斜切（见图 4-12d）的情况。

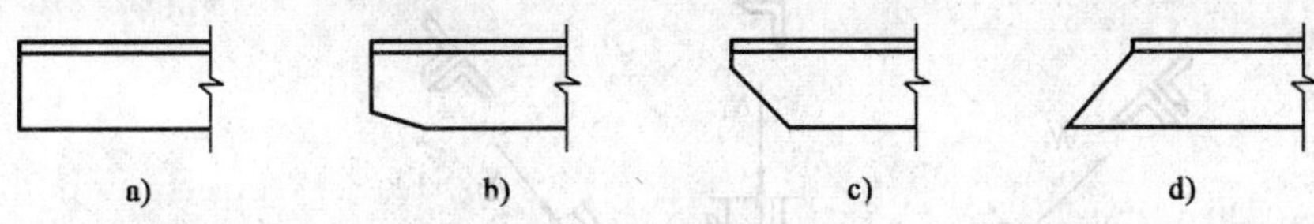

图 4-12　角钢端部的切割

（4）节点板的形状应力求简单规整，应至少有两边平行，如矩形、平行四边形和直角梯形等。节点板外形必须避免凹角，以防产生严重的应力集中现象。节点板边缘与杆件轴线间的夹角不宜小于 15°（见图 4-13）。

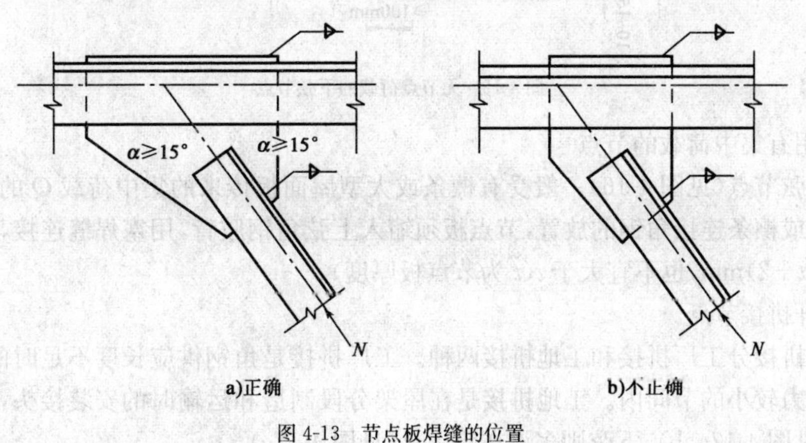

图 4-13　节点板焊缝的位置

(5)支撑大型混凝土屋面板的上弦杆，伸出肢宽不宜小于 80mm(屋架间距 6m)或 100mm(屋架间距大于 6m)，否则应在支撑处增设外伸的水平板(见图 4-14)，以保证屋面板支撑长度。

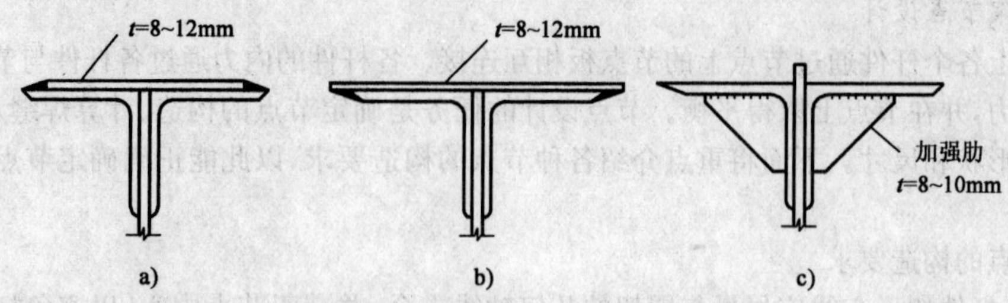

图 4-14　上弦角钢加强示意图

2)节点设计和构造

节点设计时，应根据各杆件截面的形式确定节点连接的构造形式，并根据杆件的内力确定连接焊缝的长度和焊脚尺寸 h_f，然后按节点上各杆件的焊缝长度，并考虑各杆件间应留的空隙确定节点板的形状和平面尺寸。

(1)一般节点

一般节点是无集中荷载和无弦杆拼接的下弦节点，其构造形式如图 4-15 所示。节点板应伸出弦杆 10～15mm，以便布置焊缝。

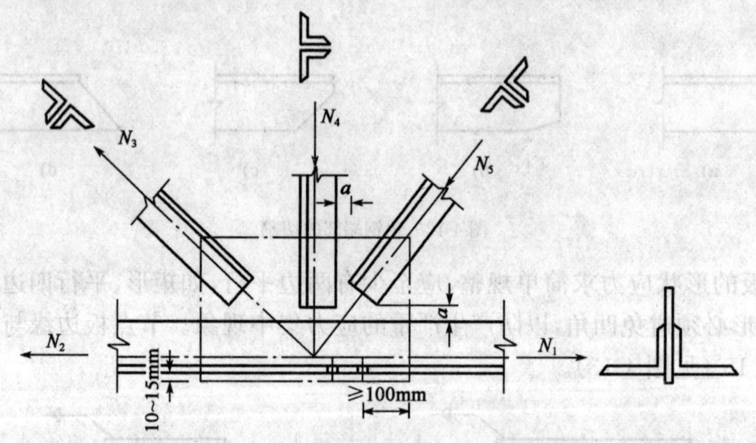

图 4-15　无节点荷载的下弦节点

(2)作用有集中荷载的节点

屋架上弦节点(见图 4-16)一般受有檩条或大型屋面板传来的集中荷载 Q 的作用。为了大型屋面板或檩条连接角钢的放置，节点板须缩入上弦角钢肢背，用塞焊缝连接，缩进距离不宜小于$(0.5t+2)$mm，也不宜大于 t(t 为节点板厚度)。

(3)弦杆拼接节点

弦杆的拼接分工厂拼接和工地拼接两种。工厂拼接是角钢供应长度不足时的制造接头，通常设在内力较小的节间内。工地拼接是在屋架分段制造和运输时的安装接头，上弦多设在屋脊节点(见图 4-17a、b)，下弦则多设在跨中央(见图 4-17c)。

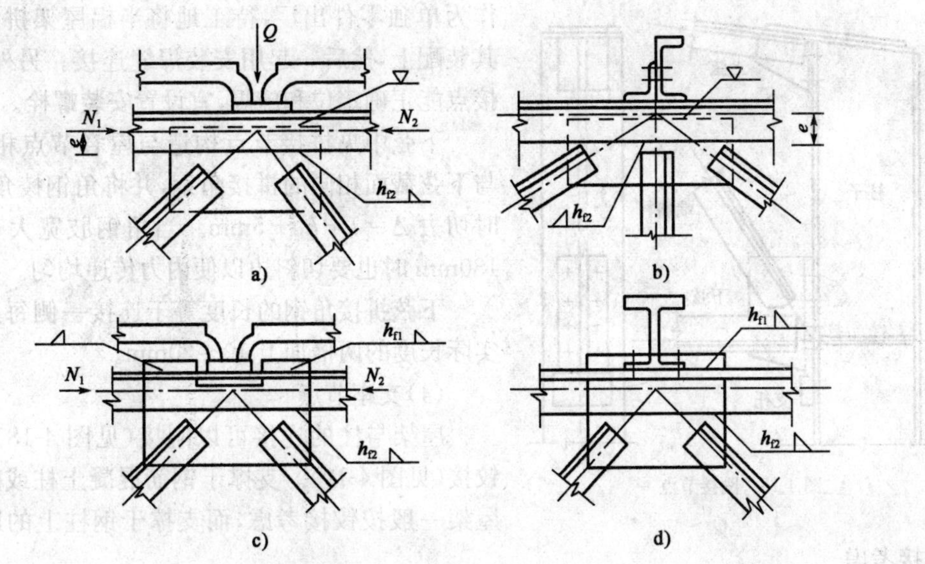

图 4-16　屋架上弦节点

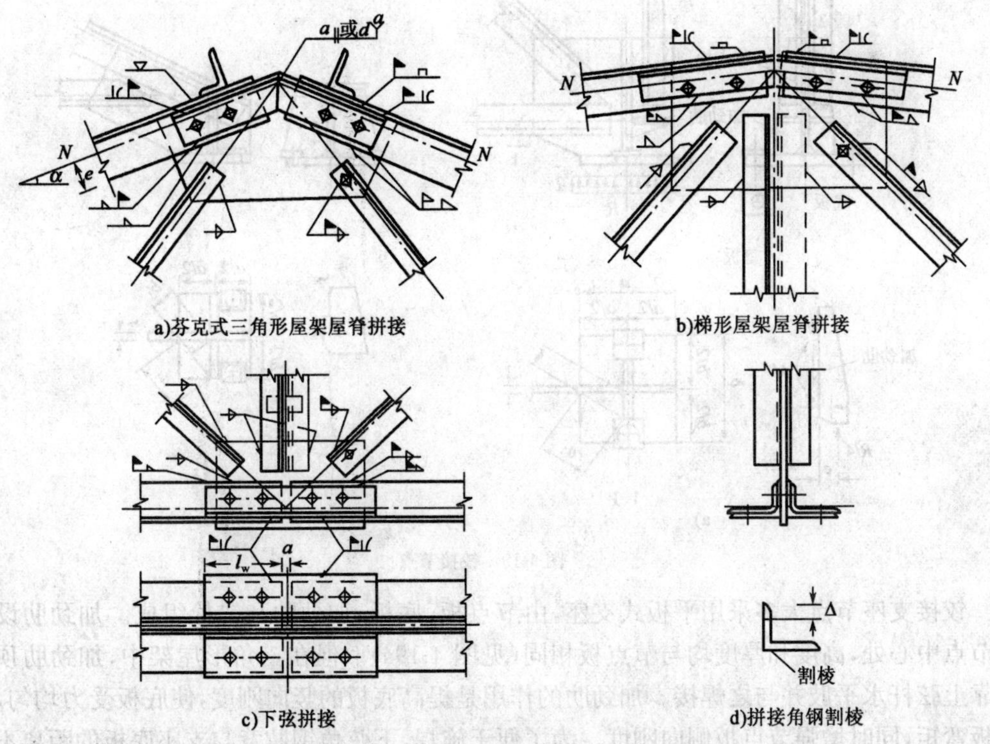

图 4-17　弦杆拼接节点

为传递断开弦杆的内力，在拼接处弦杆上应加一对和被连弦杆截面相同的拼接角钢。为使拼接角钢能紧贴被连弦杆角钢且便于施焊，就将拼接角钢的棱角削去并把竖向肢边切去$\Delta = t + h_f + 5\text{mm}$，$t$是连接角钢的厚度(见图 4-17d)。

为便于安装，工地拼接时，节点板(和中间竖杆)用工厂焊缝焊于左半榀屋架，拼接角钢同

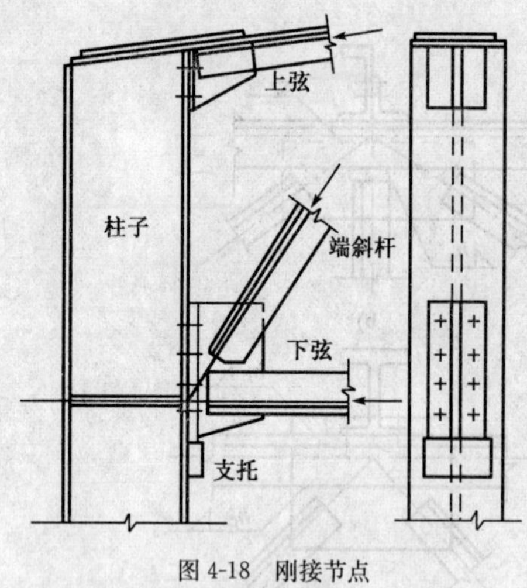

图 4-18 刚接节点

作为单独零件出厂，待工地将半榀屋架拼装后再将其装配上，然后一起用安装焊缝连接。另外，为了拼接点能正确定位和施焊，宜设置安装螺栓。

下弦中央拼接节点构造与屋脊节点相近，采用与下弦截面相同的拼接角钢，并将角钢棱角铲去，同时切去 $\Delta = t + h_f + 5\text{mm}$。当角钢肢宽大于或等于 130mm 时也要切斜边以便内力传递均匀。

下弦拼接角钢的长度等于连接一侧每条侧焊缝实际长度的两倍加上 10～20mm。

(4)支座节点

屋架与柱的连接可以刚接(见图 4-18)，也可以铰接(见图 4-19)。支撑于钢筋混凝土柱或砖柱上的屋架一般按铰接考虑，而支撑于钢柱上的屋架通常按刚接考虑。

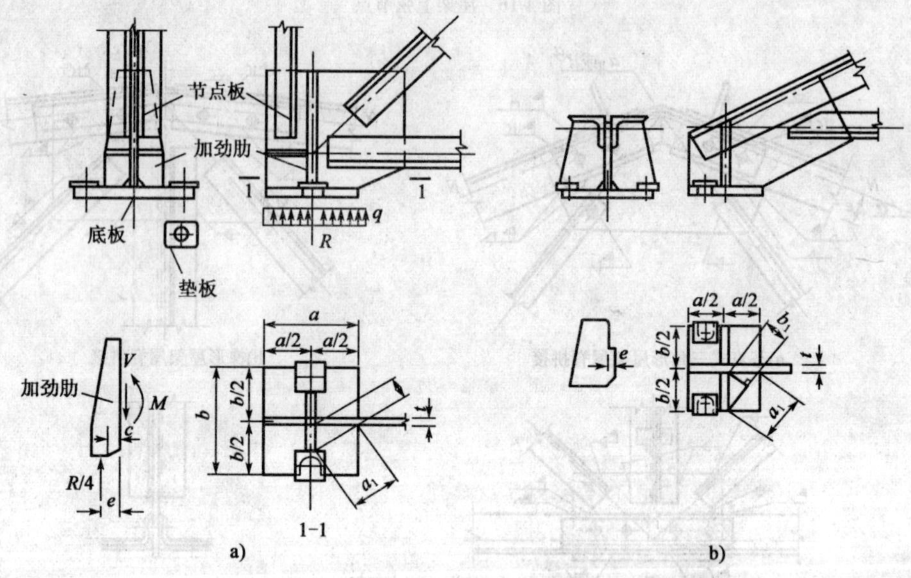

图 4-19 铰接节点

铰接支座节点大多采用平板式支座，由节点板、底板、加劲肋和锚栓组成。加劲肋设于支座节点中心处，高度和厚度均与节点板相同(见图 4-19a)。但在三角形屋架中，加劲肋顶部应紧靠上弦杆水平肢并与之焊接。加劲肋的作用是提高底板的竖向刚度，使底板受力均匀，减少底板弯矩，同时增强节点板侧向刚度。为了便于施焊，下弦角钢肢背与支座底板的距离不宜小于下弦角钢水平肢的宽度，也不小于 130mm(见图 4-19b)。支座底板与柱顶有锚栓连接，锚栓预埋于柱顶，直径一般取 20～25 mm。为便于安装时调整位置，底板上的锚栓孔径宜为锚栓直径的 2～2.5 倍且在外侧开口。

当屋架安装完毕后再加小垫板套住锚栓并与底板焊牢。小垫板上孔径比锚栓直径大 1～2mm。锚栓孔可设在底板的两个外侧区格，也可设在底板中线两侧加劲肋端部。

支座节点的传力路线是：屋架汇交于此节点的各杆内力通过杆端焊缝传给节点板，再经节点板和加劲肋间的竖直焊缝将内力的垂直分量传给底板，再传到柱，内力的水平分量在节点板上相互平衡。

二 钢屋架施工图

施工图是在钢结构制造厂进行加工制造的主要依据，必须清楚、详尽。

(1)通常在图纸左上角绘一桁架简图。对于对称桁架，图中一半注明杆件几何长度(mm)，另一半注明杆件内力(N 或 kN)。桁架跨度较大时(梯形屋架 $L \geqslant 24$m，三角形屋架 $L \geqslant 15$m)产生挠度较大，影响使用与外观，制造时应在下弦拼接处起拱，拱度一般采用 $f=L/500$，在简图中画出。

(2)施工详图中，主要图面用以绘制屋架的正面详图，上下弦平面图，必要的侧面图，以及某些安装节点或特殊零件的大样图，施工图还应有材料表。屋架施工图通常采用两种比例尺：杆件轴线一般为 1∶20～1∶30 以免图幅太大；节点(包括杆件截面，节点板和小零件)一般为 1∶10～1∶15(重要节点大样比例尺还可大些)，可清楚地表达节点的细部制造要求。

(3)在施工图中，要全部注明各零件的型号和尺寸，包括其加工尺寸、零件(杆件和板件)的定位尺寸、孔洞的距离，节点中心至腹杆等杆件近端的距离，节点中心至节点板上、下和左、右边缘的距离等。螺孔位置要符合型钢线距表和螺栓排列规定距离的要求。对加工及工地施工的其他要求包括零件切斜角、孔洞直径和焊缝尺寸都应注明。拼接焊缝要注意区分工厂焊缝的安装焊缝，以适应运输单元的划分和拼装。

(4)在施工图中，各零件要进行详细编号，零件编号要按主次、上下、左右一定的顺序逐一进行。完全相同的零件用同一编号，当组成杆件的两角钢的型号尺寸完全相同，但因其开孔位置或切斜角等原因，而成镜面对称时，亦采用同一编号，但在材料表中注明正反两字以示区别。此外，连接支撑和不连接支撑的屋架虽有少数地方不同(如螺孔有不同)，但也可画成一张施工图而加以注明。材料表包括各零件的截面、长度、数量(正、反)和自重。材料表的用途主要是配料和计算用钢指标，其次是为吊装时配备起重运输设备。

(5)施工图中的文字说明应包括不易用图表达，以及为了简化图面而易于用文字集中说明的内容，如钢材品种、焊条型号、焊接方法和质量要求，图中未注明的焊缝的螺孔尺寸及油漆、运输和加工要求等，以便将图纸全部要求表达完备。

图 4-20 是一屋架的几何尺寸图和部分节点图。看钢结构的屋架施工图关键是看懂节点图。

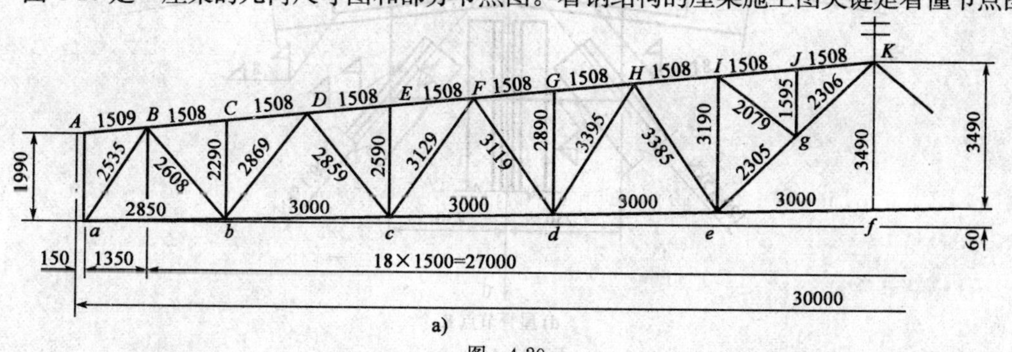

a)

图 4-20

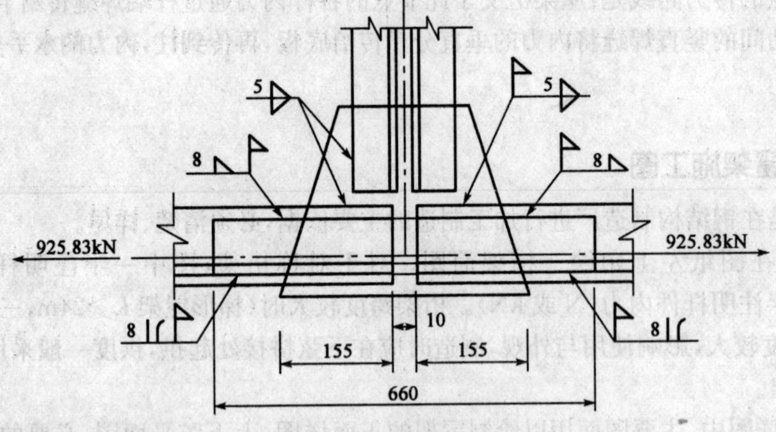

b) 下弦中央拼接节点 f

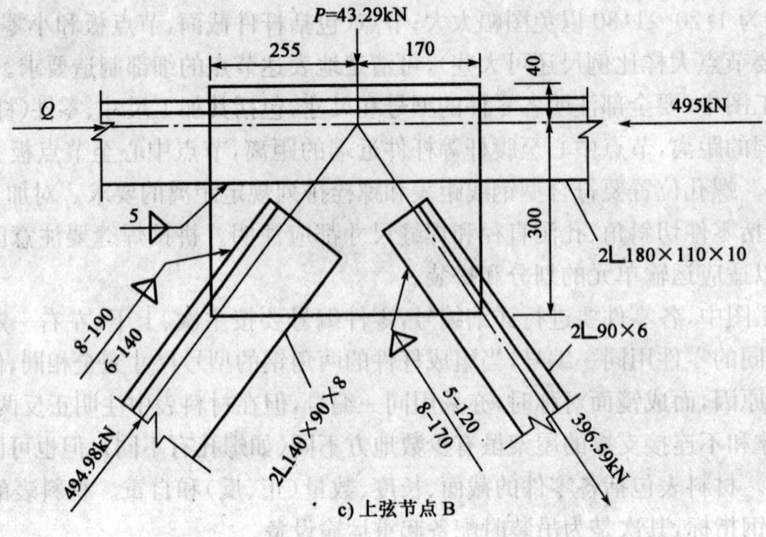

c) 上弦节点 B

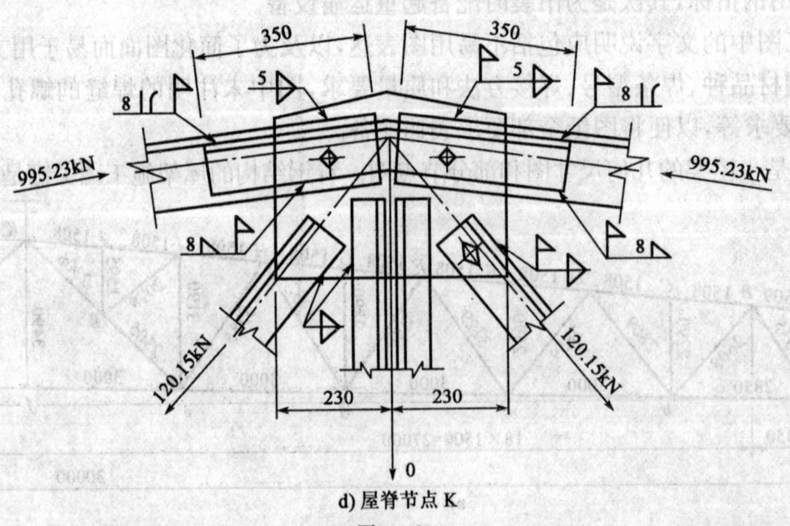

d) 屋脊节点 K

图 4-20

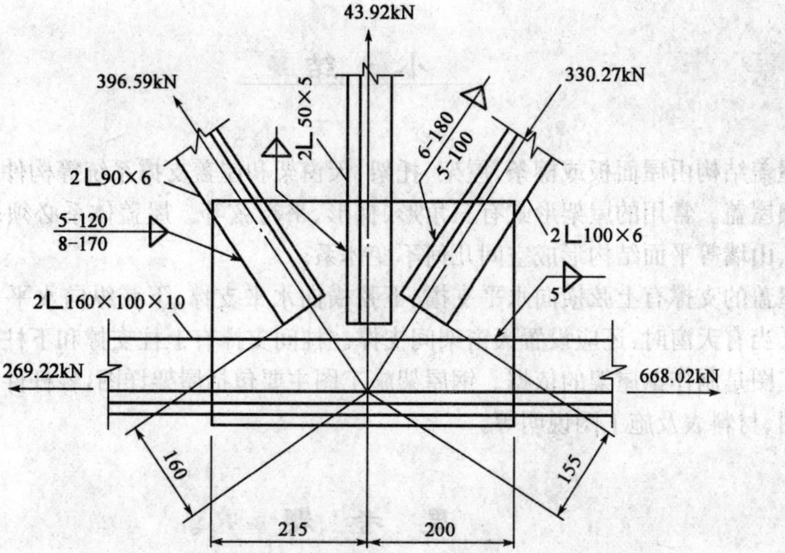

e)下弦节点b

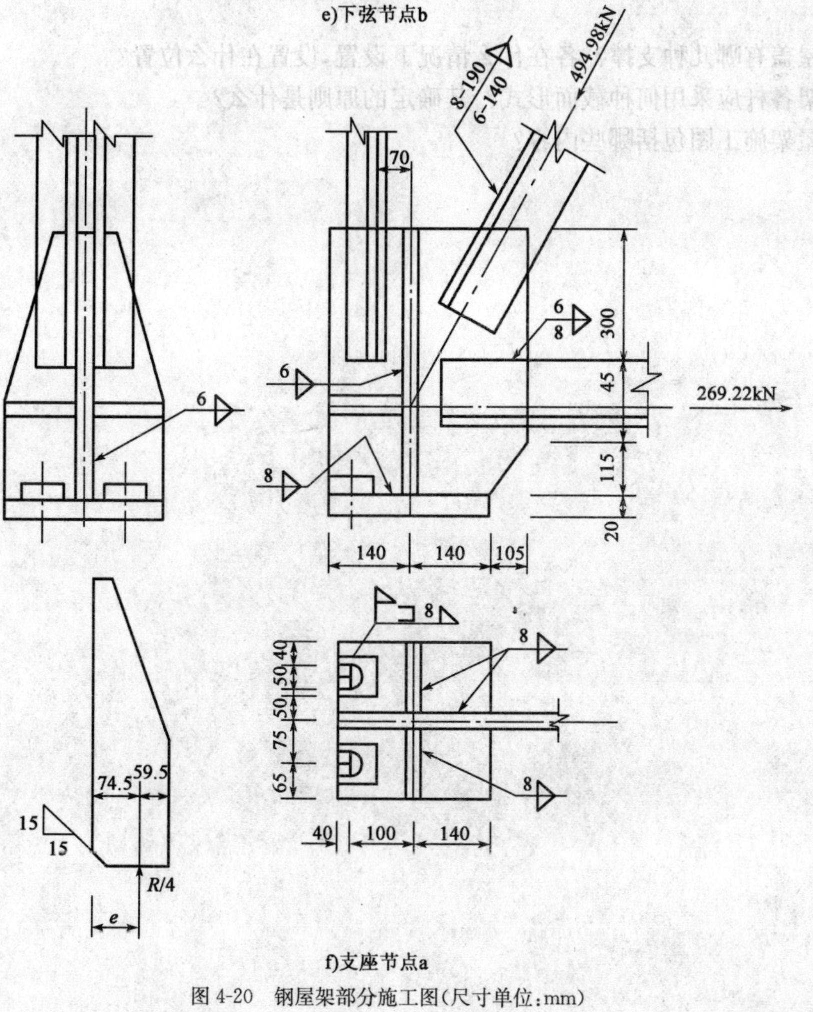

f)支座节点a

图 4-20　钢屋架部分施工图(尺寸单位:mm)

小　结

1. 钢屋盖结构由屋面板或檩条、屋架、托架、天窗架和屋盖支撑系统等构件组成，分为有檩屋盖和无檩屋盖。常用的屋架形式有三角形、梯形、平行弦等。屋盖体系必须设置支撑，使屋架、天窗架、山墙等平面结构形成空间几何不变体系。

2. 钢屋盖的支撑有上弦横向水平支撑、下弦横向水平支撑、下弦纵向水平支撑、垂直支撑和系杆等。当有天窗时，还应设置天窗架间支撑。柱间支撑有上柱支撑和下柱支撑。

3. 施工图是制作钢屋架的依据。钢屋架施工图主要包括屋架详图，各杆件正面图、剖面图和零件详图、材料表及施工图说明等。

思 考 题

1. 钢屋盖有哪几种支撑？各在什么情况下设置，设置在什么位置？

2. 屋架各杆应采用何种截面形式？其确定的原则是什么？

3. 钢屋架施工图包括哪些内容？

情景五
轻型钢平台

【知识目标】

1. 了解平台结构的形式及布置要求。
2. 了解平台结构构件的形式及构造要求，掌握平台结构构件的计算要点。
3. 掌握平台结构的连接和构造要求。

【能力目标】

具有设计简单钢平台结构的能力。

【素质目标】

培养学生的质量安全意识、团结合作精神和良好的沟通能力。

单元一　概　述

一　平台结构形式及布置

1. 平台形式

平台结构多见于工业建筑内，如设备平台、检修走道平台、高大厂房中搭建的操作平台等，也用于其他生产辅助及办公管理。在一些商业、办公用房内部，也会设有平台以利用空间。平台结构一般仅设一层，是建筑钢结构体系中最简单的一种形式。

平台结构通常由梁、柱、柱间支撑，铺板及梯子、栏杆等组成。根据使用要求，承受静力荷载或动力荷载。如图 5-1、图 5-2 所示为一般平台结构形式。

2. 平台结构布置的基本要求

设置在室内的平台结构一般只考虑承受恒荷载、活荷载等竖向荷载，但设计者不应疏漏了可能受到水平荷载作用的情况。

平台结构通常由铺板(也称楼面板、平台板)、梁、柱、柱间支撑组成。铺板直接承受竖向荷载，并将其传到梁上。柱距较小或荷载较小时，可以采取简单梁系，即每一支承铺板的梁都直接连接在柱上(见图 5-3a)。但柱距较大或荷载较大的平台结构,则需要采用主次梁体系(见图 5-3b),即铺板搁置在次梁上,次梁连接在主梁上,竖向荷载经由铺板→次梁→主梁传递到柱子。当平台柱的两端都采用铰接连接时,必须设置柱间支撑,以保证结构几何不变。柱间支撑有交叉支撑(见图 5-4a)、门形支撑(见图 5-4c)、隅撑(见图 5-4d)等多种形式,有些情况下也采用梁端加腋的方式(见图 5-4e)。

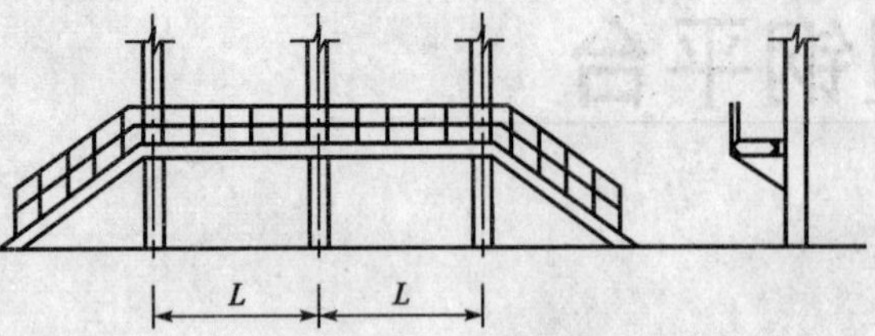

图 5-1　直接支承于厂房柱的平台

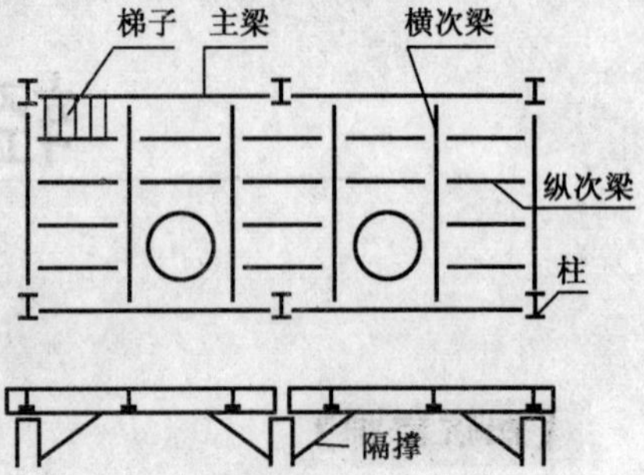

图 5-2　一般上料操作平台

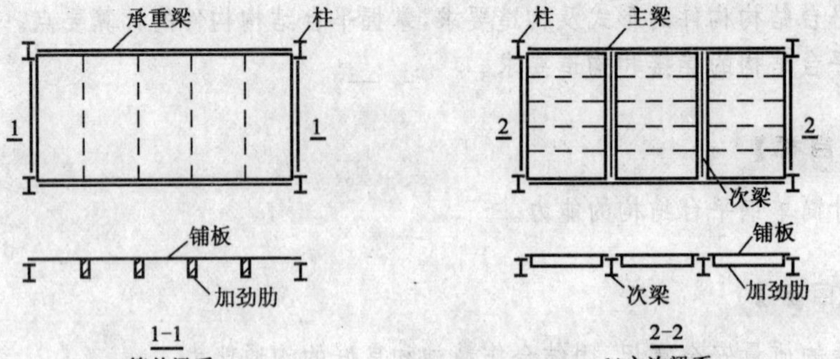

a)简单梁系　b)主次梁系

图 5-3　平台梁系

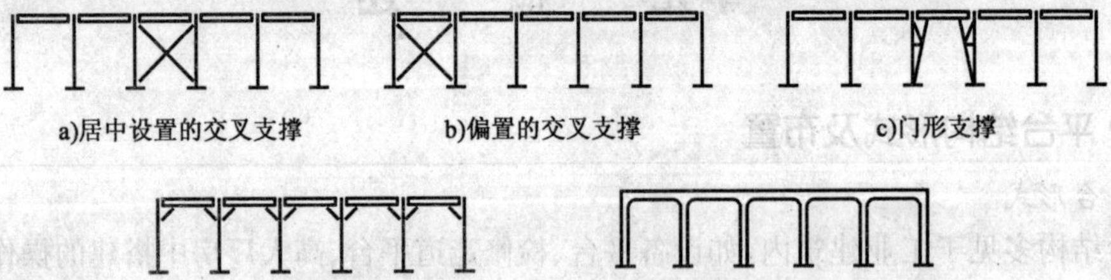

a)居中设置的交叉支撑　b)偏置的交叉支撑　c)门形支撑　d)隅撑　e)加腋的刚接梁

图 5-4　平台结构支撑形式

平台需设置楼梯,周边一般还需设置栏杆。

设计平台结构时,可参考如下步骤。

(1)根据荷载情况、使用要求、空间条件等进行结构体系布置。

①梁柱平面布置,包括梁系选择、柱距选择。

②柱间支撑布置,包括支撑类型、支撑位置。

③构件连接节点类型的确定,包括初步选择梁柱连接、柱脚连接是刚接还是铰接。

(2)初选构件截面。

(3)结构内力、变形的分析。

(4)铺板、次梁、主梁、柱子、支撑等构件设计计算，对初选截面进行合理调整。

(5)节点构造设计和计算，包括对柱子基础进行设计计算。

(6)楼梯、栏杆设计计算。

(7)编制施工图。

以下各单元对其中若干步骤进行说明。

单元二　平台结构构件的形式、构造及计算

一 平台铺板的形式和构造

1. 平台铺板的形式

铺板可以采用钢铺板、现浇或预制的钢筋混凝土板、压型钢板和混凝土组成的组合楼板，参见图 5-5。除了某些走道和有特殊轻型要求的平台外，一般采用钢筋混凝土板或组合楼板。本单元主要介绍钢铺板。

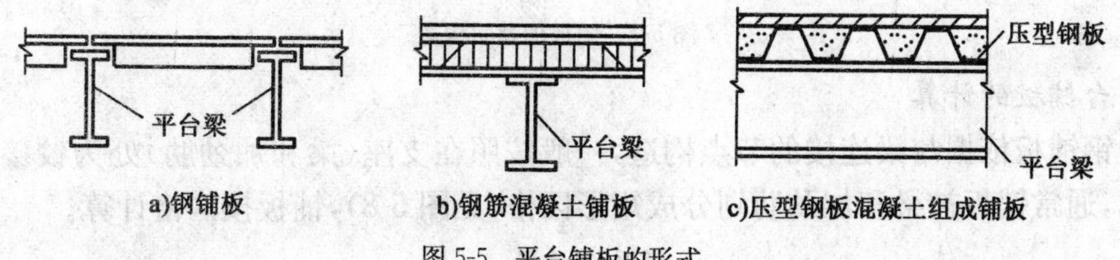

图 5-5　平台铺板的形式

钢铺板有平钢板、压型钢板及篦条式铺板等类型。对人行通道和经常操作的平台，宜采用花纹平钢板(见图 5-6)；重型平台常采用普通平钢板(上加砖等防护层)。室外平台、考虑减少积灰和便于观察设备等要求的平台，可采用篦条式；压型钢板系用薄钢板辊压而成，其刚度大、耗钢量小，跨度可达 6m，尤其在上面浇筑混凝土使之成为组合板，更显得优越，可用于一般的平台中。

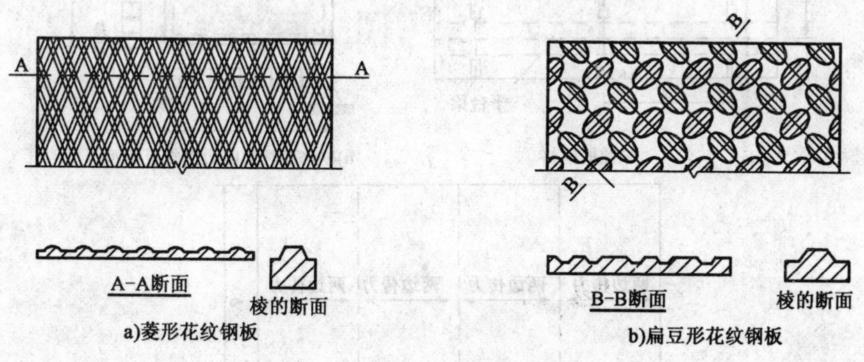

图 5-6　用于平台铺板的花纹平钢板

2. 平台铺板的构造

采用花纹平钢板或普通平钢板的平台铺板，因钢板抗弯刚度和承载力都较小，仅靠梁的支撑往往很不经济，一般需要设置加劲肋。平台铺板可分为无肋铺板和有肋铺板两种，铺板的加

劲肋常采用扁钢或角钢。根据工程经验，扁钢的截面高度宜为跨度的 1/12～1/15，厚度不应小于宽度的 1/15(见图 5-7a)。一般其截面不小于∟50×4 或∟56×36×4，角钢加劲肋应将肢尖与平台板焊接(见图 5-7b)。加劲肋之间的距离，应根据铺板计算确定。无肋铺板宜按构造配置加劲肋，其间距可取为铺板短跨度的 2～2.5 倍。

加劲肋与铺板的连接焊缝，以及铺板与梁的连接焊缝，可采用间断焊缝。当铺板计入梁或加劲肋的计算截面时，间断焊缝的净距不大于 $15t$；其他情况的净距不大于 $30t$(t 为较薄焊件厚度)。

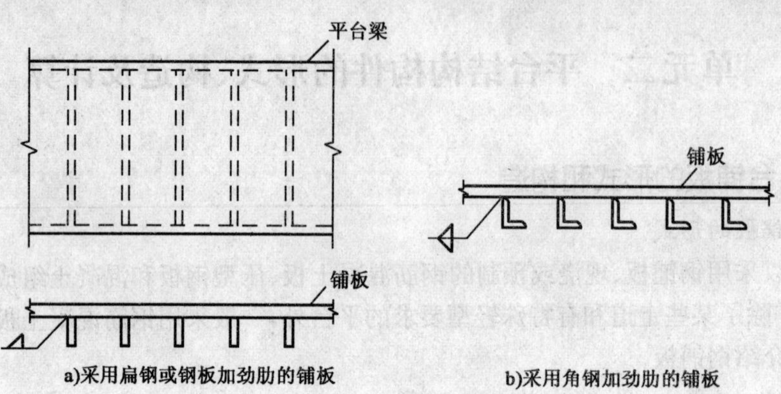

a)采用扁钢或钢板加劲肋的铺板　　b)采用角钢加劲肋的铺板

图 5-7　铺板加劲肋构造

3. 平台铺板的计算

平台钢铺板依据与梁连接的节点构造，一般按照在支座(梁和加劲肋)处为铰接的单跨简支板计算，通常铺板被梁和加劲肋划分成矩形区格(见图 5-8)，铺板按区格计算。

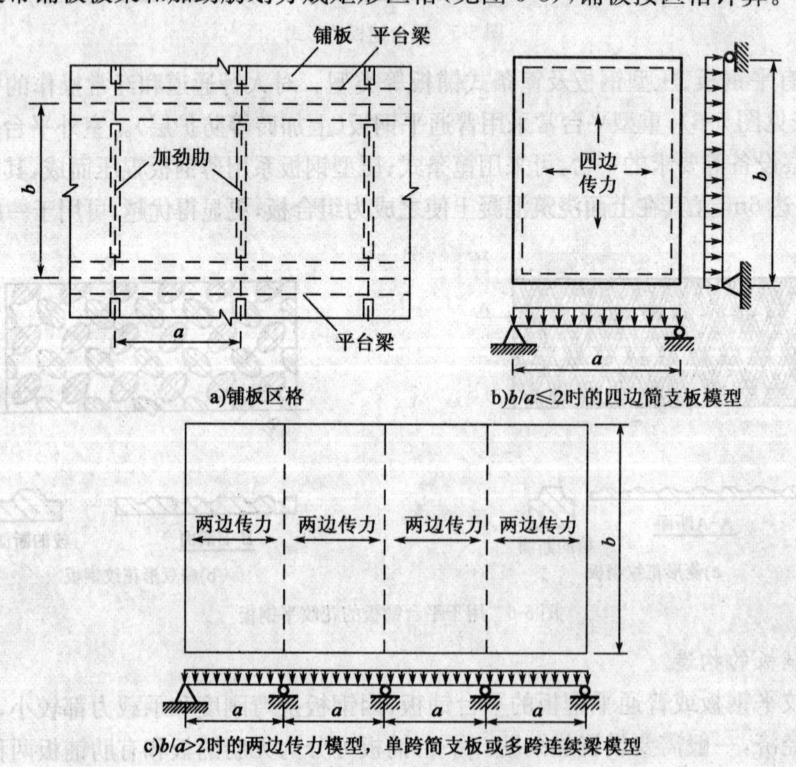

a)铺板区格　　b)$b/a\leqslant2$时的四边简支板模型

c)$b/a>2$时的两边传力模型，单跨简支板或多跨连续梁模型

图 5-8　铺板的区格和计算模型

1)四边简支板

当钢板在梁和加劲肋间的区格长、短边之比 $\frac{b}{a}\leqslant 2$ 时,可近似地按四边简支板计算其强度和挠度,即:

最大弯矩 $$M_{\max}=\alpha qa^2 \tag{5-1}$$

强度 $$\frac{M_{\max}}{\gamma W}=\frac{6M_{\max}}{\gamma t^2}\leqslant f \tag{5-2}$$

挠度 $$\nu=\beta\frac{q_k a^4}{Et^3}\leqslant[\nu] \tag{5-3}$$

式中:q——单位宽度板上的均布荷载设计值;

q_k——单位宽度板上的均布荷载标准值;

α、β——四边简支板的系数,根据 $\frac{b}{a}$ 的比值按表 5-1 采用;

a、b——区格短边和长边的边长(见图 5-8);

W、t——分别为铺板单位长度的截面模量和厚度,花纹钢板厚度去基本厚度;

γ——截面塑性发展系数,此处取 $\gamma=1.2$;

$[\nu]$——允许挠度,一般平台钢板的挠度不宜大于 $\frac{l_0}{150}$。

四边简支板的系数 α、β 表 5-1

b/a	1.0	1.1	1.2	1.3	1.4	1.5	1.6	1.7	1.8	1.9	2.0
α	0.065	0.070	0.074	0.079	0.083	0.085	0.0862	0.0908	0.0948	0.0985	0.1017
β	0.0433	0.0530	0.0616	0.0697	0.0770	0.0843	0.0906	0.0964	0.107	0.1064	0.1106

2)单向受弯板

当平板为两边支承或四边支承但 $\frac{b}{a}>2$ 时,按单向受弯板计算,不考虑板中拉力的作用。若仅有一个区格,可将板作为单跨简支梁;在多个区格的情况下,可将板作为多跨连续梁;梁跨是板的短边长度。其强度和挠度采用式(5-1)~式(5-3)进行计算,但系数 α、β 值取如下:

对单跨简支板或双跨连续板 $\alpha=0.125$,$\beta=0.140$

三跨或三跨以上连续板 $\alpha=0.10$,$\beta=0.110$

计算结果如不能满足强度要求或变形要求时,可以调整铺板区格(即调整加劲肋间距)或增加板厚等。采取何种措施,均需考虑经济指标的要求。

4.铺板加劲肋的计算

铺板的加劲肋应按两端简支的 T 形截面(扁钢加劲肋)或丁字形截面(角钢加劲肋)梁计算其强度和挠度。计算截面中包括加劲肋每侧各 15 倍平板厚度在内(图 5-9 中阴影部分)。由于铺板可以阻止加劲肋受压侧平面外变形,不另计算整体稳定。

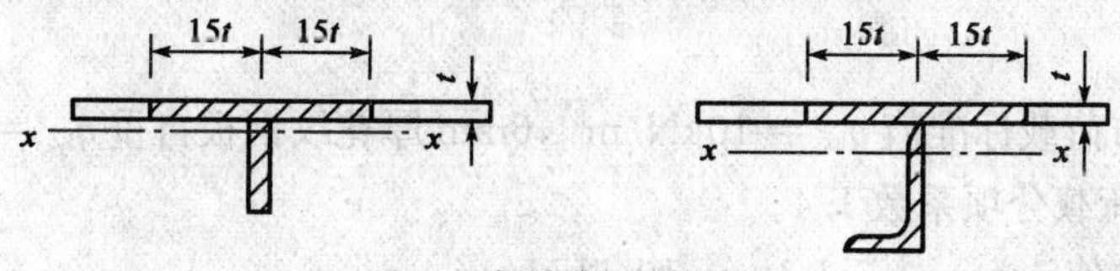

图 5-9 加劲肋的计算截面

加劲肋的强度和挠度按下列公式计算：

强度 $$\frac{M}{\gamma_x W_{nx}} \leqslant f \tag{5-4}$$

挠度 $$\nu = \frac{5q_k l^4}{384EI_x} \leqslant [\nu] \tag{5-5}$$

式中：M——根据加劲肋之间的荷载计算的加劲肋的弯矩设计值；

W_{nx}——加劲肋净截面的截面模量；

γ_x——截面塑性发展系数，对T形截面，上边缘为取1.05，下边缘为1.2，对丁字形截面，上、下边缘均为1.05；

f——加劲肋钢材的抗弯强度设计值；

q_k——板单位宽度上均布荷载标准值；

l——加劲肋跨度；

E——钢筋弹性模量；

I_x——加劲肋截面对 x 轴的惯性矩；

$[\nu]$——加劲肋的挠度容许值。

【例5-1】 设一平台结构，平面布置如图5-10所示，平台的均布荷载标准值 $q_{k1}=10\text{kN/m}^2$。设计并计算平台铺板，铺板采用 $t=6\text{mm}$ 的花纹钢板，钢材牌号为Q235。

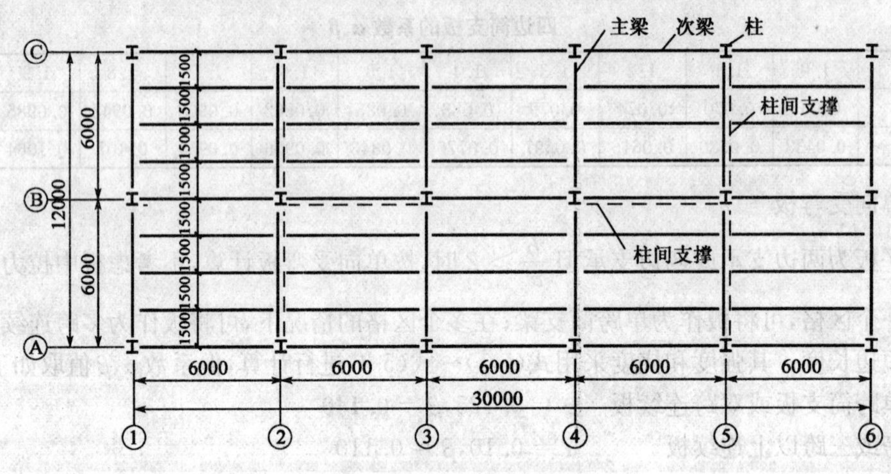

图5-10 平台结构计算简图

解 (1)铺板计算

由图5-10，次梁间距1.5m，设加劲肋间距0.6m，铺板选用厚度 $t=6\text{mm}$ 的花纹钢板。因铺板区格长短边之比 $\frac{b}{a}=\frac{1.5}{6}=2.5>2.0$，可作多跨连续的单向板计算，加劲肋为其支点。

(2)荷载计算

已知平台均布荷载标准值 $q_{k1}=10\text{kN/m}^2$，6mm厚花纹钢板自重 $q_{k2}=0.5\text{kN/m}^2$，恒载分项系数1.2，活荷载分项系数1.4。

均布荷载标准值：$q_k=0.5+10=10.5\text{kN/m}^2$

均布荷载设计值：$q_d = 1.2 \times 0.5 + 1.4 \times 10 = 14.6\text{kN/m}^2$

(3)强度计算

弯矩按式(5-1)计算，取 $\alpha = 0.10$，平台板单位宽度最大弯矩设计值为：

$$M_{max} = \alpha q a^2 = 0.10 \times 14.6 \times 0.6^2 = 0.5256\text{kN} \cdot \text{m}$$

强度按式(5-2)计算得：

$$\frac{M_{max}}{\gamma W} = \frac{6M_{max}}{\gamma t^2} = \frac{6 \times 0.5256}{1.2 \times 0.006^2} = 73000\text{kN/m}^2 = 73\text{MPa} < 215\text{MPa}$$

(4)挠度计算

挠度按式(5-3)计算，取 $\beta = 0.110$，$E = 2.06 \times 10^5\text{N/mm}^2$，得：

$$\frac{\nu}{a} = \frac{q_k a^3}{Et^3} = 0.110 \times \frac{10.5 \times 10^{-3} \times 600^3}{2.06 \times 10^5 \times 6^3} = 0.005607 = \frac{1}{178} < \frac{1}{150}$$

设计满足强度和刚度的要求。

分析：以上结果说明在一般情况下，铺板由挠度控制，因此采用加劲肋减小平台板的跨度。

二 平台梁的形式和构造

1. 平台梁的形式

平台梁宜尽量采用轧制截面(普通工字钢、H 型钢或槽钢)。当轧制截面尺寸不满足要求时，宜采用三块板焊成的工字形截面；当需要有较大的抗扭刚度时，可采用焊接箱形截面；在特殊情况下(如跨度很大而荷载较小时)，可采用桁架式梁(见图 5-11)。

图 5-11 平台梁的截面形式

次梁与主梁通常做成铰接，主梁与柱子可做成刚接或铰接。设计梁构件时，需要先确定连接形式，即采用刚接还是铰接，以便正确进行内力分析。

除连接形式外，梁的计算简图还需确认计算跨度。在如图 5-10 所示的平台结构中，取两平行主梁的中心距离为次梁的计算跨度，如①、②轴间的距离；取两相邻柱子形心间的距离为柱间主梁的计算跨度，如Ⓐ、Ⓑ轴间的距离。

2. 截面设计和计算

1)选取型钢梁截面的主要步骤

(1)根据计算简图计算梁上最大弯矩 $M_{x,max}$，这里设梁截面的主轴为 x 轴，弯矩绕主轴作用。此时梁的自重尚不知道，可以暂不考虑。

(2)预设拟用的钢材强度等级。

(3)根据抗弯刚度要求确定所需最小截面模量 $W_{x,min}$，$W_{x,min} = \frac{M_{x,max}}{\gamma f}$。按照设计方案，在工字形或槽型钢截面表上查取符合这一要求的最小型号的型钢。当梁跨较大时，也可考虑根据梁的变形限值——允许挠度[ν]确定所需最小截面惯性矩 $I_{x,\min}$，例如对承受均布荷载的简支梁，$I_{x,\min}=\dfrac{5M_xL^2}{48E[\nu]}$，$M_x$ 为由荷载标准值计算的跨中最大弯矩，E 为钢材弹性模量，L 为梁跨，[ν]为梁的容许挠度。

(4)根据所选型钢截面进行强度计算和变形计算。此时，应计入构件自重，该值可从型钢表查到。对于需增设连接板等零件的梁，可以将构件自重乘以一个大于1的构造系数。强度计算需取净截面，因此要留意构件上是否有开孔。

2)确定焊接组合截面梁截面尺寸的主要步骤

计算焊接组合工字梁时，可按下列方法确定其截面的初步尺寸。

(1)截面高度 h

按经济条件，

$$h_s = 3W_x^{0.4} \tag{5-6}$$

式中，$W_x=\dfrac{M_x}{\alpha f}$ 需要的截面抵抗矩(cm³)。无孔眼时，取 $\alpha=1.05$；有孔眼时，取 $\alpha=0.95$。对直接受动力荷载的梁 α 值应分别取为1.0和0.9。

按刚度条件，梁的最小高度与跨度之比 $\dfrac{h_{\min}}{l}$，可按表5-2确定。

等截面简支梁的最小高跨比 表5-2

相对容许挠度[ν]/l		1/250	1/400	1/600
$\dfrac{h_{\min}}{l}$	3号钢	1/24	1/15	1/10
	16Mn钢	1/16	1/10	1/6.5
	15MnV钢	1/14.5	1/9	1/6

实际采用的梁截面高度 h，应大于按刚度条件确定的 $h_{\min}$，并大约等于按经济条件确定的 h_s，并应不超过建筑净空所允许的尺寸。梁腹板高度 h_w 一般为50mm或100mm的倍数。

(2)梁的腹板厚度 t_w

在满足强度和局部稳定的条件下，梁的腹板取得薄一些比较经济。在初选腹板高度 h_w 之后，可按经验公式初选腹板厚度，即：

$$t_w=\frac{\sqrt{h_w}}{3.5} \tag{5-7}$$

上式中 t_w、h_w 的单位均为mm。可根据腹板抗剪承载力的要求得出另一个腹板厚度的初选值。假定腹板最大剪应力为平均剪应力的1.2倍，则：

$$t_w=\frac{1.2V_{\max}}{h_w f_v} \tag{5-8}$$

实际采用腹板厚度应考虑钢板的现行规格，并不宜小于6mm。

(3)翼缘尺寸

翼缘的截面积可按下式计算：

$$A_f=\frac{W_x}{h_w}-\frac{1}{6}t_w h_w \tag{5-9}$$

如果先选定翼缘宽度 b_{f}，就可确定翼缘的厚度 $t_{\mathrm{f}}=\dfrac{A_{\mathrm{f}}}{b_{\mathrm{f}}}$，反之亦然。翼缘太小不易保证梁的整体稳定，太大则易发生局部失稳，且翼缘中的正应力可能有较大的不均匀分布。一般翼缘宽度可取 $b_{\mathrm{f}}=(0.2\sim0.4)h$ 。为防止弹性局部失稳，翼缘板外伸宽度与厚度之比不应超过 $15\sqrt{\dfrac{235}{f_{\mathrm{y}}}}$，同时 t_{f} 不宜小于 8mm。

3)构件计算

单向弯曲的焊接组合梁，按上述确定截面的初步尺寸后，应进行下列计算。

(1)强度

①抗弯强度

$$\frac{M}{\gamma_x W_{nx}}\leqslant f \tag{5-10}$$

式中：γ_x ——截面塑性发展系数。受静力荷载或间接受动力荷载的梁，$\gamma_{\mathrm{x}}=1.05$；直接受动力荷载的梁，$\gamma_{\mathrm{x}}=1.0$。

②抗剪强度

型钢梁的腹板较厚，抗剪强度一般均能满足要求，因此只在最大剪力处的截面有较大削弱时，才按下式计算抗剪强度：

$$\tau=\frac{VS}{It_{\mathrm{w}}}\leqslant f_{\mathrm{v}} \tag{5-11}$$

③局部承压强度

梁受有固定集中荷载处和支座处，当无支承加劲肋时，应按下式计算局部承压强度（见图5-12）：

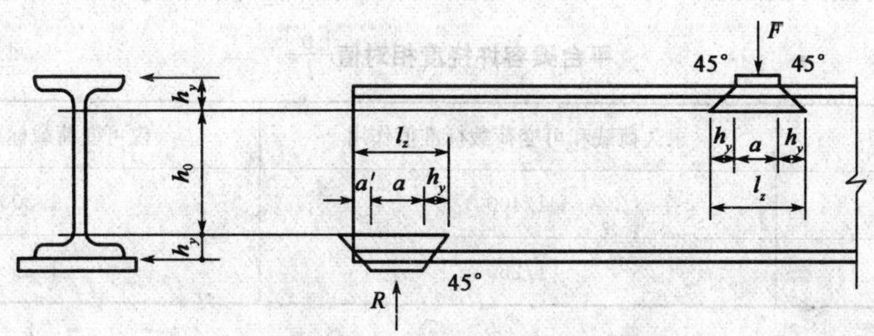

图 5-12　梁的局部压应力计算

$$\sigma_{\mathrm{c}}=\frac{\psi F}{t_{\mathrm{w}}l_z}\leqslant f \tag{5-12}$$

式中：F——集中荷载，对动力荷载应考虑动力系数；

ψ ——集中荷载增大系数，对一般梁取 1.0；

l_z ——集中荷载在腹板计算高度 h_0 边缘的假定分布长度。

l_2 可按下式计算：

在跨中集中荷载处，　　$l_z=a+5h_y$　　(5-13)

在支座处，　　$l_z=a+2.5h_y$　　(5-14)

以上式中：a——集中荷载沿梁跨度方向的支承长度；

h_y——梁顶面至腹板计算高度 h_0 的上边缘的距离，对焊接梁，式(5-13)和式(5-14)中的 h_y 应取为翼缘板厚度。

在腹板计算高度(对焊接梁即为腹板全高)边缘处，若同时受有较大正应力 σ、较大剪应力 τ 和局部压应力 σ_c(如连接梁支座处或梁的翼缘截面改变处等)，还应计算折算应力。

(2)整体稳定和局部稳定

梁的整体稳定和局部稳定在情景三已讲解，本单元不再赘述，仅要求会应用。

(3)挠度

梁的挠度应满足以下公式：

$$\upsilon = \beta_B \frac{M_{xk} L^2}{EI_x} \leqslant [\upsilon] \tag{5-15}$$

式中：υ——梁的挠度，一般取梁的跨中挠度，采用荷载标准值按弹性方法进行计算；

$[\upsilon]$——梁的挠度容许值，按有关设计规范或结构的使用要求确定，对平台梁，表 5-3 给出了梁的容许挠度值 $[\upsilon]$ 与跨度 l 之比的容许挠度相对值 $\frac{[\upsilon]}{l}$；

β_B——挠度计算系数，由材料力学或结构力学公式确定，如单跨简支梁承受均布荷载作用时，$\beta_B = \frac{5}{48}$；

M_{xk}——根据荷载标准值计算的梁上弯矩最大值，如单跨简支梁承受均布荷载作用时，$M_{xk} = \frac{q_k L^2}{8}$，这里 q_k 为梁上均布线荷载的标准值；

I_x——梁的截面惯性矩。

平台梁容许挠度相对值 $\frac{[\upsilon]}{l}$　　表 5-3

梁 的 类 型	永久荷载和可变荷载标准值作用	仅可变荷载标准值作用
主梁	1/400	1/500
次梁	1/250	1/300

(4)加劲肋设计

梁的加劲肋设计在情景三已讲解，本单元不再赘述，仅要求会应用。

三 平台柱的形式和计算

1. 平台柱的形式

平台柱一般设计为等截面的实腹柱。实腹柱的常用截面为普通工字钢、H 型钢、焊接工字形截面，有时也采用方管或圆管截面，以及钢板、槽钢、T 形钢与工字钢的组合截面，内力很小的柱可用双角钢十字形截面，格构式柱可用于长度较大的平台柱(见图 5-13)。本节主要介绍轴心受压实腹柱。

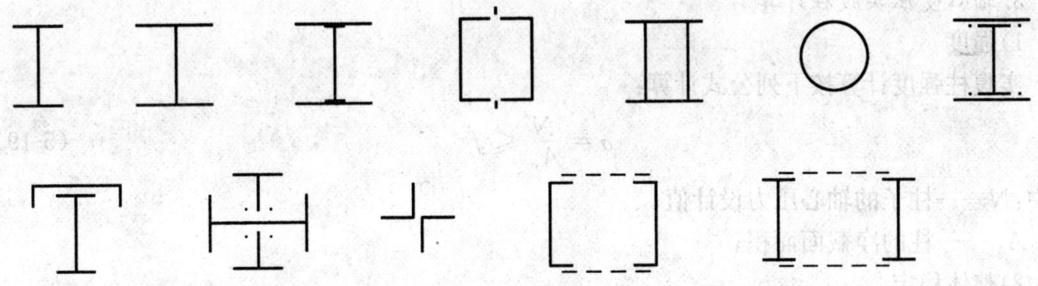

图 5-13　平台柱的截面形式

2. 平台柱截面尺寸的初步设计

现以两端铰接柱说明柱子截面尺寸初选的一般步骤。

(1)预设拟用的柱子钢材强度等级。

(2)假定柱子的长细比 λ，一般在 50～90 范围之内，柱子长度较大、平台负荷较小时选较大长细比，反之取较小值。

(3)根据假设的长细比 λ，查得轴心受压稳定系数 φ 值。初步设计时，可先按 b 类截面查 φ 值。

(4)根据平台布置方案，由已知柱子轴力 N 和钢材抗压强度设计值 f，估算柱子所需截面面积 A：

$$A = \frac{N}{\varphi f} \tag{5-16}$$

(5)求出截面两个主轴方向所需的回转半径 i_x、i_y，已知两个方向的计算长度为 L_{0x}、L_{0y}，则得：

$$i_x = \frac{L_{0x}}{\lambda},\ i_y = \frac{L_{0y}}{\lambda} \tag{5-17}$$

(6)初设柱子截面形式，由此计算截面轮廓尺寸高 h 和宽 b：

$$h = \frac{i_x}{a_1},\ b = \frac{i_y}{a_2} \tag{5-18}$$

式中，系数 a_1、a_2 为与截面形状有关的系数，可查钢结构设计规范或手册。

(7)通过求得的 A、b、h，再根据构造要求、钢材规格等条件，选择柱的截面形式和确定实际尺寸。

以上初选的截面尺寸是否满足安全、适用的要求，还需经过强度计算、稳定计算和刚度计算确认。计算结果不能满足要求的，需要调整截面尺寸；过于保守的也应调整截面尺寸。

平台结构中，中柱、角柱和边柱的受力显然不同。从节约钢材出发，可以设计成不同的柱子截面。但实际工程设计时，从钢材订货、构件加工和现场安装的方便出发，也可以采用同样的截面，有时其综合造价不一定高于采用多种截面形式的情况。

3. 轴心受压实腹柱计算

1)强度

实腹柱强度计算按下列公式计算：

$$\sigma = \frac{N}{A_n} \leqslant f \tag{5-19}$$

式中：N——柱子的轴心压力设计值；

A_n——柱的净截面面积。

2)整体稳定

实腹柱的整体稳定性按下式计算：

$$\frac{N}{\varphi A} \leqslant f \tag{5-20}$$

式中：N——柱子的轴心压力设计值；

φ——为柱截面两个方向中最小的整体稳定系数；

A——毛截面面积；

确定轴心受压构件的稳定系数时，可参考以下步骤：

(1)需根据对柱子两端的约束条件，确定计算长度 L_{0x}、L_{0y}；

(2)计算长细比 $\lambda_x = \frac{L_{0x}}{i_x}$、$\lambda_y = \frac{L_{0y}}{i_y}$，其中，$i_x$、$i_y$ 为截面对两主轴的回转半径；

(3)根据钢结构设计规范或手册中轴心受压构件的截面分类表，确定两主轴稳定系数分别属于 a、b、c、d 中的哪一类截面；

(4)按轴心受压构件的稳定系数表查取两主轴稳定系数 φ，或按公式直接计算稳定系数，选取其中较小值。

3)局部稳定

轴心受压构件的局部稳定在情景三已阐述，这里就不再赘述。

4)刚度

按下式计算轴心受压柱的刚度：

$$\lambda \leqslant [\lambda] \tag{5-21}$$

式中：λ——柱子两主轴方向长细比的较大值；

$[\lambda]$——容许长细比，对平台柱容许长细比为 150。

单元三　平台结构的连接和构造

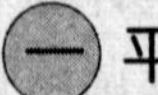

一 平台铺板的构造

(1)人行走道平台和经常操作的平台，铺板宜用花纹钢板。当采用普通平钢板时，板的表面宜电焊花纹或加冲泡防滑(见图 5-14)，对室外的平钢板宜设漏水孔(见图 5-15)。

(2)当在铺板局部开设较大孔洞时，应视孔洞尺寸和平台荷载的大小，在孔洞边设置加劲肋或用梁予以加强(见图 5-16)。

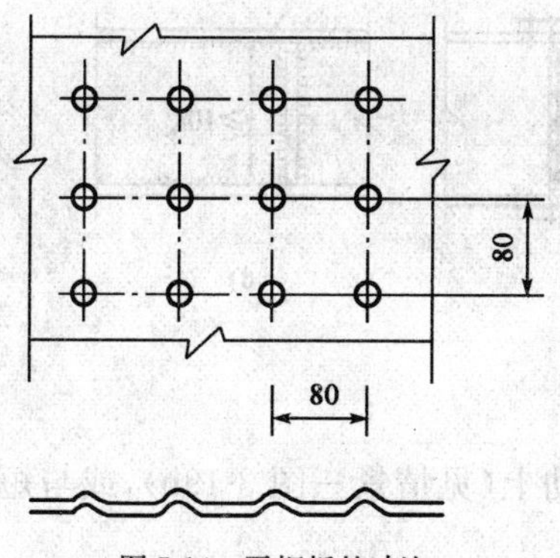

图 5-14　平钢板的冲泡

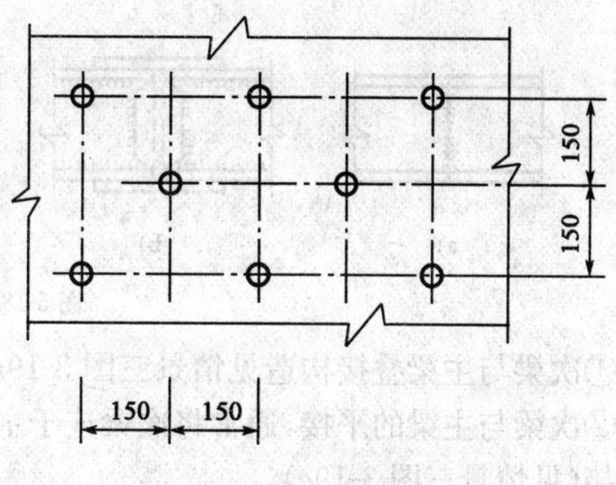

图 5-15　漏水孔

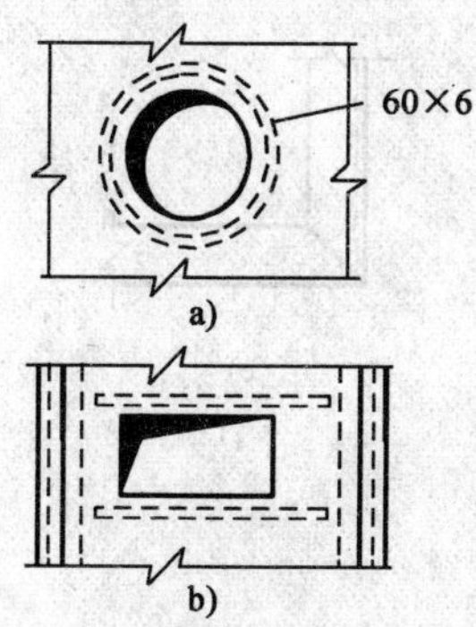

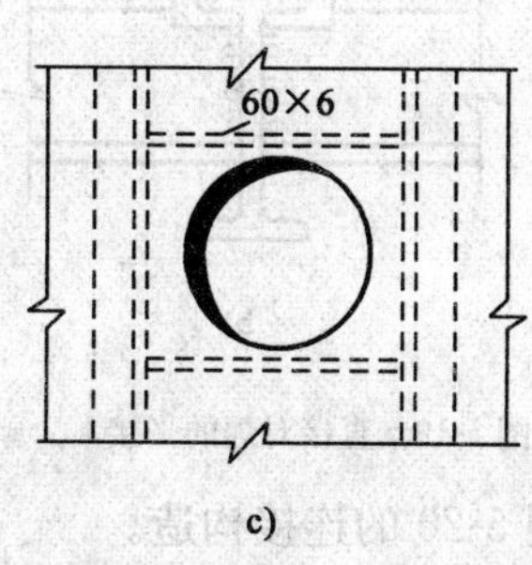

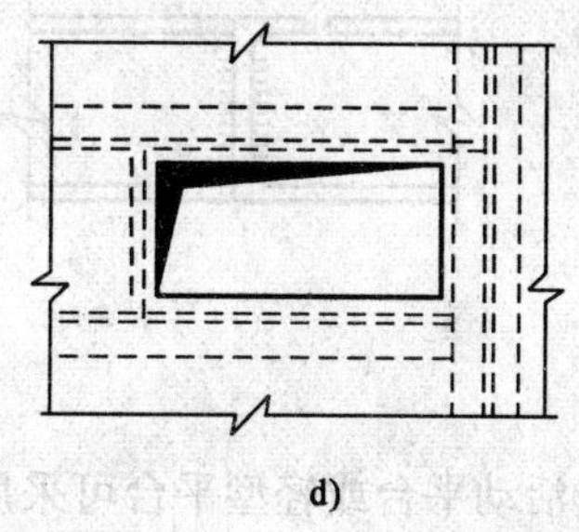

图 5-16　铺板上开孔洞时的加强

二 平台梁的构造

(1)当焊接梁的翼缘板用两层钢板作成时,外层板与内层板的厚度之比宜为 0.5～1.0。不沿梁通长设置的外层钢板,其理论截断处的外伸长度 l_1 应满足下列要求(见图 5-17)。

端部有正面焊缝:

当 $h_f \geqslant 0.75t_2$ 时　　　$l_1 \geqslant b$

当 $h_f < 0.75t_2$ 时　　　$l_1 \geqslant 1.5b$

端部无正面焊缝:　　　$l_1 \geqslant 2b$

式中,b 和 t_2 分别为外层翼缘板的宽度和厚度,h_f 为焊脚尺寸。

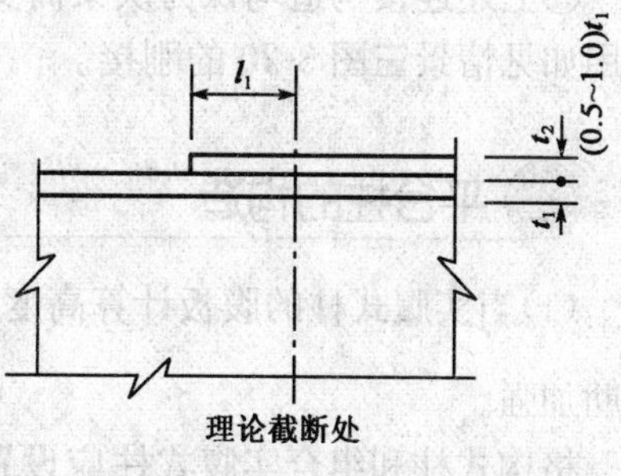

图 5-17　外层翼缘板的截断

(2)梁需要接长的拼接,对型钢梁宜采用直接对焊(见图 5-18a),有时也可采用加拼接板的对接(见图 5-18b)。对焊接组合梁,当为工厂拼接时,翼缘和腹板的对焊拼接位置宜互相错开(见图5-18c);当为工地拼接时,可用基本上在同截面处的对焊,或采用高强度螺栓(见图 5-18d)。

(3)次梁与主梁的连接有叠接和平接两种。叠接是将次梁直接放在主梁上,所需建筑高度大,所以通常采用次梁与主梁顶面基本相同的平接。

次梁与主梁的连接构造可按下列情况采用:

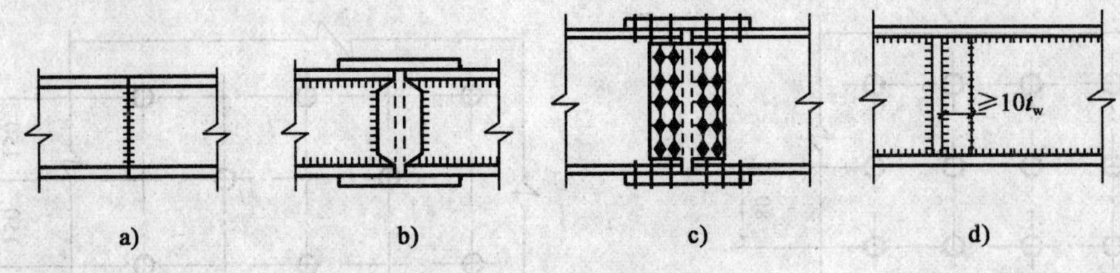

图 5-18 梁的拼接

①次梁与主梁叠接构造见情景三图 3-19a)。

②次梁与主梁的平接,通常将次梁连于主梁的加劲肋上(见情景三图 3-19b),或与短角钢相连接(见情景三图 3-19c)。

③整体制作并整体安装的平台部分,梁与梁的连接可采用直接对焊的平接(见图 5-19)。

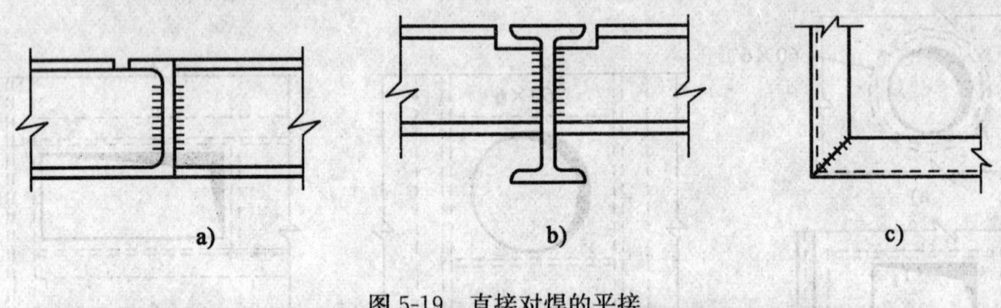

图 5-19 直接对焊的平接

④活动平台或轻型平台可采用图 5-20 的连接构造。

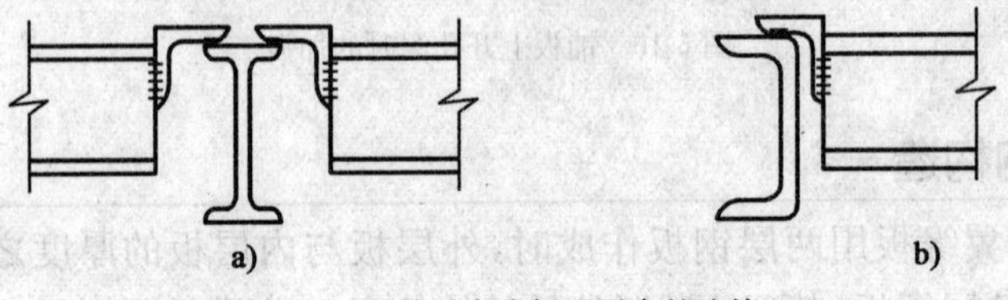

图 5-20 活动平台或轻型平台的连接

⑤上述连接构造均认为次梁简支于主梁上。当次梁按连续梁设计且与主梁平接时,则可采用如见情景三图 3-20 的刚接。

三 平台柱的构造

(1)当实腹式柱的腹板计算高度与厚度之比 $\frac{h_0}{t_w}>80$ 时,应采用间距不大于 $3h_0$ 的横向加劲肋加强。

格构式柱和组合实腹式柱应设置横隔(见图 5-21)。横隔间距不得大于柱截面较大宽度的 9 倍和 8m。在受有较大水平力处和运送单元的端部应设置横隔。

(2)梁与柱的铰接连接有以下两种类型。

①梁支承在柱顶上,如情景三图 3-31 所示。柱顶板厚度通常取为 20mm。

②梁连于柱的侧面,如情景三图 3-32 所示。

(3)梁与柱的刚性连接构造如图 5-22 所示,其中图 5-22a)、b)、c)为使用工地焊缝的连接;图 5-22d)、e)为采用高强度螺栓的连接,后者的柱伸出悬臂与梁连接,连接处的弯矩较小。

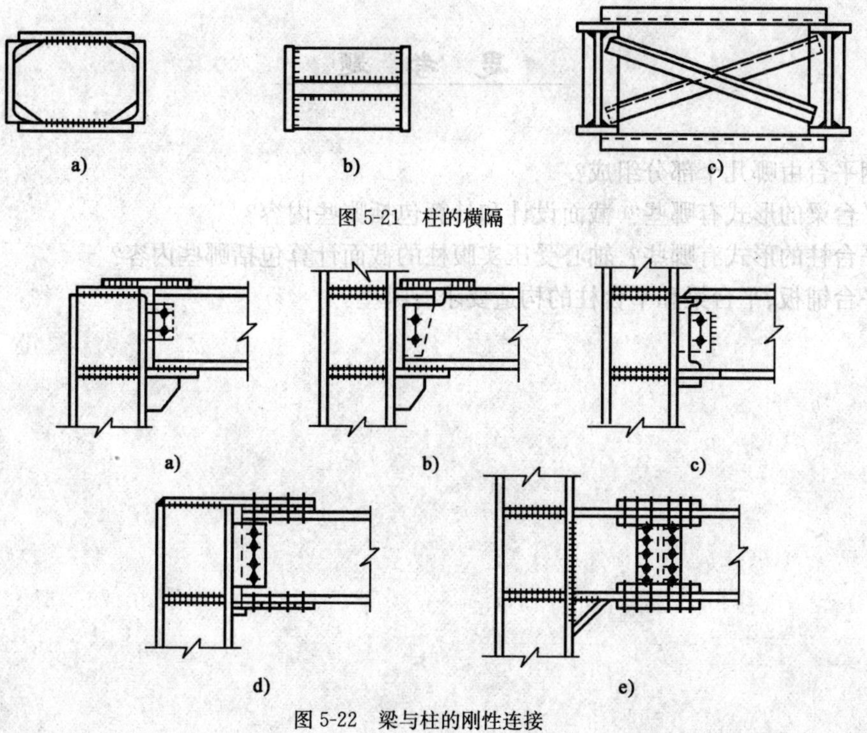

图 5-21　柱的横隔

图 5-22　梁与柱的刚性连接

梁与柱刚性连接的计算方法与将次梁刚性连接于主梁的情况相类似。

(4)平台柱的铰接柱脚构造如情景三图 3-33 所示。

小　结

1. 平台结构通常由梁、柱、柱间支撑，铺板及梯子、栏杆等组成。

2. 钢铺板有平钢板、压型钢板及篦条式铺板等类型。对人行通道和经常操作的平台，宜采用花纹平钢板；重型平台常采用普通平钢板。采用花纹平钢板或普通平钢板的平台铺板，因钢板抗弯刚度和承载力都较小，仅靠梁的支撑往往很不经济，一般需要设置加劲肋。平台铺板可分为无肋铺板和有肋铺板两种，铺板的加劲肋常采用扁钢或角钢。

3. 平台钢铺板依据与梁连接的节点构造，一般按照在支座(梁和加劲肋)处为铰接的单跨简支板计算，通常铺板被梁和加劲肋划分成矩形区格，铺板按区格计算。

4. 平台梁宜尽量采用轧制截面(普通工字钢、H 型钢或槽钢)。当轧制截面尺寸不满足要求时，宜采用三块板焊成的工字形截面；当需要有较大的抗扭刚度时，可采用焊接箱形截面；在特殊情况下(如跨度很大而荷载较小时)，可采用桁架式梁。

5. 平台梁的计算包括强度、整体稳定性、局部稳定性和挠度的计算，以及加劲肋设计。

6. 平台柱一般设计为等截面的实腹柱。实腹柱的常用截面为普通工字钢、H 型钢、焊接工字形截面，有时也采用方管或圆管截面，以及钢板、槽钢、T 形钢与工字钢的组合截面。

7. 轴心受压柱的计算包括强度、整体稳定性、局部稳定性和刚度的计算。

思 考 题

1.钢平台由哪几个部分组成?

2.平台梁的形式有哪些?截面设计和计算包括哪些内容?

3.平台柱的形式有哪些?轴心受压实腹柱的截面计算包括哪些内容?

4.平台铺板、平台梁和平台柱的构造要求有哪些?

情景六 大型钢结构构件的装配机械

【知识目标】

1. 掌握结构安装工程常用起重机械的性能。
2. 掌握结构安装工程常用起重机械的适用范围。
3. 掌握结构安装工程常用起重机械的类型。

【能力目标】

1. 具备结构安装工程常用起重机械设备的调配能力。
2. 具有结构安装工程常用起重机械设备施工现场安全管理的能力。

【素质目标】

培养学生的质量安全意识、团结合作精神和良好的沟通能力。

结构安装工程常用起重机械包括自行式起重机和塔式起重机。

一 自行式起重机

自行式起重机可分为履带式起重机、汽车式起重机与轮胎式起重机。

1. 履带式起重机

履带式起重机是一种具有履带行走装置的全回转起重机，它利用两条面积较大的履带着地行走，由行走装置、回转机构、机身及起重臂等部分组成，如图 6-1 所示。

1)履带式起重机的常用型号及性能

在结构安装工程中，常用的履带式起重机有 W1-50 型、W1-100 型、W1-200 型及一些进口机型。

履带式起重机的主要技术性能包括三个主要参数：起重量 Q、起重半径 R、起重高度 H。

2)履带式起重机的稳定性验算

在如图 6 2 所示的情况下吊装构件，起重机的稳定性最差，此时以履带中心 A 点为倾覆点，分别按以下条件进行验算。

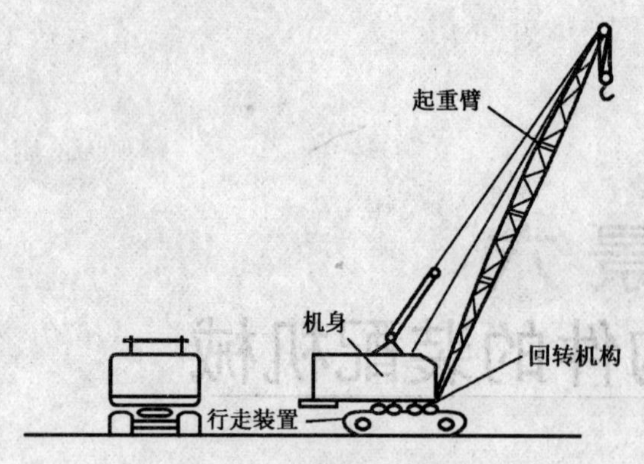

图 6-1 履带式起重机

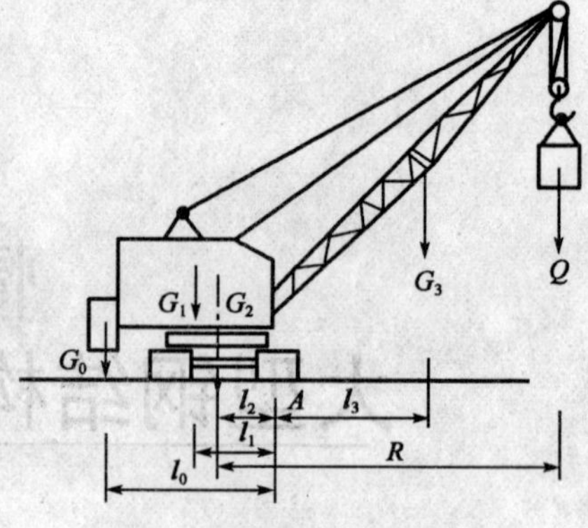

图 6-2 履带式起重机受力简图

当考虑吊装荷载及附加荷载时，稳定安全系数：

$$K_1 = M_{稳} / M_{倾} \geqslant 1.15$$

当考虑吊装荷载，不考虑附加荷载时，稳定安全系数

$$K_2 = \frac{稳定力矩(M_{稳})}{倾覆力矩(M_{倾})} = \frac{G_1L_1 + G_2L_2 + G_0L_0 - G_3L_3}{(Q+q)(R-L_2)} \geqslant 1.4$$

2.汽车式起重机

汽车式起重机是自行式全回转起重机，起重机构安装在汽车的通用或专用底盘上，如图 6-3 所示。

3.轮胎式起重机

轮胎式起重机是把起重机构安装在加重轮胎和轮轴组成的特制底盘上的全回转起重机，如图 6-4 所示。

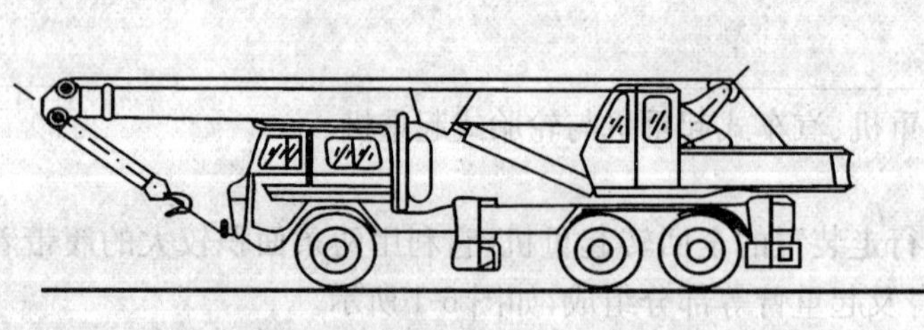

图 6-3 汽车式起重机

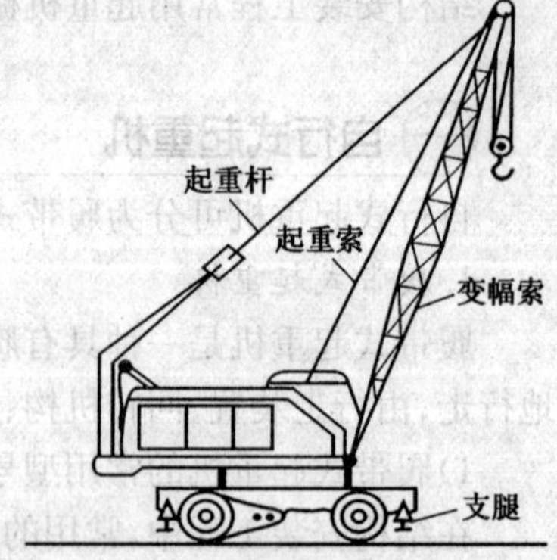

图 6-4 轮胎式起重机

二 塔式起重机

塔式起重机的类型较多，按结构与性能特点分为一般式塔式起重机、自升式塔式起重机、爬升式塔式起重机。

1. 一般式塔式起重机

QT1-6 型为上回转动臂变幅式塔式起重机，适用于结构吊装及材料装卸工作，如图 6-5 所示。

图 6-5　QT1-6 型塔式起重机

QT-60/80 型为上回转动臂变幅式塔式起重机，适于较高建筑的结构吊装。

2. 自升式塔式起重机

自升式塔式起重机的型号较多，如 QTZ50、QTZ60、QTZ100、QTZ120 等。

QT4-10 型多功能（可附着、可固定、可行走、可爬升）自升塔式起重机，是一种上旋转、小车变幅自升式塔式起重机，随着建筑物的升高，利用液压顶升系统而逐步自行接高塔身，如图 6-6 所示。

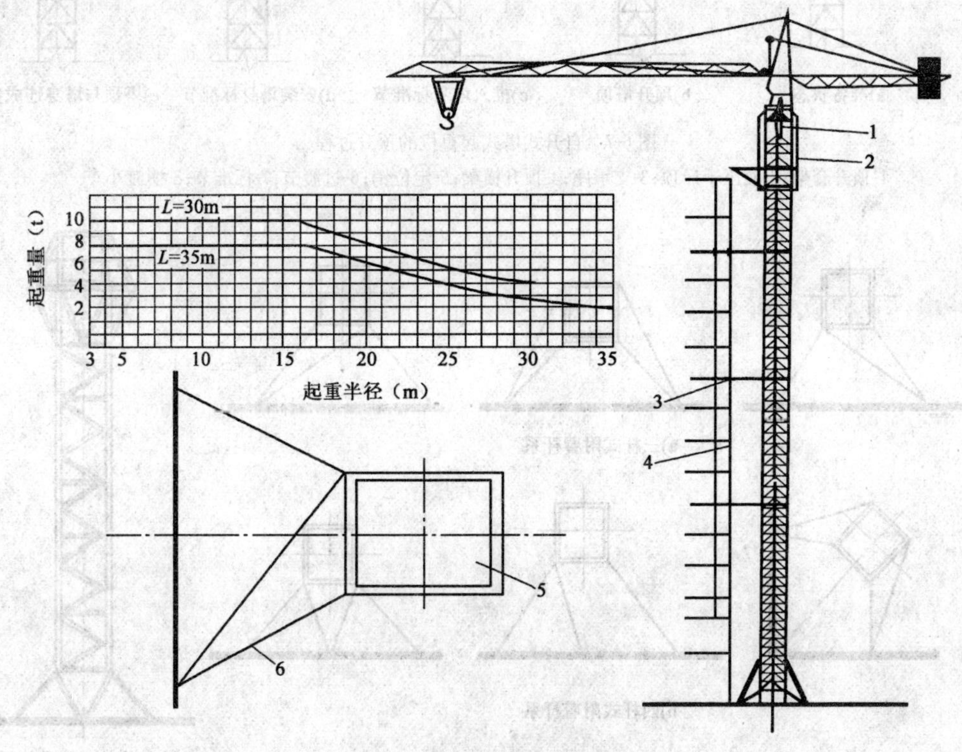

图 6-6　QT4-10 型塔式起重机

1-液压千斤顶；2-顶升套架；3-锚固装置；4-建筑物；5-塔身；6-附着杆

自升式塔式起重机的液压顶升系统主要有顶升套架、长行程液压千斤顶、支承座、顶升横梁、引渡小车、引渡轨道、附着杆及定位销等。

液压千斤顶的缸体装在塔吊上部结构的底端支承座上，活塞杆通过顶升横梁支承在塔身顶部，其顶升过程如图 6-7 所示。

附着杆的布置形式如图 6-8 所示。

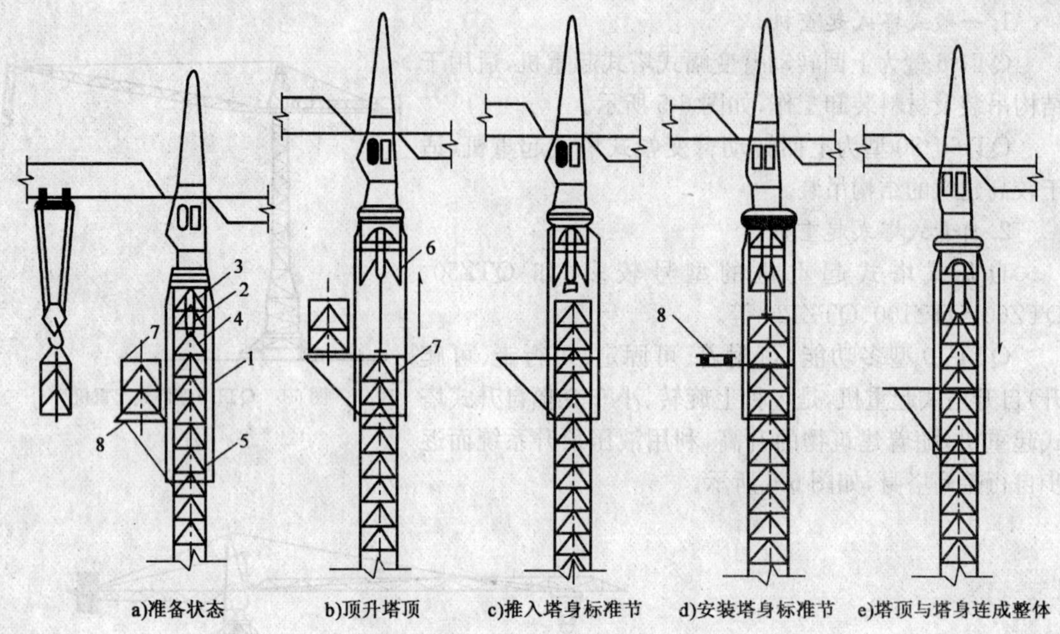

图 6-7 自升式塔式起重机的顶升过程

1-顶升套架；2-液压千斤顶；3-支承座；4-顶升横梁；5-定位销；6-过渡节；7-标准节；8-摆渡小车

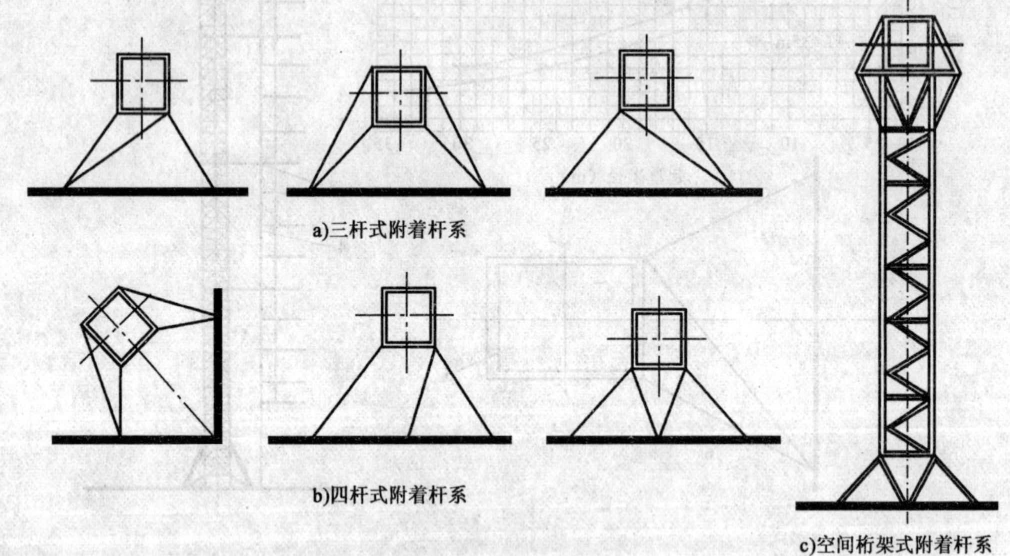

图 6-8 附着杆的布置形式

3. 爬升式塔式起重机

爬升式起重机其特点是：塔身短，起升高度大，而且不占建筑物的外围空间；但操作员作业时看不到起吊过程，全靠信号指挥，施工完成后拆塔工作处于高空作业等。

图 6-9 为爬升式起重机的爬升过程示意图。下支腿支承在踏步上，顶升塔身(见图 6-9a、b)，上支腿支承在踏步上，缩回活塞杆，将活动横梁提起(见图 6-9c、d)。

爬升式起重机的主要型号有 QT5-4/40 型、QT5-4/60 型、QT3-4 型等。

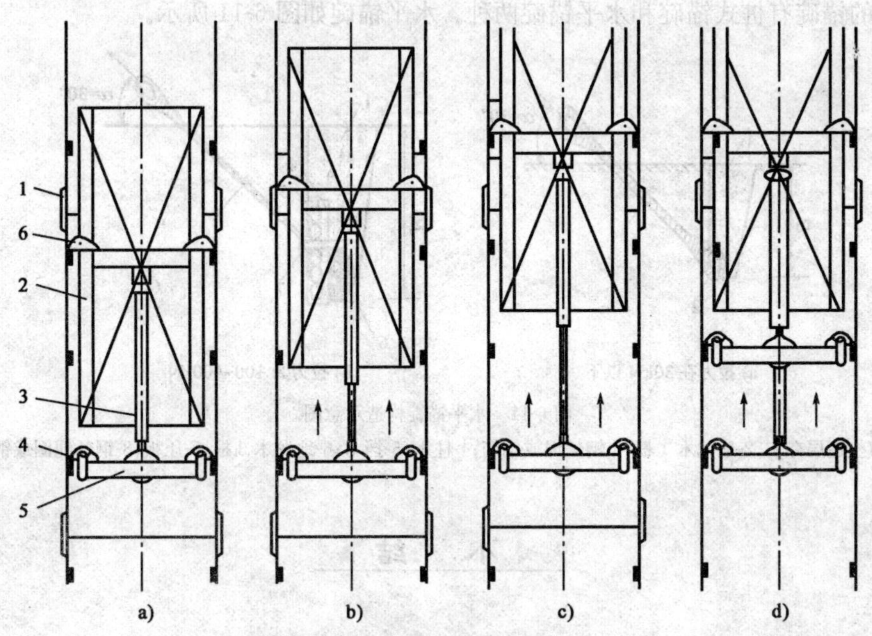

图 6-9　液压爬升机构的爬升过程
1-爬梯；2-塔身；3-液压缸；4、6-支腿；5-活动横梁

三 索具设备及锚碇

1. 卷扬机

在建筑施工中常用的卷扬机分快速和慢速两种。

快速卷扬机主要用于垂直、水平运输和打桩作业。

慢速卷扬机主要用于结构吊装、钢筋冷拉等作业。

2. 滑轮组及钢丝绳

滑轮组是由一定数量的定滑轮和动滑轮组成，具有省力和改变力的方向的功能，是起重机的重要组成部分。

钢丝绳是先由若干根钢丝绕成股，再由若干股绕绳芯捻成绳。

3. 吊具及锚碇

吊具包括吊钩、钢丝夹头、卡环、吊索、横吊梁等，是吊装时的重要辅助工具。

横吊梁又称铁扁担，用于承受吊索对构件的轴向压力并能减小起吊高度，如图 6-10 所示。

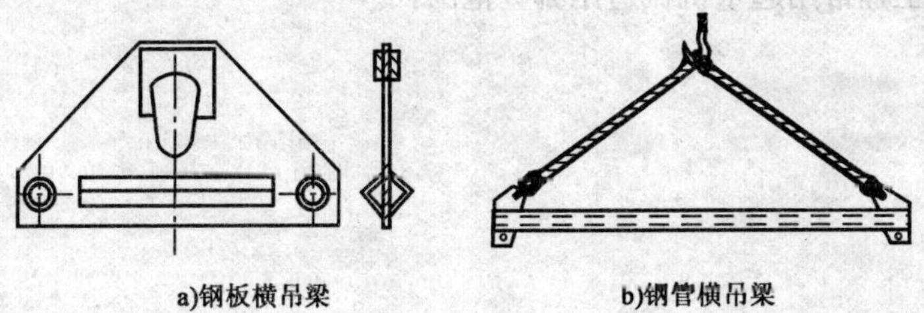

图 6-10　横吊梁

常用的锚碇有桩式锚碇和水平锚碇两种。水平锚碇如图 6-11 所示。

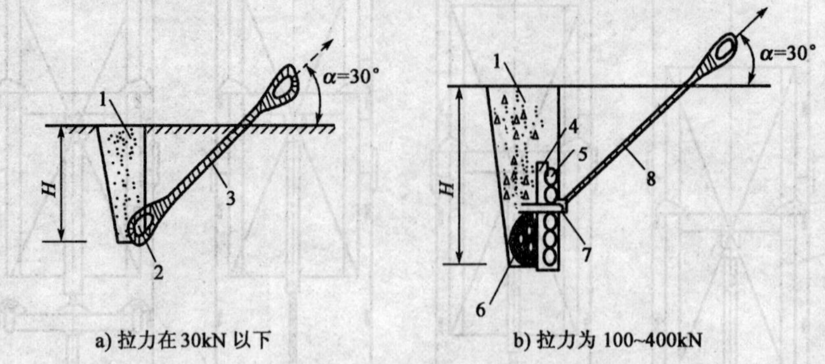

图 6-11　水平锚碇构造示意图

1-回填土逐层夯实；2-地龙木 1 根；3-钢丝绳或钢筋；4-柱木；5-挡木；6-地龙木 3 根；7-压板；8-钢丝绳圈或钢筋环

小　　结

结构安装工程常用起重机械及其性能和适用范围如下。

1. 起重机械

结构安装工程常用的起重机械有桅杆式起重机、自行式起重机和塔式起重机。

2. 自行式起重机

自行式起重机可分为履带式起重机、汽车式起重机与轮胎式起重机。

3. 塔式起重机

塔式起重机的类型较多，按结构与性能特点分为两大类：一般式塔式起重机与自升式塔式起重机。

4. 索具设备及锚碇有：卷扬机、滑轮组及钢丝绳、吊具及锚碇。

思　考　题

1. 结构安装工程常用起重机械有哪些？
2. 结构安装工程常用起重机械的性能有哪些？
3. 结构安装工程常用起重机械适用哪些范围？

情景七 钢结构施工图识读

【知识目标】

1. 掌握钢结构施工图的内容与表示方法。
2. 掌握钢结构施工图的识读要点。

【能力目标】

1. 具有钢结构施工图的识读能力。
2. 初步具备钢结构施工详图的绘制能力。

【素质目标】

培养学生的钢结构空间意识、严谨细致的逻辑思维和用工程师的语言的沟通能力。

单元一 钢结构施工图的内容与表示方法

施工图是工程师的语言，是设计者设计意图的体现，也是施工、监理、经济核算的重要依据。建筑施工图是在满足建筑物的使用功能、美观、防火等要求的基础上，表明房屋的外形、内部平面布置、细部构造和内部装修等内容。结构施工图则是在满足建筑物的安全、适用、耐久等要求的基础上，表明建筑结构体系和结构构件（如基础、梁、板、柱等）的布置、形状、尺寸、材料、细部构造和施工要求等内容的技术文件。钢结构与其他结构形式相比，由于所用的建筑材料不同，其结构施工图的内容和表示方法也与混凝土结构、砌体结构的内容和表示方法有所不同。

一 钢结构施工图的主要内容

1. 首页和图纸目录

首页是反映工程项目名称、设计单位、设计单位的行政负责人与技术负责人，以及各专业负责人会签的技术文件。图幅一般为A4。

图纸目录是反映该工程建筑施工图的图纸顺序编号、图纸名称和图幅的技术文件。图幅一般为 A4。

2. 结构设计说明

结构设计说明是统一描述该项工程的结构设计依据，对构配件材料的选用及质量要求，地基的概况及施工要求，钢结构的制作与安装要求，钢结构的抗震与防火、保温隔热和节能要求，标准图集中所选用的内容与适用范围，图中的代号等有关结构方面共性问题的技术文件。

3. 结构平面构件布置示意图

结构布置平面图与建筑平面图一样，属于全局性的图纸。对于多高层钢框架结构，通常包含以下内容：基础平面图，楼层结构平面布置图，屋顶结构平面布置图；对于单层钢排架结构，通常包含以下内容：钢屋架（钢桁架）平面布置图，屋面支撑平面布置图和剖面图，屋面檩条平面布置图，吊车梁平面布置图；对于单层门式刚架轻型房屋钢结构，通常包含以下内容：刚架平面布置图，屋面支撑平面布置图和剖面图，屋面檩条平面布置图，吊车梁平面布置图。

4. 结构立面构件布置示意图

结构立面构件布置示意图是结构立面构件布置的全局性图纸。其内容主要包括沿纵轴线柱网立面构件布置示意图和山墙立面构件布置示意图。

5. 构件截面选用表与构件详图

构件截面选用表是反映构件编号，构件分段简图或零件号，截面规格与几何尺寸，零件数量，零件和构件的参考重量的图纸。其内容主要包括钢屋架或桁架材料表，钢刚架或框架、排架柱截面选用表，山墙柱系统选用表，支撑系统选用表或材料表，端板尺寸和高强螺栓选用表。

构件详图属于局部性的图纸，表示构件的形状、几何尺寸，桁架内力的分布，所用材料的强度等级，构件的组成与制作安装。其主要内容包括桁架几何尺寸与内力图，钢屋架、刚架、框排架柱等构件详图与节点布置，钢框架梁构件与节点布置详图，楼梯结构详图，支撑构件详图，钢平台结构与节点布置详图，吊车梁构件与节点布置详图。

6. 节点详图

钢结构节点详图是反映构件间的连接和拼接方法，连接的构造做法及其零配件细部尺寸的技术文件。其主要内容包括柱脚节点、柱头节点、桁架上弦节点、桁架下弦节点、工地拼接节点、支座节点、刚架肩部节点、支撑节点、端板及隅撑节点详图等。

二 常用的构件代号

房屋结构的基本构件很多，有时布置也很复杂，为了图面清晰，以及把不同的构件表示清楚，《建筑结构制图标准》(GB/T 50105—2001)规定：构件的名称应用代号来表示，代号后应用阿拉伯数字标注该构件的型号或编号，也可为构件的顺序号。构件的顺序号采用不带角标的阿拉伯数字连续编排。表示方法用构件名称的汉语拼音字母中的第一个字母表示。常用的构件代号，见表 7-1。

常用构件代号　　表 7-1

序号	名　称	代号	序号	名　称	代号	序号	名　称	代号
1	板	B	15	吊车梁	DL	29	基础	J
2	屋面板	WB	16	围梁	QL	30	设备基础	SI
3	空心板	KB	17	过梁	GL	31	柱	ZH
4	槽形板	CB	18	连系梁	JL	32	柱间支撑	ZC
5	折板	ZB	19	基础梁	JL	33	水平支撑	SC
6	密肋板	MB	20	楼梯梁	TL	34	垂直支撑	CC
7	楼梯板	TB	21	檩条	LT	35	梯	T
8	盖板或沟盖板	GB	22	屋架	WJ	36	雨篷	YP
9	挡雨板或檐口板	YB	23	托架	TJ	37	阳台	YT
10	吊车安全走道板	DB	24	天窗架	CJ	38	梁垫	LD
11	墙板	QB	25	框架	KJ	39	预埋件	M
12	天沟板	TGB	26	刚架	GJ	40	天窗端壁	TD
13	梁	L	27	支架	ZJ	41	钢筋网	W
14	屋面梁	WL	28	柱	Z	42	钢筋骨架	G

注:预应力钢筋混凝土构件代号,应在构件代号前加注“Y-”,例如 Y-KB 表示预应力混凝土空心板。

三 钢结构施工图的表示方法

1. 钢结构施工图的设计表示方法

钢结构施工图的设计表示方法一般采用详图法,构件截面选用表法绘制。

详图法:它通过平、立、剖面图将各构件(梁、柱、墙等)的结构尺寸、节点布置等“逼真”地表示出来。

表法:它采用表格填写方法将结构构件的结构尺寸和配筋规格用数字符号表达。此法使“详图法”的相同工作内容大大简化,深受设计人员的欢迎。

2. 常用型钢的标注方法

《建筑结构制图标准》(GB/T 50105—2001)规定,常用型钢的标注方法应符合表 7-2 的规定。

常用型钢的标注方法　　表 7-2

序号	名　称	截　面	标　注	说　明
1	等边角钢	∟	∟ *b*×*t*	*b* 为肢宽 *t* 为肢厚
2	不等边角钢	∟ (B)	∟ *B*×*b*×*t*	*B* 为长肢宽 *b* 为短肢宽 *t* 为肢厚
3	工字钢	I	I N　　Q I N	轻型工字钢加注 Q 字 N 工字钢的型号

续上表

序号	名　称	截　面	标　注	说　明
4	槽钢		N　Q N	轻型槽钢加注 Q 字 N 槽钢的型号
5	方钢	b	b	
6	扁钢	b	— b×t	
7	钢板		$\frac{-b\times t}{l}$	$\frac{宽\times厚}{板长}$
8	圆钢		ϕd	
9	钢管		DN×× $d\times t$	内径 外径×壁厚
10	薄壁方钢管		B b×t	薄壁型钢加注 B 字 t 为壁厚
11	薄壁等肢角钢		B b×t	
12	薄壁等肢卷边角钢	a	B b×a×t	
13	薄壁槽钢	h	B h×b×t	
14	薄壁卷边槽钢	a	B h×b×a×t	
15	薄壁卷边 Z 型钢	h　a	B h×b×a×t	
16	T 型钢		TW×× TM×× TN××	TW 为宽翼缘 T 型钢 TM 为中翼缘 T 型钢 TN 为窄翼缘 T 型钢
17	H 型钢		HW×× HM×× HN××	HW 为宽翼缘 H 型钢 HM 为中翼缘 H 型钢 HN 为窄翼缘 H 型钢

续上表

序号	名　称	截　面	标　注	说　明
18	起重机钢轨		QU××	详细说明产品规格型号
19	轻轨及钢轨		××kg/m钢轨	

3. 螺栓、孔、电焊铆钉的表示方法

《建筑结构制图标准》(GB/T 50105—2001)规定，螺栓、孔、电焊铆钉的表示方法应符合表7-3的规定。

螺栓、孔、电焊铆钉的表示方法　　表7-3

序号	名　称	图　例	说　明
1	永久螺栓	M φ	1. 细"十"线表示定位线； 2. M表示螺栓型号； 3. φ表示螺栓孔直径； 4. d表示膨胀螺栓、电焊铆钉直径； 5. 采用引出线标注螺栓时，横线上标螺栓规格，横线下标注螺栓孔直径
2	高强螺栓	M φ	
3	安装螺栓	M φ	
4	胀锚螺栓	d	
5	圆形螺栓孔	φ	
6	长圆形螺栓孔	φ b	
7	电焊铆钉	d	

4. 常用焊缝的表示方法

1)表示方法

《建筑结构制图标准》(GB/T 50105—2001)和《焊缝符号表示法》(GB 324)规定，焊缝代号由引出线、图形基本符号和辅助符号三部分组成，必要时还应加上补充符号，如表 7-4 所示。

焊 缝 代 号 表 7-4

	角焊缝				对接焊缝	塞焊缝	三面围焊
	单面焊缝	双面焊缝	安装焊缝	相同焊缝			
形式							
标注方法							

引出线采用细实线绘制，由箭头线和横线(基准线)组成，横线的上面和下面用来标注符号和尺寸，箭头线用来指示焊缝部位；图形基本符号表示焊缝的基本形式，如角焊缝用⊿表示、V形焊缝用 V 表示；辅助符号表示焊缝表面形状特征是平面还是凹面；补充符号是补充说明焊缝的某些特征或施工要求而采用的符号，如三面围焊缝、现场安装焊缝、焊缝与焊件材质不同等。

2)常用焊缝的标注方法

(1)单面焊缝的标注方法应符合下列规定：当箭头指向焊缝所在的一面时，应将图形符号和尺寸标注在横线的上方，如图 7-1a)所示；当箭头指向焊缝所在另一面(相对应的那面)时，应将图形符号和尺寸标注在横线的下方，如图 7-1b)所示；表示环绕工作件周围的焊缝时，其围焊焊缝符号为圆圈，绘在引出线的转折处，并标注焊角尺寸 K，如图 7-1c)所示。

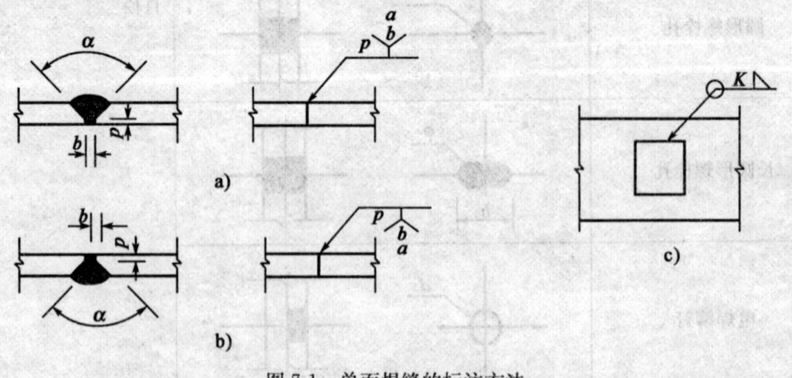

图 7-1 单面焊缝的标注方法

(2)双面焊缝的标注，应在横线的上、下都标注符号和尺寸。上方表示箭头一面的符号和尺寸，下方表示另一面的符号和尺寸，如图 7-2a)所示；当两面的焊缝尺寸相同时，只需在横线上方标注焊缝的符号和尺寸，如图 7-2b)～d)所示。

(3)3 个和 3 个以上的焊件相互焊接的焊缝，不得作为双面焊缝标注。其焊缝符号和尺寸应分别标注，如图 7-3 所示。

(4)相互焊接的 2 个焊件中，当只有 1 个焊件带坡口时(如单面 V 形)，引出线箭头必须指向带坡口的焊件，如图 7-4a)所示。相互焊接的 2 个焊件，当为单面带双边不对称坡口焊缝时，引出线箭头必须指向较大坡口的焊件，如图 7-4b)所示。

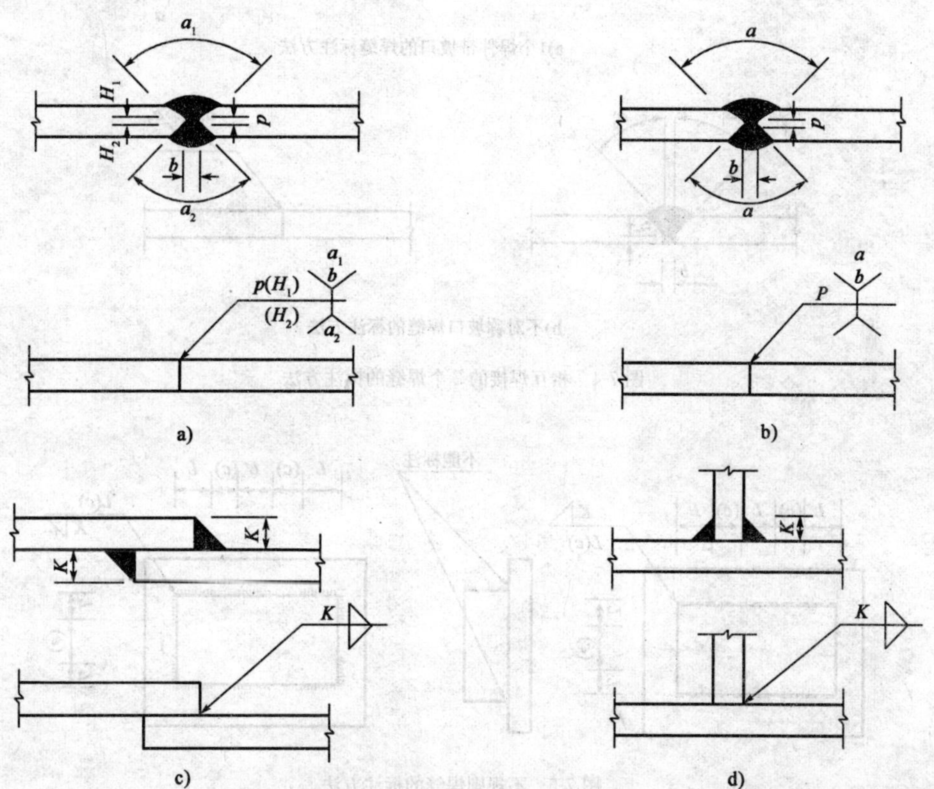

图 7-2　双面焊缝的标注方法

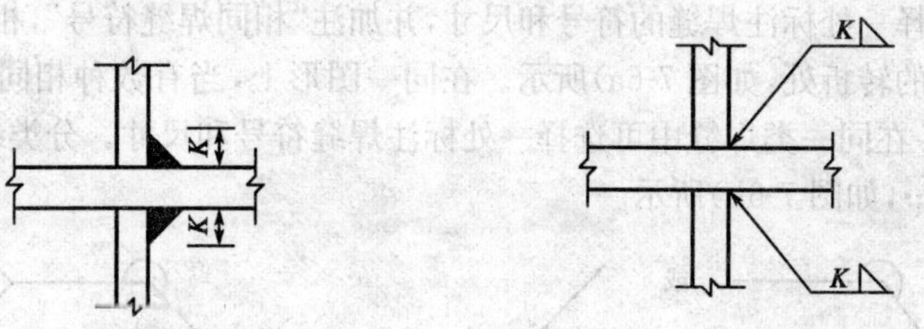

图 7-3　3 个和 3 个以上焊件的焊缝标注方法

(5)当焊缝分布不规则时，在标注焊缝符号的同时，宜在焊缝处加中实线(表示可见焊缝)，或加细栅线(表示不可见焊缝)，如图 7-5 所示。

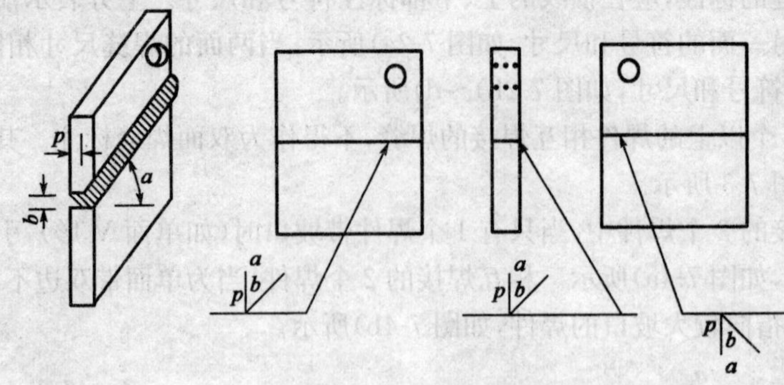

a)1个焊件带坡口的焊缝标注方法

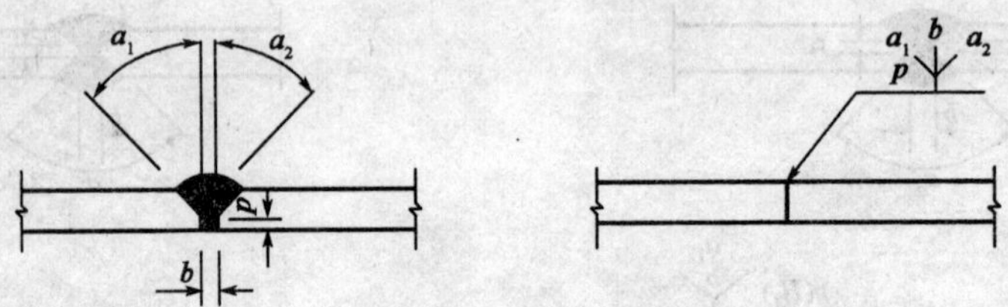

b)不对称坡口焊缝的标注方法

图 7-4　相互焊接的 2 个焊缝的标注方法

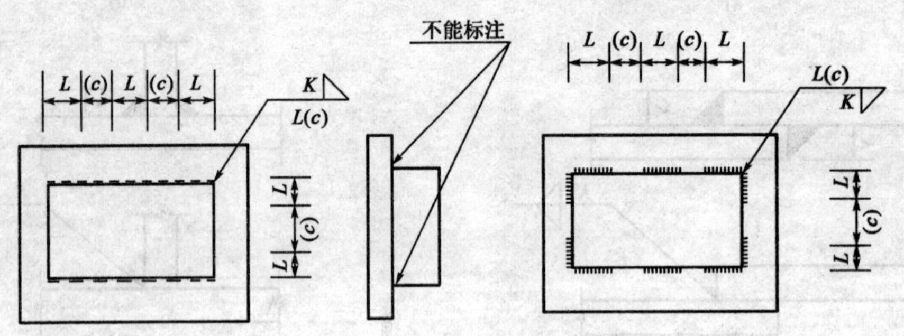

图 7-5　不规则焊缝的标注方法

（6）相同焊缝符号应按下列方法表示：在同一图形上，当焊缝形式、断面尺寸和辅助要求均相同时，可只选择一处标注焊缝的符号和尺寸，并加注“相同焊缝符号”，相同焊缝符号为3/4圆弧，绘在引出线的转折处，如图 7-6a）所示。在同一图形上，当有数种相同的焊缝时，可将焊缝分类编号标注。在同一类焊缝中可选择一处标注焊缝符号和尺寸。分类编号采用大写的拉丁字母 A、B、C……，如图 7-6b）所示。

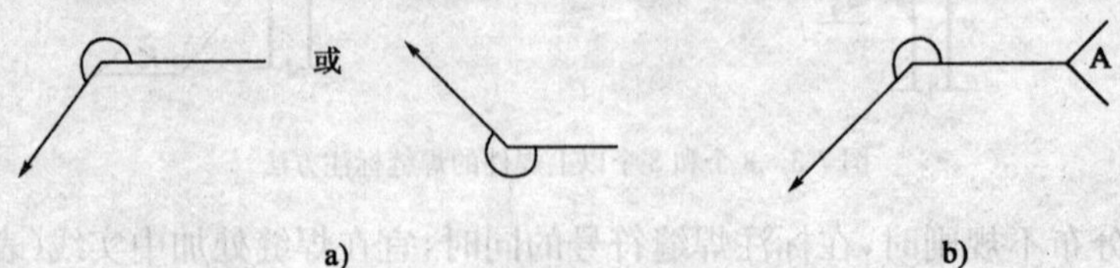

图 7-6　相同焊缝的标注方法

(7)需要在施工现场进行焊接的焊件焊缝，应标注“现场焊缝”符号。现场焊缝符号为涂黑的三角形旗号，绘在引出线的转折处，如图 7-7 所示。

(8)图样中较长的角焊缝(如焊接实腹钢梁的翼缘焊缝)，可不用引出线标注，而直接在角焊缝旁标注焊缝尺寸值 K，如图 7-8 所示。

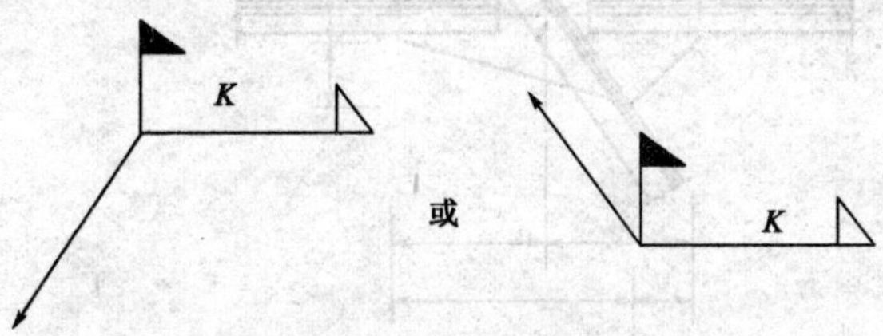

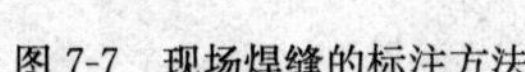

图 7-7　现场焊缝的标注方法

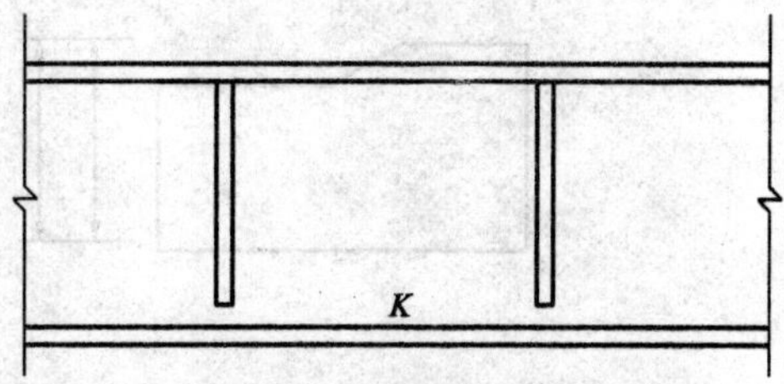

图 7-8　较长焊缝的标注方法

(9)熔透角焊缝的符号应按图 7-9a)方式标注。熔透角焊缝的符号为涂黑的圆圈，绘在引出线的转折处。局部焊缝应按图 7-9b)方式标注。

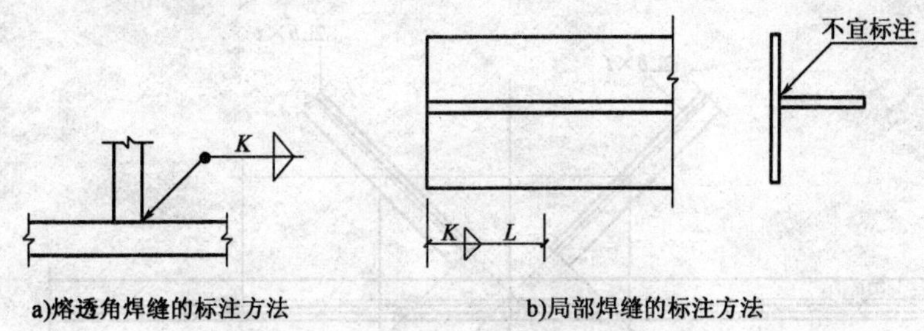

a)熔透角焊缝的标注方法　　b)局部焊缝的标注方法

图 7-9　熔透角焊缝和局部焊缝的标注方法

5. 钢结构施工图的尺寸标注方法

(1)两构件的两条很近的重心线，应在交汇处将其各自向外错开，如图 7-10 所示。

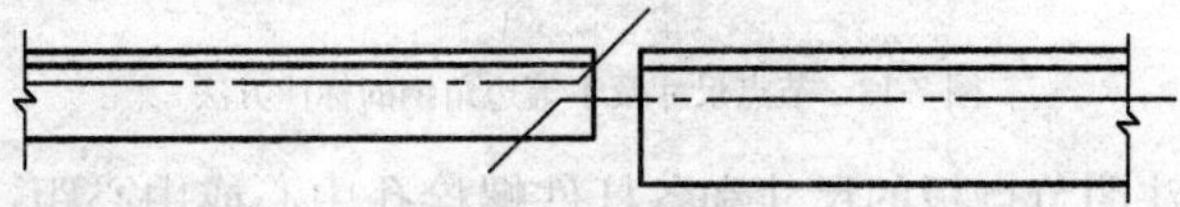

图 7-10　两构件重心线不重合的标注方法

(2)弯曲构件的尺寸应沿其弧度的曲线标注弧的轴线长度，如图 7-11 所示。

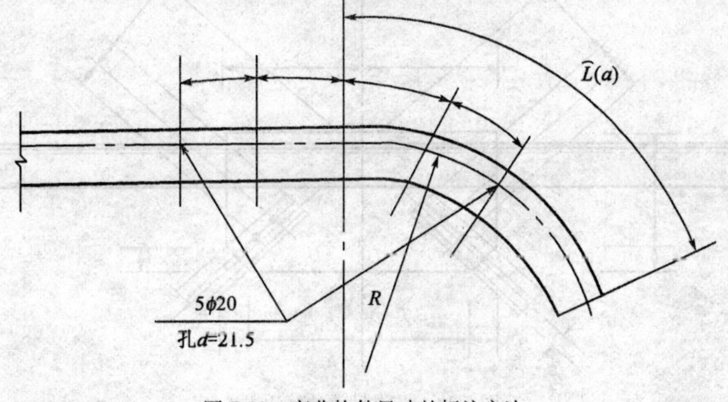

图 7-11　弯曲构件尺寸的标注方法

(3)切割的板材，应标注各线段的长度及位置，如图 7-12 所示。

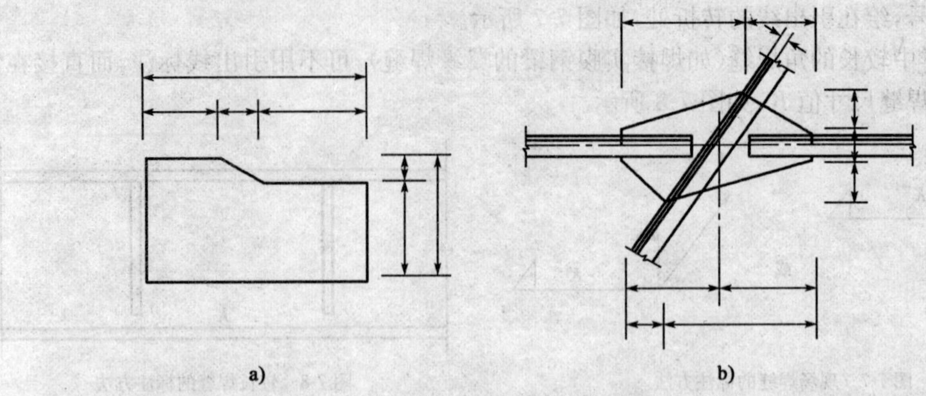

图 7-12　切割板材尺寸的标注方法

(4)不等边角钢的构件，必须标注出角钢一肢的尺寸，如图 7-13 所示。

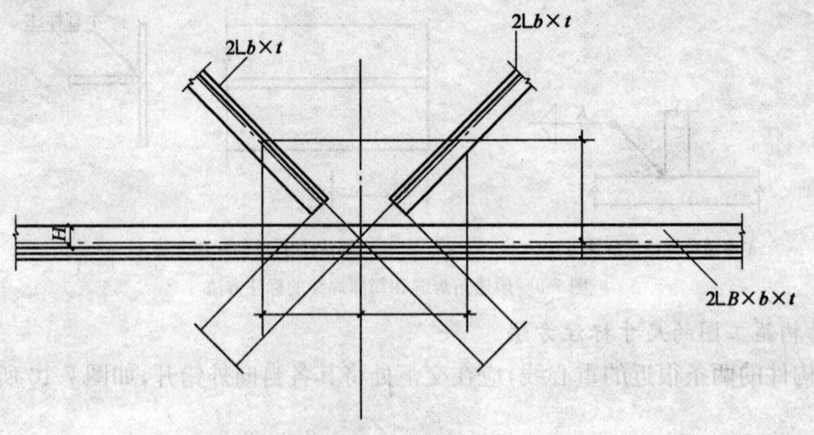

图 7-13　节点尺寸及不等边角钢的标注方法

(5)节点尺寸，应注明节点板的尺寸和各杆件螺栓孔中心或中心距，以及杆件端部至几何中心线交点的距离，如图 7-13、图 7-14 所示。

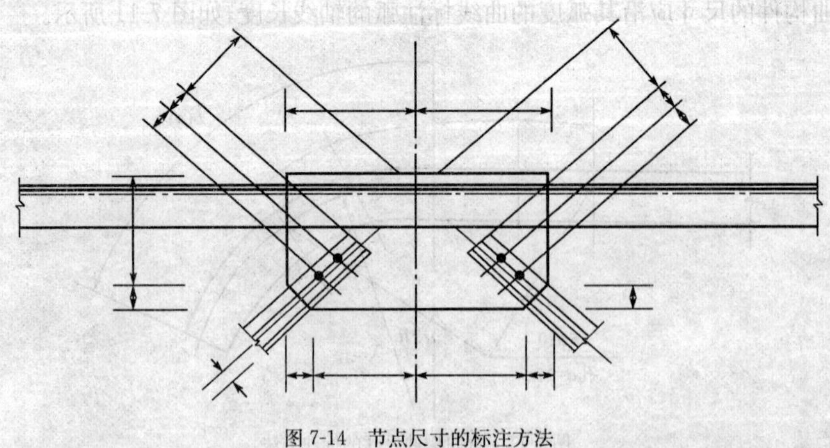

图 7-14　节点尺寸的标注方法

(6)双型钢组合截面的构件，应注明缀板的数量及尺寸，如图 7-15 所示。引出横线上方标注缀板的数量及缀板的宽度、厚度，引出横线下方标注缀板的长度尺寸。

(7)非焊接的节点板，应注明节点板的尺寸和螺栓孔中心与几何中心线交点的距离，如图 7-16 所示。

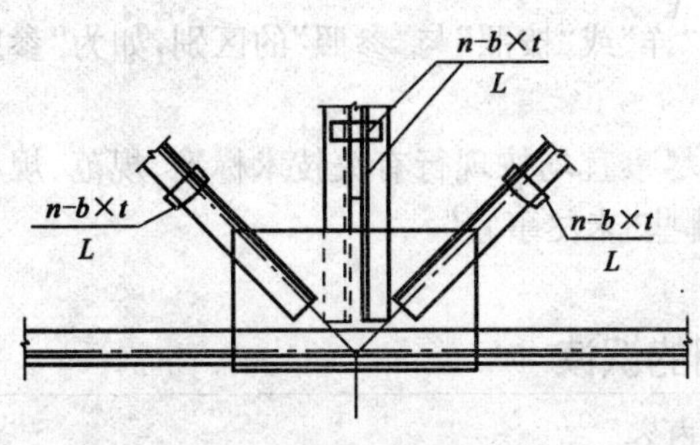

图 7-15　缀板的标注方法

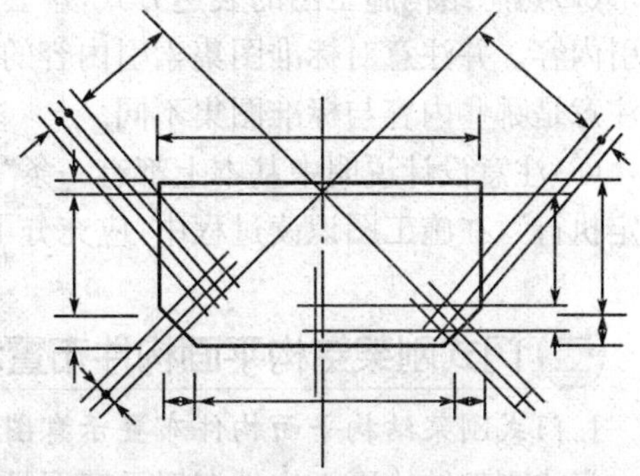

图 7-16　非焊接节点板尺寸的标注方法

单元二　门式刚架钢结构施工图识读

门式刚架轻型房屋钢结构的平面布置，绝大多数都采用标准柱网尺寸，其施工图一般也采用标准图集的定型图纸，现以标准图集《多跨门式刚架轻型房屋钢结构(无吊车)》(07SG518-4)中的 GJ30×2-7-5 门式刚架作为识读示例，其施工图主要内容包括结构设计说明，平面构件布置示意图，立面构件布置示意图，门式刚架截面选用表，山墙柱及支撑系统选用表，柱脚节点详图，支撑节点详图，端板及隅撑节点详图，端板尺寸和高强度螺栓选用表，三维节点示意图。

一　门式刚架结构设计说明的识读

1. 门式刚架结构设计说明的主要内容

结构设计说明一般采用文字说明辅以通用详图或符号来表达，是统一描述新建工程有关建筑结构方面共性问题的技术文件。其主要内容包括结构设计依据、工程概况(适用范围)、设计参数取值、设计计算、材料要求、支撑布置、构造做法及施工要求等。结构设计说明一般作为单位工程结构施工图的首页。

2. 门式刚架结构设计说明的识读要点

标准图集《多跨门式刚架轻型房屋钢结构(无吊车)》(07SG518-4)中的结构设计总说明的实例详附图一第 1～6 页(见图 7-17)，其识读应掌握以下主要内容：

(1)了解新建工程的结构设计依据，包括各相关的建筑结构设计规范、标准、规程和规定。

(2)熟悉新建工程的工程概况，包括工程名称、建筑物高度、抗震设防烈度、结构类型、基地高程、荷载取值、结构或构件的安全等级和抗震等级、选用标准图集的适用范围等。

(3)熟悉钢结构构件和支撑与檩条的结构布置。

(4)熟悉钢结构构件和支撑型钢钢材的选用、焊接材料和螺栓材料的选用要求。

(5)了解设计计算的参数控制值和构造处理方法。

(6)熟悉钢结构的制作与安装的施工工艺控制、构造做法和其他施工要求,及其防火、保温隔热要求。

(7)熟悉结构施工图的表达方式,本套图纸中的通用符号与通用详图,标准图集的名称与索引内容。并注意对标准图集索引内容的用词是"详"或"按照"与"参照"的区别,如为"参照"应注意是哪些内容与标准图集不同。

(8)注意设计说明中基本上都有一条"图中未尽事宜均按现行有关技术标准、规范、规程、规定执行",在施工图识读过程中,应充分了解有哪些"未尽事宜"。

二 门式刚架结构平面构件布置示意图的识读

1.门式刚架结构平面构件布置示意图的主要内容

门式刚架结构平面构件布置示意图是整体反映结构构件平面布置的全局性图纸。通常包含以下内容:刚架平面布置图,屋面支撑平面布置图和剖面图,屋面檩条平面布置图,吊车梁平面布置图,及其附加说明。

2.门式刚架结构平面构件布置示意图的识读要点

标准图集《多跨门式刚架轻型房屋钢结构(无吊车)》(07SG518-4)中的 30m×2 跨 7.5m 柱距平面构件布置示意图的实例详附图一第 7 页(见图 7-18),其识读应掌握以下主要内容:

(1)熟悉刚架的平面布置:包括结构平面总尺寸线、刚架定位尺寸与榀数、支撑代号、支撑布置与定位尺寸。注意:门式刚架一般为对称结构。

(2)熟悉门式刚架的平面示意图的表达方式。门式刚架一般为对称结构,均按对称纵轴线的一半绘制施工图,对于刚架代号相同的开间可用折断符号表示,以 n× 开间尺寸表示相同刚架定位尺寸。

(3)熟悉图中反映中柱支撑布置的剖切部位、中柱柱间支撑的代号、支撑布置与定位尺寸。

(4)熟悉图中的附加说明及其材料选用。

三 门式刚架结构立面构件布置示意图的识读

1.门式刚架结构立面构件布置示意图的主要内容

门式刚架结构立面构件布置示意图是结构立面构件布置的全局性图纸。其内容主要包括沿纵轴线柱网立面构件布置示意图和山墙立面构件布置示意图,附加说明。

2.门式刚架结构立面构件布置示意图的识读要点

标准图集《多跨门式刚架轻型房屋钢结构(无吊车)》(07SG518-4)中的 30m×2 跨 7.5m 柱距立面构件布置示意图的实例详附图一第 8 页(见图 7-19),其识读应掌握以下主要内容。

(1)熟悉刚架沿纵轴线柱网立面构件布置示意图,包括纵轴线上的柱距与总尺寸线、刚架定位尺寸与榀数、柱间支撑与刚性系杆的代号及其布置。

(2)熟悉门式刚架的山墙立面构件布置示意图。包括山墙柱的柱距与布置、山墙柱各柱的高度、山墙支撑的布置及其选型代号、山墙刚性系杆的布置及其选型代号、屋脊与檐口的结构高差。

(3)熟悉图中的附加说明及其材料选用。

四 门式刚架构件截面选用表与构件详图的识读

1. 门式刚架构件截面选用表与构件详图的主要内容

门式刚架构件截面选用表与构件详图是反映门式刚架的适用条件、构件选型及其构件组成的细部构造、尺寸、材料和做法等内容的技术文件，是构件材料选用、制作放样、组装拼接、材料用量和经济核算的依据。其主要内容包括刚架简图、门式刚架梁柱截面及其适用条件、截面符号的含义、附加说明、山墙柱系统选用表和支撑系统选用表。

2. 门式刚架构件截面选用表与构件详图的识读要点

标准图集《多跨门式刚架轻型房屋钢结构(无吊车)》(07SG518-4)中的 GJ30×2-7-5 截面选用表的实例详附图一第 9 页(见图 7-20)，GJ30×2-7 山墙柱及支撑系统选用表的实例详附图一第 10 页(图 7-21)，其识读应掌握以下主要内容。

(1)熟悉刚架的立面简图，包括刚架立面高度尺寸、刚架分段组成与分段尺寸、刚架的跨度与跨数。

(2)熟悉门式刚架梁柱截面表的适用条件，包括柱距、恒荷载、活荷载、风荷载。

(3)熟悉图中门式刚架梁柱截面符号的含义及其取值，包括翼缘宽度 B、翼缘厚度 t_f、腹板厚度 t_w、腹板高度 H_1 和 H_2、摇摆柱规格 $D\times t$、梁柱端板规格 $L\times B\times t$、梁端板规格 $L\times B\times t$。

(4)熟悉图中的附加说明。

(5)了解柱传给基础的轴力和剪力的最大值与最小值的设计值和标准值。

(6)熟悉山墙柱、山墙支撑和山墙刚性系杆的型号规格与适用范围。

(7)熟悉柱间支撑、水平支撑和刚性系杆的型号规格与适用范围。

五 门式刚架节点详图的识读

1. 钢结构节点详图的表示方法

钢结构节点详图是采用较大的比例将钢结构平、立面构件布置示意图中工程内容很难表达清楚的连接或拼接部位及其配件局部放大绘制成的图样，亦称为节点大样图。节点详图的常用比例有 1:20、1:10、1:5、1:2、1:1 几种。

2. 门式刚架节点详图的主要内容

门式刚架节点详图是反映刚架各构件间的连接或拼接部位、标高、连接方式及其配件、细部构造、尺寸、材料和做法等内容的技术文件，是构件的连接材料选用、制作放样、组装拼接、材料用量和经济核算的依据。其主要内容包括：各柱柱脚节点、柱间支撑柱脚节点、刚架肩部节点、柱间支撑交叉节点、中柱柱间支撑柱顶节点、山墙柱柱顶节点、山墙柱支撑及系杆节点、水平支撑及系杆节点、隅撑节点、端板节点、端板尺寸和高强度螺栓选用表、三维节点示意图。

3. 门式刚架节点详图的识读要点

标准图集《多跨门式刚架轻型房屋钢结构(无吊车)》(07SG518-4)中的节点详图的实例详附图一第 11～23 页(见图 7-22)，其识读应掌握以下主要内容。

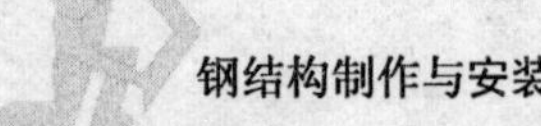

(1)熟悉刚架各柱柱脚节点的标高、连接方式及其配件、细部构造、尺寸、材料和做法，包括：刚架柱柱脚、山墙柱柱脚、摇摆柱柱脚，以及各柱脚的锚栓定位尺寸和配件细部尺寸、焊缝形式、连接方式与构造做法、材料选用。

(2)熟悉刚架柱间支撑柱脚节点和圆管中柱柱间支撑柱脚节点的连接定位尺寸和配件细部尺寸、焊缝形式、连接方式与构造做法、材料选用及其附加说明。

(3)熟悉刚架肩部节点和柱间支撑交叉节点的各构件拼接安装定位尺寸，包括柱间支撑ZCx、刚性系杆GXGx、水平支撑SCx、山墙柱SQZx和隅撑的定位尺寸；熟悉节点各构件间的连接方式、配件细部尺寸、焊缝形式、螺栓规格与构造做法、材料选用及其附加说明。

(4)熟悉圆管中柱柱间支撑柱顶节点图中刚性系杆GXGx、水平支撑SCx和柱头与刚架梁等构件的安装定位尺寸，及其节点各构件间的连接方式、配件细部尺寸、焊缝形式、螺栓规格与构造做法、材料选用及其附加说明。

(5)熟悉山墙柱柱顶节点、山墙柱支撑及系杆节点和山墙柱支撑柱脚节点图中刚性系杆GXGx、水平支撑SCx、山墙支撑SQCx、柱头与刚架梁和支撑与柱脚等各部位构件的安装定位尺寸，及其节点各构件间的连接方式、配件细部尺寸、焊缝形式、螺栓规格与构造做法、材料选用及其附加说明。

(6)熟悉水平支撑及系杆节点各部位构件的安装定位尺寸，以及其节点各构件间的连接方式、配件细部尺寸、焊缝形式、螺栓规格与构造做法、材料选用及其附加说明。

(7)隅撑是加强檩条与刚架梁和墙面龙骨与刚架柱联系的部件。识图时应熟悉隅撑节点各构件的安装定位尺寸，隅撑材料由长细比$\lambda \leqslant 150$决定，连接方法均采用1M12普通螺栓连接。

(8)熟悉端板节点的加劲肋和高强度螺栓的布置规律与定位尺寸，以及加劲肋的焊缝形式。

(9)熟悉端板尺寸和高强度螺栓选用表的图例中的符号意义，根据门式刚架构件截面选用表中的端板尺寸规格，能熟练地在本表中查找出本工程各端板节点所采用的高强度螺栓的规格及其定位尺寸。

(10)三维节点示意图是帮助大家对各节点的空间三维形象的直观认识，应熟悉各节点连接成型以后的三维模型。

六 附图——图纸目录

结构设计总说明

1. 编制依据

1.1 编制依据

建设部建质函〔2006〕71号文《关于印发<2006国家建筑标准设计编制工作计划>的通知》。

1.2 设计依据的标准规范

《建筑结构荷载规范》(GB 50009—2001)
《建筑抗震设计规范》(GB 50011—2001)
《钢结构设计规范》(GB 50017—2003)
《冷弯薄壁型钢结构技术规范》(GB 50018—2002)
《钢结构工程施工质量验收规范》(GB 50205—2001)
《碳素结构钢》(GB/T 700—2006)
《冷弯型钢技术条件》(GB/T 6725—92)
《门式刚架轻型房屋钢结构技术规程》(CECS 102：2002)
《建筑用压型钢板》(GB/T 12755—91)
《金属面硬质聚氨酯夹芯板》(JC/T 868—2000)
《金属面岩棉、矿渣棉夹芯板》(JC/T 869—2000)
《钢结构用高强度大六角头螺栓、大六角头螺母、垫圈与技术条件》(GB/T 1228~1231—91)
《钢结构高强度螺栓连接的设计、施工及验收规程》(JGJ 82—91)
《紧固件机械性能、螺钉和螺栓》(GB/T 3098.1—2000)
《埋弧焊用碳钢焊丝和焊剂》(GB/T 5293—1999)
《碳钢焊条》(GB/T 5117—95)
《高频焊接薄壁H型钢》(JG/T 137—2001)
《门式刚架轻型房屋钢构件》(JG 144—2002)
《气体保护焊用碳钢低合金钢焊丝》(GB/T 8110—95)
《建筑钢结构焊接规程》(JGJ 81—2002)
《钢焊缝手工超声波探伤方法和探伤结果分级》(GB 11345—89)
《熔化焊用钢丝》(GB/T 14957—94)
《钢材力学及工艺性能试验取样规定》(GB 2975—1998)
《自钻自攻螺钉》(GB/T 15856.1~15856.4—1995)

2. 适用范围

2.1 本图集适用于抗震设防烈度不大于8度(0.2g)，设计地震分组为第一、二组和I、II、III类场地的单层2跨和3跨轻型厂房(无吊车、无天窗)、超级市场、仓库、展览厅、车站、码头、体育建筑和文化设施等无女儿墙房屋。

2.2 本图集适用于单层或复合压型钢板作为屋面板和墙板的门式刚架。

2.3 本图集适用于构件表面温度低于和等于150°C的场所。当构件表面温度高于150°C时，应采用有效隔热、防护措施。

2.4 本图集未考虑用于较强烈侵蚀介质和湿度较高的场所，如遇上述环境应按有关规范或规定处理。

2.5 本图适用于两坡排水的门式刚架，斜梁坡度为1∶15。当门式刚架斜梁坡度为1∶10~1∶20时，可参照同一跨度同一柱距的门式刚架编号选用，但刚架斜梁尺寸及构造等要重新设计，注意架强柱脚抗剪构造。

2.6 施工质量应按现行标准CECS：102和JG 144的规定执行。上述标准未作规定者，应按照GB 50205执行。

结构设计总说明						图集号	07SG518-4
审核		校对		设计		页	1

图 7-17

2.7　本图集应配合使用国家建筑标准图集《门式刚架轻型房屋钢结构》(02SG518-1)中相应的节点做法。

3.　设计参数

3.1　跨度：18m×2, 21m×2, 24m×2, 27m×2, 30m×2

18m×3, 21m×3, 24m×3, 27m×3, 30m×3

3.2　柱距：6m, 7.5m, 9m。

3.3　檐口高度：

5.1m(跨度18m×2和18m×3)

6.9m(跨度21m×2, 24m×2, 21m×3, 24m×3)

8.4m(跨度27m×2, 30m×2, 27m×3, 30m×3)

檐口高度准许±10%变化。

3.4　柱底连接：柱底为铰接。

3.5　跨中柱顶连接：两跨刚架，采用摇摆柱，梁连续，柱铰接于梁上；三跨刚架，其柱顶采用刚接。

3.6　檩条、墙梁间距：宜≤1.5m。

3.7　荷载分项系数：

恒荷载：1.2(当恒荷载内力组合有利时，取1.0)；活荷载：1.4。

3.8　屋面荷载(标准值，其中恒荷载不包括刚架斜梁自重)：

恒荷载：0.30kN/m²(柱距6m, 7.5m), 0.35kN/m²(柱距9m)。

活荷载(或雪荷载)：0.5kN/m², 0.70kN/m²。

3.9　风荷载(基本风压)：0.5kN/m², 0.70kN/m²(该值的重现期取50年，B类地面粗糙度，封闭式房屋)。

3.10　本图集适用于抗震设防烈度不大于8度(0.2g)，设计地震分组为第一、二组和I、II、III类场地，抗震设防类别为丙类建筑。

4.　材料选用

4.1　门式刚架、支撑角钢、圆管钢柱及其他型钢选用的钢材应符合GB/T 700—2006规定的Q235-B级钢化学成分和机械性能。支撑圆钢材质应符合GB 13013规定的Q235钢筋化学成分和机械性能。

4.2　门式刚架选用的Q235钢材，其设计强度取值应符合GB 50017的规定，选用的HPB235钢筋，其设计强度取值应符合GB 50010的规定。

4.3　焊接材料

4.3.1　手工焊接用的焊条应符合GB/T 5117—95的规定。

4.3.2　埋弧自动焊接或半自动焊接用的焊丝应符合GB/T 14957—94的规定，焊剂应符合GB 5293—1999的规定。

4.3.3　二氧化碳气体保护焊用的焊丝应符合GB/T 8110—95的规定。

4.3.4　焊接材料型号的选择，应与主体金属力学性能相匹配。焊接连接的强度设计值应符合GB 50017的规定。

4.4　螺栓

4.4.1　因本图集的门式刚架没有直接承受动力荷载也不属于冷弯薄壁型钢构件，所以门式刚架的梁柱节点均采用高强度螺栓承压型连接，在条件允许时，可采用摩擦面不处理的高强度螺栓连接。强度级别为10.9级，应符合JGJ 82—91规定的要求。

4.4.2　门式刚架与檩条、墙梁、支撑以及板材连接可采用性能等级为4.6级的普通螺栓。柱底板与基础连接采用Q235锚栓，应符合GB/T 700—2006的规定。

5.　设计计算

5.1　门式刚架设计按CECS 102:2002的有关规定进行计算，本图集门式刚架的安全等级为二级。

结构设计总说明						图集号	07SG518-4
审核		校对		设计		页	2

图　7-17

5.2 在抗震设防区，门式刚架设计考虑了地震作用的组合效应。门式刚架设计时不考虑屋面的不均匀积雪和积灰。

5.3 门式刚架设计时不考虑悬挂吊车和临时检修起重荷载，如因特殊需要由设计人员自行验算，并采取相应的有效措施解决。

5.4 柱子取外皮作为定位轴线，斜梁取通过小头中心平行于斜梁上表面的直线作为梁的轴线。

5.5 受拉强度按净截面计算，受压强度度按有效净截面计算，稳定按全截面计算，变形按毛截面计算。

5.6 柱脚按铰接假定计算。

5.7 参数控制：

5.7.1 柱顶水平位移≤H/60。

5.7.2 柱间支撑：受拉杆件长细比≤1/400（带张紧装置）。

5.7.3 翼缘外伸部分宽厚比≤15。

5.7.4 主要受压构件长细比λ≤180。

5.8 檩条和墙梁可按照《钢檩条 钢墙梁》(SG521-1~4)的规定选用，也可根据规定范自行设计。

5.9 山墙抗风柱与刚架连接应位于横向支撑刚性系杆节点处，如不在该处，设计人员应采取措施，并自行验算，并注意连接构造不应造成梁的扭转。

5.10 柱脚锚栓按承受拉力设计，不承担剪力。柱脚底板与混凝土基础面间的摩擦系数按0.4计算，摩擦力不够抵抗水平剪力时，应考虑设剪力键承受剪力。

5.11 柱脚锚栓均用双螺母，螺栓直径：门式刚架单跨跨度为18m用2个M24，为21m和24m时用2个M30，为27m时用4个M24，为30m时用40个M30。

5.12 边柱节点域应设置斜向加劲肋。

6. 支撑布置

6.1 设置支撑体系是保证整个门式刚架房屋整体刚度和稳定性的主要措施。支撑杆件及相关节点必须按内力计算结果进行设计。

6.2 屋面横向水平支撑在温度伸缩区段两端第一柱间的斜梁上翼缘布置一道，在交叉支撑之间设刚性杆（或刚性檩条）。横向水平支撑的间距同柱支撑间距。

6.3 柱间支撑的间距不大于36m（柱距6m），37.5m（柱距7.5m），36m（柱距9m）。

6.4 在屋脊处和檐口处以及中柱顶上应设置刚性系杆，并沿纵向连续布置。

6.5 刚架斜梁下翼缘受压，还应沿斜梁下翼缘或紧靠下翼缘的腹板处，除在横向支撑节点处设置隅撑外，应每隔3m设置一道隅撑。刚架柱隅撑设置见国家建筑标准图集《门式刚架轻型房屋钢结构》（02SG518-1）第61页节点。

6.6 拉条在檩条跨度6m时跨中设置一道，在7.5m和9m时在三分点附近设置2道。在檐口及屋脊处应布置斜拉条。

6.7 在墙梁之间分别设置1~2道拉条，在上部宜布置斜拉条。

7. 耐火

7.1 钢结构建筑的耐火等级及钢构件的耐火极限应根据门式刚架轻型房屋的使用要求由建筑专业确定，防火涂料应符合CECS:24—90的规定。

8. 钢结构的制作

8.1 钢结构加工制作前应编制工艺和施工组织设计，在制作中宜实施工序质量控制，建立质量保证体系。

结构设计总说明						图集号	07SG518-4
审核		校对		设计		页	3

图 7-17

8.2 门式刚架房屋钢结构施工过程中使用的计量器具必须经计量法定单位验证合格，并在有效期内制作、安装与验收（包括基础施工单位）统一用尺。

8.3 选用的钢材除需具有出厂合格证书外，在下料前应进行抽样复验，证明符合规范要求的质量标准的材料方可下料。

8.4 钢构件加工前要放大样，校核尺寸准确后方可下料，下料时宜采用自动切割机切割。

8.5 焊接构件的坡口和切口质量应符合相关规范规定。

8.6 焊接宜采用自动焊接机或半自动焊机进行焊接，对接焊缝按二级焊缝检验质量，拼板按一级焊缝检验质量。

8.7 图集中未注明焊缝焊脚尺寸，如下图：

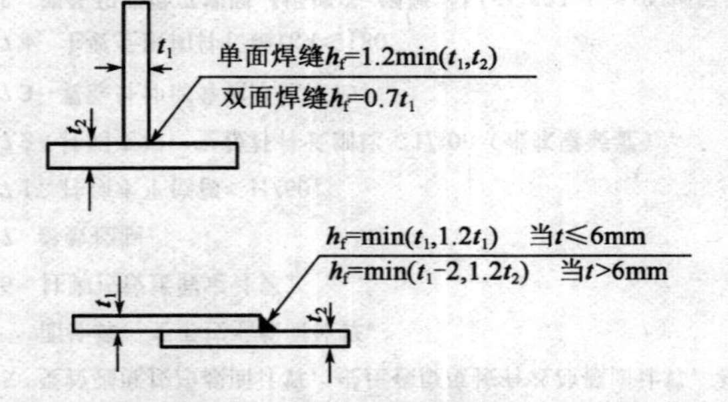

8.8 连接柱间支撑，角钢水平支撑的节点板应与支撑杆件等强度连接。

8.9 雨雪天气时，禁止露天焊接。构件焊区表面潮湿或有冰雪时，必须清除干净方可施焊。四级风力以上时焊接应采取防风措施。

8.10 多层焊接应连续施焊，其中一层焊缝焊完后，应及时清理。如发现有影响焊缝质量的缺陷，必须清除后再焊。

8.11 钢构件在焊接后产生超过允许偏差范围的变形应给予矫正。当采用机械方法进行构件变形矫正时，环境温度应不低于0℃。当采用加热方法进行矫正时，加热要缓慢，加热温度严禁超过900℃，以防材质过烧。

8.12 钢结构的防腐宜用喷射和抛射除锈，除锈等级为Sa2$\frac{1}{2}$。钢构件潮湿或有冰雪时，必须清除干净方可施焊。四级风力以上时焊接应采取防风措施。

8.13 主要构件不准许在现场打孔和焊接。

8.14 防腐蚀涂料的选用要根据使用环境的腐蚀介质情况和除锈等级选择相应的涂料。在一般的大气环境中，没有特殊腐蚀介质，可以选用普通防锈漆、涂装底漆、中间漆和面漆，并应注意三种油漆的配套使用。底漆必须在工厂完成喷涂，漆层干漆膜总厚度室内为125μm，室外为150μm。

8.15 涂装时，环境温度宜在5~38℃之间，相对湿度不大于85%，钢构件表面有结露时不得涂装；若遇下雨，下雪和大风天气，应停止涂装。

8.16 冷弯薄壁型钢檩条若采用热浸镀锌，基镀锌量（双面镀锌量）不宜小于275g/m²。

8.17 钢结构制作质量应符合GB 50205—2001规定及相关标准的规定。

8.18 斜梁的腹板不宜采用卷板压平的开平板，翼缘与腹板的连接宜采用单面焊。

9. 安装要求

9.1 柱子安装前，应对所有柱脚锚栓空间位置的准确性进行核对和校正

结构设计总说明						图集号	07SG518—4
审核		校对		设计		页	4

图 7-17

9.2 结构安装前应对构件和连接材料的质量进行复检。构件的变形或缺陷超出允许偏差时，应在安装前进行处理。油漆破损等要及时修复补漆，吊装前要将构件上的油污、尘土清洗干净。

9.3 安装顺序应从靠近山墙的有柱间支撑的两榀刚架开始，在刚架安装完毕后，应将其间的檩条、支撑、拉条、隅撑等全部装好，并检查垂直度和方正度，然后以这两榀刚架为起点，向房屋另一端安装。螺栓应在校准后再行拧紧。刚架调整完毕后，全部高强度螺栓应在48h内终拧完毕，必要时应设置临时支撑。

9.4 构件吊装应选择好吊点。大跨度构件的吊点需经计算确定。吊装时应采取防止构件扭曲和损坏的措施。

9.5 门式刚架安装的形成空间刚度单元后，应及时对柱底板和基础顶面的空隙采用微膨胀的二次灌浆料进行二次灌浆。

9.6 屋面板的接缝方向应避开主要视角，应将面板搭接边朝向常年主风向的下风方向。屋面板的搭接长度为150~250mm，墙板搭接长度为60~100mm。

9.7 穿透式面板自钻自攻螺钉的固定，应先用模板在面板上预钻孔，固定从面板中心开始，然后向两边伸展，最后固定钢板的搭接边。自攻螺钉上的防水垫圈应适度压紧。

9.8 屋面板的搭接处，应设置耐老化、抗极冷极热且保持良好的柔韧性、在此-18°~-60℃之间仍保持密封性的密封胶条。纵横方向搭接边设置的胶条应连续。檐口和屋檐处的搭接边除胶条外，应设置与屋面板剖面相同的堵头。胶条施工时应保持面板清洁和干燥。

9.9 隔热材料宜采用带有单面或双面防潮层的保温材料。隔热材料安装时两端应用专用工具固定，毡材应展平并适度张紧。安装时防潮层应置于建筑物内侧，表面不得产生破损和孔洞。防潮层的纵横向搭接应采用胶带黏结或锁缝连接。位于端部的毡材应将防潮层反折封闭，以防止雨水与毡材接触。保温材料不能承担自重时，应铺设在支撑网上。

9.10 屋面板宜采用连续铺设的连续板。屋面板应设置止水端，位于屋脊处的面板应向上折边，以防止在泛水板和盖板下方的雨或雪被风吹入建筑物内。位于屋面板下端的板边应向下折边，以保证雨水顺利排出。

9.11 在屋面板上需要开孔或设置突出物时，应在突出物周围安装特殊的泛水板，并在高边安装引流天沟。开洞直径大于300mm的圆洞和单边长于300mm的方洞，应设次结构加强。

9.12 檩条与支托的连接和拉条与檩条的连接，应采用螺栓连接，不得采用焊接。

9.13 在基本风压比较大的地区，选用屋面板时，注意验算角部在风吸力时屋面板承载力是否满足要求，并在安装时加强板的固定，以防在风吸力作用下破坏。

9.14 本图集中未注明的安装螺栓为不小于M12，性能为4.6C级。

10. 使用说明

10.1 代号：

GJ ** × * — * —* (a或b)

刚架 跨度 跨数 柱距 活荷载

结构设计总说明						图集号	07SG518-4
审核		校对		设计		页	5

图7-17

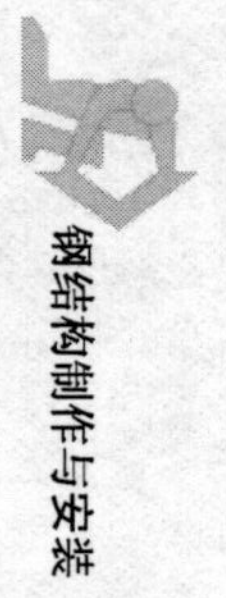

刚性系杆-GXG；山墙支撑-SQC；水平支撑-SC；柱间支撑-ZC；山墙刚性系杆-XQC；山墙柱-SQZ。

10.2 选用方法：选用本图集时，可根据该工程的地质条件、抗震设防烈度、平面尺寸、门式刚架跨度、柱间距离、檐口高度、屋面荷载和基本风压等设计参数，从刚架选用表、支撑选择用表、檩条选用表和墙梁选用表等表格选用所需要的门式刚架和相关的各种构件。

10.3 刚架的选用：

10.3.1 在非抗震设防地区，根据刚架选用表中屋面荷载设计值；刚架的跨度、柱距、檐口高度、风荷载标准值几个参数即可由刚架选用表查出所需要的刚架。

10.3.2 在抗震设防地区，根据刚架选用表中屋面荷载设计值、刚架的跨度、柱距、檐口高度、风荷载标准值、抗震设防烈度几个参数即可由刚架选用表查出所需要的刚架。

10.4 选用举例：

某工程拟建设在II类场地土上，平面尺寸为90m(12×7.5)×60m，采用两跨门式刚架压型号钢板体系，柱距为7.5m，檐口高度为8.4m，安全等级为二级，屋面恒载为0.30kN/m²；墙板为0.30kN/m²；活荷载为0.50kN/m²；雪荷载为0.40kN/m²；风荷载(基本风压)为0.50 kN/m²；抗震设防烈度7度。请选用所震的刚架及相关构件。

a)刚架选用

采用双跨门式刚架，30×2=60m，柱距7.5m，屋面恒荷载0.30 kN/m²，屋面活荷载0.50kN/m²；风荷载为0.50kN/m²。

根据图“GJ30×2-7-5”查得应选用刚架GJ30×2-7-5。

b)支撑选用

根据刚架截面GJ30×2-7-5，查图“GJ30×2-7支撑系统及山墙柱”，选择在风荷载下的支撑系统为：

柱间支撑型号(ZCx)：∟100×6，水平支撑型号(SCx)：∟80×5；刚性系杆型号(GXGx)，ϕ152×4.0。

选择在地震荷载作用下的支撑系统为：

柱间支撑型号(ZCx)：2∟75×5，水平支撑型号(SCx)：∟90×6；刚性系杆型号(GXGx)，ϕ168×5.0。

c)山墙柱选用

根据刚架截面GJ30×2-7-5，查图“GJ30×2-7支撑系统及山墙柱”，选择山墙柱系统为：

山墙柱型号(SQZ)：H350×250×4.5×9，山墙支撑型号(SGCx)：ϕ16，山墙刚性系杆型号(SQG)：ϕ102×5。

d)墙梁、檩条、直拉条和斜拉条按国家建筑标准设计图集《钢檩条钢墙梁》(SG521-1~4)选用。

e)根据图“GJ30×2-7支撑系统及山墙柱”中的柱脚反力设计基础。

11. 配套加工详图

用户在使用本图集的过程中，如需与本图集配套的门式刚架加工详图，请与010-88361155-409(2008年2月6日前)或010-68799351(2008年2月6日后)联系预订。

结构设计总说明						图集号	07SG518-4
审核		校对		设计		页	6

图7-17 门式刚架结构设计说明

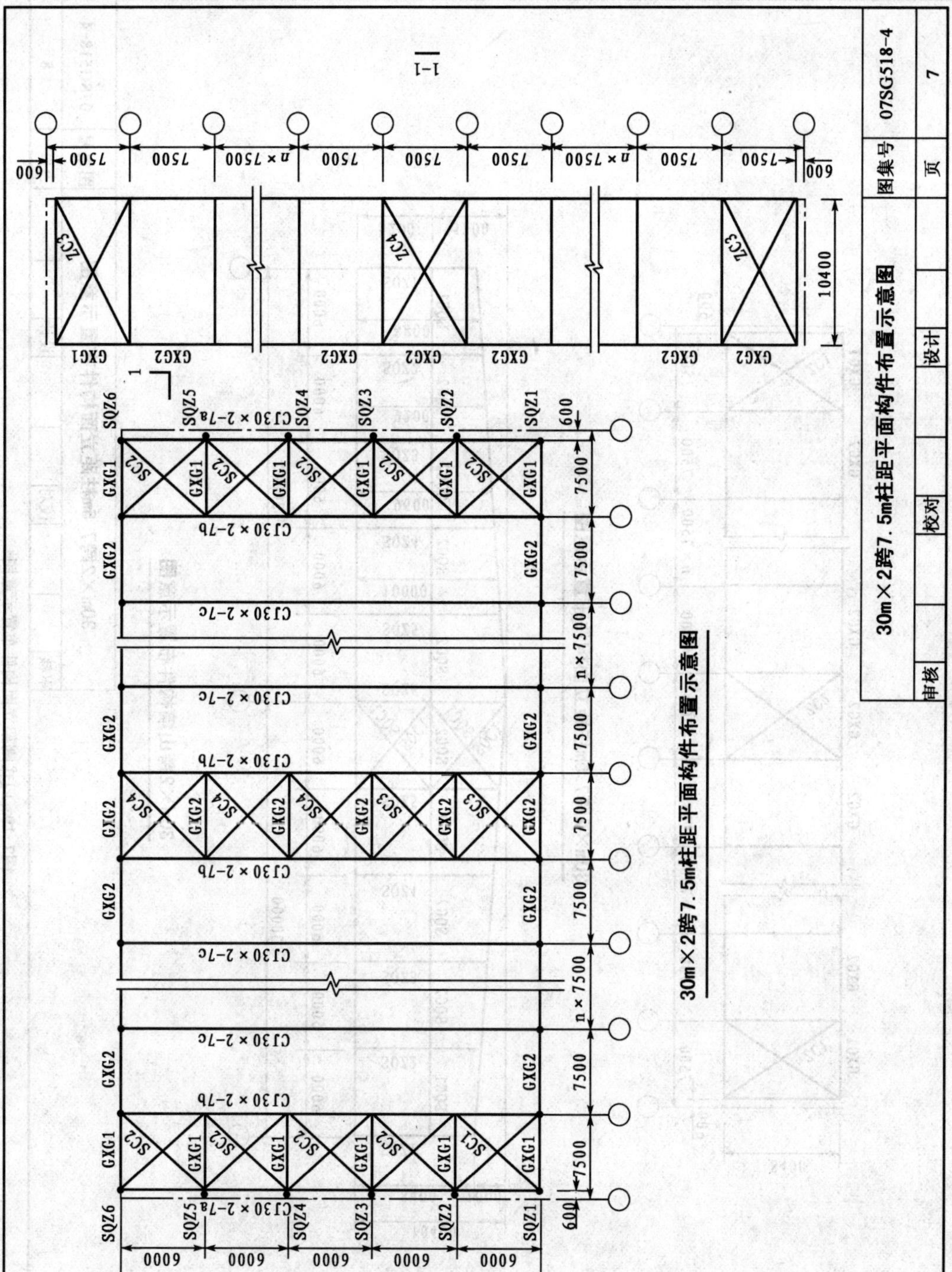

1-1

30m×2跨7.5m柱距平面构件布置示意图

30m×2跨7.5m柱距平面构件布置示意图		图集号	07SG518-4
审核	校对	设计	页	7

图7-18 门式刚架平面构件布置示意图

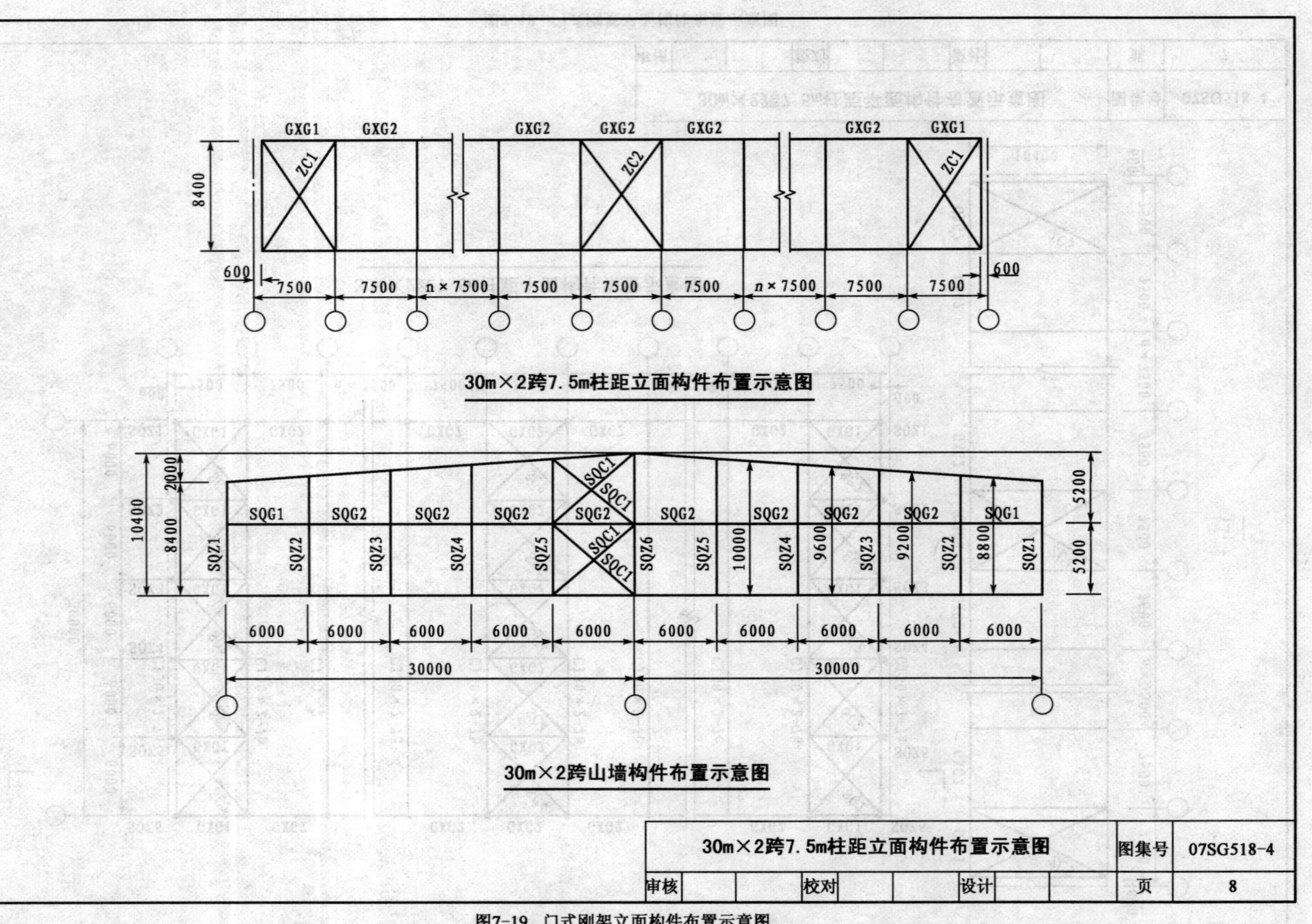

图7-19 门式刚架立面构件布置示意图

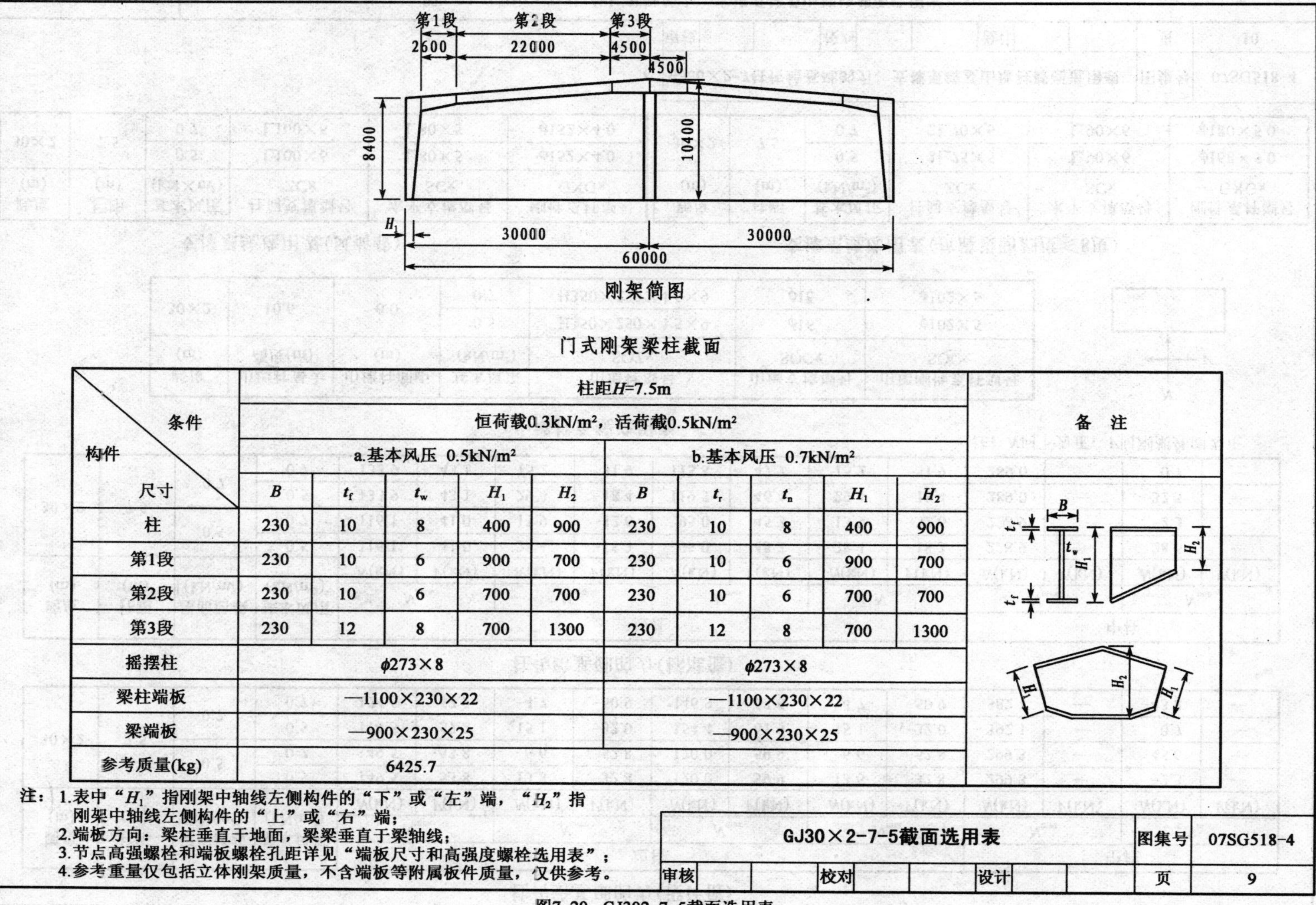

门式刚架梁柱截面

构件 \ 条件 尺寸	柱距H=7.5m										备注
	恒荷载0.3kN/m²，活荷载0.5kN/m²										
	a.基本风压 0.5kN/m²					b.基本风压 0.7kN/m²					
	B	t_f	t_w	H_1	H_2	B	t_r	t_n	H_1	H_2	
柱	230	10	8	400	900	230	10	8	400	900	
第1段	230	10	6	900	700	230	10	6	900	700	
第2段	230	10	6	700	700	230	10	6	700	700	
第3段	230	12	8	700	1300	230	12	8	700	1300	
摇摆柱	ϕ273×8					ϕ273×8					
梁柱端板	—1100×230×22					—1100×230×22					
梁端板	—900×230×25					—900×230×25					
参考质量(kg)	6425.7										

注：1.表中“H_1”指刚架中轴线左侧构件的“下”或“左”端，“H_2”指刚架中轴线左侧构件的“上”或“右”端；
2.端板方向：梁柱垂直于地面，梁梁垂直于梁轴线；
3.节点高强螺栓和端板螺栓孔距详见“端板尺寸和高强度螺栓选用表”；
4.参考重量仅包括立体刚架质量，不含端板等附属板件质量，仅供参考。

GJ30×2-7-5截面选用表						图集号	07SG518-4
审核		校对		设计		页	9

图7-20 GJ302-7-5截面选用表

柱传给基础的力(设计值)

跨度(m)	柱距(m)	屋面活载(kN/m²)	基本风压(kN/m²)	边柱								中柱			
				N_{max}		N_{min}		N_{max}		N_{min}		N_{max}		N_{min}	
				N(kN)	V(kN)	N(kN)	V(kN)	N(kN)	V(kN)	N(kN)	V(kN)	N(kN)	V(kN)	N(kN)	V(kN)
30×2	7.5	0.5	0.5	149.5	53.8	13.8	-32.8	120.0	59.9	13.6	-32.8	299.3	—	-2.3	—
			0.7	149.5	53.8	-6.6	-52.8	120.0	59.9	-6.6	-52.8	299.3	—	-45.6	—
		0.7	0.5	174.5	57.2	15.1	-32.0	154.4	61.9	15.1	-32.0	392.1	—	0.7	—
			0.7	174.5	57.2	-4.7	-50.9	146.3	63.6	-4.7	-50.9	382.1	—	-43.8	—

柱传给基础的力(标准值)

跨度(m)	柱距(m)	屋面活载(kN/m²)	基本风压(kN/m²)	边柱								中柱			
				N_{max}		N_{min}		N_{max}		N_{min}		N_{max}		N_{min}	
				N(kN)	V(kN)	N(kN)	V(kN)	N(kN)	V(kN)	N(kN)	V(kN)	N(kN)	V(kN)	N(kN)	V(kN)
30×2	7.5	0.5	0.5	116.1	41.0	28.4	-18.3	95.0	45.3	28.4	-18.3	228.9	—	28.6	—
			0.7	116.1	41.0	13.9	-32.6	95.0	45.3	13.9	-32.6	228.9	—	-2.3	—
		0.7	0.5	133.9	43.1	29.4	-18.4	119.5	46.4	29.4	-18.4	289.0	—	32.5	—
			0.7	133.9	43.1	15.2	-31.9	113.8	47.7	15.2	-31.9	289.0	—	0.7	—

注：N向下为正；V向刚架外侧为正

山墙柱系统选用表

跨度(m)	山墙柱最大高度(m)	山墙柱间距(m)	基本风压(kN/m²)	山墙柱型号 SQZx	山墙支撑型号 SQCx	山墙刚性系杆型号 SQCx
30×2	10.6	6.0	0.5	H350×250×4.5×9	ϕ16	ϕ102×5
			0.7	H350×250×4.5×9	ϕ16	ϕ102×5

支撑系统选用表(风荷载)

跨度(m)	柱距(m)	基本风压(kN×m²)	柱间支撑型号 ZCx	水平支撑型号 SCx	刚性系杆型号 GXGx
30×2	7.5	0.5	L100×6	L80×5	ϕ152×4.0
		0.7	L100×6	L80×5	ϕ152×4.0

支撑系统选用表(抗震设防烈度≤8度)

跨度(m)	柱距(m)	基本风压(kN/m²)	柱间支撑型号 ZCx	水平支撑型号 SCx	刚性系杆型号 GXGx
30×2	7.5	0.5	2L75×5	L90×6	ϕ168×5.0
		0.7	2L70×6	L90×6	ϕ180×5.0

GJ30×2-7柱传给基础的力、支撑系统及山墙柱截面选用表						图集号	07SG518-4
审核		校对		设计		页	10

图7-21　GJ30×2-7柱传给基础的力、支撑系统及山墙柱截面选用表

刚架柱柱脚节点
A-A
B-B
山墙柱柱脚节点
C-C
D-D
地面标高+0.150
二次浇筑无收缩
C30细石混凝土
[10
柱脚节点(一)
图集号
07SG518-4
审核
校对
设计
页
11

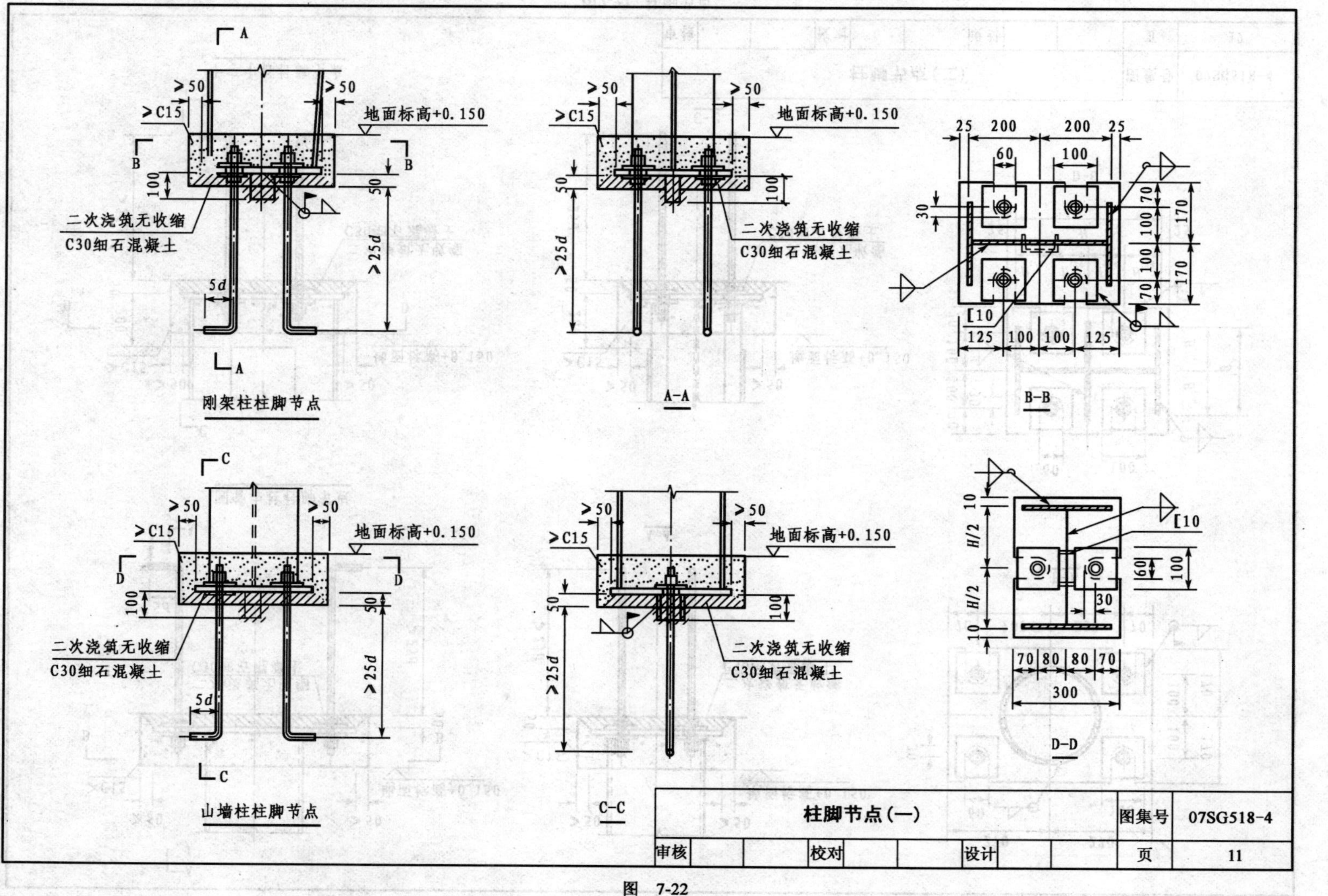

图 7-22

≥50
≥C15
地面标高+0.150
二次浇筑无收缩
C30细石混凝土
≥25d
5d
50
200
圆管中柱柱脚节点
A—A
B—B
270
60
100
30
170
70
十字中柱柱脚节点
C—C
D—D
25
B_1
$B_{1/2}$
H_1
$H_{1/4}$
柱脚节点(二)
图集号
07SG518-4
审核
校对
设计
页
12

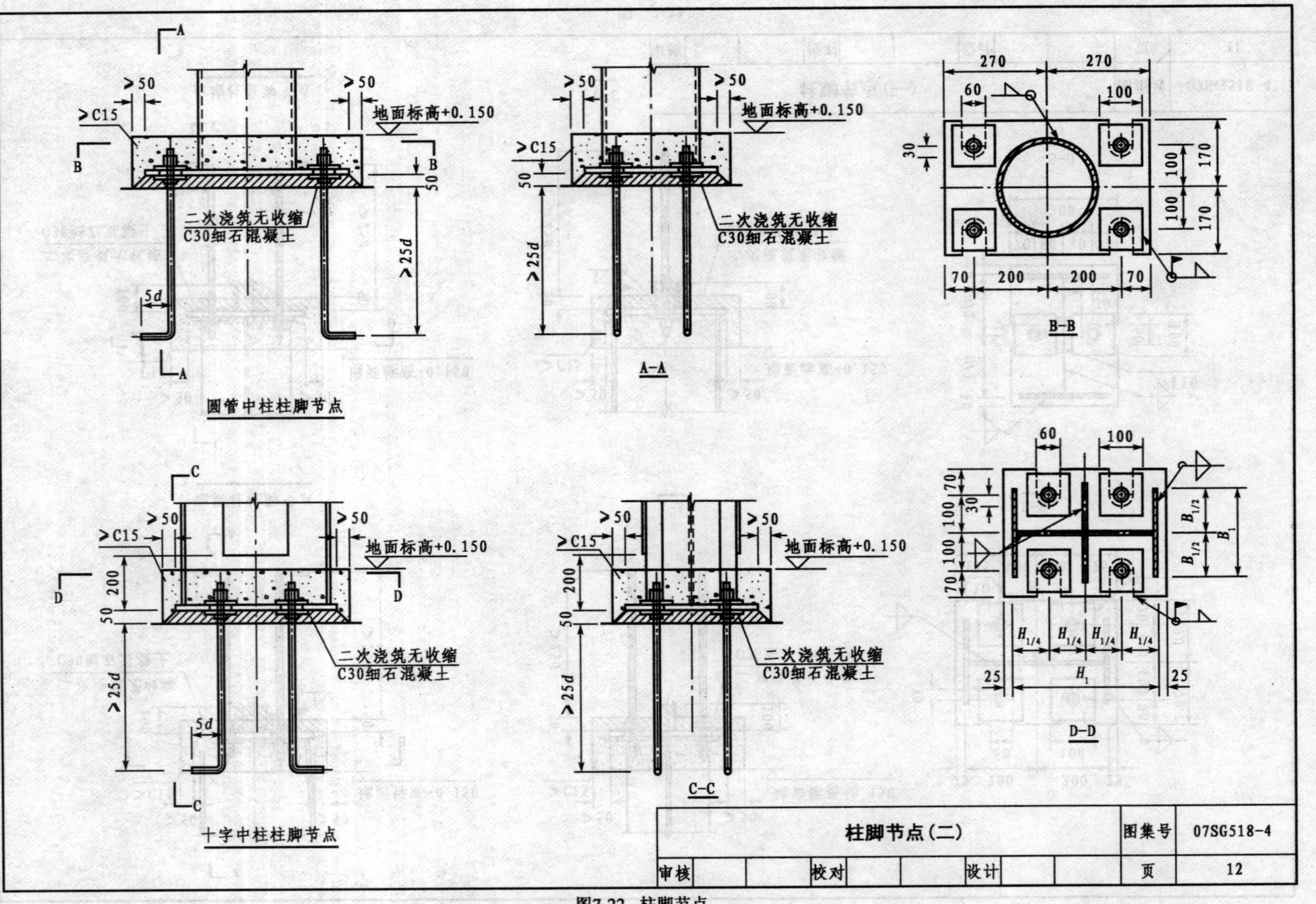

图7-22 柱脚节点

ZCx
双角钢
单角钢
刚架柱柱间支撑柱脚节点
C-C
圆管中柱柱间支撑柱脚节点
十字中柱柱间支撑柱脚节点
A-A
B-B
≥1.2t
注：未注明的连接角钢的节点板厚度为角钢壁厚的1.2倍。
支撑节点(一)
图集号
07SG518-4
审核
校对
设计
页
13
图 7-23

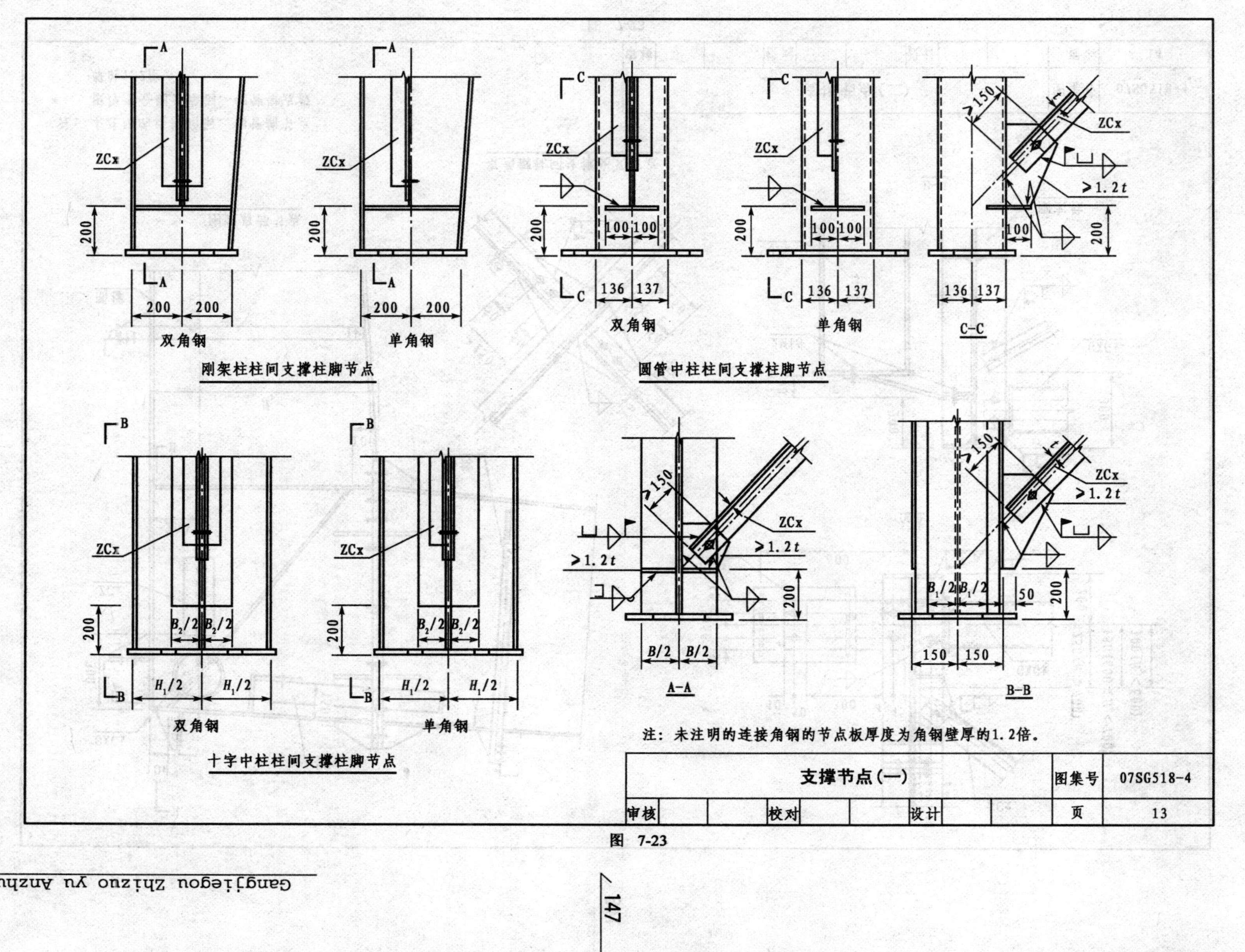

GXGx
SCx
ZCx
隅撑
H_2
刚架肩部节点
双角钢柱间支撑交叉节点
SQZx
600
A-A
250 (H_2 ≥ 700)
150 (600 ≤ H_2 < 700)
100 (H_2 < 600)
2M16
刚架柱
B-B
注：未注明的连接角钢、钢管的节点
板厚度分别为角钢、钢管壁点板
厚的1.2倍。
支撑节点(二)
图集号
07SG518-4
审核
校对
设计
页
14

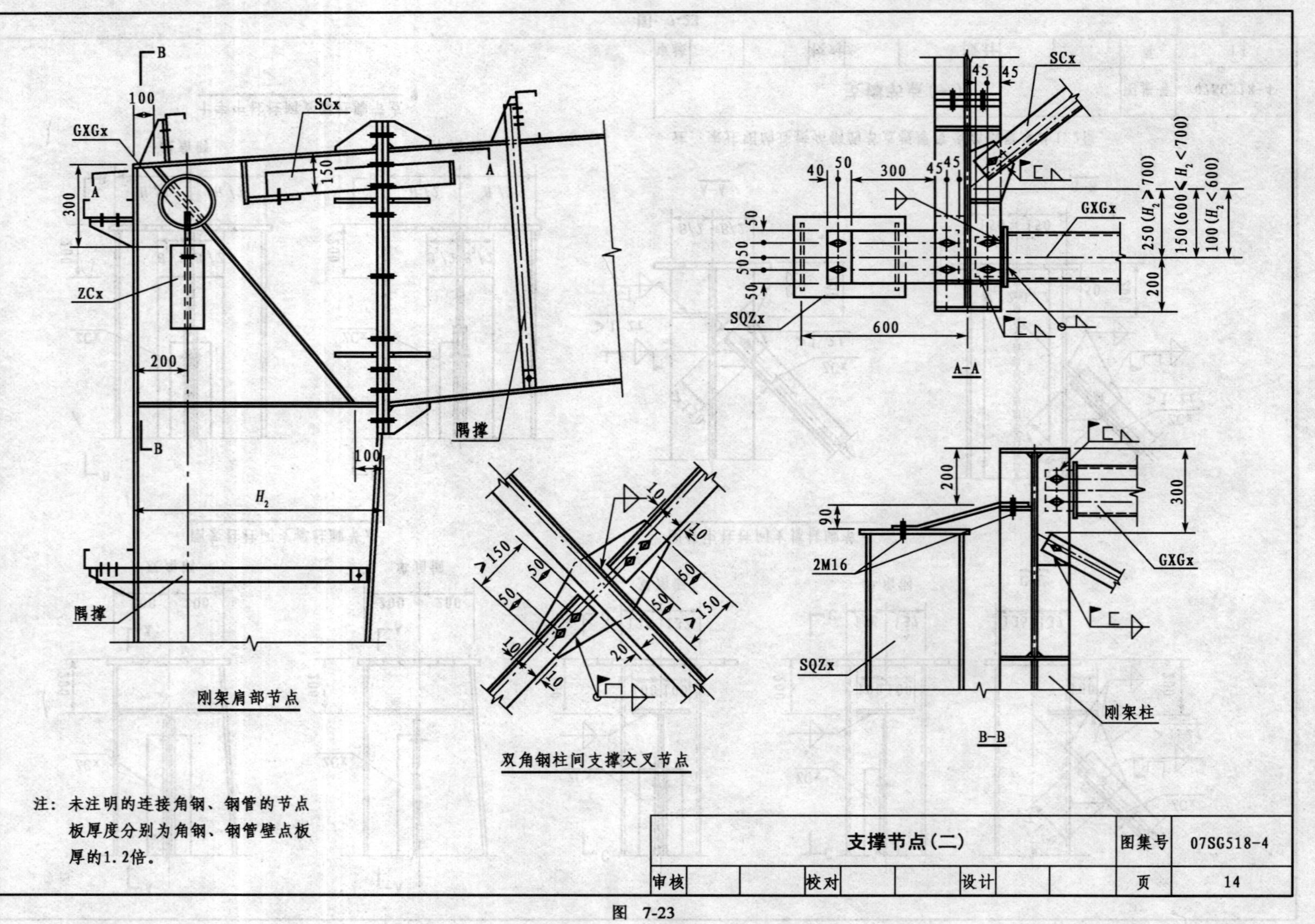

图 7-23

刚架肩部节点
单角钢柱间支撑交叉节点
单角钢水平支撑交叉节点
与支撑端部连接板同厚
R=100
A-A
B-B
刚架柱
隅撑
GXGx
SCx
SQZx
ZCx
2M16
t=10
H2
注：未注明的连接角钢、钢管的节点板厚度分别为角钢、钢管壁点板厚的1.2倍。
当采用圆钢水平支撑不能在构造上实现时，可按“支撑系统选用表（抗震设防烈度≤8度）”选用相应的角钢水平支撑。
支撑节点(三)
图集号 07SG518-4
审核 校对 设计
页 15

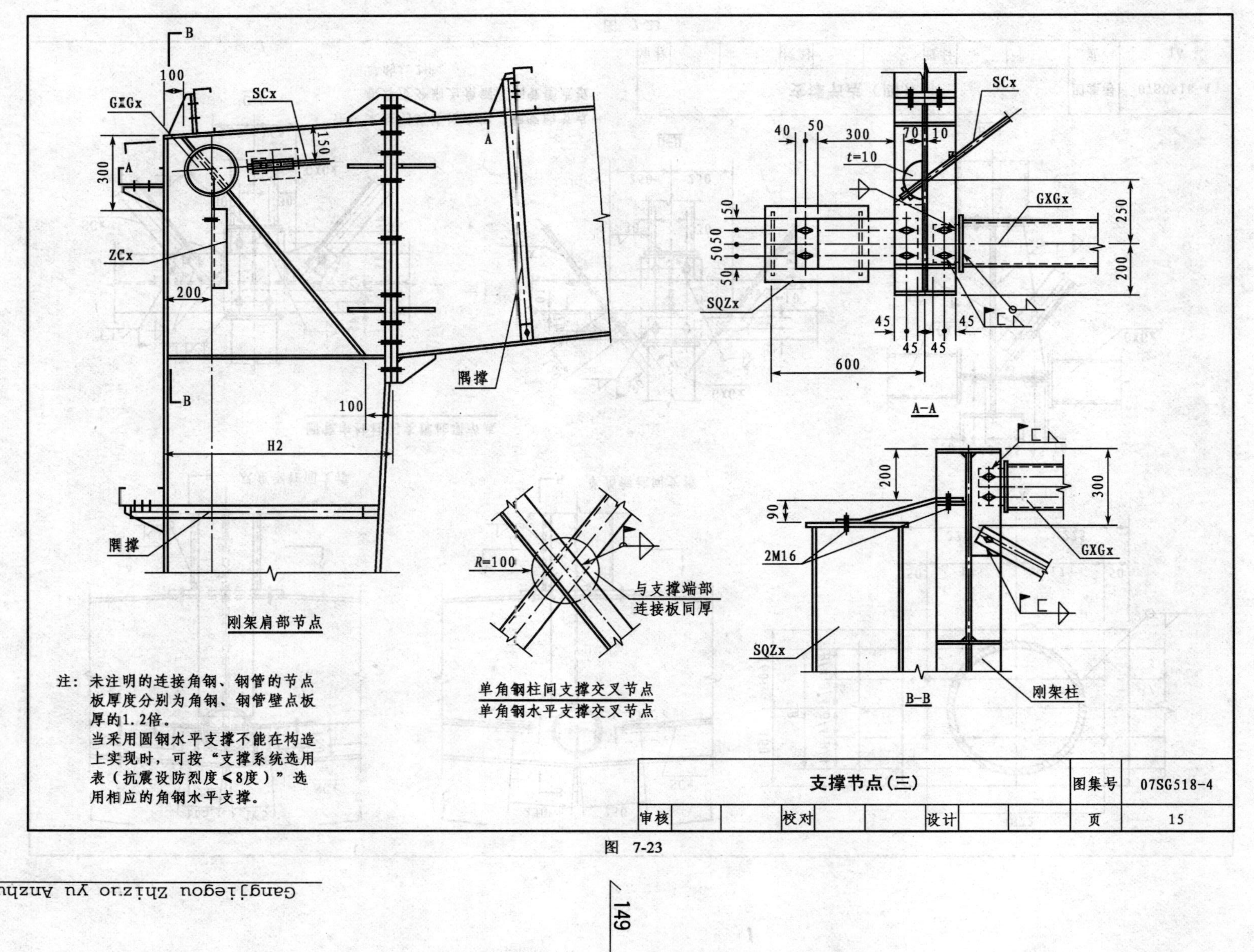

图 7-23

双角钢柱间支撑
单角钢柱间支撑
4M22
A-A
圆管中柱柱间支撑柱顶节点
GXGx
SCx
t=10
C-C
D-D
B-B
注：未注明的连接角钢、钢管的节点板厚度分别为角钢、钢管壁点板厚的1.2倍。
支撑节点（四）
图集号
07SG518-4
审核
校对
设计
页
16

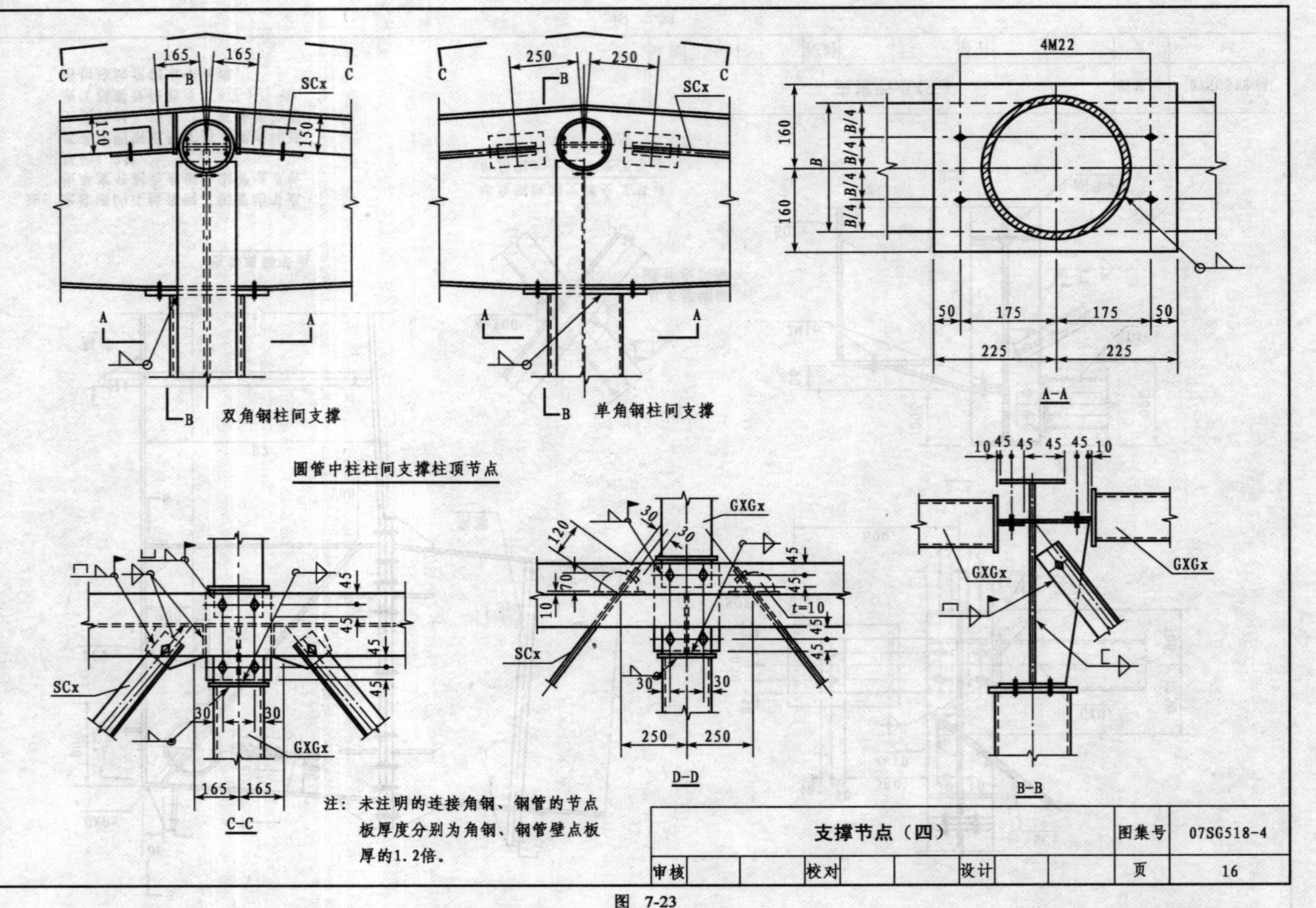

图 7-23

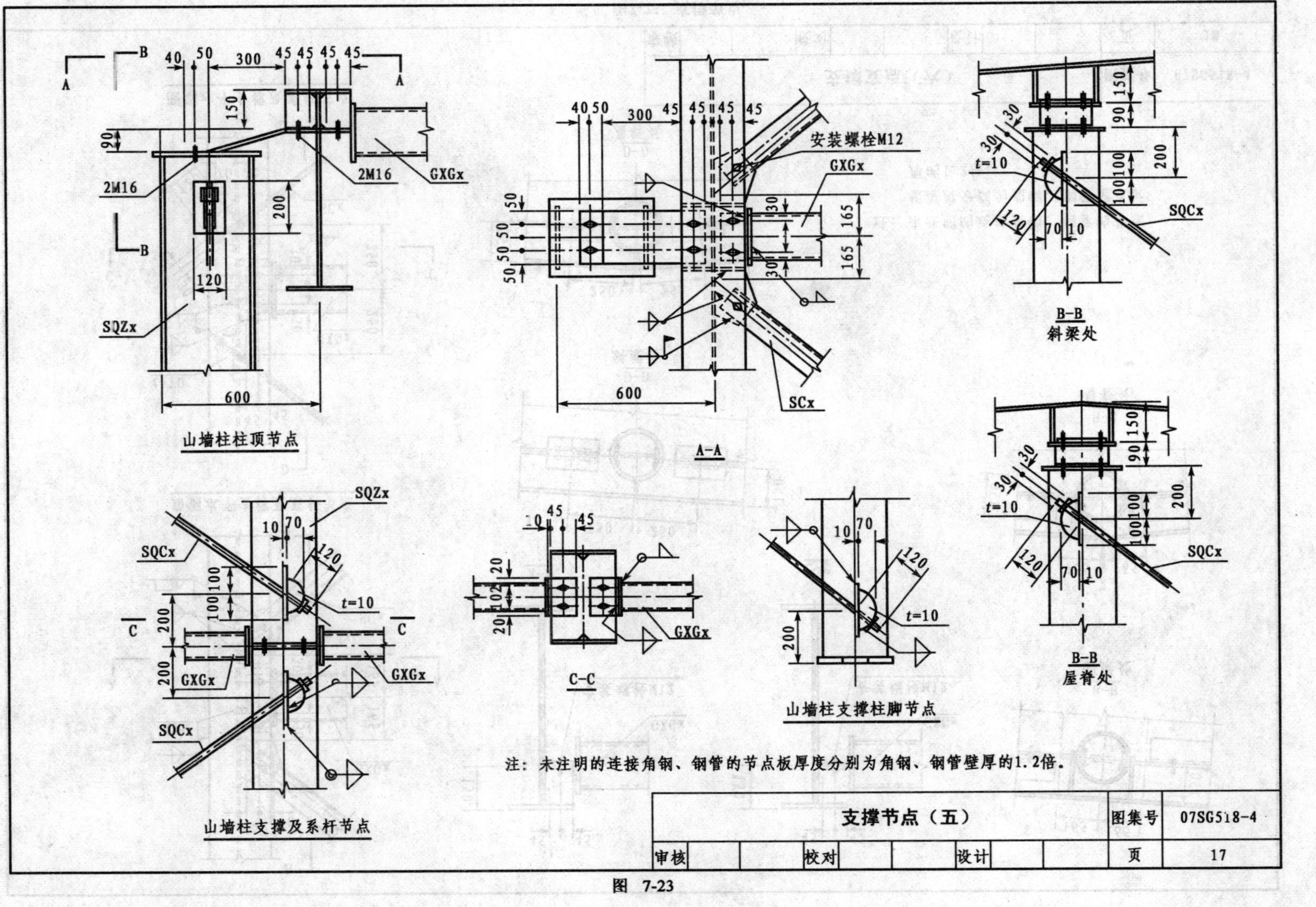

支撑节点（五）						图集号	07SG518-4
审核		校对		设计		页	17

图 7-23

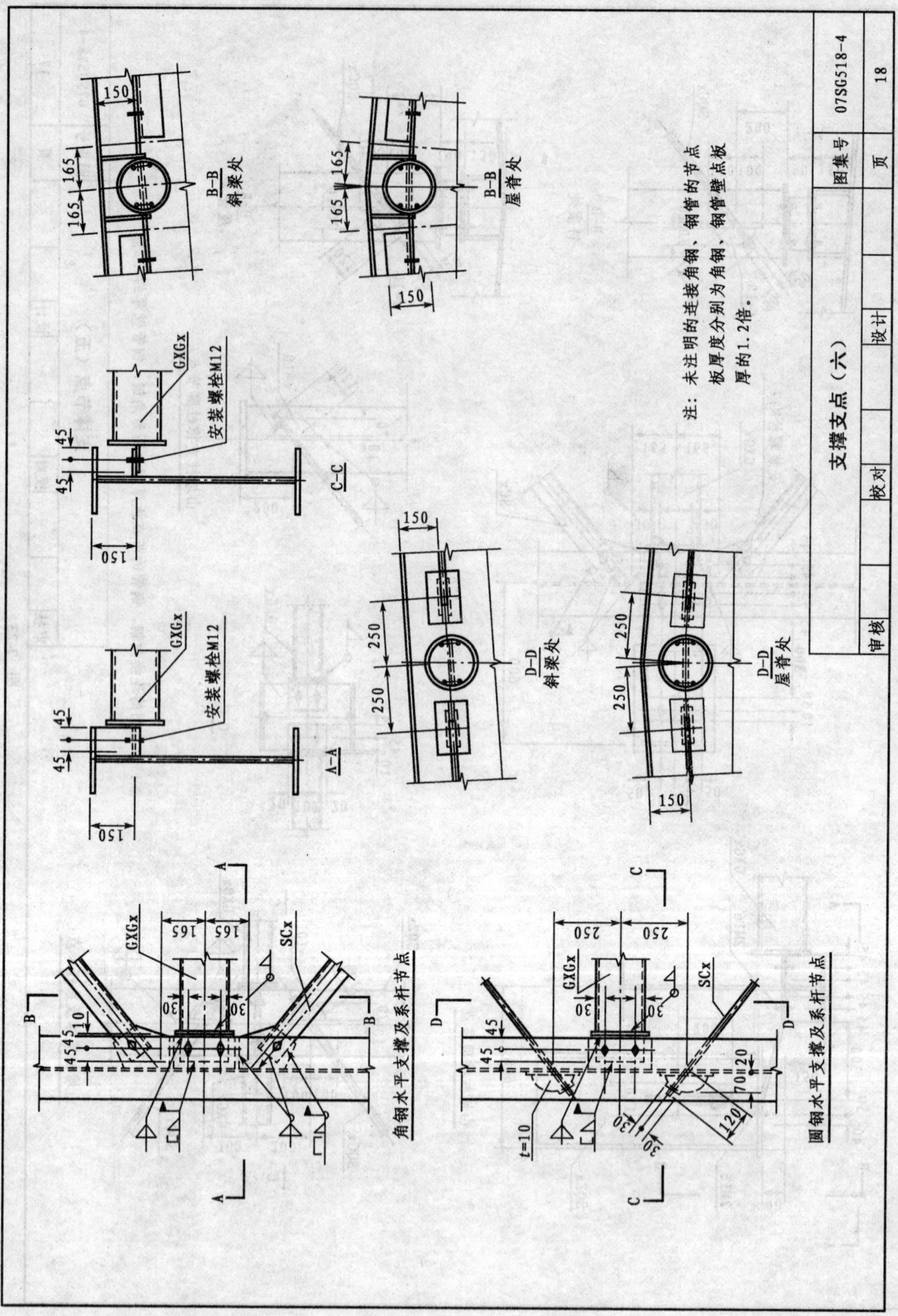

角钢水平支撑及系杆节点

圆钢水平支撑及系杆节点

A-A

C-C

安装螺栓M12

GXGx

SCx

B-B 斜梁处

B-B 屋脊处

D-D 斜梁处

D-D 屋脊处

注：未注明的连接角钢、钢管的节点板厚度分别为角钢、钢管壁点板厚的1.2倍。

支撑支点（六）		图集号	07SG518-4
审核	校对	设计	页	18

图7-23 支撑节点

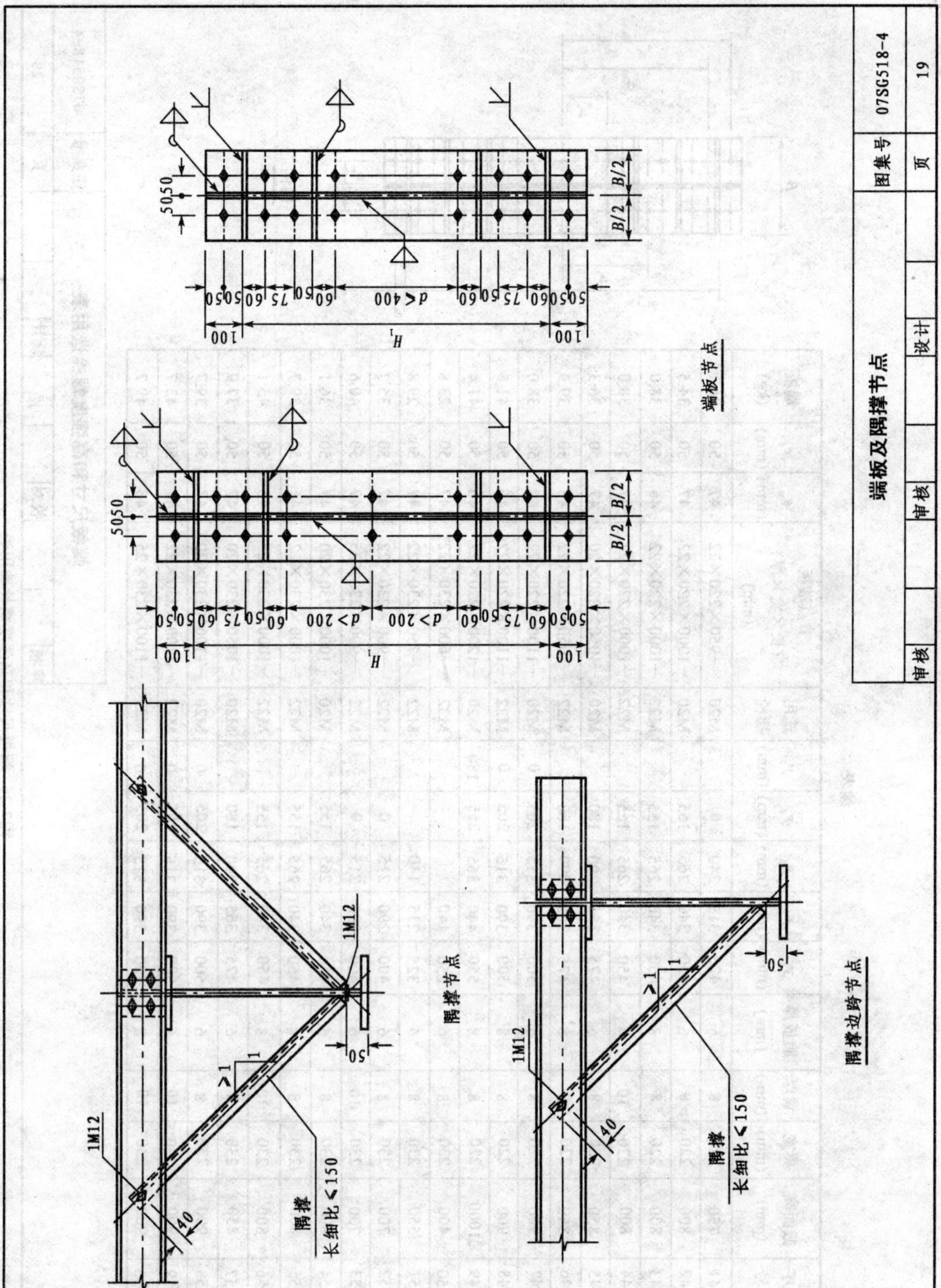

图7-24 端板及隅撑节点

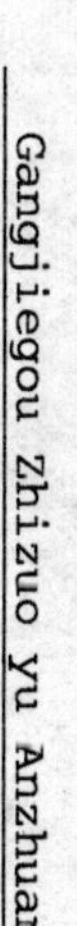

续表

序号	截面高 (mm)	翼宽 (mm)	翼厚 (mm)	腹板厚 (mm)	y_1 (mm)	y_2 (mm)	y_3 (mm)	y_4 (mm)	y_5 (mm)	选用螺栓	节点端板 (长×宽×厚) (mm)	e_w (mm)	e_f (mm)	端板 (kg)
41	750	220	8	6	425	315	240	0		M20	−950×220×22	47	50	36.1
42	800	220	8	6	450	340	265	155		M20	−1000×220×22	47	50	34.5
43	800	220	8	8	450	340	265	155		M22	−1000×220×22	46	50	38.0
44	800	220	10	6	450	340	265	155		M22	−1000×220×22	47	50	38.0
45	850	220	8	6	475	365	290	180		M20	−1050×220×20	47	50	36.3
46	850	220	8	8	475	365	290	180		M22	−1050×220×22	46	50	39.9
47	900	220	8	6	500	390	315	205	0	M20	−1100×220×22	47	50	38.0
48	900	220	8	8	500	390	315	205	0	M22	−1100×220×22	46	50	41.8
49	1000	220	8	8	550	440	365	255	180	M20	−1200×220×22	46	50	41.4
50	400	230	8	6	250	140				M22	−600×230×22	47	50	23.8
51	550	230	8	6	325	215	140			M22	−750×230×22	47	50	29.8
52	700	230	8	6	400	290	215	0		M22	−900×230×22	47	50	35.7
53	700	230	10	6	400	290	215	0		M22	−900×230×25	47	50	40.6
54	800	230	8	6	450	340	265	155		M20	−1000×230×20	47	50	36.1
55	800	230	8	8	450	340	265	155		M22	−1000×230×22	46	50	39.7
56	800	230	10	8	450	340	265	155		M22	−1000×230×25	46	50	45.1
57	850	230	8	6	475	365	290	180		M20	−1050×230×20	47	50	37.9
58	900	230	8	6	500	390	315	205	0	M20	−1100×230×20	47	50	39.7
59	900	230	10	6	500	390	315	205	0	M22	−1100×230×22	47	50	43.7
60	900	230	10	8	500	390	315	205	0	M22	−1100×230×25	46	50	49.7

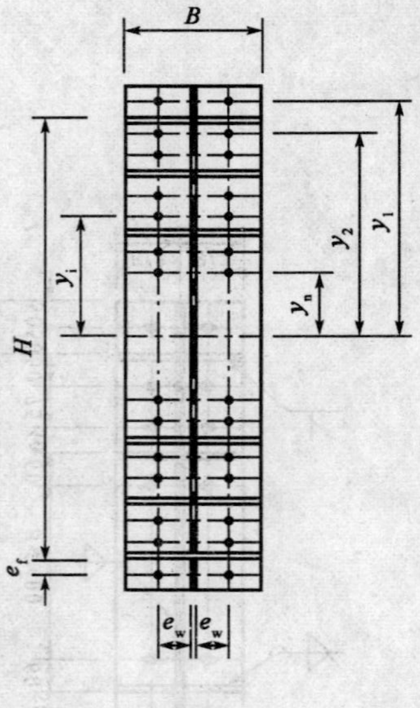

B
H
y_1
y_2
y_i
y_n
e_f
e_w e_w
图例

端板尺寸和高强度螺栓选用表						图集号	07SG518-4
审核		校对		设计		页	20

图7-25 端板尺寸和高强度螺栓选用表

刚架柱柱脚节点（一）
刚架柱柱脚节点（二）
刚架肩部节点（一）
刚架肩部节点（二）
圆柱柱顶节点（一）
圆柱柱脚节点（一）
三维节点示意图
图集号
07SG518-4
审核
校对
设计
页
21

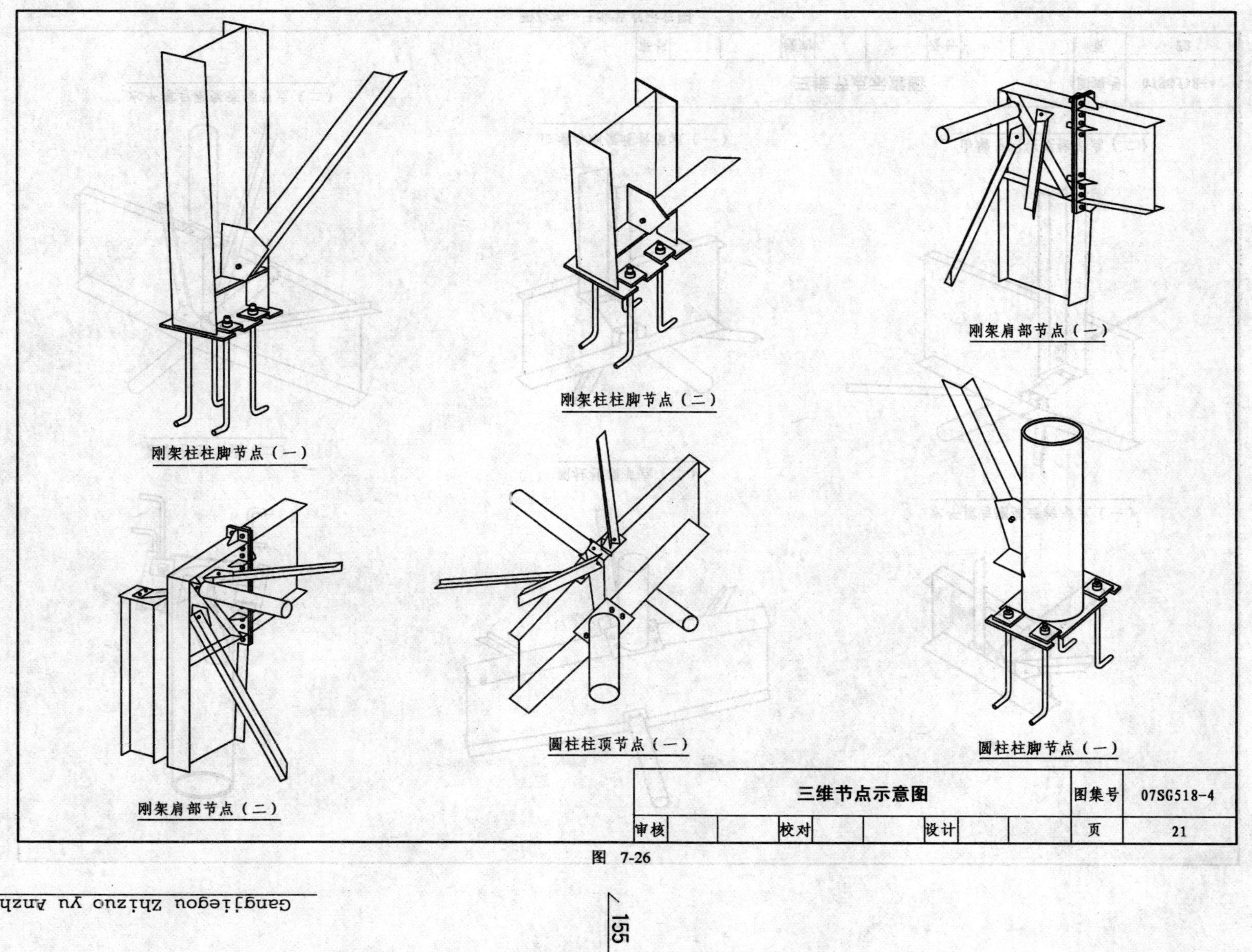

图 7-26

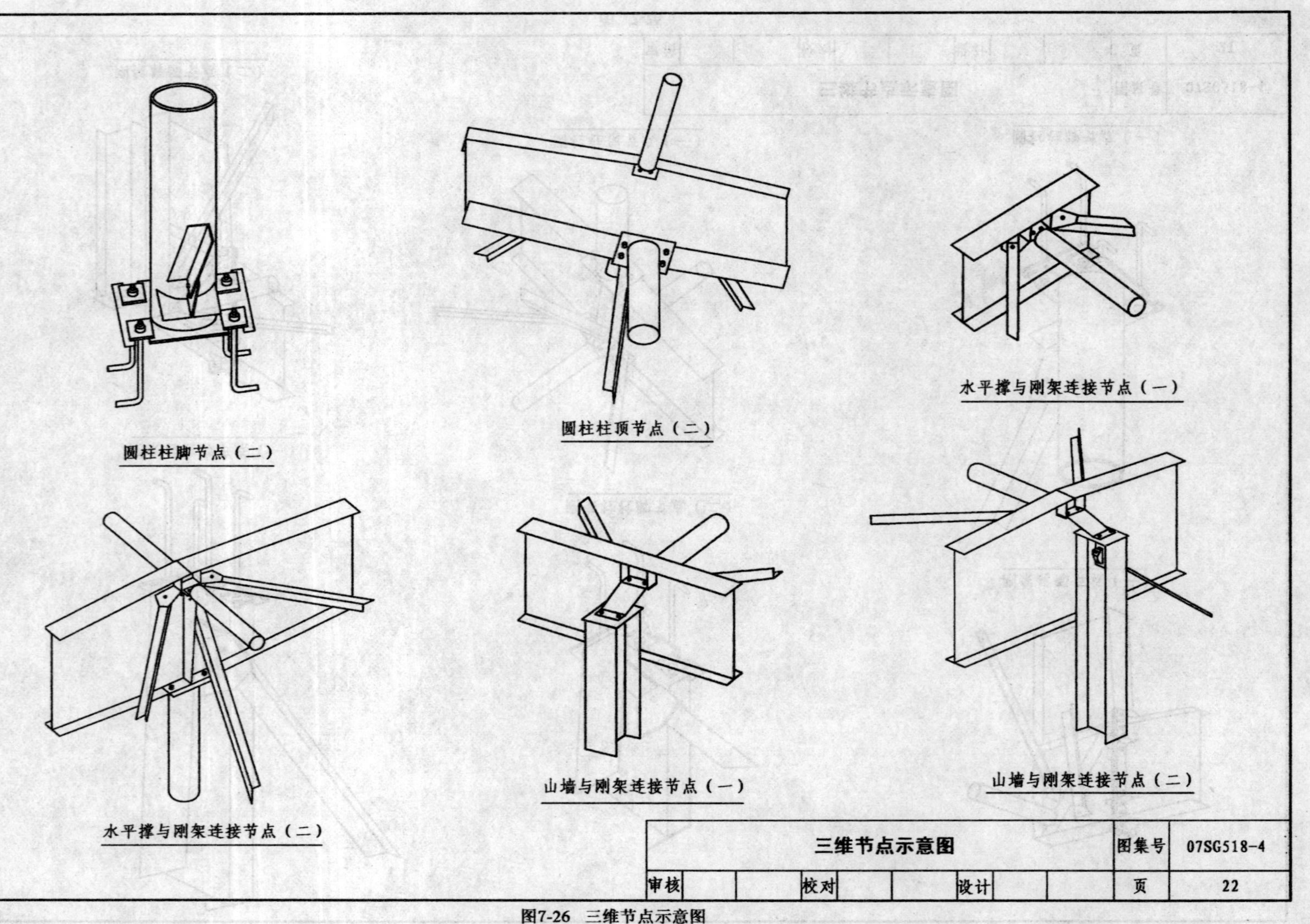

图7-26 三维节点示意图

小　结

本情景介绍了钢结构施工图的主要内容，钢结构的常用代号、表示方法与标注方法；简述了门式刚架的工程应用范围，并以标准图集《多跨门式刚架轻型房屋钢结构(无吊车)》(07SG518-4)中的GJ30×2-7-5门式刚架作为识读示例，重点介绍了多跨门式刚架轻型房屋钢结构施工图的内容、特点、表示方法与识读要点。具体内容如下。

1.钢结构施工图的主要内容与表示方法。包括：钢结构施工图的主要内容，常用的构件代号，钢结构施工图的表示方法与标注方法。

2.门式刚架的工程应用范围，多跨门式刚架轻型房屋钢结构施工图的内容、特点、表示方法与识读要点。包括：结构设计总说明，平面构件布置示意图，立面构件布置示意图，门式刚架截面选用表，山墙柱及支撑系统选用表，柱脚节点详图，支撑节点详图，端板及隅撑节点详图，端板尺寸和高强度螺栓选用表，三维节点示意图等部分的表示方法与识读要点。

思 考 题

1.结构施工图的作用是什么？钢结构施工图包括哪些内容？
2.钢结构的构件、连接和尺寸标注采用了哪些表示方法？
3.钢结构设计说明包括哪些内容？
4.钢结构平立面构件布置示意图包括哪些内容？
5.钢结构构件详图与节点详图包括哪些内容？
6.门式刚架结构施工图结构设计总说明包括哪些内容？如何识读？
7.门式刚架平立面构件布置示意图包括哪些内容？如何识读？
8.门式刚架截面选用表，山墙柱及支撑系统选用表包括哪些内容？如何识读？
9.门式刚架节点详图包括哪些内容？如何识读？
10.门式刚架端板尺寸和高强度螺栓选用表包括哪些内容？如何识读？
11.门式刚架三维节点示意图包括哪些内容？如何识读？

情景八
单层、多层和高层钢结构制作

【知识目标】

1. 了解钢制作的特点和流程。
2. 熟悉钢结构材料加工前的准备工作。
3. 熟悉钢结构的加工制作过程。
4. 掌握钢结构的加工程序。

【能力目标】

1. 具有钢结构材料检验备料和核对的能力。
2. 具有审查钢结构图样的能力。
3. 具备编制钢结构工艺规程的能力。
4. 具备组织技术交底的能力。
5. 具有钢结构放样和好料的能力。
6. 具有钢结构切割、制孔、组装、矫正、表面处理的能力。

【素质目标】

1. 培养学生的质量安全意识，具有良好的职业道德和公共道德的能力。
2. 培养学生具有专业必需的文化基础，具有良好的文化修养和审美能力，有严谨务实的工作作风。
3. 培养学生思路开阔、敏捷，善于处理突发问题的能力。
4. 培养学生具有创新精神、自觉学习的态度和立业创业的意识。

单元一　钢结构制作的特点及流程

钢结构是由多种规格尺寸的钢板、型钢等钢材，按设计要求剪裁加工成零件，经过组装、连接、校正、涂漆等工序后制成成品，然后再运到现场安装而成的。

一 钢结构制作的特点

钢结构制作的特点是标准严、要求精度高、效率高、可实现机械化、自动化。钢结构一般在工厂制作，因为工厂的工作环境恒定、钢平台的平整度好，工装夹具精度高，设备的效能高，施工条件优越，易于保证工程质量、提高工作效率。

二 钢结构的制作流程

钢结构制作流程见图 8-1。

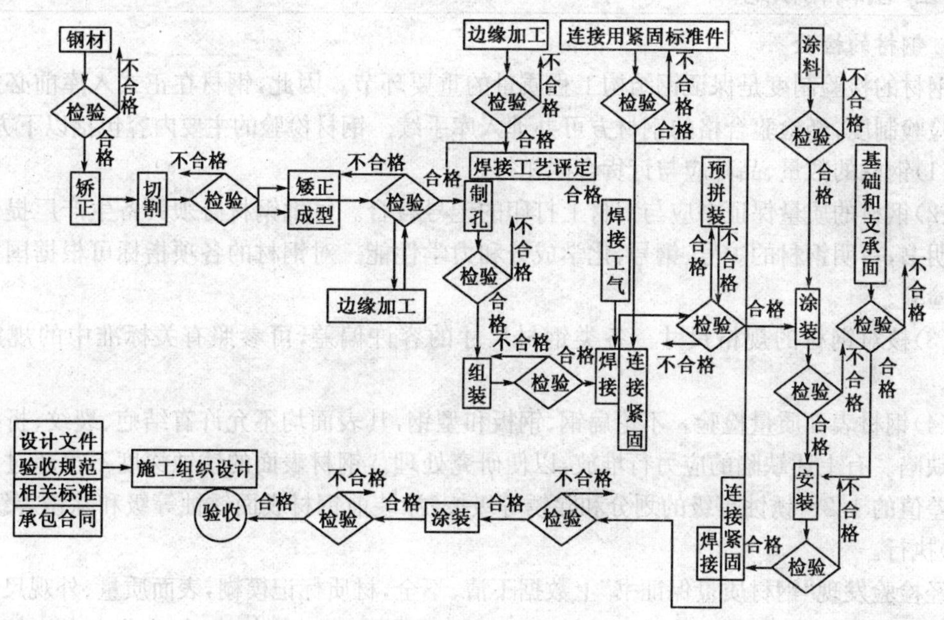

图 8-1 钢结构制作流程

单元二 钢结构加工前的准备工作

一 审查图样

审查图样的目的，一方面是检查图样设计的深度能否满足施工的要求，核对图样上构件的数量和安装尺寸，检查构件之间有无矛盾等；另一方面也对图样进行工艺审查，即审查在技术上是否合理，在构造上是否便于施工，图样上的技术要求按加工单位的施工水平能否实现等。

如果是由加工单位设计施工详图，在制图期间又已经过审查，则审图的程序可相应简化。

审核图样的主要内容包括以下项目：

(1)设计文件是否齐全，设计文件包括设计图、施工图、图样说明和设计变更通知单等。

(2)构件的几何尺寸是否标注齐全。

(3)相关构件的尺寸是否正确。

(4)节点是否清楚，是否符合国家标准。

(5)标题栏内构件的数量是否符合工程的总数量。

(6)构件之间的连接形式是否合理。

(7)加工符号、焊接符号是否齐全。

(8)结合本单位的设备和技术条件考虑，能否满足图样上的技术要求。图样的标准化是否符合国家规定等。

二 备料和核对

1. 钢材的检验

钢材的检验制度是保证钢结构工程质量的重要环节。因此，钢材在正式入库前必须严格执行检验制度，经检验合格的钢材方可办理入库手续。钢材检验的主要内容包括以下方面。

(1)钢材的数量、品种应与订货合同相符。

(2)钢材的质量保证书应与钢材上打印的记号符合。每批钢材必须具备生产厂提供的材质证明书，写明钢材的炉号、钢号、化学成分和力学性能。对钢材的各项指标可根据国家规定进行检验。

(3)核对钢材的规格尺寸。各类钢材尺寸的容许偏差，可参照有关标准中的规定进行核对。

(4)钢材表面质量检验。不论扁钢、钢板和型钢，其表面均不允许有结疤、裂纹、折叠和分层等缺陷。有上述缺陷的应另行堆放，以便研究处理。钢材表面的锈蚀深度不得超过其厚度负偏差值的1/2。锈蚀等级的划分和除锈等级按《涂装前钢材表面锈蚀等级和除锈等级》(GB 8923)执行。

经检验发现"钢材质量保证书"上数据不清、不全，材质标记模糊，表面质量、外观尺寸不符合有关标准要求时，应视具体情况重新进行复核、复验鉴定。经复核、复验鉴定合格的钢材方可正式入库，不合格钢材应另作处理。

经验收或复验合格的钢材入库时应进行登记，填写记录卡，注明入库时间、型号、规格、炉批号，专项专用的钢材还应注明工程项目名称。钢材表面涂上色标，标上规格和型号，按品种、牌号、规格分类堆放。

库存钢材应保持账、卡、物三者相符，并定期进行清点检查。对保存期超过一定期限的钢材应及时处理，避免积压和锈蚀。

库存钢材还应备有实际长度的检尺记录，使用前提供给技术部门作为下料、配料的依据。

钢材要依据"领料单"发放，发料时要仔细核对钢材牌号、规格、型号、数量等。未经检验合格入库的钢材不准发放投产。

2. 备料

根据图样材料表算出各种材质、规格的材料净用量，再加一定数量的损耗，提出材料需用量计划，根据使用尺寸、配料、套材确定合理订货数量。提料时，需根据使用尺寸合理订货，以减少不必要的拼接和损耗。但钢材如不能按使用尺寸或使用尺寸的倍数订货，则损耗必然会增加。钢材的实际损耗率可参考有关资料给出的数值。工程预算一般可按实际用量所需的数值再增加10%进行提料和备料。如果技术要求不允许拼接，其实际损耗还要增加。

3. 核对

核对材料的规格、尺寸和重量，并仔细核对材质。如果进行材料代用，必须经设计部门同意，并将图样上的相应规格和有关尺寸全部进行修改，同时应按下列原则进行。

(1)当钢材牌号满足设计要求，而生产厂商提供的材质保证书中缺少设计提出的部分性能要求时，应做补充试验，合格后方可使用。每炉钢材、每种型号规格一般不宜少于3个试件。

(2)当钢材性能满足设计要求，而钢材牌号的质量优于设计提出的要求时.应注意节约，不应任意以优质高钢号代替低钢号。

(3)当钢材性能满足设计要求，而钢材牌号的质量低于设计提出的要求时，一般不允许代用，如代用必须经设计单位同意。

(4)当钢材的牌号和技术性能都与设计提出的要求不符时，首先检查钢材，然后按设计重新计算，改变结构截面、连接方式、连接尺寸和节点构造。

(5)对于成批混合的钢材，如用于主要承重结构时，必须对钢材逐根进行化学成分和力学性能试验。

(6)当钢材的化学成分允许偏差在规定的范围内可以使用。

(7)当采用进口钢材时，应验证其化学成分和力学性能是否满足相应钢材牌号的标准。

(8)当钢材规格、品种供应不全时，可根据钢材选用原则灵活调整。建筑结构对材质要求一般是：受拉高于受压构件；焊接高于螺栓或铆接连接沟件；厚钢板高于薄钢板构件；低温高于高温构件；受动力荷载高于受静力荷载的结构。

(9)当钢材规格与设计要求不符时，不能随意以大代小，须经计算、设计认可以后方可使用。

(10)钢材力学性能所需保证项目仅有一项不合格时：当冷弯合格时，抗拉强度的上限值可以不限；伸长率比规定的数值低1%时允许使用，但不宜用于塑性变形构件；冲击功值一组三个试件，允许其中一个单值低于规定值，但不得低于规定值的70%。

三 编制工艺规程

根据钢结构工程加工制作的要求，加工制作单位应在钢结构工程施工前，按施工图样和技术文件的要求编制制作工艺和安装施工组织设计，制作单位应在施工前编制出完整、正确的施工工艺规程。钢构件的制作是一个严密的流水作业过程，指导这个过程的除生产计划外，主要是依据工艺规程。

编制工艺规程的原则是在一定的生产条件下，操作时能以最快的速度、最少的劳动量和最低的费用，可靠地加工出符合图样设计要求的产品，并且要体现出制定工艺在生产过程中技术上要先进、经济上要合理，以及良好的劳动条件和安全性。

1. 编制工艺规程的依据

(1)工程设计图样和施工详图。

(2)图样设计总说明和相关技术文件。

(3)图样和合同中规定的国家、技术规范等。

(4)制造单位实际能力和设备情况。

2. 工艺规程的内容

(1)关键零件的加工方法、精度要求、检查方法和检查工具。

(2)主要构件的工艺流程、工序质量标准,为保证构件达到工艺标准而采用的工艺措施(如组装次序、焊接方法等)。

(3)采用的加工设备和工艺设备。

工艺规程是钢结构制造中主要的和根本性的指导性技术文件,也是生产制作中最可靠的质量保证措施。因此,工艺规程必须经过一定的审批手续,一经制定就必须严格执行,不得随意更改。

四 其他工艺准备工作

除了上述准备工作外,还有工号划分、编制工艺流程表、配料与材料拼接、确定焊接收缩量和加工余量、工艺装备、编制工艺卡和零件流水卡、有关试验、设备和工具的准备等工艺准备工作。

1. 工号划分

根据产品的特点、工程量的大小和安装施工进度,将整个工程划分成若干个生产工号(或生产单元),以便分批投料,配套加工。

生产工号(或生产单元)的划分一般可遵循以下几点原则:

(1)条件允许的情况下,同一张图样上的构件宜安排在同一生产工号中加工;

(2)相同构件或特点类似且加工方法相同的构件宜放在同一生产工号中加工,如按钢柱、钢梁、桁架、支撑分类划分工号进行加工;

(3)工程量较大的工程划分生产工号时要考虑安装施工的顺序,先安装的构件要优先安排工号进行加工,以保证顺利安装的需要;

(4)同一生产工号中的构件数量不要过多,可与工程量统筹考虑。

2. 编制工艺流程表

从施工详图中摘出零件,编制出工艺流程表(或工艺过程卡)。

加工工艺过程由若干个顺序排列的工序组成,工序内容是根据零件加工的性质而定的,工艺流程表就是反应这个过程的工艺文件。工艺流程表的具体格式随各厂不同,但所包括的内容基本相同,其中有零件名称、工号、材料编号、规格、件数、工序顺序号、工序名称和内容、所有设备和工艺装备名称及编号、工时定额等。除上述内容外,关键零件还需标注加工尺寸和公差,重要工序还要画出工序图等。

3. 配料与材料拼接

根据来料尺寸和用料要求,统筹安排合理配料。当钢材不是根据所需尺寸采购或零件尺寸过大,无法运输时,还应根据材料的实际需要安排拼接,确定拼接位置。当工程设计对拼接无具体要求时,材料拼接应遵循以下原则进行:

(1)板材拼接采取全熔透坡口形式和工艺措施,明确检验手段,以保证接口等强度连接;

(2)拼接位置应避开节点;

(3)双角钢断面的构件,两角钢应在同一处进行拼接;

(4)一般接头属于等强度连接,其拼接位置无严格规定,但应尽量布置在受力较小的部位;

(5)焊接H型钢的翼缘板、腹板拼接缝应尽量避免在同一断面处.上下翼缘板拼接位置应与腹板拼接位置错开200mm以上;翼缘板拼接长度不应小于2倍板宽;腹板拼接宽度不应小于 300mm，长度不应小于 600mm。

对接焊缝工厂接头的要求如下：型钢要斜切，一般斜度为 45°；肢部较厚的要双面焊，或开成有坡口的接头，保证熔透；焊接时要考虑焊缝的变形，以减少焊后矫正变形的工作量；对工字钢、槽钢要区别受压和受拉部位；对角钢要区别拉杆和压杆；受拉部位和拉杆要用斜焊缝，而受压部位和压杆则用直焊缝。

工厂接头的位置按下述情况考虑：在桁架中，接头宜设在受力不大的节间内，或设在节点处。如设在节点处，为焊好构件与节点板，要加用不等肢的连接角钢；工字钢和槽钢梁的接头宜设在跨度离端部 1/4～1/3 范围内。工字钢和槽钢柱的接头位置可不限；经过计算，并能保证焊接质量者，其接头位置不受上述限制。

4. 确定焊接收缩量和加工余量

焊接收缩量由于受焊缝厚薄、气候条件、施焊工艺和结构断面等因素影响，其值变化较大。铣刨加工时常重叠进行操作，尤其长度较大时，材料不宜对齐，在编制加工工艺时要对加工边预留加工余量，一般为 5mm。

5. 工艺装备

钢结构制作过程中的工艺装备一般分为以下两大类。

(1)原材料加工过程中所需的工艺装备，如下料、加工用的定位靠山，各种冲切模、压模、切割套模、钻孔钻模等。这一类工艺装备主要应能保证构件符合图样的尺寸要求。

(2)拼接焊接所需的工艺装备，如拼装用的定位器、夹紧器，拉紧器、推撑器，以及装配焊接用的各种拼装胎、焊接转胎等。这一类工艺装备主要是保证构件的整体几何尺寸和减少变形量。

工艺装备的设计方案取决于规模的大小、产品的结构形式和制作工艺的过程等。由于工艺装备的生产周期较长，因此要根据工艺要求提前做出准备，争取先行安排加工，以确保使用。

6. 编制零件流水卡和工艺卡

根据工程设计图样和技术文件提出的构件成品要求，确定各加工工序的精度要求和质量要求，结合单位的设备状态和实际加工能力、技术水平，确定各个零件下料、加工的流水顺序，即编制出零件流水卡。零件流水卡是编制工艺卡和配料的依据，是直接指导生产的文件。

工艺卡所包含的内容一般为：确定各工序所采用的设备，确定各工序所采用的工装模具，确定各工序的技术参数、技术要求、加工余量、加丁公差和检验方法及标准，确定材料定额和工时定额等。

7. 有关试验

1)钢材复验

当钢材属于下列情况之一时，加工下料前应进行复验：国外进口钢材；不同批次的钢材混用；对质量有疑义的钢材；板材厚度大于或等于 40mm，并承受沿板厚度方向拉力作用且设计有要求的厚板；建筑结构安全等级为一级，大跨度钢结构、钢网架和钢桁架结构中主要受力构件所采用的钢材；现行设计规范中未含的钢材品种及设计有复验要求的钢材。

钢材的化学成分、力学性能及设计要求的其他指标应符合国家现行有关标准的规定，进口

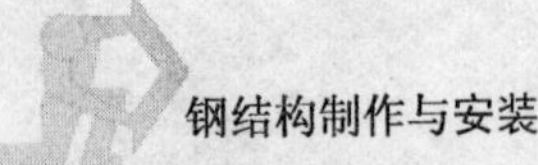

钢材应符合供货国相应标准的规定。

2)连接材料的复验

(1)焊接材料:在大型、重型及特种钢结构上采用的焊接材料应抽样检验,其结果应符合设计要求和国家现行有关标准的规定。

(2)扭剪型高强度螺栓:采用扭剪型高强度螺栓的连接应按规定进行预拉力复验,其结果应符合相关的规定。

(3)高强度大六角头螺栓:采用高强度大六角头螺栓的连接应按规定进行力矩系数复验,其结果应符合相关的规定。

3)工艺性试验

工艺性试验一般可分为以下三类。

(1)焊接性试验:钢材可焊性试验、焊材工艺性试验、焊接工艺评定试验等均属于焊接性试验,而焊接工艺评定试验是各工程制作时最常遇到的试验。焊接工艺评定是焊接工艺的验证,属生产前的技术准备工作,是衡量制造单位是否具备生产能力的一个重要的基础技术资料。未经焊接工艺评定的焊接方法、技术参数不能用于工程施工。焊接工艺评定同时对提高劳动生产率、降低制造成本、提高产品质量、搞好焊工技能培训是必不可少的。

(2)摩擦面的抗滑移系数试验:当钢结构构件的连接采用高强度摩擦型螺栓连接时,应对连接进行技术处理,使其连接面的抗滑系数达到设计规定的数值。连接处摩擦面的技术处理方法一般采用四种:喷砂处理、喷丸处理、酸洗处理、砂轮打磨处理。经喷砂、酸洗或砂轮打磨处理后,生成赤锈,除去浮锈等经过技术处理的摩擦面是否能达到设计规定的抗滑移系数 μ 值,需对摩擦面进行必要的检验性试验,以验证对摩擦面处理方法是否正确,处理后的效果是否达到设计的要求。

(3)工艺性试验:对构造复杂的构件,必要时应在正式投产前进行工艺性试验。工艺性试验可以是单工序,也可以是几个工序或全部工序;可以是个别零部件,也可以是整个构件,甚至是一个安装单元或全部安装构件。

8.设备和工具的准备

根据产品的加工需要来确定加工设备和操作工具。由于工程的特殊需要,有时需要调拨或添置必要的机器设备和工具,此项工作也应提前做好准备。

五 组织技术交底

钢结构构件的生产从投料开始,经过下料、加工、装配、焊接等一系列的工序过程,最后成为成品。在这样一个综合性的加工生产过程中,要执行设计部门提出的技术要求、确保工程质量,就要求制作单位在投产前必须组织技术交底的专题讨论会。

技术交底会的目的是对某一项钢结构工程中的技术要求进行全面的交底,同时也可对制作中的难题进行研究讨论和协商,以求达到意见统一,解决生产过程中的具体问题,确保工程质量。

技术交底会按工程的实施阶段可分为两个层次:第一层次是工程开工前的技术交底会,第二层次是在投料加工前进行的施工人员技术交底会,这种制作过程中的技术交底会在贯彻设计意图、落实工艺措施方面起着不可替代的作用。

单元三　加 工 工 序

一　工艺流程

根据专业化程度和生产规模，钢结构的生产有三种生产组织方式：专业分工的大流水作业生产、总承包形式的组织方式、扩大放样室的业务范围。

钢结构制作的工序较多，所以对加工顺序要周密安排，尽可能避免或减少工作倒流，以减少往返运输和周转时间。由于制作厂设备能力和构件的制作要求各有不同，故工艺流程略有不同。如图 8-2 所示为大流水作业生产的工艺流程。

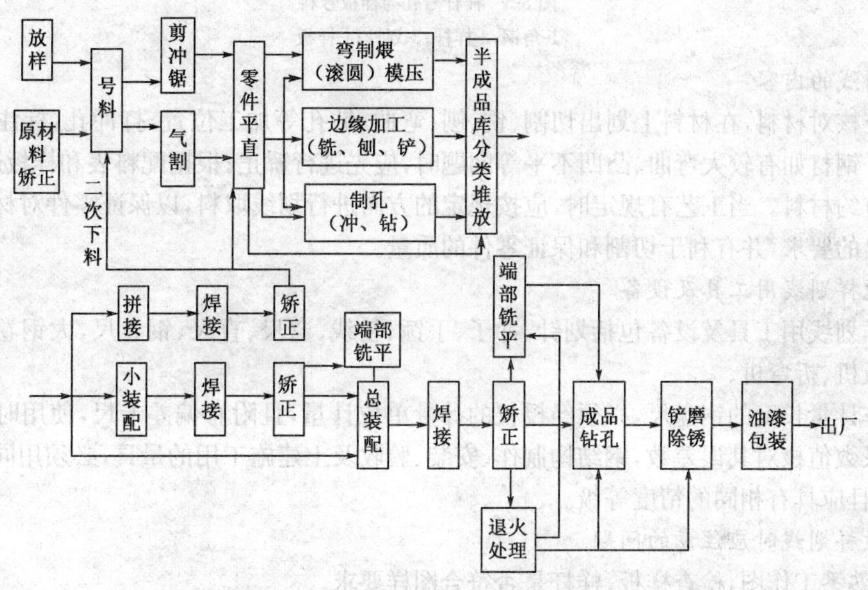

图 8-2　大流水作业生产的工艺流程

对于有特殊加工要求的构件，应在制作前制定专门的加工工序，编制专项工艺流程和工序工艺卡。

二　放样和划线

放样是钢结构制作工艺中为实现工厂高效的第一道工序，也是至关重要的一道工序。只有放样尺寸准确，才能避免以后各道加工工序的累积误差，才能保证整个工程的质量。

1. 放样的内容

核对图样的安装尺寸和孔距；以 1∶1 的大样放出节点；核对各部分的尺寸；制作样板和样杆作为下料、弯制、铣、刨、制孔等加工的依据。

2. 放样的程序及样杆、样板的制作

放样时以 1∶1 的比例在放样台上利用几何作图方法弹出大样。当大样尺寸过大时，可分段弹出。对一些三角形的构件，如果只对其节点有要求，则可以缩小比例弹出样子，但应注意其精度。放样弹出的十字基准线，两线必须垂直，然后依据此十字线逐一划出其他各点及线，并在节点旁注上尺寸，以备复查及检验。

放样经检查无误后，用0.5～0.75mm厚的铁皮或塑料板制作样板，用钢皮或扁铁制作样杆，当长度较短时可用木尺杆。样板、样杆上应注明工号、图号、零件号、数量及加工边、坡口部位、弯折线和弯折方向、孔径和滚圆半径等。由于生产的需要，通常须制作适应于各种形状和尺寸的样板和样杆。样板和样杆应妥善保存，直至工程结束后。样杆号孔与样板号料如图8-3所示。

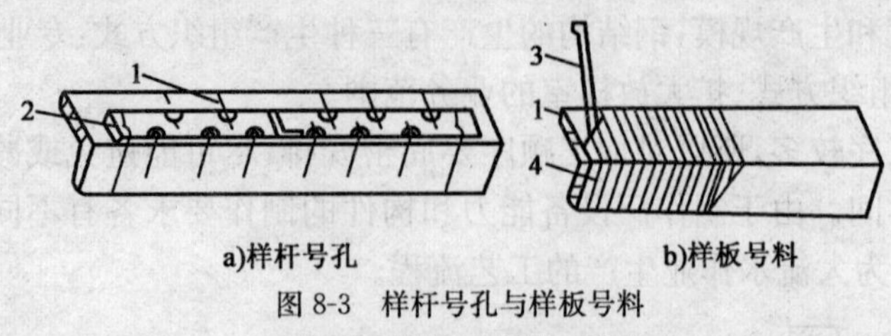

图8-3 样杆号孔与样板号料

1-角钢；2-样杆；3-划针；4-样板

3.划线的内容

检查核对材料，在材料上划出切割、铣、刨、弯曲、钻孔等加工位置，打冲孔，标注出零件的编号等。钢材如有较大弯曲、凸凹不平等问题时，应先进行矫正；根据配料表和样板进行套裁，尽可能节约材料。当工艺有规定时，应按规定的方向进行划线取料，以保证零件对材料轧制纹络所提出的要求，并有利于切割和保证零件的质量。

4.放样划线用工具及设备

放样划线用工具及设备包括划针、冲子、手锤、粉线、弯尺、直尺、钢卷尺、大钢卷尺、剪于、小型剪板机、折弯机。

用作计量长度的钢盘尺，必须经授权的计量单位计量，且附有偏差卡尺，使用时按偏差卡尺的记录数值核对其误差数，钢结构制作、安装、验收及土建施工用的量具，必须用同一标准进行鉴定，且应具有相同的精度等级。

5.放样划线时应注意的问题

(1)熟悉工作图，检查样板、样杆是否符合图样要求。

(2)根据图样直接在板料和型钢上号料时，应检查划线尺寸是否正确，以防产生错误，造成废品；放样时，铣、刨的工作要考虑加工余量，焊接构件要按工艺要求放出焊接收缩量，高层钢结构的框架柱尚应预留弹性压缩量；划线时要根据切割方法留出适当的切割余量；如果图样要求桁架起拱，放样时上、下弦应同时起拱，起拱后垂直杆的方向仍然垂直于水平线，而不与下弦杆垂直；划线的允许偏差见表8-1，放样和样板的允许偏差见表8-2。

划线的允许偏差 表8-1

项目	允许偏差	项目	允许偏差
零件外形尺寸	±1.0mm	孔距	±0.5mm

放样和样板的允许偏差 表8-2

项目	允许偏差	项目	允许偏差
平行线距离和分段尺寸	±0.5mm	孔距	±0.5mm
对角线差	±1.0mm	加工样板的角度	±20′
宽度、长度	±0.5mm		

切割

下料划线以后的钢材，必须按其所需的形状和尺寸进行下料切割。钢材的下料切割可以通过冲剪、切削、摩擦等机械力来实现，也可以利用高温热源来实现。常用的切割方法有气割、机械切割、氧离子切割等。施工中应根据各种切割方法的设备能力、切割精度、切割表面的质量情况及经济性等因素来具体选定切割方法。切割后钢材不得有分层，断面上不得有裂纹，应清除切口处的毛刺或熔渣和飞溅物。

1. 气割

氧割和气割是以氧气与燃料燃烧时产生的高温来融化钢材，并借喷射压力将熔渣吹去，造成割缝，达到切割金属的目的。氧与各种燃料燃烧时的火焰温度大约在 2000～3200℃，熔点高于火焰温度或难于氧化的材料，则不宜采用气割。

气割能切割各种厚度的钢材，多数是用于带曲线的零件或厚钢板的切割，气割设备灵活，费用经济，切割精度高，是目前广泛使用的切割方法。按切割设备，气割可分为手工气割、半自动气割、仿型气割、多头气割、数控气割和光电跟踪气割。

手工气割操作要点如下：

(1)首先点燃割炬，随即调整火焰；

(2)开始切割时，打开切割氧阀门观察切割氧流线的形状，若为笔直而清晰的圆柱体，并有适当的长度即可正确切割；

(3)发现喷嘴头产生鸣爆及回火现象，可能因喷嘴头过热或乙炔供应不及时，此时需马上处理；

(4)临近终点时，喷嘴头应向前进的反方向惯斜，以利于钢板的下部提高割透，使收尾时割缝整齐；

(5)切割结束时，应迅速关闭切割氧气阀门，并将割炬抬起，再关闭乙炔阀门，最后关闭预热氧阀门。

2. 机械切割

(1)带锯机床：适用于切割型钢及型钢构件，效率高，切割精度高。

(2)砂轮锯：适用于切割薄壁塑钢及小型钢管，其切口光滑、生刺较薄易清除，噪声大、粉尘多。

(3)无齿锯：依靠高速摩擦面使工件融化，形成切口，适用于切割精度要求低的构件，其切割速度快，噪声大。

(4)剪板机、型钢冲剪机：适用于切割薄钢板、压塑钢板等，具有切割速度快、切口整齐、效率高等特点。剪板机、型钢冲剪机的剪刀必须锋利，剪切时调整刀片间距。

3. 等离子切割

等离子切割主要用于不易氧化的不锈钢材料及有色金属，如钢或铝等的切割，在一些尖端技术上广泛应用。其具有切割温度高、冲刷力大、切割边质量好、变形小、可以切割任何高熔点金属等特点。

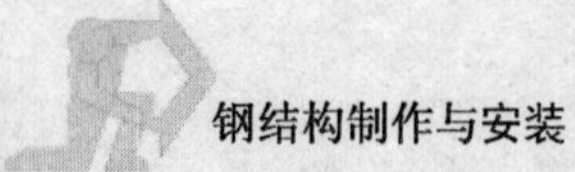

四 制孔

孔加工在钢结构制造中占有一定的比重，尤其是高强螺栓的采用，使孔加工不仅在数量要求上，而且在精度要求上都有了很大的提高。

1. 制孔的方法

制孔通常有钻孔和冲孔两种方法。钻孔是钢结构制造中普遍采用的方法，能用于几乎任何规格的钢板、型钢的孔加工。钻孔的原理是切削，其制成的孔精度高，对孔壁损伤较小。冲孔一般只用于较薄钢板的非圆孔的加工，而且要求孔径一般不小于钢材的厚度。冲孔生产效率虽高，但由于孔的周围产生冷作硬化、孔壁质量差等原因，在钢结构制造中已较少采用。

钻孔有人工钻孔和机床钻孔。前者多用于钻直径较小、料较薄的孔；后者施钻方便快捷、精度高，钻孔首先选钻头，再根据钻孔的位置和尺寸选择相应的钻孔设备。

另外，还有扩孔、铰孔等。扩孔是将已有孔眼扩大到需要的直径；铰孔是将已经粗加工的孔进行精加工以降低孔的粗糙度、提高精度。

2. 制孔的质量

1)精制螺栓孔

精制螺栓孔(A、B级螺栓孔-I类孔)的直径应与螺栓公称直径相等，孔应具有H12的精度，孔壁表面粗糙度R_a≤12.5μm。其孔径允许偏差按钢结构有关验收规范执行。

2)普通螺栓孔

普通螺栓孔(C级螺栓孔-II类孔)包括高强度螺栓(大六角头螺栓、扭剪塑螺栓等)、普通螺钉孔、半圆头铆钉等的孔。其孔直径应比螺栓杆、钉杆的公称直径大1.0～3.0mm，孔壁表面粗糙度R_a≤25μm。其孔径允许偏差按钢结构有关验收规范执行。

3)孔距

螺栓孔孔距的允许偏差按钢结构有关验收规范执行，如果偏高，应采用与母材材质相匹配的焊条补焊后重新制孔。

五 组装

组装也称为拼装、装配、组立。组装工序是把制备完成的半成品和零件按图样规定的运输单元，装配成构件或者部件，然后将其连接成为整体的过程。

1. 组装工序的基本规定

产品图样和工艺规程是整个装配准备工作的主要依据，组装前，零件、部件的接触面和沿焊缝边缘每边30～50mm范围内的铁锈、毛刺、污垢、冰雪等应清除干净。布置拼装胎具时，其定位必须考虑预放出焊接收缩量及齐头、加工的余量。为减少变形，尽量采取小件组焊，经矫正后再大件组装。胎具及装出的首件必须经过严格检验，方可大批进行装配工作。组装时的点固焊缝长度宜大于40mm，间距宜为500～600mm，点固焊缝高度不宜超过设计焊缝高度的2/3。

板材、型材的拼接，应在组装前进行；构件的组装应在部件组装、焊接、矫正后进行，以便减少构件的焊接残余应力，保证产品的制作质量。构件隐蔽部位有涂装要求的应提前进行。

桁架结构的杆件装配时要控制轴线交点，其允许偏差不得大于3mm。装配时要求磨光顶紧的部位，其顶紧接触面应有75%以上的面积紧贴，用0.3mm的塞尺检查，其塞入面积应小于25%，边缘间隙不应大于0.8mm。拼装好的构件应立即用油漆在明显部位编号，写明图号、构件号和件数，以便查找。

2. 钢结构构件组装方法

钢结构构件组装方法见表8-3。

钢结构构件组装方法　　表8-3

名　称	装 配 方 法	适 用 范 围
地样法	用1∶1的比例在装配平台上放出构件实样，然后根据零件在实样上的位置，分别组装起来成为构件	桁架、构架等小批量结构的组装
仿形复制装配法	先用地样法组装成单面(单片)的结构，然后定位点焊牢固，将其翻身，作为复制胎模，在其上面装配另一单面结构，往返两次组装	横断面互为对称的桁架结构
立装	立装是根据构件的特点及其零件的稳定位置，选择自上而下或自下而上的顺序装配	放置平稳、高度不大的结构或者大直径的圆筒
卧装	卧装是将构件放置于卧的位置进行的装配	断面不大，但长度较大的细长的构件
胎模装配法	胎模装配法是将构件的零件用胎模定位在其装配位置上的组装方法	此种装配法适用于制造构件批量大、精度高的产品

钢结构构件组装方法的选择，必须根据构件特性和技术要求、制作厂的加工能力、机械设备等，选择有效的、满足要求的、效益高的方法。

3. 组装工程的质量验收

钢结构组装工程的质量验收由主控项目和一般项目组成，其具体内容和要求按钢结构有关验收规范执行。

六 矫正

在钢结构制作过程中，由于原材料变形、切割变形、焊接变形、运输变形等经常影响构件的制作及安装。钢结构矫正就是通过外力或加热作用，使钢材较短部分的纤维伸长或使较长部分的纤维缩短，最后迫使钢材反变形，以使材料或构件达到平直及一定几何形状要求。并符合技术标准的工艺方法。

1. 矫正原理

利用钢材的塑性、热胀冷缩的特性，以外力或内应力作用迫使钢材反变形，消除钢材的弯曲、翘曲、凹凸不平等缺陷。

2. 矫正的分类

按加工工序分包括原材料矫正、成形矫正、焊后矫正等；按矫正时外因来源分包括机械矫正、火焰矫正、高频热点矫正、手工矫正、热矫正等；按矫正时温度分包括冷矫正、热矫正等。

型钢机械矫止是在矫止机上进行，在使用时要根据矫正机的技术性能和实际使用情况进行选择。手工矫正多数用在小规格的各种塑钢上，依靠锤击力进行矫正。火焰矫正法是在构件局部用火焰加热，利用金属热胀冷缩的物埋性能，冷却时产生很大的冷缩应力来矫正变形。各种矫正方法如图8-4～图8-6所示。

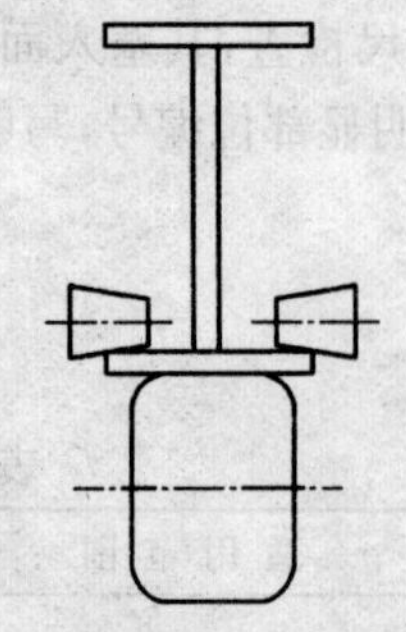

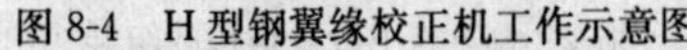

图 8-4　H 型钢翼缘校正机工作示意图

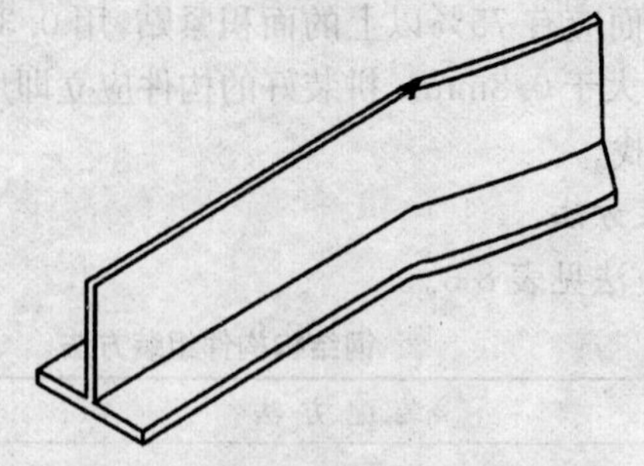

图 8-5　三角形加热矫正 T 型钢拱变形

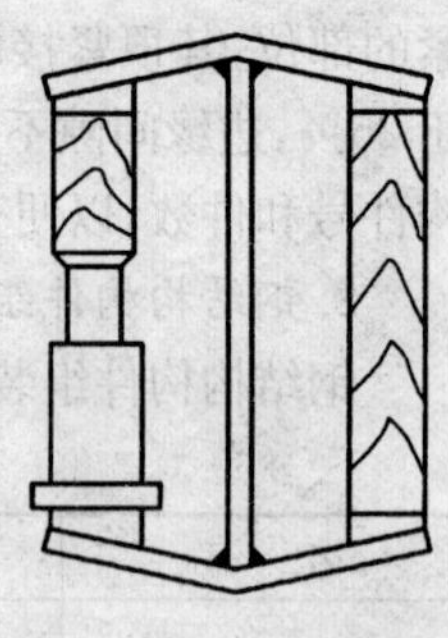

图 8-6　千斤顶矫正示意图

型钢在矫正前首先要确定弯曲点的位置，这是矫正工作不可缺少的步骤。目测法是现在常用找弯法，确定型钢的弯曲点时应注意型钢自重下沉产生的弯曲影响准确性，对于较长的型钢要放在水平面上，用拉线法测量。型钢矫正后的允许偏差按相应规范执行(见表 8-4)。

钢材矫正后的允许偏差(单位:mm)　　表 8-4

项目		允许偏差 Δ	图例
钢板的局部平面度	$L\leqslant14$	1.5(在 1m 范围内)	
	$L>14$	1.0(在 1m 范围内)	
型钢弯曲矢高		1/1000	
		5.0	
角钢的垂直度		$b/100$ 双肢栓接角钢的角度≤90°	
槽钢翼缘对腹板的垂直度		$b/80$	
工字钢、H 型钢翼缘对腹板的垂直度		$b/100$	
		2.0	

七　表面处理

成品表面处理就是除锈处理，在下道工序涂层之前必须进行，直接关系到涂装工程质量的好坏。

高强度螺栓摩擦面处理是连接节点处的钢材表面进行加工，一般有喷砂、喷丸、酸洗、砂轮打磨等方法，可根据实际条件进行选择。

单元四　钢结构的验收

产品经过检验部门签收后进行涂底，并对涂底的质量进行验收。钢结构制造单位在成品出厂时应提供钢结构出厂合格证书及技术文件，其中应包括：

(1)施工图和设计变更文件，设计变更的内容应在施工图中相应部位注明；

(2)制作中对技术问题处理的协议文件；

(3)钢材、连接材料和涂装材料的质量证明书和试验报告；

(4)焊接工艺评定报告；

(5)高强度螺栓摩擦面抗滑系数试验报告，焊缝无损检验报告及涂层检测资料；

(6)主要构件验收记录；

(7)预拼装记录(需预拼装时)；

(8)构件发运和包装清单。

小　结

1. 钢结构施工有别于其他材料结构的施工，钢结构的施工特点是标准严、要求高、效率高、可实现机械化、自动化。

2. 钢结构加工前需要做准备工作，包括图样的审查、备料和核对、编制工艺规程及组织技术交底。

3. 钢结构加工工序首先要制定工艺流程，包括放样和号料、切割、制孔、组装、矫正及表面处理。

4. 钢结构产品完成后需要进行验收，验收的资料应符合标准和规范的规定。

思　考　题

1. 钢结构的特点有哪些？

2. 图样审查的主要内容有哪些？

3. 简述钢结构构件加工工序？

4. 钢结构验收的时候应提供哪些资料？

情景九
单层、多层和高层钢结构安装

【知识目标】

1. 掌握厂房钢结构安装基础知识。
2. 掌握厂房结构安装的工艺过程及其注意事项。
3. 掌握高层钢结构安装知识、工艺过程。
4. 掌握现场安全管理的内容。
5. 掌握起重机械和设备及调配能力。

【能力目标】

1. 具有钢结构构件组装拼接的能力。
2. 具有钢结构安装、吊装、拼接的能力。
3. 具备钢结构工程施工机械的调配能力。
4. 具备钢结构的简单计算和拼接的能力。
5. 具有钢结构工程施工现场安全管理的能力。

【素质目标】

培养学生的质量安全意识、团结合作精神和良好的沟通能力。

单元一　厂房钢结构安装基础知识

一 钢结构厂房结构组成

钢结构厂房分为单层厂房和多厂房，钢结构组成均有以下部位：钢柱、行车梁、桁架、天窗架、檩条、支撑和墙架等。其中，多、高层厂房钢结构因为有各层平台，故还有平台梁、平台板、钢梯、栏杆及工艺平台、设备支架等部位。

二 起重工机具

钢结构安装工程中要使用许多辅助工具，如钢丝绳、吊具、滑轮组、卷扬机、吊车等。

1)钢丝绳

钢丝绳是先由几层钢丝捻成股，再由股围绕绳芯捻成绳。普通结构钢丝绳由全部钢丝直径相同的光面钢丝捻成，一般分为 6×19、6×37、6×61 三种，抗拉强度分为 1400MPa、1550MPa、1700MPa、1850MPa、2000MPa 五种。

2)吊具

吊钩：锻造或冲压而成，常用 20 号钢制成。吊钩一般均附设于起重机上，分单钩、双钩和吊环三种。特殊情况下需改变起重机吊钩时，可参考施工手册中吊钩尺寸及安全荷载表选用。一般单钩用于起吊 15t 以下构件，双钩用于起吊 50t 以上构件，吊环用于起吊 100t 以上构件。

卡环：用来固定和扣紧吊索。

环吊梁：又称铁扁担，常用于柱和屋架等吊装。柱吊装采用直吊法时，用横吊梁使柱保持垂直；吊屋架时，用横梁可减小索具的高度。环吊梁分横吊梁及铁扁担两种。

3)滑车、滑轮组、倒链与卷扬机

滑车又名葫芦，是一种携带方便、起重能力大的起重工具，它省力，也可改变力的方向。

滑车组是由一定数量的定滑车和动滑车及绕过它们的绳索组成的，它能省力，也能改变力的方向。

倒链用来起吊轻型构件，拉紧扒杆缆风等，有 WA 和 SBL 两种类型。

卷扬机是一种起重、拉伸机械，有手动和电动两类卷扬机。在建筑施工中电动卷扬机又分为快速和慢速两种。快速卷扬机(JJK 型)主要用于垂直运输和打桩作业；慢速卷扬机(JJM 型)主要用于结构吊装、钢筋冷拉和预应力筋张拉。

4)吊车

吊车有汽车吊、履带吊、塔吊等。

单元二　单、多层厂房钢结构安装

一　单层厂房钢结构吊装方法选用及比较

单层厂房中门式刚架结构是最典型的，也是最多见的，下面主要介绍门式刚架的吊装。

1. 结构吊装的施工方法

按构件吊装顺序的不同，结构安装有分件吊装法、综合吊装法和混合吊装法三种。

1)分件吊装法

分件吊装法是按构件类别依次吊装，即先吊装柱子，然后吊装连系梁、吊车梁及柱间支撑，最后分节间吊装屋面、天窗架、屋面板及屋面支撑系统等屋面结构构件。

起重机自厂房内每次开行中，仅吊装一类构件，如第一次开行吊装厂房内柱，待校正，固定后，再第二次、第三次按顺序吊装连系梁、柱间支撑、吊车梁、托架、层架(包括天窗架支撑系统和屋面板等构件)。采用这一方法，屋面板的吊装需单独用一台小型起重机械来进行。

本法优点：

(1)构件校正容易进行；

(2)构件可分批供应和排放，准备工作较简单；

(3)在一次开行中仅吊装一类构件，吊装效率高；

(4)可根据不同类型构件和吊装参数选用不同性能起重机，充分发挥起重机效率。

本法缺点：

大大增加起重机的开行路线，不能为下道工序开辟工作面，相对的吊装工期较长。

2)综合吊装法

综合吊装法是分节间吊装完所有各种类型构件，即先吊装4～5个节间的柱子，然后按节间依次吊装连系梁、吊车梁、屋架、屋面板等构件，待一个节间的全部构件吊装完以后再吊装下一个节间的所有构件。

起重机在厂房内一次开行中，吊装完一个节间各种类型的构件，即先吊装4～6根柱子并立即进行校正固定，接着吊装柱子间支撑、连系梁、吊车梁、走道板、托架、屋架(包括天窗架，支撑系统)和屋面板等构件，直至整个厂房吊装完成。

本法优点：

(1)开行路线短，停机位置较少，吊完一个节间，可进行下道工序，缩短工期；

(2)吊装误差能及时发现和纠正，同时吊完一个节间，校正固定一个节间，结构整体稳定性好，有利于保证工程质量。

本法缺点：

(1)需要起重量大的起重机，同时吊装各种类型的构件，影响起重机效率的发挥；

(2)构件平面布置的准备工作复杂；

(3)校正工作困难，柱子固定需要一定时间，常跟不上吊装速度，因此使用较少。

3)混合吊装法

混合吊装法是将全部(或一个区段)的柱子吊装完毕后校正固定，接头混凝土达到设计强度70%后，再安装连系梁，柱间支撑和吊车梁，接着一个节间一个节间的综合吊装屋架(包括天窗架支撑系统)和屋面板等结构。整个过程按三次流水进行。根据不同的结构特点，有时也采用两次流水，即先吊柱子，然后分节间吊装其他构件。吊装通过两台起重机，一台起重量大的先吊柱子，另一台跟着吊装其他构件，顺序进行流水作业。

本法避免了综合吊装法和分件吊装法的缺点，而保持了其他优点，为目前国内单层工业装配式厂房吊装中广泛采用的方法。

2.单层厂房排架结构的受力特点

单层厂房的各种承重构件，通过两个相互垂直方向的相互连接形成一个空间骨架，这种空间骨架在各种荷载的作用下，最终把荷载传至基础。根据荷载传递方向的不同，排架分为横向受力排架和纵向受力排架。

横向排架由基础、柱子、屋架或屋面梁组成，主要承受屋面荷载、墙体自重、吊车竖向荷载及吊车横向水平荷载、横向水平风荷载等。

纵向排架由基础、柱子、吊车梁或连系梁、柱间支撑等构件组成，一般承受作用在山墙和天窗端壁，并通过屋面结构传来的风荷载和吊车纵向水平荷载。在一般厂房中，纵向荷载较小而厂房的长度比宽度大得多，虽说柱子的纵向刚度较小，但纵向柱列的柱距较小，柱子的数量较多，并有吊车梁和连系梁连接，又有柱间支撑的有效作用，因此纵向排架中构件的内力小，即纵向排架是主要的承重骨架而横向排架是主要的承重骨架。因此，排架的结构计算只考虑横向排架，而不考虑纵向排架，纵向排架通过构造连接而加以限制。

横向排架是主要的承重结构，因此，有必要对横向排架的几何构造进行分析，其目的是使结构的吊装顺序在时间上、空间上尽快满足横向排架的结构要求，使吊装顺序与结构特点、节点构造相结合。

一般的单层厂房横向排架的几何构造有两个特点：其一是柱下端与基础是固接的，屋架或屋面梁与柱顶是铰接的；其二是屋架或屋面梁认为是没有轴向变形的刚杆。

以上两个特点可以通过对节点的构造组成加以说明：一般的单层厂房基础是独立基础，柱插入基础杯口有一定的深度，柱脚与基础杯口之间的空隙用细石混凝土浇筑在一起，使柱脚在杯口内既不能有位移也不能转动，从而使柱脚与基础形成固定支座。另外，地基的变形是受控制的，基础的转动一般较小，基础与地基相当于固接，所以柱下端与地基可视为固接。

屋架或屋面梁在柱顶上通过两条侧焊缝与柱相连接，这种连接由于没有端焊缝存在，可使屋架与柱顶之间产生相对转动，所以柱顶与屋架或屋面梁的连接可视为铰接。

由于屋架或屋面梁的水平刚度较好，屋架或屋面梁两端的水平位移是相等的，可以认为屋架或屋面梁是没有轴向变形的刚杆。

二 单层厂房钢结构安装工艺过程

1.准备工作

1)技术准备

(1)组织技术人员进行图纸会审，复核结构强度、刚度、稳定性是否满足施工过程中可能附加的荷载。了解设备工艺要求。

(2)配备钢结构及混凝土结构安装专业相应的国家有效版本技术标准和施工规范，检查现有技术管理和设备能否满足施工需要。

(3)及时编制详细的单位工程施工组织设计及施工方案，形成指导现场安装作业的施工技术文件。

2)物资设备准备

(1)组织机具设备的进场、购置、检查、保养。

(2)组织购买施工用料，明确成品及半成品的供货方式及提货日期。

3)现场准备

(1)复测上道工序质量，做好测量点线的控制。

(2)做好现场"七通一平"工作，搭设现场施工用临时设施，施工用具及材料摆放到位，确保能达到连续施工的需要。

2.结构工程的测量作业方案

钢结构测量是钢结构工程的关键工序，在施工中必须严格控制其质量。

1)工程测量的内容

现场工程测量内容包括土建工序交接的基础点的复测和钢柱安装后的垂直度控制；另外，还要进行沉降观测。

2)基础复测

根据工程指定的厂外基准点,检查土建单位提交来的基础测量资料,柱网矩形的精确度,即柱基中心的行列距和基础标高。

3)柱子垂直控制测量

柱子垂直度是保证上部屋面钢结构符合设计要求的重要参数,因此控制柱子的垂直度便显得尤为重要。下面以 H 型钢钢柱为例,说明在屋面结构施工前,应按下列方法对钢柱进行测量复核、控制。

(1)在两条互相垂直的轴线上(或两条互相垂直的方向上)分别安置经纬仪,仪器与柱子的距离不小于柱高的 1.5 倍。

(2)先瞄准柱子下部已标注的中线标志,再扬起望远镜进行观测,如经纬仪的竖丝始终与柱子中心线重合,则说明柱子是垂直的,否则将进行重新定位。

(3)实测柱顶的垂直度偏差,首先仰视柱子顶端的中心点,然后再俯视柱子底部中心点,若不重合,则投射出一点,量取该点至柱底中心标志的距离,即是柱子的垂直偏差值。

(4)柱身垂直允许偏差:根据规范规定,当柱高不大于 5m 时,为±5mm;当柱高 5~10m 时,为±10mm;当柱高超过 10m 时,则为柱高的 1∶1000,但不得大于 20mm(可根据设计要求达到更高的精度)。

对柱子复测结束后,需在柱顶上进行中心定位,作好十字线,标记鲜明,以便于屋架落位时对位。

(5)柱子垂直复测的注意事项:

①用做柱垂直校正的经纬仪,必须经过严格的检验和校正。因为在垂直控制时,往往只用盘左或盘右,故仪器误差对测量结果影响较大。

②柱子垂直校正时,还应注意检查柱子是否产生水平位移。

3. 安装顺序

厂房结构安装顺序:厂房柱→柱间支撑→吊车梁→屋架及支撑檩条→天窗→屋面和墙皮系统。

4. 吊装方案

一般均选取一台主吊机,每台主吊机另配一台辅助吊机,辅助吊机配合现场倒料、卸车及小型构件的安装等工作。

5. 主要结构安装工艺

主要构件吊装前必须切实做好各项准备工作,包括场地的清理,道路的修筑,基础的准备,构件的运输、就位、堆放、拼装加固、检查清理、弹线编号,以及吊装机具的准备等。

1)钢柱的吊装

(1)施工准备

①基础表面找平;

②基础面中心标记鲜明;

③垫板(钢楔)准备充足;

④钢柱四面中心标记鲜明;

⑤钢柱上绑扎好高空用临时爬梯、操作挂篮;

⑥此外，还要在基础上弹出建筑物的纵、横定位轴线和钢柱的吊装基准线，作为钢柱对位和校正的依据。钢柱的吊装基准线应与基础面上所弹的吊装基准线位置相适应。

(2)钢柱的绑扎或吊点的设置

根据钢柱的形状长度、截面抵抗矩、重量、起吊方法及吊机性能等因素，确定钢柱吊装是否设活动吊耳，也可根据现场情况采用钢丝绳绑扎，绑扎点设在柱的肩梁处。如利用绑扎法，则应在钢柱吊索绑扎处垫以麻袋、橡皮或木块。

(3)钢柱的吊升方法

钢柱起吊前，柱脚应垫在垫木上，由水平转为直立后，起重机将钢柱吊离地面，旋转至基础顶上方，就位，临时固定。

钢柱起吊时不得在地面上拖拉；就位后进行初校，用钢楔临时固定，架设经纬仪校正中心、标高、垂直度，确认在误差范围内，记录数据，固定牢固；然后利用爬梯拆除索具。

(4)钢柱的找正

钢柱的找正包括平面位置、垂直位置和标高的找正。标高的找正，应在与混凝土柱基杯口找平时同时进行。平面位置的校正，要在对位时进行。垂直度的校正，则应在钢柱临时固定后进行。垂直度的校正直接影响吊车梁、屋架等吊装的准确性，必须认真对待。钢柱垂直度的校正方法有敲打锲块法，千斤顶校正法，钢管撑杆斜顶法及缆风绳校正法等，可在安装时根据现场而定。校正完毕后，坚固地脚螺栓，并将垫板上下点焊固定，防止移动。

2)柱间支撑安装

柱间支撑安装时不立即固定死，应在吊车梁和辅助桁架安装并做好固定后再固定。

3)行车梁安装

钢柱调整固定并安装完下部柱间支撑后，才能吊装行车梁。吊装前，应对梁的型号、长度、截面尺寸和牛腿位置进行检查，装上扶手杆及扶手绳(吊装后将绳子绑紧在两端柱上)。

钢梁吊装采用平吊，以发挥起重机的效率。

吊车梁起吊后应基本水平，对位时不宜用撬棍顺轴线方向撬动吊车梁，吊装后需校正标高、平面位置和垂直度。吊车梁的标高主要取决于柱子牛腿的标高，只要牛腿标高准确，其误差就不大，如存在误差，可待安装轨道时调整。

平面位置的校正，主要是检查吊车梁纵轴线及两列吊车梁之间的跨度 L 是否符合要求。规范规定轴线偏差不得大于5mm；在屋盖吊装前校正时，L 不得有正偏差，以防屋盖吊装后柱顶向外偏移，使 L 偏差过大。

在检查及校正吊车梁中心线时，可用线坠检查吊车梁的垂直度，如发现偏差，可在两端的支座面上加斜垫块，每叠不得超过三块。

吊车梁吊装后只作初步校正和临时固定，待屋盖系统安装完毕后方可进行吊车梁的最后校正和固定。

吊车梁平面位置的校正采用通用法。通用法是根据主轴线用经纬仪和钢尺准确地校正好一跨内两端的四根吊车梁的纵轴线和轨距，再根据校正好的端部吊车梁沿其轴线拉上钢丝通线，逐根拨正。

吊车梁吊装时利用4点吊装，各吊点设吊耳。

吊车梁校正后应立即焊接固定。

吊车轨道的固定和现场连接按设计图要求施工。

4)钢托架的吊装

柱子校正固定、柱间支撑安装后,吊装托架梁,吊机行走路线与柱吊装相同。托架吊装就位后,及时进行垂直度找正,以确保屋架的及时安装和安装质量。

5)屋架安装

主厂房跨度大,需采用铁扁担吊装屋架。屋架按每一榀吊装,天窗架采用地面组合吊装,尽量减少高空安装难度。屋架拼装,可选在离吊装较近的地方进行插拼,拼装台应抄平。两个半榀屋架放置于拼装台上,先装好接口处的拼装螺栓,检查并找正屋架的起拱和跨距,与图纸无误后将接口板密贴焊接,焊接装完后应扶直放置在柱边。

在吊装位置,同时应用竹杆顺屋架长度方向绑扎上下两层,以供安装水平支撑,垂直支撑及屋面檩条时用。

屋架吊装,前两榀屋架必须找正,其屋架垂直度应符合规范要求,以消除屋架往一边倾斜的因素,保证整跨屋架安装顺利。

屋架安装注意事项:

(1)屋架分段出厂;

(2)屋架进入现场后检查几何尺寸,并按规定要求摆放组装,吊装前需进行现场加固,以防止发生永久性变形;

(3)吊装每榀屋架前,应先吊装每榀的托架,以防卡杆;

(4)每榀屋架吊装到位后,应立即补档,防止补吊屋面气楼架时卡杆而难以到位;

(5)屋架安装时应检查中心位移、跨距、垂直度、起拱度和侧向挠度值;

(6)屋架吊装采用多点吊装;

(7)天窗组合吊装与屋架吊装应按计划同时进行。

6)天窗安装

天窗均是小型构件,比较零星,这些构件又多座于屋架上面,安装就位和调整固定操作均不方便,高空作业多,施工也不安全,为了加快工程进度,天窗采用组合吊装。天窗组装与屋架吊装应按计划同时进行,选用轮胎吊进行天窗组装,主吊车用来吊装天窗组合件。

7)墙皮系统安装

(1)由于现场条件的限制,吊机不可能在厂房外作业,因而给墙皮系统的安装带来一定困难。故每一榀的墙皮系统部分,应在每榀屋盖系统吊装完后,即安装墙皮柱,剩余小件可用卷扬机吊装。

(2)墙皮系统的安装宜在屋盖系统安装结束后进行,也可随屋盖系统一起采用综合安装法,一个节间一个节间的进行。

(3)墙架檩条的支托应在钢柱出厂前安装完毕。焊接轻型H型钢截面或蜂窝梁截面屋面檩条在安装时应注意防止构件过大变形。

6. 彩板施工方案

屋面板(包括天窗屋面)用的彩色压型钢板,一般均在现场压制成型,为避免雨水渗漏,采用长尺板材,同一坡度屋面上不设搭缝,对压型钢板板型及对板的镀锌厚度与板的涂层材料要求将在施工图设计时确定。

墙板采用彩色压型钢板，采光板为普通型采光板。

1)彩板屋面安装方案

彩板一般因屋面跨度大且长而通常在施工现场加工，要求把专用的施工设备和彩钢卷运到安装现场。

(1)工艺原理和施工方法。将彩瓦压型机直接架高至屋檐标高，边成型加工，边就位安装；或采用在地面压型后拉至屋面。

(2)施工机械。

彩瓦压型机：主要有主机、开卷机、成型剪。

高架平台：采用龙门式可行走高架平台，在开卷端架立电葫芦单轨，主要完成提开彩卷至开卷机开卷。

路基处理及轨道：轨排须沿墙全线铺设，且考虑排水沟设计。

(3)施工工序。

①上道工序中交，复测屋面钢结构尺寸。

②测量放线。

横线：由安装始端的山墙开始到另一端山墙，每隔 30m 放一条基准线，由柱子中心定位标记反到屋面，然后根据基准线放出每横列固定的定位线。

纵线：两侧天沟上放出屋面板末端定位线。

③屋面滚轮架固定：共设 12 个滚轮架(每隔一根檩条设置一个)。根据屋面跨度、坡度、檩条间距计算出滚轮架高度，利用双头螺栓卡在檩条上，滚轮架设置应靠近屋架上弦，施工人员便于操作。

④开卷：利用高架平台上 5t 电葫芦单轨，将地面的彩卷吊到开卷机，开卷。通过喂料台将彩卷送至主机。

⑤设定轧板长度→轧板→出板：将轧好的屋面板在滚轮架上推至屋面上。人工从滚轮架抬至屋面安装位置。

2)墙板安装方案

采用吊篮法施工，安装时在檩条上挂吊篮，操作人员站在吊篮内作业，安全带系在上方结构檩条上，墙板安装采用自攻螺钉与墙皮檩条固定，配板要兼顾采光带、门窗安装与穿墙管安装。

墙板安装顺序：墙板就位→打眼→板底泛水引水平线→安装底泛水→从任何一角边安装墙板→对门窗位置进行加工切割→安装门窗框泛水→安装墙板。

三 多层厂房钢结构安装

1. 多层厂房钢结构的特点

多层厂房柱子都非常高，为多节柱，下柱一般都较重，上柱则较轻，柱间支撑也分上、中、下多层；行车梁一般有多层，最多的可达 4～5 层，平台一般也在 3～10 层，平台钢梁分主梁、次梁，上铺平台板，而且各层平台上还有各种工艺小平台及设备支架等。其结构形式较单层平台复杂很多，而且工程量也非常大，各构件尺寸大，平台数量多，作业时是多层平台同时进行，施工人员和施工机械多，现场情况复杂，安全隐患多，因此其安装也就复杂多了。

2. 多层厂房各主要构件特点

(1)厂房柱分多节,自下而上共分主框架柱,中部框架柱,顶部柱。

(2)行车梁从下到上分多层分布,行车梁材质一般为 Q235B。

(3)各层框架平台均为梁上铺设钢板而成;各层平台上又各有工艺平台。

(4)屋面结构的主体为梁板结构,另由屋面天窗架、檩条、支撑等组成。

3. 安装方案

总体安装方案是先将高层框架分为以下三个安装区:

(1)最下区域,是厂房的核心结构部位,也是吊装的重点区域。

(2)中部区域,是主厂房的中部框架部位。

(3)顶部区域,以及屋面系统,是最上部的结构部位。

除了三个安装区,还有四周的围护结构。

四 钢结构安装的稳定问题

钢结构构件是在特定的状态下使用的。在相对较为随机的施工状态下,其系统或构件的稳定条件会发生较大的变化。所以在安装时,要充分考虑它在各种条件下的构件单体稳定和结构整体稳定问题,以确保施工安全。

构件单体稳定问题是指一个构件在工地堆放、起扳、吊装、就位过程中发生弯曲、弯扭破坏和失稳。因而,对于较薄而大的构件均应考虑这一问题。必要时,要用临时支撑对构件的弱轴方向进行加固,如单片平面桁架及高宽比相当大的工字梁等。

结构整体稳定问题是指结构在吊装过程中支撑体系尚未形成,结构就要承受某些荷载(包括自重)。所以,在拟订吊装顺序时必须充分考虑到这一因素,保证吊装过程中每一步结构都是稳定的。若有问题,可加临时缆风等措施解决。

单元三　高层建筑钢结构安装

一 材料

高层钢结构材料,如焊接材料、高强度螺栓、压型钢板、栓钉等,应符合现行国家产品标准和设计要求。

1. 高层建筑钢结构的钢材

主要采用 Q235 等级 B、C、D、E 的碳素结构钢和 Q345 等级 B、C、D 的低合金高强度结构钢。

Q235 等级 B、C、D、E 的碳素结构钢(GB/T 700—2006),原称普通碳素钢。

1)碳素结构钢特点

(1)含碳量减少,含锰量增加,焊接性能提高。

(2)硫(S)、磷(P)等杂质控制严,级别越高,控制越严。C 级钢 S、P 不大于 0.040%,D 级 S、P 不大于 0.035%。

(3)冲击韧性高。

(4)D级要脱氧。

2)材料验收

(1)钢材进场后核对钢种、钢号、规格、性能应符合设计文件或与厂方协商的有关文件的规定。对属于下列情况之一的钢材应进行抽样复验，其复验结果应符合现行国家产品标准或设计文件要求：

①国外进口钢材；

②钢材混批；

③板厚等于或大于40mm，且有Z向性能要求的厚板或设计文件规定的厚度且有Z向性能要求的钢板；

④对质量有疑义的钢材；

⑤设计有复验要求的钢材。

(2)钢板的厚度、型钢的规格尺寸应用钢尺和游标卡尺进行检查，钢材的表面锈蚀、麻点或划痕，其深度不得大于该钢材厚度负允许偏差为值的1/2。钢材表面的锈蚀等级用铲刀检查和用现行国家标准《涂装前钢材表面锈蚀等级和除锈等级》(GB 8923)规定的图片对照检查，应符合标准规定的C级及C级以上。

(3)观察或用放大镜检查钢材端边或断口处不应有裂纹、夹层等缺陷。如有裂纹、夹层等缺陷，应会同有关部门研究处理。

(4)钢材入库前必须办理入库交验手续要核对钢种、钢号、规格、质量合格证明文件、复验报告、炉批号等应符合有关技术文件、标准。未经交验的材料或不合格的材料不得入库，合格的钢材宜按品种、钢号、规格分别堆放储存，最底层应垫上道木或混凝土块。

2. 高层建筑钢结构连接材料

(1)焊材材料主要采用E43、E50系列焊条或H08系列焊丝。

(2)高强度螺栓采用的材质按《钢结构用高强度大六角头螺栓、大六角螺母、垫圈技术条件》(GB/T 1231—2006)规范要求。

(3)压型板一般用Q215或Q235钢冷轧制成卷材，还有镀锌板彩色板经辊压成各种波纹的轻型建筑材料。一般在高层钢结构建筑中，压型板作为屋盖钢筋混凝土的永久底板。

二 高层建筑钢结构的安装

1. 施工准备

1)技术准备

(1)钢结构安装前，应具备钢结构设计图、建筑图、相关基础图、钢结构施工总图、各分部工程施工详图及其他有关图纸等技术文件。

(2)参加图纸会审，与业主、设计单位、监理充分沟通，确定图纸与其他专业工程设计文件无矛盾；与其他专业工程配合施工程序合理。

(3)编制施工组织设计，分项作业指导书。施工组织设计包括工程概况及特点说明、工程量清单、现场平面布置、能源、道路及临时建筑设施等的规划、主要施工机械和吊装方法、施工技术措施及降低成本计划、专项施工方案、劳动组织及用工计划、工程质量标准、安全及环境保护、主要资源表等。其中，吊装主要机械选型及平面布置是吊装重点。分项作业指导书可以细化为作业卡，主要用于作业人员明确相应工序的操作步骤、质量标准、施工工具和检测内容、检测标准。

(4)依承接工程的具体情况，确定钢构件进场检验内容及适用标准，以及钢结构安装检验批划分、检验内容、检验标准、检测方法、检验工具。

(5)组织进行工艺试验，如焊接工艺试验。

(6)根据结构深化图纸，验算钢结构框架安装时构件受力情况，科学地预计其可能的变形情况，并采取相应合理的技术措施来保证钢结构安装的顺利进行。

(7)与工程所在地的相关部门，如治安、交通、绿化、环保、文保、电力进行协调等；并到当地的气象部门了解以往年份的气象资料，做好防台风、防雨、防寒、防高温等措施。

2)主要机具

高层钢结构施工中，常用主要机具有：塔式起重机、汽车式起重机、履带式起重机、交直流电焊机、CO_2 气体保护焊机、空压机、碳弧气刨、砂轮机、超声波探伤仪、磁粉探伤、着色探伤、焊缝检查量规、大六角头和扭剪型高强度螺栓扳手、高强度螺栓初拧电动扳手、栓钉机、千斤顶、电动葫芦、卷扬机、滑车及滑车组、钢丝绳、索具、经纬仪、水准仪、全站仪等。

3)作业条件

(1)各类设计图会审完毕。

(2)根据结构深化图纸，验算钢结构框架安装时构件受力情况，科学地预计其可能的变形情况，并采取相应合理的技术措施来保证钢结构安装的顺利进行。

(3)各专项工种施工方案审核完成。

(4)钢筋混凝土基础完成，并经验收合格。

(5)施工临时用电用水铺设到位。

(6)施工人员进场。

(7)施工机具安装调试验收合格。

(8)构件进厂验收检查合格。

2.施工工艺

1)工艺流程

构件、设备及人员准备→放线及验线(轴线、标高)→预埋螺栓验收及基础面处理→构件中心线及标高线→安装柱、梁核心框架→高强度螺栓初拧、终拧→柱与柱节点焊接→梁与柱、与梁节点焊接→超声波探伤→零星构件安装→安装压型钢板→塔式起重机爬升→下一节流水段准备工作。

2)钢结构吊装顺序

高层钢结构吊装一般需划分吊装作业区域，钢结构吊装按划分的区域平行作业或顺序作业。当一片区吊装完毕后，即进行测量、校正、高强度螺栓初拧等工序，待几个片区安装完毕后，对整体再进行测量、校正、高强度螺栓终拧、焊接。焊后复测完后，接着进行下一节钢柱的吊装，并根据现场实际情况进行本层压型钢板吊放和部分铺设工作。

3)螺栓预埋

柱位置的准确性取决于预埋螺栓位置的准确性。预埋螺栓标高、定位轴线应符合设计文件或规范的规定。

4)钢柱安装工艺

(1)第一节钢柱吊装

①吊点设置。吊点位置及吊点数应根据钢柱形状、断面、长度、起重机性能等具体情况确定。一般钢柱弹性和刚性都很好，吊点采用一点正吊。吊点设置在柱顶处，柱身竖直，吊点通过柱重心位置，易于起吊、对线、校正。当多个构件在地面组装成扩大单元进行安装时，吊点应计算确定。

②起吊方法：

a. 高层钢结构工程中，钢柱一般采用单机起吊，对于特殊或超重的构件，也可采取双机抬吊。

b. 起吊时钢柱必须垂直，尽量做到回转扶直，根部不拖。起吊回转过程中应注意避免同其他已吊好的构件相碰撞，吊索有效高度适宜。在吊装第一节钢柱时，应在预埋的地脚螺栓上加设保护套，以免钢柱就位时碰坏地脚螺栓的丝牙。

c. 第一节钢柱是安装在柱基上的，钢柱安装前应将登高爬梯和挂篮等挂设在钢柱预定位置并绑扎牢固，起吊就位后临时固定地脚螺栓，校正垂直度。钢柱两侧装有临时固定用的连接板，即用螺栓临时固定。

d. 地脚螺栓固定后才能松开吊索。

③钢柱校正。钢柱校正包括柱基标高调整，柱基轴线调整，柱身垂直度校正。

a. 柱基标高调整：钢柱就位后，根据柱身上一米标高标记，利用柱底板下的螺母或标高调整块控制钢柱的标高。

b. 第一节柱底轴线调整：在起重机不松钩的情况下，将柱底板上的四个点与钢柱的控制轴线对齐缓慢降落至设计标高位置。

c. 第一节柱身垂直度校正：用两台经纬仪呈 90°设置找下柱身垂直度。在校正过程中，不断微调柱底板下螺母，直到校正完毕，将柱底板上面的两个螺母拧上，缆风绳松开不受力，柱身呈自由状态，再用经纬仪复核，如有微小偏差，再重复上述过程，直至无误，将上螺母拧紧。

地脚螺栓上螺母一般用双螺母，可在螺母拧紧后，按设计文件规定将螺母与螺杆焊实。

d. 横梁的安装

(2)第二节钢柱、横梁吊装

(3)总体检查

三 高层建筑钢结构安装注意事项

(1)进行预拼装的钢构件，其质量应符合设计要求和质量标准的规定。柱、梁、支撑等构件的长度尺寸应包括焊接收缩余量等变形值。

(2)安装偏差的检测应在结构形成空间刚度单元并连接固定后进行。

(3)安装时，必须控制屋面、楼面、平台等的施工荷载，施工荷载和冰雪荷载等严禁超过梁、桁架、楼面板、层面板、平台铺板等的承载能力。

(4)在形成空间刚度单元后，应及时对柱底板和基础顶面的空隙进行细石混凝土、灌浆料等二次灌浆。

(5)吊车梁或直接承受动力荷载的梁其受拉翼缘、吊车桁架或直接承受动力荷载的桁架的受拉弦杆上，不得焊接悬挂物和卡具等。

(6)在每一节柱子的全部构件安装、焊接、螺栓连接完成并经验收合格后,才能从地面引测上一节柱子的定位轴线。

(7)为了使垫铁组平稳地传力至基础,应使垫铁面与基础面紧密贴合。因此,在垫放垫铁前,对不平的基础上表面,需用工具凿平。

(8)钢柱就位校正时,应注意风力和日照、温差的影响使柱身发生弯曲变形,其预防措施如下。

①风力对柱面产生压力,使柱身发生侧向弯曲。因此,在校正柱子时,当不得在风力超过5级时进行。对已校正完的柱子应进行侧向梁的安装或采取加固措施,以增加整体连接的刚性,防止风力作用产生变形。

②校正柱子工作应避开阳光照射的炎热时间,宜在早晨或阳光照射强度较低的时间及环境内进行。

小　结

1. 钢结构厂房组成均有以下部位:钢柱、行车梁、桁架、天窗架、檩条、支撑和墙架等。

2. 钢结构安装工程中要使用许多辅助工具,如钢丝绳、滑轮组、卷扬机、吊车等。

3. 结构吊装的三种施工方法:按构件吊装顺序的不同,结构安装有分件吊装法、综合吊装法和混合吊装法。

4. 单层厂房根据荷载传递方向的不同排架分为横向受力排架和纵向受力排架。

5. 单层厂房钢结构安装工艺过程:技术准备、结构工程的测量作业方案、安装顺序、吊装方案、主要结构安装工艺、彩板施工方案。

6. 多层厂房钢结构安装:总体安装方案是先将高层框架分为三个安装区:最下区域、中部区域、顶部区域,最后是四周的围护结构。

7. 钢结构安装的稳定问题:构件单体稳定问题是指一个构件在工地堆放、起扳、吊装、就位过程中发生弯曲、弯扭破坏和失稳。结构整体稳定问题是指结构在吊装过程中支撑体系尚未形成,结构就要承受某些荷载(包括自重)。

8. 高层建筑钢结构的钢材:主要采用Q235等级B、C、D、E的碳素结构钢和Q345等级B、C、D的低合金高强度结构钢。

9. 高层建筑钢结构的安装工艺:施工准备和施工工艺。

10. 高层钢结构吊装一般需划分吊装作业区域,钢结构吊装按划分的区域平行作业或顺序作业。

思 考 题

1. 钢结构厂房组成有哪些?

2. 钢结构厂房安装工程中使用的辅助工具有哪些?

3. 屋架安装有哪些注意事项?

4.多层厂房各主要构件特点有哪些?

5.简述单层厂房钢结构安装工艺过程。

6.如何解决钢结构安装的构件单体稳定问题、结构整体稳定问题?

7.简述钢结构吊装顺序。

8.高层建筑钢结构安装应注意哪些问题?

情景十 钢结构涂装工程

【知识目标】

1. 了解钢结构防腐的分类及防腐涂料的组成与分类；掌握钢材涂装前的表面处理方法和涂装施工要点；掌握涂料、涂层的性能检验方法。
2. 了解防火涂料的类型及原理，掌握防火涂料的施工方法和性能检验方法。
3. 掌握涂装工程质量控制要点。
4. 了解钢结构涂装工程的安全技术。

【能力目标】

1. 具有钢结构防腐蚀和防火的涂装与防护施工的能力。
2. 具有钢结构涂装工程施工现场管理的能力。
3. 具备控制钢结构涂装施工质量的能力。

【素质目标】

培养学生的质量安全意识、团结合作精神和良好的沟通能力。

单元一　防腐涂装工程

概述

钢结构具有强度高、韧性好、制作方便、施工速度快、建设周期短等一系列优点，钢结构在建筑工程中应用日益增多。但是，钢结构生锈腐蚀是一个致命的缺点。钢结构的腐蚀不仅会引起构件截面减小，承载力下降，尤其是因腐蚀产生的"锈坑"，将使钢结构的脆性破坏的可能性增大；再者，在影响安全性的同时，也将严重地影响钢结构的耐久性，使得钢结构的维护费用昂贵。因此，做好钢结构的防腐工作具有重要经济和社会意义。

1. 腐蚀

钢材由于和外界介质相互作用而产生的损坏过程称为"腐蚀"，有时也叫"钢材锈蚀"。腐蚀不仅引起钢材有效截面减小，承载力下降，而且严重影响钢结构的耐久性。

根据钢材与环境介质的作用原理，腐蚀分以下两类。

1)化学腐蚀

化学腐蚀是指钢材直接与大气或工业废气中的氧气、碳酸气、硫酸气等发生化学反应而产生腐蚀。

2)电化学腐蚀

电化学腐蚀是指由于钢材内部有其他金属杂质，具有不同的电极电位，与电解质溶液接触产生原电池作用，使钢材腐蚀。

实际工程中，绝大多数钢材锈蚀是电化学腐蚀或化学腐蚀与电化学腐蚀同时作用的结果。

2. 腐蚀的防护

为了减轻或防止钢结构的腐蚀，目前国内外主要采用涂装方法进行防腐，即在钢材表面敷盖一层涂料，使钢结构与大气隔绝，以达到防腐的目的，延长钢结构的使用寿命。主要施工工艺有表面除锈、涂底漆、涂面漆。

二 防腐涂料

1. 防腐涂料的组成和作用

防腐涂料一般由不挥发组分和挥发组分(稀释剂)两部分组成。防腐涂料刷在钢材表面后，挥发组分逐渐挥发逸出，留下不挥发组分干结成膜。不挥发组分的成膜物质分为主要、次要和辅助成膜物质三种。

主要成膜物质可以单独成膜，也可以黏结颜料等物质共同成膜。它是涂料的基础，故常称为基料、添料或漆基，它包括油料和树脂。次要成膜物质包含颜料和体质颜料。涂料组成中没有颜料和体质颜料的透明体称为清漆，具有颜料和体质颜料韵不透明体称色漆，加有大量体质颜料的稠原浆状体称为腻子。

涂料经涂敷施工形成漆膜后，具有保护、装饰、标志和特殊等作用。涂料在建筑防腐蚀工程中的功能则以保护作用为主，兼考虑其他作用。

2. 防腐涂料的分类

我国涂料产品的分类是按《涂料产品分类、命名和型号》(GB/T 2705—2003)的规定，涂料产品分类是以涂料基料中主要成膜物质为基础。根据成膜物质的分类，涂料品种分为 17 类，见表 10-1。辅助材料按其不同用途分为 5 类，分类代号见表 10-2。涂料基本名称和代号见表 10-3。

涂料类别代号 表 10-1

序号	代号	涂料类别	序号	代号	涂料类别
1	Y	油脂漆类	7	Q	硝基漆类
2	T	天然树脂漆类	8	M	纤维素漆类
3	F	酚醛树脂漆类	9	G	过氯乙烯漆类
4	L	沥青漆类	10	X	烯树脂漆类
5	C	醇酸树脂漆类	11	B	丙烯酸漆类
6	A	氨基树脂漆类	12	Z	聚酯漆类

续上表

序　号	代　号	涂料类别	序　号	代　号	涂料类别
13	H	环氧树脂漆类	16	J	橡胶漆类
14	S	聚氨酯漆类	17	E	其他漆类
15	W	元素有机漆类			

辅助材料代号表　　表 10-2

序　号	代　号	涂料类别	序　号	代　号	涂料类别
1	Y	稀释剂	4	T	脱漆剂
2	F	防潮剂	5	H	固化剂
3	C	催干剂			

涂料基本名称代号　　表 10-3

序　号	基本名称	序　号	基本名称	序　号	基本名称
0	清油	14	透明漆	52	防腐漆
1	油漆	15	斑纹漆	53	防锈漆
2	厚漆	16	锤纹漆	54	耐油漆
3	调和漆	17	皱纹漆	55	耐水漆
4	磁漆	18	裂纹漆	60	耐火漆
5	粉末涂料	19	晶纹漆	61	耐热漆
6	底漆	40	防锈漆、防蛆漆	63	涂布漆
7	腻子	41	水线漆	83	烟囱漆
9	大漆	42	甲板漆、甲板防滑漆	86	标志漆
12	乳胶漆	50	耐酸漆	98	胶液
13	其他水溶性漆	51	耐碱漆	99	其他

涂料名称由三部分组成，即颜色或颜料名称、成膜物质名称、基本名称，如红醇酸磁漆、锌黄酚醛防锈漆等。

涂料型号以一个汉语拼音字母和几个阿拉伯数字组成。字母表示涂料类别（参见表 10-1），第一、二位数字表示涂料产品基本名称（参见表 10-3）；第三、四位数字表示同类涂料产品的品种序号。涂料产品序号用来区分同一类别的不同品种，表示油在树脂中所占的比例。

例如：

辅助材料的编号由两部分组成，第一部分是材料类别代号，第二部分是产品序号，例如环氧漆固化剂（H-1）。

涂料的种类和品种繁多，其性能和用途也各自不同。在涂装过程中，必须根据使用要求和环境条件，合理地选择适当的涂料品种。

三 涂装前钢材表面处理

发挥涂料的防腐效果重要的是漆膜与钢材表面的严密贴敷，若在基底与漆膜之间夹有锈、油脂、污垢及其他异物，不仅会妨害防锈效果，还会起反作用而加速锈蚀。因而钢材表面处理，并控制钢材表面的粗糙度，在涂料涂装前是必不可缺少的。

1.涂装前钢材表面锈蚀程度的分级

试验研究表明，钢结构构件基材的表面处理质量是影响防腐寿命的最主要因素，因此必须重视表面处理的等级。我国现行国家标准将钢材表面的锈蚀分为四个等级（见表10-4），将钢材除锈后的表面质量也分成几个等级。

钢材表面锈蚀等级　　表10-4

表面锈蚀等级	表面锈蚀状态
A	全面地被氧化皮覆盖，几乎没有铁锈的钢材表面
B	已开始生锈，并且部分氧化皮已开始剥落的钢材表面
C	氧化皮已因生锈而剥离，或者可以刮除，几乎没有肉眼能看见的点蚀的钢材表面
D	氧化皮已因生锈而全面剥离，并且已普遍发生点蚀的钢材表面

2.钢材表面处理方法

表面处理是保证涂层质量的基础，表面处理包括除锈和控制钢材表面的粗糙度。钢材表面除锈方法有手工除锈、动力工具除锈、喷砂或抛射除锈、酸洗除锈和火焰除锈。

1)手工除锈

手工除锈，工具简单，施工方便，但生产效率低、劳动强度大、除锈质最差、影响周围环境，一般只能除掉疏松的氧化皮、较厚的锈和鳞片状的旧涂层。在金属制造厂加工制造钢结构时不宜采用此法；一般在不能采用其他方法除锈时，方采用此法。

金属表面的铁锈可用钢丝刷、钢丝布或粗砂布擦拭，直到露出金属本色，再用棉纱擦除，此方法施工简单，比较经济，可以在小构件和复杂外形构件上处理。

手工除锈常用的工具有尖头锤，铲刀或制刀，砂布或砂纸，钢丝刷、钢丝球或钢丝绒。

2)动力工具除锈

利用压缩空气或电能为动力，使除锈工具产生圆周式或往复式运动，产生摩擦或冲击斗清除铁锈或氧化铁皮等。此方法工作效率和质量均高于手工除锈，是目前常用除锈方法。常用工具有沙磨机、电动砂磨机、风动钢丝刷、风动气铲等。

下雨、下雪、下雾或湿度大的天气，不宜在户外进行手工和动力工具除锈。钢材表面经手工和动力工具除锈后，应在当班涂上底漆，以防止返锈。如在涂底漆前已返锈，则需重新除锈和清理，并及时涂上底漆。

3)喷砂除锈

喷砂是利用空气压缩机将石英砂喷射于钢材面上除去黑皮和铁锈，也可以用钢砂、钢丸喷射（投射）于钢材面上，效果更好，且能减少砂尘弥漫。喷砂除锈效率高，除锈效果好，但费用较高，且劳动条件较差。喷射除锈分干喷射法和湿喷射法两种，湿法比干法工作条件好，粉尘少，但易出现返锈现象。

4)抛射除锈

利用抛射机叶轮中心吸入磨料和叶尖抛射磨料的作用，以高速的冲击和摩擦除去钢材表面的污物。此方法劳动强度比喷射方法低，对环境污染程度轻，而且费用也比喷射方法低，但扰动性差，磨料选择不当，易使被抛件变形。

5)酸洗除锈

酸洗除锈亦称化学除锈，利用酸洗液中的酸与金属氧化物进行反应，使金属氧化物溶解从而除去。此方法除锈质量比手工和动力工具除锈好，与喷射除锈质量相当，但没有喷射除锈的粗糙度，在施工过程中酸雾对人和建筑物有害。

3. 除锈等级

除锈是涂层防腐的关键，处理质量十分重要。除锈等级分别用如下字母表示：St 表示手工或动力工具处理；Sa 表示喷射或抛射除锈，F 表示火焰除锈用。还将处理程度分为 0（未处理表面）、1（轻度处理表面）、2（中度处理表面）、$2\frac{1}{2}$（近完整处理表面）、3（完整处理表面）五级。

1)喷砂或抛射除锈等级

喷砂或抛射除锈用 Sa 表示，分为以下四个等级。

(1)Sa1——轻度的喷射或抛射除锈

钢材表面应无可见的油脂或污垢，没有附着不牢的氧化皮、铁锈和油漆涂层等附着物。

(2)Sa2——彻底的喷射或抛射除锈

钢材表面无可见的油脂和污垢，氧化皮、铁锈等附着物已基本清除，其残留物应是牢固附着的。

(3)Sa$2\frac{1}{2}$——非常彻底的喷射或抛射除锈

钢材表面无可见的油脂、污垢、氧化皮、铁锈和油漆涂层等附着物，任何残留的痕迹应仅是点状或条状的轻微色斑。

(4)Sa3——使钢材表观洁净的喷射或抛射除锈

钢材表面无可见的油脂、污垢、氧化皮、铁锈和油漆涂层等附着物，该表面应显示均匀的金属光泽。

2)手工和动力工具除锈等级

手工和动力工具除锈用 St 表示，分为以下两个等级。

(1)St2——彻底的手工和动力工具除锈

钢材表面应无可见的油脂和污垢，没有附着不牢的氧化皮、铁锈和油漆涂层等附着物。

(2)St3——非常彻底的手工和动力工具除锈

钢材表面应无可见的油脂和污垢，没有附着不牢的氧化皮、铁锈和油漆涂层等附着物。除锈应比 St2 更为彻底，底材显露部分的表面应具有金属光泽。

3)火焰除锈等级

火焰除锈用 F1 表示，它包括在火焰加热作业后，以动力钢丝刷清除加热后附着在钢材表面的产物，只有一个等级：F1——火焰除锈。

钢材表面应无氧化皮、铁锈和油漆涂层等附着物，任何残留的痕迹应仅为表面变色（不同颜色的暗影)。

手工除锈表面处理不宜低于St3级,只有对附着力强的油漆涂层允许放宽到St2级;喷砂除锈在无腐蚀性环境下不低于Sa1级,一般除锈处理要达到Sa2级,重腐蚀环境下表面除锈处理最低要达到Sa2 $\frac{1}{2}$级。

经表面处理之后的钢材,将产生凹凸面,称为表面粗糙度。表面粗糙度与采用的表面处理方法和喷砂材料有关,粗糙度影响涂层漆膜防腐蚀的能力。粗糙度大,有助于涂层膜的附着性,但将减小钢材表面凸点之间的涂层厚度,容易产生针孔,降低涂层的防锈能力;反之,粗糙度小,将降低涂层的附着性。喷砂材料越细,表面粗糙度越均匀,除锈率也越好。

4. 各种除锈方法的特点(见表10-5)

除锈方法的特点 表10-5

除锈方法	设备工具	优点	缺点
手工、机械	砂布、钢丝刷、铲刀、尖锤、平面砂轮机、动力钢丝刷	工具简单、操作方便、费用低	劳动强度大、效率低、质量差、只能满足一般的涂装要求
喷砂、抛射	空气压缩机、喷射机、油水分离器等	能控制质量、获得不同要求的表面粗糙度	设备复杂、需要一定操作技术、劳动强度较高、费用高、污染环境
酸洗	酸洗槽、化学药品、厂房等	效率高、适用大批件、质量较高、费用较低	污染环境、废液不易处理、工艺要求较严

5. 各种底漆与相适应的除锈等级(见表10-6)

各种底漆与相适应的除锈等级 表10-6

底漆名称	喷射或抛射除锈			手工除锈		酸洗除锈
	Sa3	Sa2 $\frac{1}{2}$	Sa2	St3	St2	
油基漆	1	1	1	2	2	1
酚醛漆	1	1	1	2	3	1
醇酸漆	1	1	1	2	3	1
磷化底漆	1	1	1	2	4	1
沥青漆	1	1	1	2	3	1
聚氨酯漆	1	1	2	3	4	2
氯化橡胶漆	1	1	2	3	4	2
氯磺化聚乙烯漆	1	1	2	3	4	2
环氧漆	1	1		2	3	1
环氧煤焦漆	1	1		2	3	1
有机富锌漆	1	1	2	3	4	3
无机富锌漆	1	1	2	4	4	4
无机硅底漆	1	2	3	4	4	2

四 涂装施工

1. 涂料的选用及处理

(1)涂料品种繁多,性能各异,对品种的选择直接关系到涂装工程质量,在选择时考虑以下几方面因素:

①考虑涂料用途，是打底用还是罩面用；

②考虑工程使用场合和环境，如潮湿环境、腐蚀气体作用等；

③考虑技术条件，施工过程中能否满足；

④考虑工程使用年限、质量要求、耐久性等因素；

⑤满足经济性要求。

(2)涂料选定后，按下列方法进行处理才能施涂：

①开桶前应清理桶外杂物，同时检查涂料名称、型号等，若有结皮现象应清除掉；

②将桶内涂料搅拌均匀后方可使用；

③对于双组分涂料使用前必须按说明书规定的比例来混合，并需要一定时间后才能使用；

④有的涂料因储存条件、施工方法、作业环境等因素影响，需用稀释剂来调整。

2. 涂层结构与厚度

(1)涂层使用耐久年限，除了表面处理影响外，很大程度上还与涂层结构是否合理有关；在设计涂层时要按 10～15 年来考虑涂刷周期，而 4～6 年钢结构表面要重做防护涂层是不太经济的。所以，除重视涂层选料外，并注意合理的涂层结构、重视施工操作工艺，才能够保持较长维修周期。

涂层结构的形式：底漆—中间漆—面漆，底漆—面漆。

底漆和面漆是同一种漆。底漆附着力强，防锈性能好；中间漆兼有底漆和面漆的性能，并能增加漆膜总厚度；面漆防腐蚀耐老化性好。为了发挥最好的作用和获得最好的效果，它们必须配套使用。在使用时，避免它们发生互溶或“咬底”的现象，硬度要基本一致，若面漆的硬度过高，容易干裂；烘干温度也要基本一致，否则有的层次会出现过烘干现象。

(2)漆膜厚度影响防锈效果，增加漆膜厚度是延长使用年限的有效措施之一。一般钢结构防护涂层总厚度要求室内不小于 100μm，室外条件应不小于 125μm，腐蚀性环境中漆膜应加厚。漆膜厚度很难准确控制，故重要工程对各层漆膜厚度应测定。

确定涂层厚度的主要因素：钢材表面原始状况，钢材除锈后的表面粗糙度，选用的涂料品种，钢结构使用环境对涂层的腐蚀程度，涂层维护的周期等。

涂层厚度要适当，过厚虽然可增加防护能力，但附着力和机械性能都要下降；过薄易产生肉眼看不见的针孔和其他缺陷，起不到隔离环境的作用。涂层厚度要求见表 10-7。

涂层厚度要求(单位：μm)　　表 10-7

涂料品种	基本涂层和防护涂层					附加涂层
	城镇大气	工业大气	海洋大气	化工大气	高温大气	
醇酸漆	100～150	125～175				25～50
沥青漆			180～240	150～210		30～60
环氧漆			175～225	150～200	150～200	25～50
过氯乙烯漆				160～200		20～40
丙烯酸漆		100～140	140～180	120～160		20～40
聚氨酯漆		100～140	140～180	120～160		20～40
氯化橡胶漆		120～160	160～200	140～180		20～40
氯磺化聚乙烯漆	120～160	160～200	140～180	120～160	20～40	
有机硅漆					100～140	20～40

3. 涂料涂装

1)涂装工序

钢结构涂装工序为刷防锈漆、局部刮腻子、涂料涂装、漆膜质量检查。

2)涂装方法

涂层施工的方法通常有刷涂法和喷涂法。

(1)刷涂法

刷涂法是一种古老的施工方法，在工程中应用较广，特别适用于油性基料的涂装，具有渗透性大、流平性好、工具简单、施工方法简单、施工费用少、易于掌握、适应性强、节约涂料和溶剂等优点，不论面积大小，涂刷均能平滑流程。它的缺点是劳动强度大、生产效率低，施工质量取决于操作者的技能等。

(2)喷涂法

喷涂法效率高、速度快、施工方便，适用于大面积构件的施工、漆膜光滑平整，对快干和挥发性强的涂料，如硝基、环氧和过氯乙烯涂料等尤为合适，但不适宜用于条状和带状构件，如屋架等格构件的喷涂。喷涂的漆膜较薄，有时需增加喷涂的次数。

3)涂装施工时应注意的事项

(1)涂料采用分遍涂装，每层涂层的厚度应符合设计要求。当设计无要求时，宜分 4～5 遍涂装。每遍涂层干漆膜厚度允许偏差为±5μm，干漆膜总厚度允许偏差为±25μm。

(2)涂料应在当天配置，施工环境温度宜为 5～35℃，具体应按涂料产品说明书的规定执行。涂装应在晴天或通风良好的室内进行，在雨、雪、雾和较大灰尘的环境下，在易污染的环境下，在没有安全的条件下施工均需有可靠的防护措施。

(3)施工环境湿度一般宜在相对湿度小于 85%的条件下进行，不同涂料的性能不同，所要求的施工环境湿度也不同。

(4)钢材表面温度与露点温度。规范规定，钢材表面的温度必须高于空气露点温度 3℃以上方可施工。露点温度与空气温度和相对湿度有关。

(5)涂装应在构件制作完毕后进行。安装连接部位包括高强度螺栓连接和焊缝连接处(在焊缝处留出 30～50mm)，以及埋入混凝土的部位，不得涂装。安装焊缝施焊完毕后，高强度螺栓终拧完成后，均需补做涂装。

4. 防腐涂装工程质量检查验收

1)涂装前检查

(1)涂装前钢材表面除锈应符合设计要求和国家现行标准的规定。当设计无要求时，钢材表面除锈等级应符合表 10-8 的规定。检查数量按构件数抽查 10%，且同类构件不少于 3 件。检查方法：用铲刀检查和用现行标准规定的图片对照观察检查，若钢材表面有返锈现象，则需再除锈，经检查合格后才能继续施工。

各种底漆或防锈漆要求最低的除锈等级 表 10-8

涂料种类	除锈等级	涂料种类	除锈等级
油性酚醛、醇酸等底漆或防锈漆	Sa2	无机富锌、有机硅、过氯乙烯等底漆	Sa2 $\frac{1}{2}$
乙烯、环氧树脂、聚氨酯等底漆或防锈漆	Sa2		

(2)进厂的涂料应检查有无产品合格证,并经复验合格,方可使用。涂料的选择及处理是否符合要求。

(3)涂装环境的检查是否符合要求。

(4)钢结构禁止涂漆的部位在涂装前是否进行遮蔽。

(5)与各种大气适应的涂料种类,见表10-9。

与各种大气适应的涂料种类　表10-9

涂料种类	城镇大气	工业大气	海洋大气	化工大气	高温大气
酚酸漆	△				
醇酸漆	√	√			
沥青漆			√		
环氧树脂漆			√	△	△
过氯乙烯漆			√	△	
丙烯酸漆		√	√	√	
氯化橡胶漆			√	△	
氯磺化聚乙烯漆		√	√	√	△
有机硅漆					√
聚氨酯漆		√	√	√	△

2)涂装过程中检查

(1)每道漆都不允许有咬底、剥落、漏涂和起泡等缺陷,如发现应进行处理。

(2)涂装过程中的间隔时间是否符合要求。

(3)测湿膜厚度以控制干膜厚度和漆膜质量。

3)涂装后检查

目前,现场或工厂所用的以《钢结构工程施工质量验收规范》(GB 50205—2001)的要求进行,一般工厂和现场需要进行基本厚度检测和附着力检测。

(1)漆膜外观应均匀、平整、丰满和有光泽;颜色应符合设计要求;不允许有咬底、裂纹、剥落、针孔等缺陷。

(2)涂料、涂装遍数、涂刷厚度应符合设计要求。

4)验收

涂装工程施工完毕后,必须经过验收,在符合规范要求后方可交付使用。

(1)基本厚度检测

由于各种涂料的性能不同,形成漆膜时,应有一定范围的厚度,才具有良好的性能,否则将影响漆膜的性能。施工时,一般以控制漆膜的厚度来控制干膜的厚度,漆膜厚度系采用各种漆膜测定仪测定,以"μm"表示。当设计对涂层厚度无要求时,涂层干漆膜总厚度:室外应为150μm,室内应为125μm,其允许偏差为±25μm。每层涂层干漆膜厚度的允许偏差为−5μm。测定厚度的抽查数,构件数抽检10%,且同类构件不应少于3件,每件应测5处。

(2)漆膜附着力检验

漆膜附着力系指漆膜对底材黏合的牢固强度,可按圆滚线划痕范围内的漆膜完整程度评定，并以级表示。附着力是表示漆膜与被涂物表面之间或漆膜与漆膜之间互相黏合的性能。用附着力试验仪测定，分七个等级，一级附着力最佳，七级最差。附着力好坏，直接影响涂装的质量和效果。

附着力试验仪如图 10-1 所示，圆滚线如图 10-2 所示。检验方法按照现行国家标准《漆膜附着力测定方法》（GB 1720—79）或《色漆和清漆、漆膜的划格试验》（GB/T 9286—1998）执行。

图 10-1 QFZ-Ⅱ型漆膜附着力试验仪

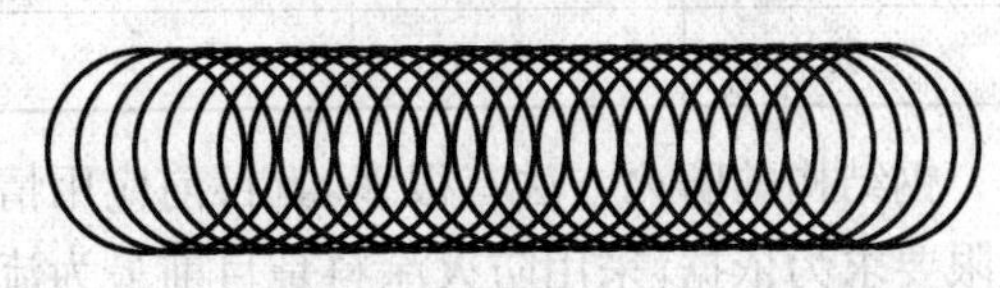

图 10-2 圆滚线

单元二 防火涂装工程

 概述

1. 火灾对钢结构的危害

火灾是一种失去控制的燃烧过程，火灾可分为“大自然火灾”和“建筑物火灾”两大类。而建筑物火灾是指发生于各种人为建造的物体之中的火灾。事实证明，建筑火灾发生的次数最多、损失最大，约占全部火灾的 80%左右。钢结构作为一种蓬勃发展的结构体系，其优点有目共睹，但缺点也不容忽视。除耐腐蚀性差外，耐火性差是钢结构的又一大缺点。因此一旦发生火灾，钢结构很容易遭受破坏而倒塌。值得一提的是，美国纽约世贸中心大楼在 2001 年“9.11”事件中轰然倒塌的情景至今记忆犹新，这是历史上火灾给钢结构带来的最大灾难。火灾时产生的热量传给结构构件，钢是不燃烧体，但却易导热。实例表明，不加保护的钢构件的耐火极限仅为 10～20min。温度在 200℃以下时，钢材性能基本不变；当温度超过 300℃时，钢材的屈服点和极限强度均有明显下降；达到 600℃时，将降到常温的 1/3，造成结构变形，最终导致垮塌。

2. 钢结构防火保护

钢结构由于耐火性能差，因此为了确保钢结构达到规定的耐火极限要求，必须采取防火保护措施。

就钢结构整体的耐火极限而言，定义为：建筑确定的区域发生火灾，受火灾影响的有关结构构件在标准升温条件下，使整体结构失去稳定性所用的时间，以小时（h）计。钢构件的耐火极限定义为：钢构件标准升温火灾条件下，失去稳定性、完整性或绝热性所用的时间，一般以小时（h）计。

国家规范对各类建筑构件的燃烧性能和耐火极限都有要求，当采用钢材时，钢构件的耐火极限不应低于表10-10的规定。

钢构件的耐火极限要求　　表10-10

耐火极限(h) 耐火等级	高层民用建筑			一般工业与民用建筑				
	柱	梁	楼板屋顶承重构件	支承多层的柱	支承单层的柱	梁	楼板	屋顶承重构件
一级	3.0	2.0	1.5	3.0	2.5	2.0	1.5	1.5
二级	2.5	1.5	1.0	2.5	2.0	1.5	1.0	0.5
三级				2.5	2.0	1.0	0.5	

钢结构的防火方法有很多，就目前应用情况来分，钢结构防火方法的选择是以构件的耐火极限要求为依据，采用防火涂料是目前最为流行的做法。

 二 防火涂料

防火涂料在我国众多的涂料品种中属于特种涂料的范畴。该种涂料在工程中主要用来阻止火焰传播、保护承载构件和减少火灾损失，是建筑防火的重要材料。

1.防火涂料的类型

钢结构防火涂料按不同厚度分为薄涂型(2～7mm)、厚涂型(8mm以上)两类；按施工环境不同分为室内、露天两类；按所用黏结剂的不同分为有机类、无机类；按涂层受热后的状态分为膨胀型和非膨胀型(见图10-3)。

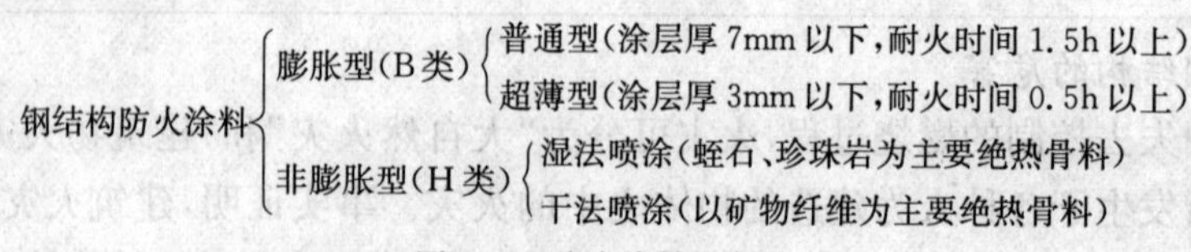

图10-3　防火涂料的类型

(1)膨胀型防火涂料又称薄型防火涂料，涂层厚度一般为2～7mm，有一定装饰效果，高温时涂层膨胀增厚，具有耐火隔热作用，耐火极限可达0.5～2h，故又称钢结构膨胀的防火涂料。

(2)非膨胀型防火涂料又称厚型防火涂料：涂层厚度一般为8～40mm，粒状表面，密度较小，热导率低，耐火极限可达0.5～3h，又称为钢结构防火隔热涂料，通过改变涂层厚度可以使钢构件满足不同耐火极限的要求。

2.防火涂料的阻燃机理

(1)防火涂料本身具有难燃烧或不燃性，使被保护的基材不直接与空气接触而延迟基材着火燃烧。

(2)防火涂料遇火受热分解出不燃的惰性气体，可冲淡被保护基材受热分解出的可燃性气体，抑制燃烧。

(3)燃烧被认为是游离基引起的连锁反应，而含氮的防火涂料受热分解出如NO、NH_3等基团，与有机游离基化合，中断连锁反应，降低燃烧速度。

(4)膨胀型防火涂料遇火膨胀发泡，形成泡沫隔热层，封闭被保护的基材，阻止基材燃烧。

3. 防火涂料的选用

(1)室内裸露钢结构，轻型屋盖钢结构及有装饰要求的钢结构，当规定其耐火极限在1.5h以下时，宜选用薄涂型钢结构防火涂料。

(2)室内隐蔽钢结构，高层全钢结构及多层厂房钢结构，当规定其耐火极限在2.0h以上时，应选用厚涂型钢结构防火涂料。

(3)半露天或某些潮湿环境的钢结构，露天钢结构应选用室外钢结构防火涂料。

三 防火涂料施工

1. 一般规定

(1)钢结构防火涂料的生产厂家、检验机构、涂装施工单位均应具有相应的资质，并通过公安消防部门的认证。

(2)钢结构涂料涂装前，构件应安装完毕并验收合格。如若提前施工，应考虑施工后补喷。

(3)钢结构表面杂物应清理干净，其连接处的缝隙应用防火涂料或其他材料填平后方可施工。

(4)喷涂前，钢结构表面应根据使用要求进行防锈处理，当不用防锈涂料时，构件表面除锈等级应不低于Sa2 $\frac{1}{2}$。

(5)喷涂前应检查防火涂料，防火涂料品名、质量是否满足要求，是否有厂方的合格证，检测机构的耐火性能检测报告和理化性能检测报告。

(6)钢构件表面有防锈漆时，防锈漆应与防火涂料相容；当不使用防锈漆时防火涂料或打底料应对钢表面无腐蚀作用。

(7)涂料施工过程中和涂层干燥固化前，环境温度宜保持在5～38℃，施工时环境相对湿度不大于90%。涂装时构件表面不应有结露，涂装后4h内应免受雨淋。

2. 防火涂料施工

1)薄涂型钢结构防火涂料施工

底层喷涂时采用喷枪，面层可用刷涂、喷涂或滚涂。喷涂时操作要点如下：

(1)底层一般喷2～3遍，须在前一遍干燥后方可进行后一遍施工，头遍盖住70%即可，二、三遍每遍不超过2.5mm为宜；

(2)面层一般涂饰1～2遍，头遍从左至右，二遍则从右至左，以保证全部覆盖底层；

(3)底层喷涂过程中随时检测厚度，待总厚度达到要求后并基本干燥，方可面层涂饰。

2)厚涂型钢结构防火涂料施工

一般采用喷涂施工，搅拌和调配涂料，使稠度适置，喷涂后不会流淌和下坠。喷涂时操作要点如下：

(1)喷涂分若干次完成，第一次基本盖住钢材面即可，以后每遍喷涂厚度宜为5～10mm；

(2)必须在前一道涂层基本干燥或固化后方可进行后一道施工；

(3)喷涂保护方式，喷涂遍数与涂层厚度应根据设计要求确定；

(4)施工过程中应随时检测涂层厚度，直至符合设计厚度方可停止。

3. 防火涂料涂装工程验收

钢结构防火涂料验收时用目视法检测涂料品种和颜色，与选用的样品对比；用目视法检测涂层颜色及漏涂和裂缝情况；用0.75kg或1kg榔头轻击涂层检测其强度等；用1m直尺检测涂层平整度。

防火涂料涂装前钢材表面除锈及防锈底漆涂装应符合规定。按构件数抽查10%，且同类构件不应少于3件。表面除锈用铲刀检查和用图片对照观察检查；底漆涂装用干漆膜测厚仪检查，每个构件检测5处。

1)厚涂型钢结构防火涂层的验收要求

(1)涂层厚度应符合设计要求。如厚度低于原定标准，但必须大于原定标准的85%，且厚度不足部位的连续面积长度不大于1m，并在5m范围内不再出现类似情况。

(2)涂层应完全闭合，不应露底、漏涂。

(3)涂层与钢基材之间和各涂层之间应黏结牢固，无空鼓、脱层和松散等情况。

(4)涂层表面应无乳突。有外观要求的部位，母线不直度和失圆度允许偏差不应大于8mm。

2)薄涂型钢结构防火涂层的验收要求

(1)涂层厚度应符合设计要求。

(2)无漏涂、脱粉和明显裂缝等。如有个别裂缝，其宽度不大于0.5mm。

(3)涂层与钢基材之间和各涂层之间应黏结牢固，无脱层、空鼓等情况。

(4)颜色与外观应符合设计规定，轮廓清晰，接搓平整。

四 涂料性能与检测

涂料的性能包括干燥时间、初期干燥抗裂性、黏结强度、抗压强度、热导率、抗振性、抗弯性、耐水性、耐冻融循环、耐火性能、耐酸性、耐碱性等。

耐火试验时，试件平放在卧式燃烧炉上，三面受火，试验结果以钢结构防水涂层厚度(mm)和耐火极限(h)表示。

单元三　涂装工程质量控制

为了防止钢构件的腐蚀及由此而造成的经济损失，采用涂料保护是目前我国防止钢结构件腐蚀的最主要的手段之一。涂装防护是利用涂料的涂层使被涂物与环境隔离，从而达到防腐蚀的目的，延长被涂物件的使用寿命。显而易见，涂层的质量是影响涂装防护效果的关键因素，而涂层的质量除了与涂料的质量有关外，还取决于涂装之前钢构件表面的除锈质量、涂层厚度、涂料种类、涂装的施工工艺条件和其他等因素。表10-11列出了上述各种因素对涂层质量影响的分析结果。

影响涂层质量分析表　　表10-11

序　号	影 响 因 素	影响程度(%)	序　号	影 响 因 素	影响程度(%)
1	钢铁表面除锈质量	49.5	3	涂料种类	4.9
2	涂层厚度	19.1	4	涂装工艺条件等其他因素	26.5

一 涂装前钢构件表面处理的质量控制

由表10-11可见，涂装前钢构件表面的除锈质量是确保漆膜防腐蚀效果和保护寿命的关键因素。涂装前的钢材表面处理，亦称除锈。它不仅是指除去钢材表面的污垢、油脂、铁锈、氧化皮、焊渣或已失效的旧漆膜的清除程度，即清洁度，还包括除锈后钢材表面所形成的合适的粗糙度。

1.钢材表面处理方法的选择

钢材表面的除锈可按不同的方法分类。按除锈顺序可分为一次除锈和二次除锈；按工艺阶段可分为车间原材料预处理、分段除锈、整体除锈；按除锈方式可分为喷射除锈、动力工具除锈、手工敲铲除锈和酸洗等方法。

2.钢材表面粗糙度的控制

表面粗糙度即表面的微观不平整度，钢材表面处理后的粗糙度由初始粗糙度和喷射除锈或机械除锈所产生。钢材表面合适的粗糙度有利于漆膜保护性能的提高。但是粗糙度太大或太小都是不利于漆膜的保护性能。

3.对镀锌、镀铝、涂防火涂料的钢材表面的预处理质量控制

(1)外露构件需热浸锌和热喷锌、铝的，除锈质量等级为Sa2 $\frac{1}{2}$ ～Sa3级，表面粗糙度应达30～35μm。

(2)对热浸锌构件允许用酸洗除锈，酸洗后必须经3～4道水洗，将残留酸完全清洗，干燥后方可浸锌。

(3)要求喷涂防火涂料的钢结构构件除锈，可按钢结构防火规程和设计技术要求进行。

二 涂装施工质量控制

施工质量好坏直接影响涂层效果和使用寿命。“三分材料，七分施工”，涂料是半成品，必须通过施工涂装到钢构件表面，成膜后才能起到防护作用。所以，对涂装施工方法和施工质量必须加强质量控制。

1.施工方法的质量控制

涂料涂装方法一般有浸涂、手刷、滚刷和喷漆等。其中，采用高压、无气喷涂具有功率高、涂料损失少、一次涂层厚的优点，在涂装时应优先考虑选用之。在涂刷过程中的顺序应自上而下，从左到右，先里后外，先难后易，纵横交错地进行涂刷。

2.施工质量的控制

施工现场质量控制除了本节上述部分外还包括对涂层厚度控制、涂装外观质量控制和涂装修补的质量控制。

(1)涂层(漆膜)厚度的控制。为了使涂料能够发挥其最佳性能，足够的漆膜厚度是极其重要的。

(2)涂装外观质量控制。由于涂装工作是分一次或多次进行，因此涂装的外观质量控制应是该工作的全部过程。

(3)涂装修补的质量控制。钢构件在包装、储存、运输、安装、工地施焊和火焰矫正时，难免

造成部分漆膜碰坏和损伤，需要进行补涂。另外，还有一部分需在现场安装完成后才能进行补涂（如高强度螺栓连接区的补涂，现场焊接区的补涂）。如不对该部分修补工作进行质量控制，将会造成局部生锈，进而造成整个构件锈蚀。

三 防火涂料的现场施工质量控制

众所周知，钢材具有一定的耐热性，其长期经受100℃辐射热时，强度没有多大变化。但是，钢材虽然有一定的耐热性，但在高温下，它也将会改变自身的性能而使结构降低强度，因此，钢结构直接放在靠近温度达150℃以上的热源时，应适当加做隔热层，或用人工冷却来降低温度对其进行保护。在建筑钢结构中，常采用的防火措施是钢构件外喷涂防火涂料。由于其涉及日后使用安全问题，因此，在现场施工质量控制中，应注意以下方面。

(1)钢结构防火涂料生产厂必须由防火监督部门监督检查并核发生产许可证，采购前，必须对生产厂的资质进行认可，以确保防火涂料的质量。

(2)防火涂料的喷涂工程应是由经批准的专业施工单位负责施工，这样，从施工质量方面得到保证。

(3)根据我国目前的《钢结构防火涂料应用技术规程》(ECES 24：90)规定，在同一工程中，每使用100t薄涂型防火涂料，应抽检一次黏结强度，每使用500t厚涂型钢结构防火涂料，应抽检一次黏结强度和抗压强度。

(4)防火涂料强度试验有下列两项：

①黏结强度试验。试件准备：将待测涂料按说明书规定的施工工艺施涂于70mm×70mm×10mm的钢板上(见图10-4)。

试验步骤：将准备好的试件装在试验机上，均匀连续加荷至试件涂层破裂为止。每次试验取5块试件测量，剔除最大和最小值，其结果应取其余3块的算术平均值，精确度为0.01MPa。

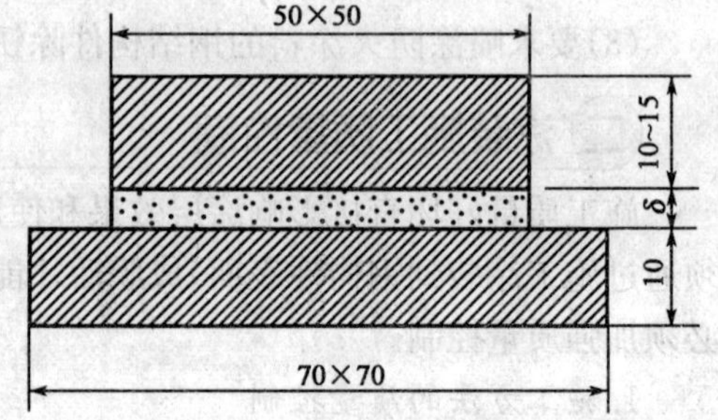

图10-4 测黏结强度的试件(尺寸单位：mm)

②抗压强度试验。试块的制作：先在规格为70.7mm×70.7mm×70.7mm的金属试模内壁涂一薄层机油，将拌和好的涂料注满试模内，轻轻振摇试模，并用油漆刮刀插捣抹平，待基本干燥固化后脱模，放置在规定的试验条件下干燥养护期满后，再放置在(60±5)℃的烘箱中干燥48h。

试验与取值：将试块的侧面作为受压面；置于压力试验机的加压座上，试样的中心线与压力机中心线应重合，以150～200N/min的速度均匀加荷至试样破坏，在接近破坏荷载时更应严格掌握。记录试样破坏时的压力读数。

(5)防火涂料涂层厚度的测定一般采用厚度测量仪。厚度测量仪由针杆和可滑动的圆盘组成，圆盘始终保持与针杆垂直，并在其上装有固定装置，圆盘直径不大于30mm，以保持完全接触被测试件的表面。如果厚度测量仪不易插入被插试件中，也可使用其他适宜的方法测试。测试时，将测厚测针(见图10-5)垂直插入防火涂层直至钢基材表面上，记录标尺读数。

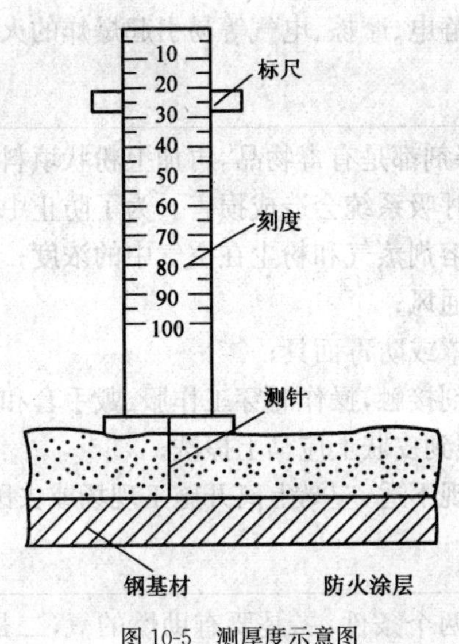

图 10-5 测厚度示意图

单元四 钢结构涂装施工的安全技术

一 防火防爆

涂料(指有机涂料)的溶剂和稀释剂都属易燃品,具有很强的易燃性。这些物品在涂装施工过程中形成漆雾和有机溶剂蒸气,它们与空气混合积聚到一定浓度时,一旦接触到明火,就很容易引起火灾或爆炸。

燃烧是可燃物质在一定的条件下,与氧化合而产生的光和热的化学过程。易燃物的可燃性,一般由该物的闪点、燃点和自燃点等特性来判断。

闪点:在规定的条件下,将可燃性液体加热,产生的蒸气与空气相混合,随着蒸气含量的增加,当用明火接触时,即发生闪火的现象,把产生这种现象时试品的最低温度称为闪点。燃点:在规定的条件下,将可燃性液体加热到遇明火即开始燃烧,并持续燃烧不少于 5s,这在一开始燃烧的最低温度称为燃点。自燃点:在规定的条件下,将可燃性液体,加热到能自行燃烧,试品开始燃烧时的温度称为自燃点。

从可燃性液体的特性来看,燃点和自燃点越低,引起火灾的危险性越大,对储运和施工环境的温度要求也越低。

涂装现场必须采取防火防爆措施,具体做到以下几点:

(1)施工现场不允许堆放易燃易爆物品,并应远离易燃易爆物品仓库;

(2)施工现场严禁烟火;

(3)施工现场必须有消防器材和消防水源;

(4)擦拭过溶剂的棉纱、破布等应存在带盖铁桶内并定期处理;

(5)严禁向下水道或随地倾倒涂料和溶剂;

(6)涂料配制时应注意先后次序,并应加强通风降低积聚浓度;

(7)涂装过程中避免产生静电、摩擦、电气等易引起爆炸的火花。

二 防尘防毒

涂料中大部分溶剂和稀释剂都是有毒物品,再加上粉状填料,工人长时间吸入体内对人体的中枢神经系统、造血器官和呼吸系统会造成损害。为了防止中毒,应做到以下几点:

(1)严格限制挥发性有机溶剂蒸气和粉尘在空气中的浓度;

(2)施工现场应有良好的通风;

(3)施工人员应戴防毒口罩或防毒面具;

(4)施工人员应避免与溶剂接触,操作时穿工作服、戴手套和防护眼镜等;

(5)因操作不小心,涂料溅到皮肤上应马上擦洗;

(6)操作人员施工时如发现不适,应马上离开施工现场或去医院检查治疗。

三 防火与灭火

易燃物的燃烧,必须具备两个条件,一是要有助燃的氧,二是要有一定温度,两者缺一不可。因此,防火的方法只要将上述两个条件除去一个,即可达到防火和灭火的目的。

为此,一般防火和灭火,基本采取以下三方面措施:移去或隔离火源;隔绝空气断氧;降低被燃品的温度。

四 涂装卫生安全技术

1.涂料的毒性

涂料中的大部分溶剂和施工中用的稀释剂都是有毒物质,它不仅对人的皮肤有侵蚀作用,而且对人体中枢神经系统、造血器官和呼吸系统等也有刺激破坏作用。这些作用主要通过呼吸道吸入而引起的。

涂料的颜料有的也是毒性物质,如含铅的颜料和锑、镉、汞等化合物,以及底漆中的含铜、汞的防污剂等均为有毒物质。

2.有害溶剂的许可浓度

为了防止溶剂中毒,必须严格限制挥发性的有机溶剂和稀释剂蒸汽在空气中的浓度,使空气中的有机蒸汽的浓度低于最高的许可浓度,即长期接触而不受毒害的安全浓度。一般最高许可浓度是毒害下限值的1/2～1/10。我国《工业企业设计卫生标准》规定有害溶剂的最高卫生许可浓度。

3.卫生安全防护措施

(1)在存在有害蒸汽、气体和粉尘的工作场所应设有排风装置,使其含量不超过卫生许可的浓度。

(2)在采用暖风时,不允许采用循环风。

(3)在涂装车间采用喷涂施工时,排出被污染的空气前应过滤,排气风管应超过屋顶1m以上。

(4)在涂装车间施工时,吸入新鲜空气点和排废气点之间距离应远些,一般在水平方向应不小于10m。

(5)对于毒性大、有害物质含量高的涂料,应禁止采用喷涂法施工。

(6)在涂装施工过程中，操作人员应穿戴好各种防护用具，如专用工作服、手套、面具、口罩、眼镜和鞋帽等。

五 其他安全技术

(1)安全生产和劳动保护非常重要，在施工过程中应严格执行有关法律和法规。

(2)施工前要对操作人员进行防火安全教育和安全技术交底。

(3)在施工过程中加强安全监督检查工作，发现问题及时制止，防止事故发生。

(4)高空作业时应戴好安全带，并应对使用的脚手架或吊架等进行检查，合格后方可使用。

(5)不允许把盛装涂料、溶剂或用剩的漆罐开口放置。

(6)防火涂料应储存在仓库内，避免露天存放，防止日晒雨淋。

(7)施工现场使用的照明灯、电线、电气设备等应考虑防爆，同时应接地良好。

(8)患有慢性皮肤病或有过敏反应等其他不适应体质的操作者不宜参加施工。

小 结

1. 腐蚀分为化学腐蚀和电化学腐蚀。实际工程中，绝大多数钢材锈蚀是电化学腐蚀或化学腐蚀与电化学腐蚀同时作用的结果。

2. 涂装前钢材表面锈蚀等级分 A、B、C、D、E 五个锈蚀等级，钢材表面除锈方法有：手工除锈、动力工具除锈、喷射或抛射除锈、酸洗除锈和火焰除锈。St 表示手工或电动工具处理；Sa 表示喷砂处理，F 表示火焰除锈用。还将处理程度分为 0(未处理表面)、1(轻度处理表面)、2(中度处理表面)、$2\frac{1}{2}$(近完整处理表面)、3(完整处理表面)五级。

3. 钢结构涂装工序为刷防锈漆、局部刮腻子、涂料涂装、漆膜质量检查。涂料涂装方法有刷涂法、喷涂法等。

4. 防腐涂装工程质量检查验收分为涂装前检查、涂装过程中检查、涂装后检查和验收。

5. 钢结构防火涂料按不同厚度分薄涂型、厚涂型两类。

6. 钢结构涂装施工的安全包括防火防爆、防尘防毒、防火与灭火等方面。

思 考 题

1. 什么是腐蚀及腐蚀的分类？

2. 涂装前钢材表面锈蚀等级和除锈等级如何划分？

3. 钢材表面处理方法有哪些？

4. 涂料涂装方法有哪些？

5. 防火涂料的类型如何划分？

6. 试述钢结构涂装施工的安全技术。

情景十一

钢结构工程施工管理

【知识目标】

1. 掌握钢结构施工管理内容。
2. 掌握钢结构施工安全管理的内容。
3. 掌握钢结构施工技术管理内容。
4. 掌握钢结构施工质量管理。

【能力目标】

1. 具有钢结构施工现场管理能力。
2. 具有钢结构施工现场安全管理的能力。
3. 具备钢结构施工现场技术管理能力。
4. 具备钢结构施工现场质量管理能力。

【素质目标】

培养学生的质量安全意识、团结合作精神和良好的沟通能力。

单元一　钢结构工程现场技术管理

一 施工组织设计

1. 施工组织设计的任务

确定并完成开工前的各项施工准备工作；根据合同规定的内容，确定人力、机械、材料的需用量和供应计划；编制科学、经济合理的施工方法和技术措施；选定有效的施工机具和劳动组织；合理安排施工工序、施工方案，编制施工进度计划；合理地布置施工平面；确定各项技术经济指标。

2. 施工组织设计的类型

施工组织设计根据工程规模、编制范围、编制时间和深度，通常分为项目工程施工组织总设计、单位工程施工组织设计或施工方案(作业设计)等不同类型。因此，施工单位应根据工程特点和施工要求进行编制，随着施工条件的不断明确，从总体的、综合的、控制性的施工计划，向局部的、专业的、实施性的施工计划逐步深化，编制不同类型的施工组织设计，以具体指导不同阶段、不同范围的施工活动。

3.施工组织设计的作用

施工组织设计作用是全面规划、布置施工生产活动，制定先进合理的技术措施和组织措施，确定经济合理、切实可行的施工方案；节约使用人力、物力、财力，主动调整施工中的薄弱环节，及时处理施工中可能出现的问题，加强各方面的协作配合。保证有节奏地连续施工，全面地完成施工任务，以便企业以最少的人力、物力和资金消耗，实现最优的经济效果和社会效果。

4.施工组织设计编制依据

(1)设计文件(领会设计意图，质量要求等)。

(2)工程标书、合同文件。

(3)现行国家施工技术规范、规程、标准、工期要求等。

(4)本企业现有机械设备，新工艺、新材料。

(5)建设地区有关自然条件和各种技术经济条件方面的资料。

5.施工组织设计的基本内容

不同种类的施工组织设计，由于作用不同，编制的内容和深度要求也不一样，一般应包括以下几个方面的内容：

(1)工程概况；

(2)施工技术方案；

(3)施工进度计划；

(4)各工种劳动力需用计划及劳动组织；

(5)材料、加工件需用计划及施工机械需用计划；

(6)施工准备工作计划；

(7)施工平面图；

(8)确定技术经济指标。

6.大型设备和构件运输、吊装方案编制

1)编制原则

(1)技术可行、合理、可靠、安全；

(2)使施工周期尽量缩短；

(3)使工程成本为最低。

2)编制依据

(1)施工图、施工总平面图及有关设计技术文件；

(2)施工工期的计划安排；

(3)施工现场相关的场地、地质、地形、构筑物及天气情况；

(4)相关的规程、规范、标准及操作规程；

(5)工程合同、施工组织设计、有关起重吊装会议的决定及安排；

(6)合理化建议和新的施工技术及安装工艺的应用；

(7)本单位的技术水平和当时当地的起重机具情况等。

3)起重施工方案的确定

按被吊装设备就位形态分为分散吊装、整体吊装和综合吊装等几类,分散吊装又分为正装(又称顺装法和顶接法)和倒装。

分散吊装中的正装,高空作业多、施工工期长、施工管理要求高,但因一次起重量小,所以使用吊机索具的规格尺寸小,但起升高度没有降低。分散吊装中的倒装法,高空作业少,安全度高,一次起重量最终没有减少,但起升高度与作业高度可大大降低,倒装法在分散吊装大型薄壁容器的制作安装中应用较广泛。

综合吊装是把能在地面上做的事力求全部做完,以减少高空作业,如化工厂静止塔类设备的安装等,这种吊装方法操作难度加大,安装周期可明显缩短,同时减少高空作业的费用可以弥补吊装机具费用的损失。

按被安装设备的整体竖立形式分类,有滑移法和旋转法。滑移法是将设备尾部装上滚排前牵后溜,随着起吊滑车组的起升设备尾部向前移动,直至脱排就位。这种方法滑车组的最大受力发生在脱排腾空时。旋转法是在设备底部与基础之间用铰链连接,用旋转法竖立设备,这种方法滑车组最大受力发生在设备抬头时,此时铰轴受有较大的水平推力,设备地脚螺栓必须预留。

另外,按被安装设备的就位方式有正吊、抬吊、夺吊和侧偏吊等,按吊装使用的机械可分为自行式起重机和桅杆式起重机两类。

正确选择吊装方法是制订吊装方案和技术措施的前提。

起重施工方案的确定应根据工程内容、工期要求、工艺配合、施工队伍的素质、现场条件和现有机索具条件及经济效益等方面进行考虑,同时要兼顾安装质量、便于施工、尽量减少高空作业时间和作业量等因素,安全施工是第一位的,必须予以保证。先初步拟定几个可行的方案,交有关人员,如技术领导、技术人员和有经验的工人等讨论研究,通过论证比较,最终确定一个切实可行的方案,报请有关部门和领导批准。

对于起重施工方案内的施工方法,关键是施工工艺的确定和大型机具的选择。

编制起重施工方案要充分考虑起重工艺及机具使用情况,如在编制吊装方案选用自行式起重机时应注意如下几点:

(1)设备的外形尺寸应保证设备在吊装过程中和就位时四周均有足够的空隙;

(2)技术性能表中允许吊装重量是指吊钩重量、吊装设备重量及索具重量;

(3)起重机回转时四周是否会碰到建筑物。

确定施工工艺时,应综合考虑被拖运或吊装设备(或构件)的外形尺寸、重量、结构、类型、特点和数量,施工现场的实际条件,施工企业的自身条件(人员素质、施工机械),合同规定的工期和其他有关规定,设计文件和施工组织设计等因素,同时应遵循施工方案编制时较低的成本、合适的工期和可靠的技术三者相统一的原则。

施工方案确定后,可绘制一张施工工艺流程图。施工工艺流程图是指在安装施工中,用以表明吊运某种设备(构件)的全部过程的图。它一般用逻辑框图表示,矩形框内为各工序的名称,矩形框之间用带箭头的线连接,表达清楚各工序的顺序。

任何起重施工方案的编制程序都由三个阶段构成,即准备阶段、编写阶段和批准阶段。

(1)准备阶段:由专业人员收集与作业有关的资料,确定施工方法和工艺。必要时,还应召开专题会议对,施工方法和工艺进行讨论。

(2)编写阶段：根据确定的施工方法和工艺，指定专人或小组编写方案。

批准阶段：由上一级专业负责人对方案进行审核。必要时，还应召开专家论证会，对方案的可行性及可靠性进行评估。只有通过审核或评估合格的方案才能实施。

4)施工方案的内容

(1)编制说明；

(2)工程概况；

(3)主要工程明细表；

(4)施工平面布置图；

(5)施工方法及施工程序；

(6)吊装受力分析及核算；

(7)机索具、材料计划；

(8)锚点工作图等；

(9)劳动组织与进度安排；

(10)安全措施。

5)起重施工方案图绘制

(1)参考建筑施工图，以实测为主，即对于起重施工所需要的重要尺寸应进行实测绘制，按比例绘制成图，对于无建筑施工图的项目，应进行实际测量，并按建筑图的规定，绘制成平面图和立面图，然后将起重施工方案的内容在图中一一画出。在绘制起重方案图的过程中，应根据绘制中的问题，合理调整施工机具(如确定合理的起重机具等)，完善施工方案。

(2)节点详图原则上按机械制图的要求绘制，对于无加工要求的节点详图，如钢丝绳在滑车组内的穿绕方式等，可用示意图表达。

(3)在平面图和立面图中，各种机具设备均可用示意图表示，但须用引出线注明其名称、规格和型号等，或者进行编号另列出表格加以说明。

施工方案图的绘制与吊装受力分析是一个相互制约的过程，两者必须结合进行。即根据初步方案，绘制初步吊装平面图、立面图；根据计算确定的机具修改平面图、立面图，绘制吊具等详图。

6)安全措施

建筑安装企业起重工种是一种经常性、长期性从事各种形式起重作业和高空作业的工种，安全生产对此工种显得更为重要，忽略安全生产会对设备及人身安全带来不可估量的损失。

安全措施一般包括安全技术措施和安全组织措施两个方面的内容。安全技术措施的编制依据是国家有关安全法规，安全生产大检查中发现的不安全因素及尚未解决的问题，易造成工伤等主要原因中应采取的安全技术措施，施工生产设备及操作，方法的改变及新材料、新技术的应用而应采取的技术措施，以及其他人员提出的关于安全生产的合理化建议等。

对于一项具体工程，一定要根据上述原则进行全面分析，考虑施工中可能出现的各种问题，制定出周密的安全措施，如利用滑移法吊装重型设备的措施为：

(1)地锚设置要有专人检查，并做好记录，必要时进行试拉；

(2)卷扬机等机具应处于完好状况，吊装时应配有专业维修人员；

(3)主要受力的缆风绳、滑车组、吊耳等应设专人观测监视；

(4)吊装过程应统一指挥，所有作业人员不得擅离岗位；

(5)应注意天气情况及电力供应。

安全技术措施主要是施工技术方案(措施)中提出的保证安全的方法和手段。对应设置的安全设施要明确制作技术条件及符合相关行业和国家的技术标准；对尚未使用过或长久未使用的某些起重机具提出试验项目、试验方法和合格标准；对起重吊装提出必要的监测项目和要求，如重型设备吊装时，桅杆垂直度和挠度的监测、主缆风绳受力大小的监测等；安全施工和安全技术要求涉及的内容多、范围广，对具体工程应提出有针对性的安全技术要求。

安全组织措施要有建立安全保证责任体系，要明确包括领导在内的各个岗位的安全生产责任制，明确管理安全的专职人员，贯彻执行安全技术管理制度，包括严格遵守施工方案的制度，施工方案的审批制度，逐级进行安全技术交底制度，起重工持证上岗制度等，其关键是要有明确的检查制度，对某些大型、特殊起重施工项目制订一些特殊的安全组织措施。

为了防止施工过程中发生人身和设备事故，应针对施工方案中选用的各种机械、设备和变配电设施可能出现的不安全因素，采取相应措施，对施工现场及周围环境给施工人员或周围居民带来的危害，对材料、设备运输带来的困难和危害采取措施加以解决，对施工平面图中运输线路，吊装位置、地锚、缆风绳的布置等进行综合考虑，确保安全施工；安全技术措施和安全组织措施的编制应全面而具体，有针对性，防止口号化。

二 设计交底、图纸自审、会审

设计交底由项目经理部经理负责与业主联系，项目经理部及有关专业人员参加；图纸自审工作由专业技术负责人组织进行；图纸会审由建设单位负责组织，项目经理部及有关专业人员参加。

1. 设计交底组织

1)设计交底

工程开工前或开工初期由项目经理部经理会同业主约请设计单位、监理单位，对项目经理部及有关专业人员进行设计交底，也可根据图纸达到的实际情况分阶段进行设计交底，设计交底由设计院各专业技术人员针对各专业施工图进行讲解，做好记录并会签。

设计院进行的设计交底是一级交底，项目部进行的施工组织总设计交底是二级交底，专业技术人员进行的单位工程施工组织设计或分部、分项工程作业设计交底是三级交底。

设计交底应填写交底记录，第三级技术交底内容应有工程内容、施工方法、技术措施、规程规范、重大吊运方案、安全措施、特殊工具、检测方法、检测仪器、检测标准等，并将要点填入交底记录，交底人和被交底人员签字。第三级技术交底应根据施工进展的要求分次进行。

2)图纸自审

图纸自审应根据图纸达到的实际情况分阶段进行，专业技术人员收到施工图纸后应立即图纸自审，并填写图纸自审记录。项目经理部技术负责人将自审记录进行汇总。

图纸自审要求：

(1)熟悉和掌握施工图纸的内容与要求；

(2)提出设计中的问题：施工图纸中图纸与说明有无矛盾，规定是否明确，预留孔、预埋件、大样图有无误差，核对图面尺寸，轴线、标高有无错误和不妥之处；

(3)设计要求与施工条件实际情况有无出入；

(4)提出各专业工序交叉作业的配合要求；

(5)施工图纸中提出特殊技术要求能否实现，特殊材料能否解决。

3)图纸会审

项目经理部技术负责人收齐施工图纸自审记录后，按图纸会审计划时间，会同设计单位、业主和监理有关人员共同进行会审。

图纸会审主要内容：

(1)图纸和说明是否齐全、清楚、明确；

(2)各专业设计之间及设备实物等有无矛盾，中心线、坐标、埋设件、螺栓、预留孔和空间位置等关系数据是否一致；

(3)设计是否符合施工条件；

(4)设计上的特殊要求，施工单位是否可能实现；

(5)基础处理和基础设计有无问题；

(6)各种管线立体交叉有无矛盾；

(7)水、电、风、气(汽)等接点位置及来源有无问题；

(8)明确土建与专业、专业与专业之间合理的施工程序，确定各专业施工的配合及有关技术要求；

(9)地下障碍物情况是否已经查清；

(10)施工安全是否有保证，环境保护是否有影响；

(11)解决图纸自审中提出的问题。

图纸会审后，由监理单位整理成图纸会审记录，参加会审人员应在记录上签字。记录发放到参加图纸会审的单位和部门，各方据以执行。图纸会审记录可作为各专业之间施工配合的依据。涉及设计变更、材料代用均应由设计单位和有关单位办理设计变更通知单，工程洽商单、材料代用单，不得以图纸会审记录作为施工的直接依据。

项目经理部和技术质量部将图纸会审的记录依次登记备查，作为技术档案资料保存。

单元二　钢结构工程现场施工管理

 工程开工

(1)工程开工应具备以下条件：

①施工许可证已获政府主管部门批准；

②征地拆迁工作能满足工程进度的需要；

③施工组织设计已获总监理工程师批准；

④承包单位现场管理人员已到位，机具、施工人员已进场，主要材料已落实；

⑤进场道路及水、电、通信设备等已满足开工要求；

⑥施工单位项目管理班子人员总监已审批；

⑦现场安全技术措施已建立；

⑧应急预案已具备；

⑨施工单位已投保；

⑩图纸已会审完成。

(2)工程项目均应履行开工报告制度，开工报告经批准后，施工方可开始；但工程正式开工前的准备阶段，加工件制作，准备性的前期工程和障碍物拆迁，以及临时设施工程施工不受开工报告的限制。

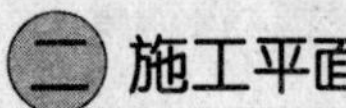

二 施工平面

(1)平面布置要保证不影响生产，保证施工用水用电取接方便，排水正常，施工运输线路通畅，施工道路应考虑构件、材料、机具的运输和大型施工机械的进、退场。避免和尽量减少设备、材料的二次倒运。

(2)几个施工单位同时施工时，服从业主对平面的统一协调，统筹安排。

(3)现场平面实行专人负责，根据施工不同阶段的要求，调整施工平面，做到管理有序、动态管理。

(4)施工用水由业主提供水源，施工单位接管至工地，计量用水。

(5)施工用电由业主提供电源，施工单位接至施工配电箱，再由配电箱接至施工点和办公室。施工动力用电和照明用电分开。现场采用安检站规定的标准配电箱，计量用电。

(6)场地安排、车间外管道大型机械占位合理，机械利用率高，减少二次倒运。

(7)施工临时设施：施工现场应布置有办公室、现场医务室、现场保卫室、材料、半成品堆场、管道制作场地、钢结构构件制作场地、设备零件仓库、设备堆场、组装平台、清洗场地、工具间、工人休息室、消防设施及环卫设施等。

(8)现场办公室、配电室、仓库等设施应设置消防器材，保持消防通道畅通，封闭施工，符合消防、安全、卫生、环保、文明的要求。

(9)施工平面布置应用施工平面图表示，施工平面图应按施工各阶段分别绘制，施工平面图应按现行制图标准和制图要求进行绘制。

(10)施工总平面管理。搞好施工平面管理是施工标准化管理的基础，是现代化施工管理必要手段。项目部应加强总平面管理力度。

①工程部是平面管理的主管部门，由工程部制定施工平面管理制度，并严格贯彻执行。设置专门机构和专职人员对现场水、电、道路进行维修，加强总平面管理。

②工程部应及时向各专业项目部提供气象预报、停水、停电、断路等信息，协同消防、公安、安全部门做好预防工作。

③工程部应根据不同施工阶段，实行动态管理，按项目经理指令调整施工现场平面。

④施工单位编制临时设施、便道、排水沟、用水、用电的平面规划报建设单位审批。按批准的规划布局现场临时设施。

⑤施工区域道路必须畅通无阻，平整无坑洼，保持整洁，无撒落物，道路上严禁堆物，道路应畅通无阻，严禁在道路上乱排水、乱倒土。

⑥厂房内必须设有安全通道，并设立醒目标志，安全通道必须畅通，严禁在通道上堆设备、材料、工具。

⑦施工现场各种机具、设备、工具、吊索，以及各种材料物品、周转材料，应按作业顺序、各

种规格和使用周期长短来确定位置、范围和数量，做到物品堆放横看成行，竖看成列，高看平齐。散状料和袋装料堆放应设边界，不污染周围环境。

⑧机动车辆在施工区域要控制装载，做到无散落物，各种车辆停放在指定区域，排列整齐；严禁摩托车、助动车、自行车乱停乱放，应划出专门区域停放整齐。

⑨加强对各自施工区域道路定期清扫，严禁生活垃圾乱扔乱倒，做到无死角。

⑩施工区域必须采取封闭式或半封闭式进行隔离，五牌一图（工程概况牌、管理人员名单及监督电话牌、消防保卫牌、文明施工牌、安全生产牌和施工总平面图）醒目清晰。

三 施工计划及施工进度计划控制

1. 施工计划

施工计划分为施工进度计划、施工资源需求计划、施工准备工作计划和施工技术组织措施计划；施工资源需求计划、施工准备工作计划和施工技术组织措施计划是实现施工进度计划的保障。

施工进度计划应根据施工合同、工序的衔接、交错和平行、时间和空间、气候环境、建设方资源、施工方资源及其他保证性计划等因素综合确定施工顺序。

施工进度计划应以施工网络计划图或施工横道计划图的形式进行绘制，施工网络计划图或施工横道计划图中的时间节点应与施工资源需求计划、施工准备工作计划和施工技术组织措施计划相适应。在施工过程中应根据不断变化的情况进行调整。

2. 施工进度计划控制

(1)项目进度计划应以实现施工合同约定的竣工日期为最终目标。

(2)项目经理部应按施工合同确定的开竣工日期、工序的衔接、交错和平行、时间和空间、气候等环境、建设方资源、施工方资源及其他保证性计划等因素综合进行项目进度控制。

(3)实施施工进度计划。当出现进度偏差（不必要的提前或延误）时，应及时进行调整，并应不断预测未来进度状况。

(4)调整施工进度计划应采用科学的调整方法，并应编制调整后的施工进度计划。

四 设备试车和交工验收

1. 设备试车

无负荷联动试车一般由施工单位负责，建设单位派人参加。凡由计算机控制的设备，其无负荷联动试车，应由总包方和程序调试单位组织，施工单位及相关单位参加。

负荷试车由建设单位组织，试车的指挥、操作由建设单位负责，施工单位可根据合同要求派人参加。

无负荷单体试车的规程由施工单位负责编制，负荷试车的规程由建设单位负责编制。

无负荷单体试车的规程由机电安装专业项目部编制，项目经理部总工程师审批。

无负荷联动试车的规程应由程序调试单位编制，报送建设单位或总包方审批，建设单位或总包单位负责组织、指挥、操作，施工及相关单位参加，各司其职，共同完成。

2. 交工验收

交工验收分为交工预验收、交工验收和竣工验收三个阶段。

交工预验收是由项目经理组织；施工单位（含分包方）相关人员共同参加；按照施工图纸、

设计要求、施工验收规范、标准、施工合同等要求，对所承建的工程逐项检查，对不符合内容进行整改，满足交工要求的过程。

交工验收是施工单位按照施工合同的规定，完成设计文件和施工图纸规定的内容，组织完成设备的无负荷试车，经预验收合格后由施工单位向建设单位或总包单位提出申请，由建设单位组织设计、施工、监理等单位参加，对工程项目进行验收和工程移交的过程。

竣工验收是指建设单位在完成交工验收手续后，按规定向上级主管部门组织验收(含负荷试车)。

3. 交工验收工作内容

(1)做好交工验收的准备工作，制订交工验收工作计划，编制设备单体试车和无负荷联动试车规程计划，组织单体试车，参与或组织无负荷联动试车。

(2)审查各种交工资料、进行工程质量评定。

(3)组织现场验收，办理工程项目实物移交。

(4)办理工程档案资料移交(竣工资料的内容包括工程施工技术资料、工程质量保证资料、工程检验评定资料、竣工图，合同规定的其他应交资料)。

(5)及时处理交工验收过程中出现的有关问题，办理工程移交手续。

(6)办理交工手续签署“交工验收证书”。

(7)办理工程结算、决算手续，履行工程保修工作。

单元三　钢结构工程现场质量管理

一　工程质量控制

1. 准备阶段的质量控制

各工程对象正式施工前，对各项准备工作、影响质量的各个因素的质量控制，也就是对投入工程项目的资源和条件的质量控制。

2. 施工中的质量控制

施工过程中对所有与工程最终质量有关的各环节的质量的控制，包括对施工过程的中间产品(工序产品或分项、分部工程产品)质量控制。

3. 施工后的质量控制

施工过程完成后，对具有独立功能、独立使用价值的最终产品(单位工程或工程项目)及其有关方面(如质量文件)的质量进行控制，也就是对已完工工程项目质量的检验、验收。

4. 影响工程质量的因素

在质量控制过程中，无论是对投入资源的控制，还是对施工过程的控制，都应当对影响工程实体质量的五个重要因素，即施工有关人员、设备和材料、施工机具、施工方法及环境等因素进行全面的控制。

二　工程质量控制程序

工程质量形成的全过程分七个阶段：施工准备阶段，材料、构配件、设备采购阶段，原材料检验与施工工艺试验阶段，施工作业阶段，使用功能、性能试验阶段，工程项目交竣工验收阶段，回访与保修阶段。

在这些阶段中，对影响施工质量的因素——人、机、料、法、环，采用PDCA循环方法或质量控制统计技术方法进行有效控制，是确保工程项目质量符合设计意图和国家规范、标准要求的重要手段。

施工作业阶段的质量控制，其主要内容应包括工程设备与材料进场检验验收，施工工艺、方法、工序质量监督，隐蔽工程质量检验，分部分项工程质量检验和试验，管道吹洗及试压，单机调试和试运转，系统联动调试和试运行等。

三 对施工人员的控制

工程质量的关键是人（包括参与工程建设的组织者、指挥者、管理者和作业者）。人的思想素质、责任心、事业心、质量意识、业务能力、技术水平等均直接影响工程质量。为此，工程施工任务承接后，应充分提供能胜任对工程产品质量有保证的管理、操作和验证的人员。其主要控制环节为资格和能力的控制，增强意识教育，严格培训、持证上岗。

四 机具及检测器具

1. 使用、操作的控制

(1)正确执行各项制度；

(2)预防事故损坏；

(3)进行正确操作。

2. 管理和保养的控制

施工机具和检测器具的管理和保养是提高机具和设备的完好率、利用率的主要措施，确保检测设备处于良好的技术状态是保证测量结果准确可靠的基础。

(1)应按施工机具和设备技术保养制度、机械设备检查制度等要求，加强施工现场机械设备的使用、保养、调度、监察等方面的管理工作，要做到机械设备经常处于完好状态，工作性能达到规定要求。

(2)检测工具的周期检定、校验控制。应依据国家对强制检定的计量器具检定周期的规定，企业自有的计量管理制度、对非强制检定计量器具检定（校验）周期的规定，对检测器具进行周期检定、校验，以防止检测器具的自身误差而造成工程质量不合格。

(3)检测器具应分类存放、标记清楚，实行预防性保护措施。

五 施工方法和操作工艺

工程质量是在施工过程中形成的，只有制订正确的施工方法和操作工艺，才能对各工序施工活动的质量进行有效的控制。

1. 施工方法和操作工艺的制定要求

(1)必须结合工程实际、企业自身能力，因地制宜地进行全面分析，综合考虑。

(2)施工方法应工艺技术先进、措施得力、操作方便、经济合理。

(3)有利于提高工程质量，加快施工进度，降低工程成本。

2. 实施的要点

(1)严格遵守施工工艺标准和操作规程。它是进行施工作业的依据，是确保工序质量的前提。

(2)切实控制工序活动的操作者、材料和设备、施工机具、施工方法和施工环境等，使其处于受控状态，保证每道工序质量正常、稳定。

(3)检验工序活动是评价工序质量是否符合标准要求的手段。加强工序质量检验，对质量状况进行综合统计与分析，及时掌握质量动态。发现质量问题及时研究处理，自始至终使工序检验结果满足规范和标准的要求。

(4)控制点是指为了保证工序质量而需要进行控制的重点或关键工序，设置工序质量控制点并进行强化管理，保持工序处于良好的受控状态。

(5)工序质量控制的方法一般有质量预控和工序质量检验两种，以质量预控为主。

质量预控是指施工技术人员和质量检验人员事先对工序进行分析，找出在施工过程中可能或容易出现的质量问题，从而提出相应的对策，采取质量预控措施予以预防。

工序质量检验是指质量检查人员、监理工程师利用一定的方法和手段，对工序操作及其完成产品的质量进行实物的测定、查看和检查，并将所测得的结果同该工序的操作规程规定的质量特性和技术标准进行比较，从而判断是否合格。工序质量检验一般包括标准、度量、比较、判定处理和记录等内容。

单元四 钢结构工程现场安全管理

一 安全生产管理的主要任务

(1)贯彻落实国家安全生产法规，落实“安全第一，预防为主”的安全生产、劳动保护方针。

(2)制定安全生产的各种规程、规定和制度，并认真贯彻实施。

(3)制定并落实各级安全生产责任制。

(4)积极采取各项安全生产技术措施，保障职工有一个安全可靠的作业条件，减少和杜绝各类事故。

(5)采取各种劳动卫生措施，不断改善劳动条件和环境，防止和消除职业病及职业危害，做好女工特殊保护，保障劳动者的身心健康。

(6)定期对企业各级领导、特种作业人员和所有职工进行安全教育，强化安全意识。

(7)及时对各类事故进行调查、处理和上报。

(8)推动安全生产目标管理，推广和应用现代化安全管理技术与方法，深化现场安全管理。

二 安全生产管理原则

(1)坚持“安全第一，预防为主、综合治理”的安全生产方针。

(2)坚持管生产必须管安全的原则。

(3)各部门对安全生产要坚持“五同时”原则，即在计划、布置、检查、总结、评比生产工作的时候，同时计划、布置、检查、总结、评比安全工作。

(4)坚持“三同时”的原则，即职业安全卫生技术措施及设施应与主体工程同时设计、同时施工、同时投产使用，以确保项目投产后符合职业安全卫生要求，保障劳动者在生产过程中的安全与健康。

(5)坚持“四不放过”原则，即对发生的事故原因分析不清不放过，事故责任者和群众没受到教育不放过，没有落实防范措施不放过，事故的责任者没有受到处理不放过。

三 工程项目部安全生产管理机构

工程项目部是施工第一线的管理机构，必须依据工程特点，建立以项目经理为首的安全生产领导小组，小组成员由项目经理、项目技术负责人、专职安全员、施工员及各工种班组长组成。工程项目部应根据工程规模大小，配备专职安全员。建立安全生产领导小组成员轮流安全生产值日制度，解决和处理施工生产中的安全问题并进行巡回安全生产监督检查。建立每周一次的安全生产例会制度和每日班前安全讲话制度，项目经理应亲自主持定期的安全生产例会，协调安全与生产之间的矛盾，督促检查班前安全活动的讲话记录。

项目施工现场必须建立安全生产值班制度。24h 分班作业时，每班都必须要有领导值班和安全管理人员在现场。做到只要有人作业，就有领导值班；值班领导应认真做好安全生产值班记录。

加强班组安全建设是安全生产管理的基础。每个生产班组都要设置不脱产的兼职安全员，协助班组长搞好班组的安全生产管理。班组要坚持班前班后岗位安全检查、安全值日和安全日活动制度，同时要做好班组的安全记录。

四 施工安全管理要点

1. 基本要点

(1)取得“安全生产许可证”后方可施工。

(2)必须建立健全安全管理保障制度。

(3)各类人员必须具备相应的安全生产资格方可上岗。

(4)所有外包施工人员必须经过三级安全教育。

(5)特种作业人员，必须持有特种作业操作证。

(6)对查出的事故隐患要做到“四定”，即定整改责任人、定整改措施、定整改完成时间、定整改验收人。

(7)必须把好安全生产教育关、措施关、交底关、防护关、文明关、验收关、检查关。

(8)必须建立安全生产值班制度，必须有领导带班。

2. 安全技术措施

安全技术措施应包括防火、防毒、防爆、防洪、防尘、防雷电、防触电、防坍塌、防物体打击、防机械伤害、防溜车、防高空坠落、防交通事故、防寒、防暑、防疫、防环境污染等方面的措施。

(1)各种机械设备、用电设备都要有相应的安全技术措施。

(2)针对季节性施工的特点，制订相应的安全技术措施。夏季要制订防暑降温措施，雨季施工要制订防触电、防雷、防坍塌措施，冬季施工要制订防风、防火、防冻、防滑、防煤气中毒、防亚硝酸钠中毒措施。

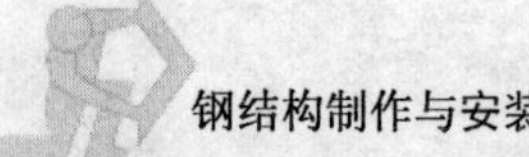

(3)安全技术措施中必须有施工总平面图,在图中必须对危险的油库、易燃材料库、变电设备,以及材料、构件的堆放位置等,按照施工需要和安全规程的要求明确定位,并提出具体要求。

3.安全技术交底基本要求

(1)工程项目必须实行逐级安全技术交底制度。

(2)工程开工前,应将工程概况、施工方法、危险源、安全技术措施等情况,向工地负责人、工长和作业人员进行详细交底;施工过程中,按施工进展的需要,应进行补充技术交底。

(3)安全技术交底必须具体、明确,针对性要强。安全技术交底内容必须针对分部、分项工程中施工可能给作业人员带来的危险因素编写。

(4)安全技术交底应优先采用新的安全技术措施。

(5)两个以上施工队或工种配合施工时,要进行交叉作业的安全技术交底。

(6)工长安排班组长工作前,必须进行安全技术交底。班组长每天要对工人进行作业安全要求、作业环境等的安全技术交底。

(7)各级安全技术交底应有交底记录,交底记录中必须有交底时间、内容、交底人和接受交底人的签名。交底记录要统一归放一起,以备查验。

4.安全教育

安全教育培训制度规定了安全教育培训的管理职能,管理内容与要求,检查与考核。

1)三级安全教育

三级安全教育是对新进厂的职工(包括实习和代培人员)必须进行的公司、工地及作业班组三个层次的安全教育。

(1)新进厂员工必须进行公司、工地及作业班组三级安全教育,三级安全教育时间不得少于40学时。

(2)公司级安全教育由安全部门负责安排教学内容和落实教材,时间不得少于16学时。

(3)工地级安全教育由项目经理部有关部门组织实施,时间不得少于16学时。

(4)班组级安全教育由班组长组织实施,时间不得少于8学时。

三级安全教育经考试合格后,及时逐级填写三级安全教育卡并签字,经安全部门审查确认后,转人力资源部门归档。

新进厂职工经三级安全教育考试合格后上岗作业,各单位要进行跟踪动态管理一年。未经三级安全教育上岗作业者追究领导者责任,造成事故,按有关规定追究领导者责任。

2)特种作业人员安全技术教育

特种作业人员是从事电工、焊工、架子工、司炉工、爆破工、机械操作工、起重工、塔吊司机及指挥人员、人货两用电梯司机等操作的人员。

(1)特种作业人员必须经职教部门进行与本工种相适应的、专门的安全技术理论学习和实际操作训练,并经过考核合格取得特种作业操作证,方可独立上岗作业。

(2)特种作业人员的安全技术培训考核标准和基本教材,由国家制订和组织编写。

(3)特种作业操作证(IC卡),由国家安全生产监督管理局统一印制,所在地安全生产综合管理部门负责签发。特种作业操作证全国通用。

(4)特种作业操作证每两年复审一次,连续从事本工种10年以上的,经公司进行知识更新教育后,复审时间可延长至4年一次。

(5)复审合格的，由复审单位签章、登记，本单位予以确认。复审不合格的，可在接到通知之日起30日内向原复审单位申请再次复审，再复审仍不合格的或未按期复审的人员，不能从事特种作业。

(6)离开特种作业岗位达6个月以上的特种作业人员，应当重新进行实际操作考核，经确认合格后方可独立上岗作业。

(7)有下列情况之一的人员，由发证单位收缴其特种作业操作证：

①未按规定接受复审或复审不合格的；

②违章操作造成严重后果或违章操作记录达3次以上的；

③弄虚作假骗取特种作业操作证的；

④经医疗部门检查健康状况已不适应继续从事所规定的特种作业的。

特种作业人员必须持证独立上岗作业，未取得特种作业操作证独立上岗作业的按公司有关规定对用人单位和作业者进行处罚。

3)复工、调换工种、岗位安全教育

(1)凡脱岗6个月以上的管理层和作业层人员，上岗前必须进行复工安全教育。

(2)凡调换工种、岗位的管理层和作业层人员，必须先进行本岗位技能和管理知识的培训，考试合格后再进行安全教育。

复工安全教育先由工地进行，再由班组进行；调换工种、岗位安全教育按三级安全教育形式由接收单位负责。复工安全教育和调换工种安全教育经过考试合格后，才准上岗作业。如果是特种作业人员则按特种作业人员安全技术教育规定执行。

五 安全事故处理

(1)安全事故处理必须坚持"事故原因不清楚不放过，事故责任者和员工没有受到教育不放过，事故责任者没有处理不放过，没有制订防范措施不放过"的原则。

(2)安全事故应按以下程序进行处理。

①报告安全事故：安全事故发生后，受伤者或最先发现事故的人员应立即用最快的传递手段，将发生事故的时间、地点、伤亡人数、事故原因等情况，上报至企业安全主管部门。企业安全主管部门视事故造成的伤亡人数或直接经济损失情况，按规定向政府主管部门报告。

②事故处理：抢救伤员，排除险情，防止事故蔓延扩大，做好标志，保护好现场。

③事故调查：项目经理应指定技术、安全、质量等部门的人员，会同企业工会代表组成调查组，开展调查。

④调查报告：调查组应把事故发生的经过、原因、性质、损失责任、处理意见、纠正和预防措施撰写成调查报告，并经调查组全体人员签字确认后报企业安全主管部门。

六 安全技术操作规程

1.施工现场

(1)员工要熟知本工种的安全技术操作规程。在操作中，应坚守工作岗位，严禁酒后操作。

(2)正确使用个人防护用品和安全防护措施，进入施工现场，必须戴好安全帽；高空、悬崖和陡坡施工，必须系安全带。

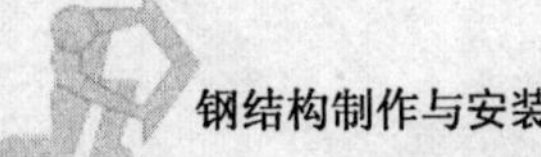

建筑施工安全防护“三宝”是:安全帽、安全带、安全网。进入施工现场必须佩戴安全帽,正确戴安全帽必须注意两点:一是安全帽由帽衬和帽壳两部分组成,帽衬和帽壳不能紧贴,应有一定间隙(帽衬顶部有 20～50mm,四周为 5～20mm),当有物料坠落到安全帽壳上时,帽衬可起到缓冲作用,减小对颈椎的伤害;二是必须系紧下颚带,当人体发生坠落时,由于安全帽戴在头部,起到对头部的保护作用。

正确使用安全带。高处作业人员在无可靠安全防护设施时,必须系好安全带,安全带必须先挂牢后再作业。安全带应高挂低用,不得将绳打结后使用,也不得将挂钩直接挂在安全绳上使用,应挂在连接环上使用。

(3)在施工现场行走,应注意来往车辆和各种警鸣信号,危险区域要按安全提示标志指定的路线行走,发现吊物应及时避让。

(4)进入封闭或半封闭容器(槽、管、斗、箱、罐)和深坑内作业前,要判明是否存在有毒有害气体,必要时应采取通风措施保证空气流通。

(5)上下交叉作业有危险的出入口要有防护棚或其他隔离设施;距地面 2m 以上作业要有防护栏杆、挡板或安全网。

(6)工地使用的龙门吊、行车及轨道小车的轨道坡度不得大于 3%,铁轨终点有车挡,车辆的制动闸和挂钩要完好可靠。

(7)坑槽施工,应经常检查边壁土质稳固情况。发现有裂缝、疏松或支撑走动,要随时采取加固措施,根据土质、沟深、水位、机械设备重量等情况,确定堆放材料和施工机械与坑边距离,往坑槽运材料,应有信号联系。

(8)暴雨台风前后,要检查工地临时设施、脚手架、机电设备、临时线路等,发现倾斜、变形、下沉、漏雨等现象,应及时加固修理,有严重危险的,立即排除。

(9)手推车装运物料,应注意平稳、掌握重心,不得猛跑或撒把溜放。

(10)禁止在井架内穿行;禁止在井架提升后不采取安全措施到下面去清理砂浆、混凝土等杂物;禁止吊篮久停空中;下班后吊篮必须放在地面处,且切断电源。

(11)在建工程的楼梯口、电梯口、预留洞口、通道口,必须有防护设施。

(12)现场的悬崖、陡坡等危险区域应设警戒标志,夜间要设红灯示警。

(13)易燃、易爆、仓库和塔吊、打桩机等机械应设临时避雷装置,对机电设备的电气开关,要有防雨、防潮设施。

(14)特殊天气,脚手架上霜、雪、泥等要及时清扫,斜道和脚手板应有防滑措施。

2. 机电设备

(1)机械操作要束紧袖口,女工发辫要挽入帽内。

(2)机械和动力机的机座必须稳固,转动的危险部位要安设防护装置。

(3)工作前必须检查机械、仪表、工具等,确认完后方可使用。

(4)电气设备和线路必须绝缘良好,电线不得与金属物绑在一起,各种电动机具必须按规定接地接零,并设置单一开关,临时停电或停工休息时,必须拉闸加锁。

(5)施工机械、电气设备和塔吊等起重设备安全防护装置必须齐全有效,不得带病运行和超负荷作业,发现不正常情况应停机检查,不得在运行中维修保养。

(6)电气、仪表和设备试运转,应严格按照安全技术措施操作,运转时禁止清洗和修理,严禁将头、手伸入机械行程范围内。

(7)架设电气线路必须符合《施工现场临时用电安全技术规范》(JGJ 46—2005)的规定，电气设备必须全部接零保护。

(8)移动式电动机械和手持电动工具要设置漏电保护装置。

(9)在架空输电线路下面工作应停电，不能停电时，应有隔离措施。

起重机不得在架空输电线下面工作，通过架空输电线路应将起重臂落下，在架空输电线路一侧工作时，不论在任何情况下，起重臂、钢丝绳或重物等与架空输电线路的最近距离应不小于表 11-1 规定。

允许与输电线路的最近距离(单位：m)　　表 11-1

输电线路电压	1kV 以下	1～20kV	35～110kV	150～220kV
允许与输电线路的最近距离	2.5	3	5	7

(10)行灯电压不得超过 36V，在潮湿场所或金属容器内工作时，行灯电压不得超过 12V。

3.临时用电施工安全

根据《施工现场临时用电安全技术规范》(JGJ 46—2005)进行编制，编制、审核、审批程序同安全技术措施方案，内容包括现场勘探、所有电气装置、用电设备方面的详细统计资料、负荷计算及电气布置图等。现场实行三相五线 TN-S 接零保护系统(保护接零和工作接零分开接零的保护系统)，遵循"三级配电两级保护"、"一机一闸一漏一箱"的原则规范施工用电，建立用电安全技术档案。

(1)电动工具和电动机械设备，应有可靠的接地装置。使用前，应检查是否有漏电现象，并应在空载情况下启动。操作人员应带上绝缘手套，如在金属平台上工作，应穿上绝缘胶鞋或在工作平台上铺上绝缘垫板。电动机具发生故障时，应及时修理。

(2)操作范围内，即在建工程(含脚手架)的外侧边缘与外电架空线路的边线之间，必须保持安全操作距离。

(3)运输材料、设备等的机动车道与外电架空线路交叉时，架空线路的最低点与路面的垂直距离应不小于表 11-2 中所列数值。

机动车道路面与外电架空线路交叉时的最小垂直距离(单位：m)　　表 11-2

外电线路电压	1kV 以下	1～10kV	35kV
最小垂直距离	6	7	7

(4)运输设备及其他材料，所使用的旋转臂架式起重机的任何部位或被吊物边缘与 10kV 以下的架空线路边线最小水平距离不得小于 2m。

(5)在施工现场开挖非热管道沟槽的边缘与埋地外电缆沟槽边缘之间的距离不得小于 0.5m。

(6)在施工现场配电系统必须按部颁规范采用三相五线制的接零保护系统，非独立系统可根据现场实际情况采取相应的接零或接地保护方式。各种电气设备和电力施工机械的金属外壳、金属支架和底座必须按规定采取可靠的接零或接地保护。

(7)在采取接零或接地保护方式的同时，必须逐级设置漏电保护装置，实行分级保护，形成完整的保护系统。漏电保护装置的选择应符合规定。

(8)现场金属结构(照明灯架、垂直提升装置、超高脚手架)和各种超高设施必须按规定装

设避雷装置。

(9)应按国家标准的有关规定采用II类、III类绝缘型的手持电动工具。工具的绝缘状态、电源线、插头和插座应完好无损，电源线不得任意接长或调换，维修和检查应由专业人员负责。

(10)一般场所采用220V电源照明时必须按规定布线和装设灯具，并在电源一侧加装漏电保护器。特殊场所必须按国家标准规定使用安全电压照明器。

(11)在操作的施工现场的配电屏(盘)或配电线路维修时，应悬挂停电标志牌。停、送电必须由专人负责。

(12)施工所使用的电力为400V/200V的自备发电机组的排烟管道必须伸出室外。发电机组及其控制配电室内严禁存放储油桶。

(13)施工所使用的发电机组电源应与外电线路电源联锁，严禁并列运行。

(14)操作时所使用的架空线必须采用绝缘铜线或绝缘铝线。

(15)操作时所使用的架空线必须设在专用电杆上，严禁架设在树木、脚手架上。

(16)操作现场，经常过负荷的线路、易燃易爆物邻近的线路、照明线路，必须有过负荷保护。

(17)使用的电缆干线应采用埋地或架空敷设，严禁沿地面明设，并应避免机械损伤和介质腐蚀。

(18)使用的电缆穿越建筑物、构筑物、道路、易受机械损伤的场所及引出地面从2m高度至地下0.2m处，必须加设防护套管。

(19)使用的橡皮电缆架空敷设时，应沿墙壁或电杆设置，并用绝缘子固定，严禁使用金属裸线作绑线。固定点间距应保证橡皮电缆能承受自重所带来的荷载。橡皮电缆的最大弧垂距地不得小于2.5m。

(20)使用的室内配线必须采用绝缘导线。采用瓷瓶、瓷(塑料)夹等敷设，距地面高度不得小于2.5m。

(21)使用的每台用电设备应有各自专用的开关箱，必须实行“一机一闸”制，严禁用同一个开关直接控制两台及两台以上用电设备(含插座)。

(22)使用的开关箱中必须装设漏电保护器。

(23)使用的开关箱内的漏电保护器的额定漏电动作电流应不大于30mA，额定漏电动作时间应小于0.1s。

使用于潮湿和有腐蚀介质场所的漏电保护器应采用防溅型产品。其额定漏电动作电流应不大于15mA，额定漏电动作时间应小于0.1s。

(24)使用的进入开关箱的电源线，严禁用插销连接。

(25)在操作期间，对配电箱及开关箱进行检查、维修时，必须将其前一级相应的电源开关分闸断电，并悬挂停电标志牌，严禁带电作业。

(26)操作期间，熔断器的熔体更换时，严禁用不符合原规格的熔体代替。

(27)组对焊接管道时，应有必要的防护措施，以免弧光刺伤眼睛，应穿绝缘鞋。

(28)操作现场停电后，操作人员需要及时撤离现场的特殊工程，必须装设自备电源的应急照明。

(29)操作过程中，对下列特殊场所应使用安全电压照明器：

①隧道、人防工程,有高温、导电灰尘或灯具离地面高度低于 2.4m 等场所的照明,电源电压应不大于 36V;

②在潮湿和易触及带电体场所的照明电源电压不得大于 24V;

③在特别潮湿的场所、导电良好的地面、锅炉或金属容器内工作的照明电源电压不得大于 12V。

(30)操作过程中所使用的照明变压器必须使用双绕组型,严禁使用自耦变压器。

(31)氧气瓶、乙炔瓶与明火距离不小于 10m。两种气瓶也应保持 5m 以上距离。

焊接或切割容器和管道时,要查明容器内的气体或液体,对残存的气、液体进行清理后,方准焊接或气焊。

氧气瓶与乙炔瓶口严禁接触油质,不允许带油手套、带油扳手接触气瓶。氧气瓶和乙炔瓶搬运时,应装好瓶帽,在取下瓶帽时,不得用金属锤敲击。

(32)电气焊作业必须按公安部印发的《电、气焊割防火安全要求》进行。工作前,应领取动火证。遇到 5 级以上大风天气,高处、露天焊接、气割应停止作业。

(33)配合焊工组对管口的人,应戴上手套和面罩,不许穿短裤、短袖衣衫工作。

4. 高处作业施工安全

(1)凡在坠落高度基准面 2m 以上(含 2m)有可能坠落的高处的作业均称高空作业。高空作业衣着要灵便,禁止穿硬底和带钉易滑的鞋,应脚穿防滑鞋、头戴安全帽、腰系安全带。

(2)高空作业所用材料要堆放平稳,工具应随手放入工具袋内,上下传递物体禁止抛掷。用不着的工具和拆下的材料应系绳溜滑到地面。

(3)没有安全防护措施,禁止在屋架的上弦、支撑、檩条、挑架的挑梁和半固定的构件上行走或作业,高空作业与地面联系,应设通讯装置,并专人负责。

(4)乘人的外用电梯、吊篮应有可靠的安全装置,除指派的专业人员外,禁止攀登起重臂、绳索和随同运料的吊笼上下。

(5)从事高空作业人员,必须身体健康,患有高血压、贫血症、严重心脏病、精神症、癫痫病、深度近视眼在 500 度以上人员,以及经医生检查为不适合高空作业的人员,严禁从事高空作业。

(6)在雨天和雪天进行高处作业时,必须采取可靠的防滑、防寒和防冻措施。水、冰、霜、雪均应及时清除。

对进行高处作业的高耸建筑物,应事先设置避雷设施。遇有六级以上强风、浓雾等恶劣气候,不得进行露天攀登与悬空高处作业。遇到大雾大雨和六级以上大风禁止高处作业。暴风雪及台风暴雨后,应对高处作业安全设施逐一加以检查,发现有松动、变形、损坏或脱落等现象,应立即修理完善。

(7)临边作业的防护,工作面边缘设有防护设施或没有设施但是高度低于 0.8m 时的高处作业称为临边作业。

(8)洞口防护,包括楼梯口、电梯口、预留洞口和出入口(也称通道口)、吊装孔的防护设施。在施工过程中存在着各种孔洞,有从孔洞坠落的危险,根据洞口大小、位置的不同应按施工方案的要求采取设防护栏杆、加盖件、张挂安全网与装栅门等措施时,必须符合下列要求:

①边长在 1500mm 以上的洞口,四周设防护栏杆,洞口下张设安全平网;

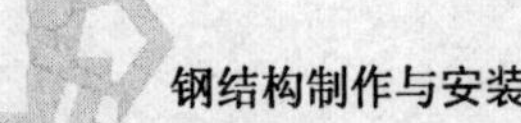

②1.5m×1.5m 以下的孔洞，用坚实盖板盖住，有防止挪动、位移的措施；1.5m×1.5m 以上的孔洞，四周设两道防护栏杆，中间支挂水平安全网，结构施工中伸缩缝和后浇带处加固定盖板防护；

③建筑物楼层临边四周，未砌筑、安装围护结构时，必须设两道防护栏杆，立挂安全网；

④任何人不得随意拆除，如要拆除，须经工地负责人批准，因施工需要临时拆除洞口临边防护时必须设专人监护，监护人员撤离前必须将原防护设施复位。

(9)交叉作业注意事项：在施工现场空间上下不同层次（高度）同时进行的高处作业，叫交叉作业。交叉作业应注意：作业人员在进行上下立体交叉作业时，不得在上下同一垂直面上作业。下层作业位置必须处于上层作业物体可能坠落的范围之外，当不能满足时，由于上方施工可能坠落物件或处于起重机把杆回转范围之内的通道，在其受影响的范围内，必须搭设顶部能防止穿透的双层防护棚。

禁止下层作业人员在防护栏、平台等的下方休息。

(10)使用直爬梯进行攀登作业时，攀登高度超过 8m，必须设置梯间平台。梯子不得缺档、不得垫高使用，梯子横档间距以 300mm 为宜，使用时上端要扎牢，下端应防滑，单面梯与地面夹角以 60°～70°为宜，禁止两人同时在梯子上作业，如需接长使用，应绑扎牢固，且接头不得超过 1 处。连接后梯梁的强度，不应低于单梯梯梁的强度。人字梯底脚应拉牢。在通道处使用梯子，应有人监护或设置围栏。移动梯子时，人必须下梯。上下梯子时，必须面向梯子，且不得手持器物。

所使用的固定式直爬梯应用金属材料制成。梯宽不应大于 500mm，支撑应采用不小于∟70×6 的角钢，埋设与焊接均必须牢固。梯子顶端的踏棍应与攀登的顶面齐平，并加设 1～1.5m 高的扶手。

(11)使用的操作平台上应显著地标明容许荷载值。操作平台上人员和物料的总重量，严禁超过设计的容许荷载。应配备专人加以监督。

5. 使用脚手架施工安全

(1)施工过程中，脚手架搭设人员必须是经过按现行国家标准《特种作业人员安全技术考核管理规则》(GB 5036)考核合格的专业架子工。上岗人员应定期体检，合格者方可持证上岗。

(2)钢管脚手架应用外径 48～51mm，壁厚 3～3.5mm，无严重锈蚀、弯曲、压扁或裂纹的钢管。木脚手架应用小头有效直径不小于 8cm，无腐朽、折裂、枯节的杉篙，脚手杆件不得钢木混搭。

(3)脚手架基础必须平整坚实，有排水措施，满足架体支搭要求，确保不沉陷，不积水。其架体必须支搭在底座（托）或通长脚手板上。

(4)脚手架施工操作面必须满铺脚手板，离墙面不得大于 20cm，不得有空隙和探头板、飞跳板。操作面外侧应设一道护身栏杆和一道 18cm 高的挡脚板。

(5)脚手架必须设置连续剪刀撑（十字盖）保证整体结构不变形，宽度不得超过 7 根立杆，斜杆与水平面夹角应为 45°～60°。

(6)施工过程中，所使用的脚手架必须设置纵、横向扫地杆。纵向扫地杆应采用直角扣件固定在距底座上皮不大于 200mm 处的立杆上。横向扫地杆亦应采用直角扣件固定在紧靠纵向扫地杆下方的立杆上。当立杆基础不在同一高度上时，必须将高处的纵向扫地杆向低处延长两跨与立杆固定，高低差不应大于 1m。靠边坡上方的立杆轴线到边坡的距离不应小于 500mm。

小　结

1. 工程开工应具备条件：组织准备、项目策划、技术准备、资源和安全环境、现场准备。

2. 无负荷联动试车一般由施工单位负责，建设单位派人参加。负荷试车由建设单位组织，试车的指挥、操作由建设单位负责，施工单位可根据合同要求派人参加。

3. 交工验收分为交工预验收、交工验收和竣工验收三个阶段。

4. 施工组织设计是施工企业以指导和部署施工、指挥施工活动、开展项目管理工作的技术经济文件，也是企业对施工项目管理运行方针和目标决策的具体实施纲领和计划。

5. 设计交底由项目经理部经理负责与业主联系，项目经理部及有关专业人员参加；图纸自审工作由专业技术负责人组织进行；图纸会审由项目经理部负责组织，项目经理部及有关专业人员参加。

6. 贯彻落实国家安全生产法规，落实“安全第一，预防为主”的安全生产、劳动保护方针。

7. 各部门对安全生产要坚持“五同时”、“三同时”、“四不放过”原则，

8. 特种作业人员是从事电工、焊工、架子工、司炉工、爆破工、机械操作工、起重工、塔吊司机及指挥人员、人货两用电梯司机等操作的人员。

9. 安全事故处理必须坚持“事故原因不清楚不放过，事故责任者和员工没有受到教育不放过，事故责任者没有处理不放过，没有制定防范措施不放过”的原则。

10. 工程质量形成的全过程分七个阶段：施工准备阶段，材料、构配件、设备采购阶段，原材料检验与施工工艺试验阶段，施工作业阶段，使用功能、性能试验阶段，工程项目交竣工验收阶段，回访与保修阶段。

11. 影响施工质量的因素——人、机、料、法、环，采用 PDCA 循环方法或质量控制统计技术方法进行有效控制。

12. 工序质量控制的方法一般有质量预控和工序质量检验两种，以质量预控为主。

思 考 题

1. 工程开工应具备哪些条件？

2. 什么是竣工验收？

3. 施工组织设计的定义？

4. 施工组织设计的作用，编制依据，基本内容。

5. 施工方案的内容。

6. 图纸会审主要内容。

7. 对安全生产要坚持“五同时”原则是什么？
8. 对安全生产要坚持“四不放过”原则是什么？
9. 什么是三级安全教育？
10. 特种作业人员包括哪些？
11. 工序质量控制的方法。
12. 安全事故应按什么程序进行处理？
13. 高处作业施工安全有哪些？
14. 工程质量形成的全过程分哪几个阶段？
15. 什么是安全三宝、四口？
16. 影响施工质量的因素。

附 录

附录表1:钢板的规格及尺寸(GB/T 709—2006)

	公称尺寸范围(mm)		推荐公称尺寸
单轧钢板	公称厚度 t	3～400	当 t<30mm,按 0.5mm 倍数的任何尺寸
			当 t≥30mm,按 1mm 倍数的任何尺寸
	公称宽度 b	600～4800	按 10mm 或 50mm 倍数的任何尺寸
钢板	公称长度 l	2000～20000	按 50mm 或 100mm 倍数的任何尺寸
钢带 (包括连轧钢板)	公称厚度 t	0.8～25.4	按 0.1mm 倍数的任何尺寸
	公称宽度 b	600～2200	按 10mm 倍数的任何尺寸
纵切钢带	公称宽度 b	120～900	

注:根据需方要求,经供需双方协议,可以供应推荐公称尺寸以外的其他尺寸的钢板和钢带。

附录表 2：热轧扁钢的规格及质量

热轧扁钢的规格及质量(按 GB 704—88)

宽度(mm)	厚度(mm)																								
	3	4	5	6	7	8	9	10	11	12	14	16	18	20	22	25	28	30	32	36	40	45	50	56	60
	理论质量(kg/m)																								
10	0.24	0.31	0.39	0.47	0.55	0.63																			
12	0.28	0.38	0.47	0.57	0.66	0.75																			
14	0.33	0.44	0.55	0.66	0.77	0.88																			
16	0.38	0.50	0.63	0.75	0.88	1.00	1.15	1.26																	
18	0.42	0.57	0.71	0.85	0.99	1.13	1.27	1.41																	
20	0.47	0.63	0.78	0.94	1.10	1.26	1.41	1.57	1.73	1.88															
22	0.52	0.69	0.86	1.04	1.21	1.38	1.55	1.73	1.90	2.07															
25	0.59	0.78	0.98	1.18	1.37	1.57	1.77	1.96	2.16	2.36	2.75	3.14													
28	0.66	0.88	1.10	1.32	1.54	1.76	1.98	2.20	2.42	2.64	3.08	3.53													
30	0.71	0.94	1.18	1.41	1.65	1.88	2.12	2.36	2.59	2.83	3.30	3.77	4.24	4.71											
32	0.75	1.00	1.26	1.51	1.76	2.01	2.26	2.55	2.76	3.01	3.52	4.02	4.52	5.02											
35	0.82	1.10	1.37	1.65	1.92	2.20	2.47	2.75	3.02	3.30	3.85	4.40	4.95	5.50	6.04	6.87	7.69								
40	0.94	1.26	1.57	1.88	2.20	2.51	2.83	3.14	3.45	3.77	4.40	5.02	5.65	6.28	6.91	7.85	8.79								

续上表

宽度 (mm)	厚度 (mm)																								
	3	4	5	6	7	8	9	10	11	12	14	16	18	20	22	25	28	30	32	36	40	45	50	56	60
	理论质量(kg/m)																								
45	1.06	1.41	1.77	2.12	2.47	2.83	3.18	3.53	3.89	4.24	4.95	5.65	6.36	7.07	7.77	8.83	9.89	10.60	11.30	12.72					
50	1.18	1.57	1.96	2.36	2.75	3.14	3.53	3.93	4.32	4.71	5.50	6.28	7.06	7.85	8.64	9.81	10.99	11.78	12.56	14.13					
55		1.73	2.16	2.59	3.02	3.45	3.89	4.32	4.75	5.18	6.04	6.91	7.77	8.64	9.50	10.79	12.09	12.95	13.82	15.54					
60		1.88	2.36	2.83	3.30	3.77	4.214	4.71	5.18	5.65	6.59	7.54	8.48	9.42	10.36	11.78	13.19	14.13	15.07	16.96	18.84	21.20			
65		2.04	2.55	3.06	3.57	4.08	4.59	5.10	5.61	6.12	7.14	8.16	9.18	10.20	11.23	12.76	14.29	15.31	16.33	18.37	20.41	22.96			
70		2.20	2.75	3.30	3.85	4.40	4.95	5.50	6.04	6.59	7.69	8.79	9.89	10.99	12.09	13.74	15.39	16.49	17.58	19.78	21.98	24.73			
75		2.36	2.94	3.53	4.12	4.71	5.30	5.89	6.48	7.07	8.24	9.42	10.06	11.78	12.95	14.72	16.48	17.66	18.84	21.20	23.55	26.49			
80		2.51	3.14	3.77	4.40	5.02	5.65	6.28	6.91	7.54	8.79	10.05	11.80	12.56	13.82	15.70	17.58	18.84	20.10	22.61	25.12	28.26	31.40	35.17	
85			3.34	4.00	4.67	5.34	6.01	6.67	7.34	8.01	9.34	10.68	12.01	13.34	14.68	16.68	18.68	20.02	21.35	24.02	26.69	30.03	33.36	37.37	40.04
90			3.53	4.24	4.95	5.65	6.36	7.07	7.77	8.48	9.89	11.30	12.72	14.13	15.54	17.66	19.78	21.20	22.61	25.43	28.26	31.79	35.32	39.56	42.39
95			3.73	4.47	5.22	5.97	6.71	7.46	8.20	8.95	10.44	11.93	13.42	14.92	16.41	18.64	20.88	22.37	23.86	26.85	29.83	33.56	37.29	41.76	44.74
100			3.92	4.71	5.50	6.28	7.06	7.85	8.64	9.42	10.99	12.56	14.13	15.70	17.27	19.62	21.98	23.55	25.12	28.26	31.40	35.32	39.25	43.96	47.10
105			4.12	4.95	5.77	6.59	7.42	8.24	9.07	9.89	11.54	13.19	14.84	16.48	18.13	20.61	23.08	24.73	26.38	29.67	32.97	37.09	41.21	46.16	49.46
110			4.32	5.18	6.04	6.91	7.77	8.64	9.50	10.36	12.09	13.82	15.54	17.27	19.00	21.59	24.18	25.90	27.63	31.09	34.54	38.86	43.18	48.36	51.81
120			4.71	5.65	6.59	7.54	8.48	9.42	10.36	11.30	13.19	15.07	16.96	18.84	20.72	23.55	26.38	28.26	30.14	33.91	37.68	42.39	47.10	52.75	56.52
125				5.89	6.87	7.85	8.83.	9.81	10.79	11.78	13.74	15.70	17.66	19.62	21.58	24.53	27.48	29.11	31.40	35.32	39.25	44.16	49.06	54.95	56.88
130				6.12	7.14	8.16	9.18	10.20	11.23	12.25	14.29	13.33	18.37	20.41	22.45	25.51	28.57	30.62	32.66	36.74	40.82	45.92	51.02	57.15	61.23
140					7.69	8.79	9.89	10.99	12.09	13.19	15.39	17.58	19.78	21.98	24.18	27.48	30.77	32.97	35.17	39.56	43.96	49.46	54.95	61.54	65.94
150					8.24	9.42	10.60	11.78	12.95	14.13	16.48	18.84	21.20	23.55	25.90	29.44	32.97	35.32	37.68	42.39	47.10	52.99	58.88	65.94	70.65

注：1. 表中的粗线用以划分扁钢的组别：

第1组理论质量≤19kg/m，第2组理论质量＞19kg/m。

2. 表中的理论质量按密度为7.85g/cm³计算。

附录表3:热轧圆钢、方钢的规格及截面特性

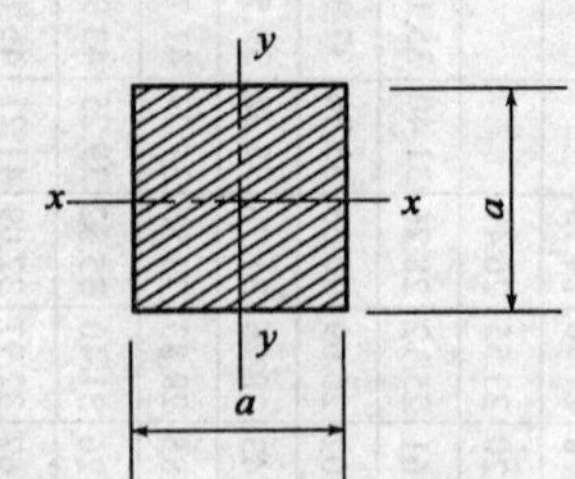

I-截面惯性矩
W-截面模量
i-回转半径

热轧圆钢、方钢的规格及截面特性(GB/T 702—2004)

d 或 a (mm)	圆钢					方钢				
	截面面积 (cm²)	每米质量 (kg/m)	截面特性			截面面积 (cm²)	每米质量 (kg/m)	截面特性		
			I(cm⁴)	W(cm³)	i(cm)			I_x(cm⁴)	W_x(cm³)	i_x(cm)
5.5	0.238	0.186	0.0045	0.0163	0.138	0.303	0.237	0.0076	0.0277	0.159
6	0.283	0.222	0.0063	0.0212	0.150	0.360	0.283	0.0108	0.0360	0.173
6.5	0.332	0.260	0.0088	0.0270	0.163	0.423	0.332	0.0149	0.0458	0.188
7	0.385	0.302	0.0118	0.0337	0.175	0.490	0.385	0.0200	0.0572	0.202
8	0.503	0.395	0.0201	0.0508	0.200	0.640	0.502	0.0341	0.0853	0.231
9	0.636	0.499	0.0322	0.0716	0.225	0.810	0.636	0.0547	0.1215	0.260
10	0.785	0.617	0.0491	0.982	0.250	1.000	0.785	0.0833	0.1667	0.280
11	0.950	0.746	0.0719	0.1307	0.275	1.210	0.950	0.1220	0.2218	0.318
12	1.131	0.888	0.1018	0.1696	0.300	1.440	1.13	0.1728	0.2880	0.346
13	1.327	1.04	0.1402	0.2157	0.325	1.690	1.33	0.2380	0.3662	0.375
14	1.539	1.21	0.1886	0.2694	0.350	1.960	1.54	0.3201	0.4573	0.404
15	1.767	1.39	0.2485	0.3313	0.375	2.250	1.77	0.4219	0.5625	0.433
16	2.011	1.58	0.3217	0.4021	0.400	2.560	2.01	0.5461	0.6827	0.462
17	2.270	1.78	0.4100	0.4823	0.425	2.890	2.37	0.6960	0.8188	0.491
18	2.545	2.00	0.5153	0.5726	0.450	3.240	2.54	0.8748	0.9720	0.520
19	2.835	2.23	0.6397	0.6734	0.475	3.610	2.83	1.086	1.143	0.548
20	3.142	2.47	0.7854	0.7854	0.500	4.000	3.14	1.333	1.333	0.577
21	3.464	2.72	0.9547	0.9092	0.525	4.410	3.46	1.621	1.544	0.606
22	3.801	2.98	1.150	1.045	0.550	4.840	3.80	1.952	1.775	0.635

续上表

d或a (mm)	圆钢					方钢				
	截面面积 (cm²)	每米质量 (kg/m)	截面特性			截面面积 (cm²)	每米质量 (kg/m)	截面特性		
			I(cm⁴)	W(cm³)	i(cm)			I_x(cm⁴)	W_x(cm³)	i_x(cm)
23	4.155	3.26	1.374	1.194	0.575	5.290	4.15	2.332	2.028	0.664
24	4.524	3.55	1.629	1.357	0.600	5.760	4.52	2.765	2.304	0.693
25	4.909	3.85	1.917	1.534	0.625	6.250	4.91	3.255	2.604	0.722
26	5.309	4.17	2.243	1.726	0.650	6.760	5.31	3.808	2.929	0.751
27	5.726	4.49	2.609	1.932	0.675	7.290	5.72	4.429	3.281	0.779
28	6.158	4.83	3.017	2.155	0.700	7.840	6.15	5.122	3.659	0.808
29	6.605	5.18	3.472	2.394	0.725	8.410	6.60	5.894	4.065	0.837
30	7.069	5.55	3.976	2.651	0.750	9.000	7.06	6.750	4.500	0.866
31	7.548	5.92	4.533	2.925	0.775	9.610	7.54	7.696	4.965	0.895
32	8.042	6.31	5.147	3.217	0.800	10.24	8.04	8.738	5.461	0.924
33	8.553	6.71	5.821	3.528	0.825	10.89	8.55	9.883	5.990	0.953
34	9.079	7.13	6.560	3.859	0.850	11.56	9.07	11.14	6.551	0.981
35	9.621	7.55	7.366	4.209	0.875	12.51	9.62	12.25	7.146	1.010
36	10.18	7.99	8.245	4.580	0.900	12.96	10.2	14.00	7.776	1.039
38	11.34	8.90	10.24	5.387	0.950	14.44	11.3	17.38	9.145	1.097
40	12.57	9.86	12.57	6.283	1.000	16.00	12.6	21.33	10.67	1.155
42	13.85	10.9	15.27	7.274	1.050	17.64	13.8	25.93	12.35	1.212
45	15.90	12.5	20.13	8.946	1.125	20.25	15.9	34.17	15.19	1.299
48	18.10	14.2	26.08	10.86	1.200	23.04	18.1	44.24	18.43	1.386
50	19.64	15.4	30.68	12.27	1.250	25.00	19.6	52.08	20.83	1.443
53	21.24	17.3	35.89	13.80	1.300	27.04	22.0	60.93	23.43	1.501
55	23.76	18.6	44.92	16.33	1.375	30.25	23.7	76.26	27.73	1.588
56	24.63	19.3	48.27	17.24	1.400	31.36	24.6	81.95	29.27	1.617
58	26.42	20.7	55.55	19.16	1.450	33.64	26.4	94.30	32.52	1.674
60	28.27	22.2	63.62	21.24	1.500	36.00	28.3	108.0	36.00	1.732
63	31.17	24.5	77.33	24.55	1.575	39.69	31.2	131.3	41.67	1.819
65	33.18	26.0	87.62	26.96	1.625	42.25	33.2	148.8	45.77	1.876
68	36.32	28.5	105.0	30.87	1.700	46.24	36.3	178.2	52.41	1.963

续上表

d或a (mm)	圆钢					方钢				
	截面面积 (cm²)	每米质量 (kg/m)	截面特性			截面面积 (cm²)	每米质量 (kg/m)	截面特性		
			I(cm⁴)	W(cm³)	i(cm)			I_x(cm⁴)	W_x(cm³)	i_x(cm)
70	38.48	30.2	117.9	33.67	1.750	49.00	38.5	200.1	57.17	2.021
75	44.18	34.7	155.3	41.42	1.875	56.25	44.2	263.7	70.31	2.165
80	50.27	39.5	201.1	50.27	2.000	64.00	50.2	341.3	85.33	2.309
85	56.75	44.5	256.2	60.29	2.125	72.25	56.7	435.0	102.4	2.454
90	63.62	49.9	322.1	71.57	2.250	81.00	63.6	546.8	121.5	2.598
95	70.88	55.6	399.8	84.17	2.375	90.25	70.8	678.8	142.9	2.742
100	78.54	61.7	490.9	98.17	2.500	100.0	78.5	833.3	166.7	2.887
105	86.59	68.0	596.7	113.6	2.625	110.3	86.5	1013	192.9	3.031
110	95.03	74.6	718.7	130.7	2.750	121.0	95.0	1220	221.8	3.175
115	103.8	81.5	858.5	149.3	2.875	132.3	104	1458	253.5	3.320
120	113.1	88.8	1018	169.6	3.000	144.0	113	1728	288.0	3.464
125	122.7	96.3	1198	191.7	3.125	156.3	123	2035	325.5	3.608
130	132.7	104	1402	215.7	3.250	169.0	133	2380	366.2	3.753
140	153.9	121	1886	269.4	3.500	196.0	154	3201	457.3	4.041
150	176.7	139	2485	331.3	3.750	225.0	177	4219	562.5	4.330
160	201.1	158	3217	402.1	4.000	256.0	201	5461	682.7	4.619
170	227.0	178	4100	482.3	4.250	289.0	227	6960	818.8	4.907
180	254.5	200	5153	572.6	4.500	324.0	254	8748	972.0	5.196
190	283.5	228	6397	673.4	4.750	361.0	283	10860	1143	5.485
200	314.2	247	7854	785.4	5.000	400.0	314	13333	1333	5.774
210	346.4	272	9547	909.2	5.250	—	—	—	—	—
220	380.1	298	11499	1045	5.550	—	—	—	—	
230		326				—	—	—	—	—
240	452.4	355	16286	1357	6.000	—	—	—	—	—
250	490.9	385	19175	1534	6.250	—	—	—	—	—

注:表中钢的理论质量是按密度为7.85g/cm³计算的。

附录表 4:热轧普通工字钢的规格及截面特性

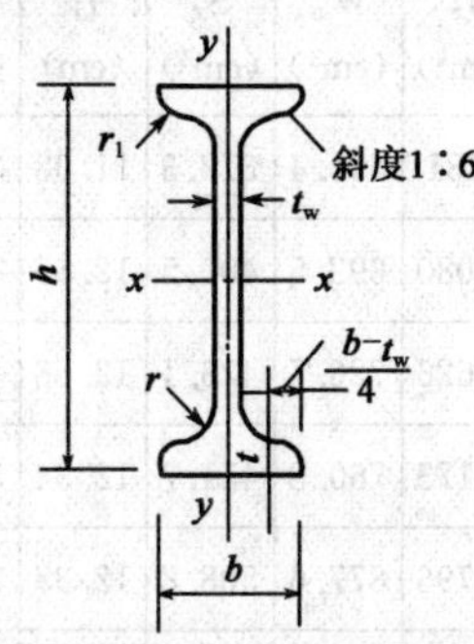

I-截面惯性矩

W-截面模量

S-半截面面积矩

i-截面回转半径

热轧普通工字钢的规格及截面特性(按 GB/T 706—2008)

型号	尺寸(mm)						截面面积	每米质量	截面特性						
									x-x 轴				y-y 轴		
	h	b	t_w	t	r	r_1	A(cm²)	(kg/m)	I_x (cm⁴)	W_x (cm³)	S_x (cm³)	i_x (cm)	l_y (cm⁴)	W_y (cm³)	i_y (cm)
I10	100	68	4.5	7.6	6.5	3.3	14.33	11.25	245	49.0	28.2	4.14	32.8	9.6	1.51
I12	120	74	5.0	8.4	7.0	3.5	17.818	13.987	436	72.7	—	4.95	46.9	12.7	1.62
I12.6	126	74	5.0	8.4	7.0	3.5	18.10	14.21	488	77.4	44.2	5.19	46.9	12.7	1.61
I14	140	80	5.5	9.1	7.5	3.8	21.50	16.88	712	101.7	58.4	5.75	64.3	16.1	1.73
I16	160	88	6.0	9.9	8.0	4.0	26.11	20.50	1127	140.9	80.8	6.57	93.1	21.1	1.89
I18	180	94	6.5	10.7	8.5	4.3	30.74	24.13	1699	185.4	106.5	7.37	122.9	26.2	2.00
I20a	200	100	7.0	11.4	9.0	4.5	35.55	27.91	2369	236.9	136.1	8.16	157.9	31.6	2.11
I20b	200	102	9.0	11.4	9.0	4.5	39.55	31.05	2502	250.2	146.1	7.95	169.0	33.1	2.07
I22a	220	110	7.5	12.3	9.5	4.8	42.10	33.05	3406	309.6	177.7	8.99	325.9	41.1	2.32
I22b	220	112	9.5	12.3	9.5	4.8	46.50	36.50	3583	325.6	189.8	8.78	240.2	42.9	2.27
I25a	250	116	8.0	13.0	10.0	5.0	48.51	38.08	5017	401.4	230.7	10.17	280.4	48.4	2.40
I25b	250	118	10.0	13.0	10.0	5.0	53.51	42.01	5278	422.2	246.3	9.93	297.3	50.4	2.36
I28a	230	122	8.5	13.7	10.5	5.3	55.37	43.47	7115	508.2	292.7	11.34	344.1	56.4	2.49

续上表

型号	尺寸(mm)						截面面积 A(cm²)	每米质量 (kg/m)	截面特性						
									x-x 轴				y-y 轴		
	h	b	t_w	t	r	r_1			I_x (cm⁴)	W_x (cm³)	S_x (cm³)	i_x (cm)	l_y (cm⁴)	W_y (cm³)	i_y (cm)
I28b	280	124	10.5	13.7	10.5	5.3	60.97	47.86	7481	534.4	312.3	11.08	363.8	58.7	2.44
I32a	320	130	9.5	15.0	11.5	5.8	67.12	52.69	11080	692.5	400.5	12.85	459.0	70.6	2.62
I32b	320	132	11.5	15.0	11.5	5.8	73.52	57.71	11626	726.7	426.1	12.58	483.8	73.3	2.57
I32c	320	134	13.5	15.0	11.5	5.8	79.92	62.74	13173	760.8	451.7	12.34	510.1	76.1	2.53
I36a	360	136	10.0	15.8	12.0	6.0	76.44	60.00	15796	877.6	508.8	12.38	554.9	81.6	2.69
I36b	360	138	12.0	15.8	12.0	6.0	83.64	65.66	16574	920.8	541.2	14.08	583.6	84.6	2.64
I36c	360	140	14.0	15.8	12.0	6.0	90.84	71.31	17351	964.0	573.6	13.82	614.0	87.7	2.60
I40a	400	142	10.5	16.5	12.5	6.3	86.07	67.56	21714	1085.7	631.2	15.88	659.9	92.9	2.77
I40b	400	144	12.5	16.5	12.5	6.3	94.07	73.84	22781	1139.0	671.2	15.56	692.8	96.2	2.71
I40c	400	146	14.5	16.5	12.5	6.3	102.07	80.12	23847	1192.4	711.2	15.29	727.5	99.7	2.67
I45a	450	150	11.5	18.0	13.5	6.8	102.40	80.38	32241	1432.9	836.4	17.74	855.0	114.0	2.89
I45b	450	152	13.5	18.0	13.5	6.8	111.40	87.45	33759	1500.4	887.1	17.41	895.4	117.8	2.84
I45c	450	154	15.5	18.0	13.5	6.8	120.40	94.51	35278	1567.9	937.7	17.12	938.0	121.8	2.79
I50a	500	158	12.0	20.0	14.0	7.0	119.25	93.61	46472	1858.9	1084.1	19.74	1121.5	142.0	3.07
I50b	500	160	14.0	20.0	14.0	7.0	129.25	101.46	48556	1942.2	1146.6	19.38	1171.4	146.4	3.01
I50c	500	162	16.0	20.0	14.0	7.0	139.25	109.31	50639	2025.6	1209.1	19.07	1223.9	151.1	2.96
I56a	560	166	12.5	21.0	14.5	7.3	135.38	106.27	65576	2342.0	1368.8	22.01	1365.8	164.6	3.18
I56b	560	168	14.5	21.0	14.5	7.3	146.58	115.06	68503	2446.5	1447.2	21.62	1423.8	169.5	3.12
I56c	560	170	16.5	21.0	14.5	7.3	157.78	128.85	71430	2551.1	1525.6	21.28	1484.8	174.7	3.07
I63a	630	176	13.0	22.0	15.0	7.5	154.59	121.36	94004	2984.3	1747.4	24.66	1702.4	193.5	3.32
I63b	630	178	15.0	22.0	15.0	7.5	167.19	131.35	98171	3116.6	1846.6	24.23	1770.7	199.0	3.25
I63c	630	180	17.0	22.0	15.0	7.5	179.79	141.14	102339	3248.9	1945.9	23.86	1842.4	204.7	3.20

注：普通工字钢的通常长度，I10～I18 为 5～19m，I20～I63 为 6～19m。

附录表 5:热轧 H 型钢的规格及截面特性

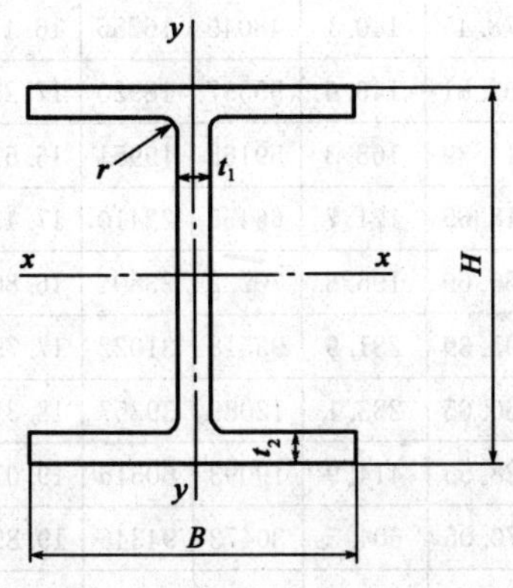

热轧 H 型钢的规格及截面特性(GB/T 11263—2005)

类别	型号(高度×宽度)(mm×mm)	截面尺寸(mm)					截面面积(cm²)	理论质量(kg/m)	惯性矩(cm⁴)		惯性半径(cm)		截面模量(cm³)	
		H	B	t_1	t_2	r			I_x	I_y	i_x	i_y	W_x	W_y
HW	100×100	100	100	6	8	8	21.59	16.9	386	134	4.23	2.49	77.1	26.7
	125×125	125	125	5.5	9	8	30.00	23.6	843	293	5.30	3.13	135	46.9
	150×150	150	150	7	10	8	39.65	31.1	1620	563	6.39	3.77	216	75.1
	175×175	175	175	7.5	11	13	51.43	40.4	2918	983	7.53	4.37	334	112
	200×200	200	200	8	12	13	63.53	49.9	4717	1601	8.62	5.02	472	160
		200	204	12	12	13	71.53	56.2	4984	1701	8.35	4.88	498	167
	250×250	244	252	11	11	13	81.31	63.8	8573	2937	10.27	6.01	703	233
		250	250	9	14	13	91.43	71.8	10689	3648	10.81	6.32	855	292
		250	255	14	14	13	103.93	81.6	11340	3875	10.45	6.11	907	304
	300×300	294	302	12	12	13	106.33	83.5	16384	5516	12.14	7.20	1115	365
		300	300	10	15	13	118.45	93.0	20010	6753	13.00	7.55	1334	450
		300	305	15	15	13	133.45	104.8	21135	7102	12.58	7.29	1409	466
	350×350	338	351	13	13	13	133.27	104.6	27352	9376	14.33	8.39	1618	534
		344	348	10	16	13	144.01	113.0	32545	11242	15.03	8.84	1892	646
		344	354	16	16	13	164.65	129.3	34581	11841	14.49	8.48	2011	669
		350	350	12	19	13	171.89	134.9	39637	13582	15.19	8.89	2265	776
		350	357	19	19	13	196.39	154.2	42138	14427	14.65	8.57	2408	808

续上表

类别	型号（高度×宽度）（mm×mm）	截面尺寸（mm）					截面面积（cm²）	理论质量（kg/m）	惯性矩（cm⁴）		惯性半径（cm）		截面模量（cm³）	
		H	B	t_1	t_2	r			I_x	I_y	i_x	i_y	W_x	W_y
HW	400×400	388	402	15	15	22	178.45	140.1	48040	16255	16.41	9.54	2476	809
		394	398	11	18	22	168.81	146.6	55597	18920	17.25	10.06	2822	951
		394	405	18	18	22	214.39	168.3	59165	19951	16.61	9.65	3003	985
		400	400	13	21	22	218.69	171.7	66455	22410	17.43	10.12	3323	1120
		400	408	21	21	22	250.69	196.8	70722	23804	16.80	9.74	3536	1167
		414	405	18	28	22	295.39	231.9	93518	31022	17.79	10.25	4518	1532
		428	407	20	35	22	360.65	283.1	12089	39357	18.31	10.45	5649	1934
		458	417	30	50	22	528.55	414.9	19093	60516	19.01	10.70	8338	2902
		498	432	45	70	22	770.05	604.5	30473	94346	19.89	11.07	12238	4368
	500×500	492	465	15	20	22	257.95	202.5	115569	33531	21.17	11.40	4698	1442
		502	465	15	25	22	304.45	239.0	145012	41910	21.82	11.73	5777	1803
		502	470	20	25	22	329.55	258.7	150283	43295	21.35	11.46	5987	1842
HM	150×100	148	100	6	9	8	26.35	20.7	995.3	150.3	6.15	2.39	134.5	30.1
	200×150	194	150	6	9	8	28.11	29.9	2586	506.6	8.24	3.65	266.6	67.6
	250×175	244	175	7	11	13	55.49	43.6	5908	983.5	10.32	4.21	484.3	112.4
	300×200	294	200	8	12	13	71.05	55.8	10858	1602	12.36	4.75	738.6	160.2
	350×250	340	250	9	14	13	99.53	78.1	20867	3648	14.48	6.05	1227	291.9
	400×300	390	300	10	16	13	133.25	104.6	37363	7203	16.75	7.35	1916	480.2
	450×300	440	300	11	18	13	153.89	120.8	54067	8105	18.74	7.26	2458	540.3
	500×300	482	300	11	15	13	141.17	110.8	57212	6756	20.13	6.92	2374	450.4
		488	300	11	18	13	159.17	124.9	57916	8106	20.66	7.14	2783	540.4
	550×300	544	300	11	15	13	147.99	116.2	74874	6756	22.49	6.76	2753	450.4
		550	300	11	18	13	165.99	130.3	88470	8106	23.09	6.99	3217	540.4
	600×300	582	300	12	17	13	169.21	132.8	97287	7659	23.98	6.73	3343	510.6
		588	300	12	20	13	187.21	147.0	112827	9009	24.55	6.94	3838	600.6
		594	302	14	23	13	217.09	170.4	132179	10572	24.68	6.98	4450	700.1
HN	100×50	100	50	5	7	8	11.85	9.3	191.0	14.7	4.02	1.11	38.2	5.9
	125×60	125	60	6	8	8	19.69	13.1	407.7	29.1	4.94	1.32	65.2	9.7
	150×75	150	75	5	7	8	17.85	14.0	645.7	49.4	6.01	1.66	86.1	13.2
	175×90	175	90	5	8	8	22.90	18.0	1174	97.4	7.16	2.06	134.2	21.6
	200×100	198	99	4.5	7	8	22.69	17.8	1484	113.4	8.09	2.24	149.9	22.0
		200	100	5.5	8	8	26.67	20.9	1753	133.7	8.11	2.24	175.3	26.7

续上表

类别	型号（高度×宽度）(mm×mm)	截面尺寸(mm)					截面面积(cm²)	理论质量(kg/m)	惯性矩(cm^4)		惯性半径(cm)		截面模量(cm^3)	
		H	B	t_1	t_2	r			I_x	I_y	i_x	i_y	W_x	W_y
HN	250×125	248	124	5	8	8	31.99	25.1	3346	254.6	10.23	2.82	269.8	41.1
		250	125	6	9	8	36.97	29.0	3868	293.5	10.23	2.82	309.4	47.0
	300×150	289	149	5.5	8	13	40.80	32.0	5911	141.7	12.04	3.29	396.7	59.3
		300	150	6.5	9	13	46.78	36.7	6829	507.2	12.08	3.29	455.3	67.6
	350×175	346	174	6	9	13	52.45	41.2	10456	791.1	14.12	3.88	604.4	90.9
		350	175	7	11	13	62.91	49.4	12980	983.8	14.36	3.95	741.7	112.4
	400×150	400	150	8	13	13	70.37	55.2	17906	733.2	15.95	3.23	895.3	97.8
	400×200	396	199	7	11	13	71.41	56.1	19023	1446	16.32	4.50	960.8	145.3
		400	200	8	13	13	83.37	65.4	22775	1735	16.53	4.56	1139	173.5
	450×200	446	199	8	12	3	82.97	65.1	27146	1578	18.09	4.36	1217	158.6
		450	200	9	14	13	95.43	74.9	319.73	1870	18.30	4.43	1421	187.0
	500×200	496	199	9	14	13	99.29	77.9	39628	1842	19.98	4.31	1598	185.1
		500	200	10	16	13	112.25	88.1	45685	2138	20.17	4.36	1827	213.8
		506	201	11	19	13	129.31	101.5	54478	2577	20.53	4.46	2153	256.4
	550×200	546	199	9	14	13	103.79	81.5	49245	1842	21.78	4.21	1804	185.2
		550	200	10	16	13	149.25	117.2	79515	7205	23.08	6.95	2891	480.3
	600×200	596	199	10	15	13	117.75	92.4	64.739	1975	2345	4.10	2172	198.5
		600	200	11	17	13	131.71	103.4	73749	2273	2366	4.15	2458	227.3
		606	201	12	20	13	149.77	117.6	86656	2716	2405	4.26	2860	270.2
	650×300	646	299	10	15	13	152.75	119.9	107794	6688	2556	6.62	3337	447.4
		650	300	11	17	13	171.21	134.4	122739	7657	26.77	6.69	3777	510.5
		656	301	12	20	13	195.77	153.7	144433	9100	27.16	6.82	4403	604.6
	700×300	692	300	13	20	18	207.54	162.9	164101	9014	28.12	6.59	4743	600.9
		700	300	13	24	18	231.54	181.8	193522	10814	28.92	6.83	5532	720.9
	750×300	734	299	12	16	18	182.70	143.4	155539	7140	29.18	6.25	4238	477.6
		742	300	13	20	18	214.04	168.0	191989	9015	29.95	6.49	5175	601.0
		750	300	13	24	18	238.04	186.9	225863	10815	30.80	6.74	6023	721.0
		758	303	16	28	18	284.78	223.6	271350	13008	30.87	6.76	7160	858.6
	800×300	792	300	14	22	18	239.50	188.0	242399	9919	31.18	6.44	6121	661.3
		800	300	14	26	18	263.50	206.8	280925	11719	32.65	6.67	7023	781.3

续上表

类别	型号（高度×宽度）(mm×mm)	截面尺寸(mm)					截面面积 (cm^2)	理论质量 (kg/m)	惯性矩(cm^4)		惯性半径(cm)		截面模量(cm^3)	
		H	B	t_1	t_2	r			I_x	I_y	i_x	i_y	W_x	W_y
HN	850×300	834	298	14	19	18	227.46	178.6	243858	8400	32.74	6.08	5848	563.8
		842	299	15	23	18	259.72	203.9	291216	10271	33.49	6.29	6917	687.0
		850	300	16	27	18	292.14	229.3	339670	12179	34.10	6.46	7992	812.0
		853	301	17	31	18	324.72	254.9	389234	14125	34.62	6.60	9073	938.5
	900×300	890	299	15	23	18	266.92	209.5	330588	10273	35.19	6.20	7429	687.1
		900	300	16	28	18	305.82	240.1	397241	12631	36.04	6.43	8828	842.1
		912	302	18	34	18	360.06	282.6	484615	15652	36.69	6.59	10628	1037
	1000×300	970	297	16	21	18	276.00	216.7	382977	9203	37.25	5.77	7896	619.7
		980	298	17	26	18	315.50	247.7	462157	11508	38.27	6.04	9432	772.3
		990	298	17	31	18	395.10	271.1	535201	13713	39.37	6.30	10812	920.3
		1000	300	19	36	18	395.10	310.2	626396	16256	39.82	6.41	12528	1084
		1008	302	21	40	18	439.26	344.8	704572	18437	40.05	6.48	13980	1221
HT	100×50	95	48	3.2	4.5	8	7.62	6.0	109.7	8.4	3.79	1.05	23.1	3.5
		97	49	4	5.5	8	9.38	7.4	141.8	10.9	3.89	1.08	29.2	4.4
	100×100	96	99	4.5	6	8	16.21	12.7	272.7	97.1	4.10	2.45	56.8	19.6
	125×60	118	58	3.2	4.5	8	9.26	7.3	202.4	14.7	4.68	1.26	34.3	5.1
		120	59	4	5.5	8	11.40	8.9	259.7	18.9	4.77	1.29	43.3	6.4
	125×125	119	123	4.5	6	8	20.12	15.8	523.6	186.2	5.10	3.04	88.0	30.3
	150×75	145	73	3.2	4.5	8	11.47	9.0	383.2	29.3	5.78	1.60	52.9	8.0
		147	74	4	5.5	8	14.13	11.1	488.0	37.3	5.88	1.62	66.4	10.1
	150×100	139	97	3.2	4.5	8	13.44	10.5	447.3	68.5	5.77	2.26	64.4	14.1
		142	99	4.5	6	8	18.28	14.3	632.7	97.2	5.88	2.31	89.1	19.6
	150×150	144	148	5	7	8	27.77	21.8	1070	378.4	6.21	3.69	148.6	51.1
		147	149	6	8.5	8	33.68	26.4	1338	468.9	6.30	3.73	182.1	62.9
	175×90	168	88	3.2	4.5	8	13.56	10.6	619.6	51.2	6.76	1.94	73.8	11.6
		171	89	4	6	8	17.59	13.8	852.1	70.6	6.96	2.00	99.7	15.9
	175×175	167	173	5	7	13	33.32	26.2	1731	604.5	7.21	4.26	207.2	69.9
		172	175	6.5	9.5	13	44.65	35.0	2466	849.2	7.43	4.36	286.8	97.1
	200×100	193	98	3.2	4.5	8	15.26	12.0	921.0	70.7	7.77	2.15	95.4	14.4
		196	99	4	6	8	19.79	15.5	1260	97.2	7.98	2.22	128.6	19.6
	200×150	188	149	4.5	6	8	26.35	20.7	1669	331.0	7.96	3.54	177.6	44.4
	200×200	192	198	6	8	13	43.69	34.3	2984	1036	8.26	4.87	310.8	104.6

续上表

类别	型号（高度×宽度）（mm×mm）	截面尺寸(mm)					截面面积（cm^2）	理论质量（kg/m）	惯性矩（cm^4）		惯性半径(cm)		截面模量（cm^3）	
		H	B	t_1	t_2	r			I_x	I_y	i_x	i_y	W_x	W_y
HT	250×125	244	124	4.5	6	8	25.87	20.3	2529	190.9	9.89	2.72	207.3	30.8
	250×175	238	173	4.5	8	13	39.12	30.7	4045	690.8	10.17	4.20	339.9	79.9
	300×150	294	148	4.5	6	13	31.90	25.0	4342	324.6	11.67	3.19	295.4	43.9
	300×200	286	198	6	8	13	49.33	38.7	7000	1036	11.91	4.58	489.5	104.6
	350×175	340	173	4.5	6	13	36.97	29.0	6823	518.3	13.58	3.74	401.3	59.9
	400×150	390	148	6	8	13	47.57	37.3	10900	433.2	15.14	3.02	559.0	58.5
	400×200	390	198	6	8	13	55.57	43.6	13819	1036	15.77	4.32	708.7	104.6

注：1. 同一型号的产品，其内侧尺寸高度一致。

2. 截面面积计算公式为：$t_1(H-2t_2)+2Bt_2+0.858r^2$。

附录表 6:角钢的截面特征值

等肢角钢的截面特征值

角钢型号	单角钢										双角钢			
	圆角 R	重心距 z_0	截面积	质量	惯性矩 I_x	截面抵抗矩		回转半径			i_y,当 a 为下列数值			
						W_x^{max}	W_x^{min}	i_x	i_{x0}	i_{y0}	6mm	8mm	10mm	12mm
	(mm)		(cm^2)	(kg/m)	(cm^4)	(cm^3)		(cm)			(cm)			
∟20×3	3.5	6.0	1.13	0.89	0.4	0.67	0.29	0.59	0.75	0.39	1.08	1.16	1.25	1.34
4	3.5	6.4	1.46	1.14	0.5	0.78	0.36	0.58	0.73	0.38	1.11	1.19	1.28	1.37
∟25×3	3.5	7.3	1.43	1.12	0.81	1.12	0.46	0.76	0.95	0.49	1.23	1.36	1.44	1.53
4	3.5	7.6	1.86	1.46	1.03	1.36	0.59	0.74	0.93	0.43	1.30	1.38	1.46	1.55
∟30×3	4.5	8.5	1.75	1.37	1.46	1.72	0.68	0.91	1.15	0.59	1.47	1.55	1.63	1.71
4	4.5	8.9	2.28	1.79	1.84	2.05	0.87	0.90	1.13	0.58	1.49	1.57	1.66	1.74
3	4.5	10.0	2.11	1.65	2.58	2.58	0.99	1.11	1.39	0.71	1.71	1.75	1.86	1.95
∟36×4	4.5	10.4	2.76	2.16	3.29	3.16	1.28	1.09	1.33	0.70	1.73	1.81	1.89	1.97
5	4.5	10.7	3.38	2.65	3.95	3.70	1.56	1.03	1.36	0.70	1.74	1.82	1.91	1.99
3	5	10.9	2.36	1.85	3.59	3.3	1.23	1.23	1.55	0.79	1.85	1.93	2.01	2.09
∟40×4	5	11.3	3.09	2.42	4.60	4.07	1.60	1.22	1.54	0.79	1.88	1.96	2.04	2.12
5	5	11.7	3.79	2.93	5.53	4.73	1.96	1.21	1.52	0.78	1.90	1.98	2.06	2.14
3	5	12.2	2.66	2.09	5.17	4.24	1.58	1.40	1.76	0.90	2.06	2.14	2.21	2.20
4	5	12.6	3.49	2.74	6.65	5.28	2.05	1.33	1.74	0.89	2.08	2.16	2.24	2.32
∟45×5	5	13.0	4.29	3.37	8.04	6.19	2.51	1.37	1.72	0.88	2.11	2.18	2.26	2.34
6	5	13.3	5.08	3.98	9.33	7.0	2.95	1.36	1.70	0.88	2.12	2.20	2.28	2.36
3	5.5	13.4	2.27	2.33	7.18	5.36	1.96	1.55	1.96	1.00	2.26	2.33	2.41	2.49
4	5.5	13.8	3.90	3.06	9.26	6.71	2.56	1.54	1.94	0.99	2.28	2.35	2.43	2.51
∟50×5	5.5	14.2	4.80	3.77	11.21	7.89	3.13	1.53	1.92	0.98	2.30	2.38	2.45	2.53
6	5.5	14.6	5.69	4.46	13.05	8.94	3.68	1.52	1.91	0.93	2.32	2.40	2.48	2.56
3	6	14.8	3.34	2.62	10.2	6.89	2.48	1.75	2.20	1.13	2.49	2.57	2.64	2.71
4	6	15.3	4.39	3.45	13.2	8.68	3.24	1.73	2.18	1.11	2.52	2.59	2.67	2.75
∟56×5	6	15.7	5.41	4.25	16.0	10.2	3.97	1.72	2.17	1.10	2.54	2.62	2.69	2.77
8	6	16.8	8.37	6.57	23.6	14.0	6.03	1.68	2.11	1.09	2.60	2.67	2.75	2.83
4	7	17.0	4.98	3.91	19.0	11.2	4.13	0.96	2.46	1.26	2.80	2.87	2.94	3.02

续上表

角钢型号	单角钢										双角钢			
	圆角 R	重心距 z_0	截面积	质量	惯性矩 I_x	截面抵抗矩		回转半径			i_y，当 a 为下列数值			
						W_x^{max}	W_x^{min}	i_x	i_{x0}	i_{y0}	6mm	8mm	10mm	12mm
	(mm)		(cm^2)	(kg/m)	(cm^4)	(cm^3)		(cm)			(cm)			
5	7	17.4	6.14	4.82	23.2	13.3	5.08	1.94	2.45	1.25	2.82	1.89	2.97	3.04
∟63×6	7	17.8	7.29	5.72	27.1	15.2	6.0	1.93	2.43	1.24	2.84	2.91	2.99	3.06
8	7	18.5	9.51	7.47	34.5	18.6	7.75	1.90	2.40	1.23	2.87	2.95	3.02	3.10
10	7	19.3	11.66	9.15	41.1	21.3	9.39	1.83	2.36	1.22	2.91	2.99	3.07	3.15
4	8	18.6	5.57	4.37	26.4	14.2	5.14	2.18	2.74	1.40	3.07	3.14	3.21	3.28
5	8	19.1	6.87	5.40	32.2	16.8	6.32	2.16	2.73	1.39	3.09	3.17	3.24	3.31
6	8	19.5	8.16	6.41	37.8	19.4	7.48	2.15	2.71	1.38	3.11	3.19	3.26	3.34
∟70×7	8	19.9	9.42	7.40	43.1	21.6	8.59	2.14	2.69	1.33	3.13	3.21	3.23	3.36
8	8	20.3	10.7	8.37	43.2	43.8	9.68	2.21	2.63	1.37	3.15	3.23	3.30	3.38
5	9	20.4	7.38	5.82	40.0	19.6	7.32	2.33	2.92	1.50	3.30	3.37	3.45	3.52
6	9	20.7	8.80	6.90	47.0	22.7	8.64	2.31	2.90	1.49	3.31	3.38	3.46	3.53
∟75×7	9	21.1	10.2	7.98	53.0	25.4	9.93	2.30	2.89	1.48	3.33	3.40	3.48	3.55
8	9	21.5	11.5	9.03	60.0	27.9	11.2	2.28	2.88	1.47	3.35	3.42	3.50	3.57
10	9	22.2	14.1	11.1	72.0	32.4	13.6	2.26	2.84	1.46	3.38	3.46	3.53	3.61
5	9	21.5	7.91	6.21	48.8	22.7	8.34	2.48	3.13	1.60	3.49	3.56	3.63	3.71
6	9	21.9	9.40	7.38	57.3	26.1	9.87	2.47	3.11	1.59	3.51	3.58	3.65	3.72
∟80×7	9	22.3	10.9	8.52	65.6	29.4	11.4	2.46	3.10	1.58	3.53	3.60	3.67	3.75
8	9	22.7	12.3	9.66	73.5	32.4	12.8	2.44	3.08	1.57	3.55	3.62	3.69	3.77
10	9	23.5	11.5	11.9	88.4	37.6	15.6	2.42	3.04	1.56	3.59	3.66	3.74	3.81
6	10	24.4	10.6	8.35	82.3	33.9	12.6	2.79	3.51	1.80	3.91	3.98	4.05	4.13
7	10	24.8	12.3	9.66	94.8	38.2	14.5	2.78	3.50	1.78	3.93	4.00	4.07	4.15
∟90×8	10	25.2	13.9	10.9	106	42.1	16.4	2.76	3.48	1.73	3.95	4.02	4.09	4.17
10	10	25.9	17.2	13.5	129	49.7	20.1	2.74	3.45	1.76	3.93	4.05	4.13	4.20
12	10	26.7	20.3	15.9	149	56.0	23.6	2.71	3.41	1.75	4.02	4.10	4.17	4.25
6	12	26.7	11.9	9.37	115	43.1	15.7	3.10	3.90	2.00	4.30	4.37	4.44	4.51
7	12	27.1	13.8	10.3	132	48.6	18.1	3.09	3.89	1.99	4.31	4.39	4.46	4.53
∟100×8	12	27.6	15.6	12.3	148	53.7	20.5	3.08	3.83	1.93	4.34	4.41	4.48	4.56
10	12	28.4	19.3	15.1	179	63.2	25.1	3.05	3.84	1.96	4.38	4.45	4.52	4.80

续上表

角钢型号	单角钢										双角钢			
	圆角 R	重心距 z_0	截面积	质量	惯性矩 I_x	截面抵抗矩		回转半径			i_y，当 a 为下列数值			
						W_x^{max}	W_x^{min}	i_x	i_{x0}	i_{y0}	6mm	8mm	10mm	12mm
	(mm)		(cm^2)	(kg/m)	(cm^4)	(cm^3)		(cm)			(cm)			
12	12	29.1	22.8	17.9	209	71.9	29.5	3.03	3.81	1.95	4.41	4.49	4.56	4.63
14	12	29.9	26.3	20.6	236	79.1	33.7	3.00	3.77	1.94	4.45	4.53	4.60	4.68
16	12	30.6	29.6	23.3	262	89.6	37.8	2.98	3.74	1.94	4.49	4.56	4.64	4.72
7	12	29.6	15.2	11.9	177	59.9	22.0	3.41	4.30	2.20	4.72	4.79	4.86	4.92
8	12	30.1	17.2	13.5	199	64.7	25.0	3.40	4.28	2.19	4.75	4.82	4.89	4.96
∟110×10	12	30.9	21.3	16.7	242	78.4	30.6	3.38	4.25	2.17	4.78	4.86	4.96	5.00
12	12	32.6	25.2	19.8	283	89.4	36.0	3.35	4.22	2.15	4.81	4.89	4.96	5.03
14	12	31.4	29.1	22.8	321	99.2	41.3	3.32	4.18	2.14	4.85	4.93	5.00	5.07
8	14	33.7	19.7	15.5	297	88.1	32.5	3.88	4.88	2.50	5.34	5.41	5.48	5.55
10	14	34.5	24.4	19.1	362	105	40.0	3.85	4.85	2.48	5.38	5.45	5.52	5.59
∟125×12	14	35.3	28.9	22.7	423	120	41.2	3.83	4.82	2.46	5.41	5.48	5.56	5.63
14	14	36.1	33.4	26.2	482	133	54.2	3.80	4.78	2.45	5.45	5.52	5.60	5.67
10	14	38.2	27.4	21.5	515	135	50.6	4.34	5.46	2.78	5.98	6.05	6.12	6.19
12	14	39.0	32.5	25.5	604	155	59.8	4.31	5.43	2.76	6.02	6.09	6.16	6.23
∟140×14	14	39.8	37.6	29.5	639	173	68.7	4.28	5.40	2.75	6.05	6.12	6.20	6.27
16	14	40.6	42.5	33.4	770	190	77.5	4.26	5.36	2.74	6.09	6.16	6.24	6.31
10	16	43.1	31.5	24.7	779	180	66.7	4.98	6.27	3.20	6.78	6.85	6.92	6.99
12	16	43.9	37.4	29.4	917	208	79.0	4.95	6.24	3.18	6.82	6.89	6.96	7.02
∟160×14	16	44.7	43.3	34.0	1048	234	90.9	4.92	6.20	3.16	6.85	6.92	6.99	7.07
16	16	45.5	49.1	38.5	1175	258	103	4.89	6.17	3.14	6.89	6.96	7.03	7.10
12	16	48.9	42.2	33.2	1321	271	101	5.59	7.05	3.58	7.63	7.70	7.77	7.84
14	16	49.7	48.9	38.4	1514	305	116	5.56	7.02	3.56	7.66	7.73	7.81	7.87
∟180×16	16	50.5	55.5	43.5	1701	338	131	5.54	6.98	3.55	7.70	7.77	7.84	7.91
18	16	51.3	62.0	48.6	1875	365	146	5.50	6.94	3.51	7.73	7.80	7.87	7.94
14	18	54.6	54.6	42.9	2104	337	145	6.20	7.82	3.98	8.47	8.53	8.60	8.67
16	18	55.4	62.0	48.7	2366	428	164	6.18	7.79	3.96	8.50	8.57	8.04	8.71
∟200×18	18	56.2	69.3	54.4	2621	467	182	6.15	7.75	3.94	8.54	9.61	8.67	8.75
20	18	56.9	76.5	60.1	2867	503	200	6.12	7.72	3.93	8.56	8.64	8.71	8.73
24	18	58.7	90.7	71.2	3338	570	236	6.07	7.64	3.90	8.65	8.73	8.80	8.87

不等肢角钢的截面特征值

角钢型号	单角钢 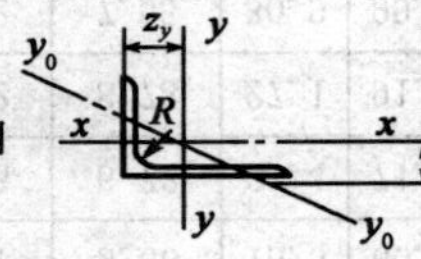										双角钢 							
	圆角 R	重心距		截面积	质量	惯性矩		回转半径			i_{y1}，当 a 为下列数				i_{y1}，当 a 为下列数			
		z_x	z_y			I_x	I_y	i_x	i_y	i_{y0}	6mm	8mm	10mm	12mm	6mm	8mm	10mm	12mm
		(mm)		(cm²)	(kg/m)	(cm⁴)		(cm)			(cm)				(cm)			
∟25×16×3	3.5	4.2	8.6	1.16	0.91	0.22	0.70	0.44	0.78	0.34	0.84	0.93	1.02	1.11	1.40	1.48	1.57	1.65
4	3.5	4.6	9.0	1.50	1.18	0.27	0.88	0.43	0.77	0.34	0.87	0.96	1.05	1.14	1.42	1.51	1.60	1.68
∟32×20×3	3.5	4.9	10.8	1.49	1.17	0.46	1.53	0.55	1.01	0.43	0.97	1.05	1.14	1.22	1.71	1.79	1.88	1.96
4	3.5	5.3	11.2	1.94	1.52	0.57	1.93	0.54	1.00	0.42	0.99	1.08	1.16	1.25	1.74	1.82	1.90	1.99
∟40×25×3	4	5.9	13.2	1.89	1.48	0.93	3.03	0.70	1.28	0.54	1.13	1.21	1.30	1.38	2.06	2.14	2.22	2.31
4	4	6.3	13.7	1.47	1.94	1.18	3.93	0.69	1.26	0.54	1.16	1.24	1.32	1.41	2.09	2.17	2.26	2.34
∟45×28×3	5	6.4	14.7	2.15	1.69	1.34	4.45	0.79	1.44	0.61	1.23	1.31	1.39	1.47	2.28	2.36	2.44	2.52
4	5	6.8	15.1	2.81	2.20	1.70	4.69	0.78	1.42	0.60	1.25	1.33	1.41	1.50	2.30	2.38	2.49	2.55
∟50×32×3	5.5	7.3	16.0	2.43	1.91	2.02	6.24	0.91	1.60	0.70	1.38	1.45	1.53	1.61	2.49	2.56	2.64	2.72
4	5.5	7.7	16.5	3.18	2.49	2.58	8.02	0.90	1.59	0.69	1.40	1.48	1.56	1.64	2.52	2.59	2.67	2.75
3	6	8.0	17.8	2.74	2.15	2.92	8.88	1.03	1.80	0.79	1.51	1.58	1.66	1.74	2.75	2.83	2.90	2.98
∟56×36×4	6	8.5	18.2	3.59	2.82	3.76	11.4	1.02	1.79	0.79	1.54	1.62	1.69	1.77	2.77	2.85	2.93	3.01
5	6	8.8	18.7	4.41	3.47	4.49	13.9	1.01	1.77	0.78	1.55	1.63	1.71	1.79	2.80	2.87	2.98	3.04
4	7	9.2	20.4	4.06	3.18	5.23	16.5	1.14	2.02	0.88	1.67	1.74	1.82	1.90	3.09	3.16	3.24	3.32
5	7	9.5	20.8	4.99	3.92	6.31	20.0	1.12	2.00	0.87	1.68	1.76	1.83	1.91	3.11	3.19	3.27	3.35
∟63×40×6	7	9.9	21.2	5.91	4.64	7.29	23.4	1.11	1.98	0.86	1.70	1.78	1.86	1.94	3.13	3.21	3.29	3.37
7	7	10.3	21.5	6.80	5.34	8.24	26.5	1.10	1.96	0.86	1.73	1.80	1.88	1.97	3.15	3.23	3.30	3.39

续上表

角钢型号	单角钢 圆角 R	重心距 z_x	重心距 z_y	截面积	质量	惯性矩 I_x	惯性矩 I_y	回转半径 i_x	回转半径 i_y	回转半径 i_{y0}	双角钢 i_{y1},当 a 为下列数 6mm	8mm	10mm	12mm	i_{y2},当 a 为下列数 6mm	8mm	10mm	12mm
		(mm)		(cm^2)	(kg/m)	(cm^4)		(cm)			(cm)				(cm)			
4	7.5	10.2	22.4	4.55	3.57	7.55	23.2	1.29	2.26	0.98	1.84	1.92	1.99	2.07	3.40	3.48	3.56	3.62
5	7.5	10.6	22.8	5.61	4.40	9.13	27.9	1.28	2.23	0.98	1.86	1.94	2.01	2.09	3.41	3.49	3.57	3.64
└70×45×6	7.5	10.9	23.2	6.65	5.22	10.6	32.5	1.26	2.21	0.98	1.88	1.95	2.03	2.11	3.43	3.51	3.58	3.66
7	7.5	11.3	23.6	7.66	6.01	12.0	37.2	1.25	2.20	0.97	1.90	1.98	2.06	2.14	3.45	3.53	3.61	3.69
5	8	11.7	24.0	6.12	4.81	12.6	34.9	1.44	2.39	1.10	2.05	2.13	2.20	2.28	3.60	3.68	3.76	3.83
6	8	11.8	26.5	7.26	5.70	14.7	41.1	1.42	2.38	1.08	2.07	2.15	2.22	2.30	3.63	3.71	3.78	3.86
└75×50×8	8	12.9	25.2	9.47	7.43	18.5	52.4	1.40	2.35	1.07	2.12	2.19	2.27	2.35	3.67	3.75	3.83	3.91
10	8	13.6	36.0	11.6	9.10	22.0	62.7	1.38	2.33	1.06	2.16	2.23	2.31	2.40	3.72	3.80	3.88	3.96
5	8	11.4	26.0	6.37	5.00	12.8	42.0	1.42	2.56	14.10	2.02	2.09	2.17	2.24	3.87	3.95	4.02	4.10
6	8	11.8	26.5	7.56	5.93	14.9	49.5	1.41	2.55	1.08	2.04	2.12	2.19	2.27	3.90	3.98	4.06	4.14
└80×50×7	8	12.1	26.9	8.72	6.85	17.0	56.2	1.38	2.54	1.08	2.06	2.13	2.21	2.28	3.92	4.00	4.08	4.15
8	8	12.5	27.3	9.87	7.74	18.8	62.8	1.38	2.52	1.07	2.08	2.15	2.23	2.31	3.94	4.02	4.10	4.18
5	9	12.5	29.1	7.21	5.66	18.3	60.4	1.50	2.90	1.23	2.22	2.29	2.37	2.44	4.32	4.40	4.47	4.55
6	9	12.9	29.5	8.56	6.72	21.4	71.0	1.58	2.88	1.23	2.24	2.32	2.39	2.46	4.24	4.42	4.40	4.58
8	9	13.6	30.4	11.2	8.78	27.1	91.0	1.56	2.85	1.21	2.28	2.35	2.43	2.50	4.39	4.47	4.55	4.62
6	10	14.3	32.4	9.62	7.55	30.9	99.1	1.79	3.21	1.38	2.49	2.56	2.63	2.71	4.78	4.85	4.93	5.00
7	10	14.7	32.8	11.1	8.72	35.3	113	1.78	3.20	1.38	2.51	2.58	2.66	2.73	4.80	4.87	4.95	5.03

续上表

角钢型号	单角钢										双角钢							
	圆角 R	重心距		截面积	质量	惯性矩		回转半径			i_{y1}，当 a 为下列数				i_{y2}，当 a 为下列数			
		z_x	z_y			I_x	I_y	$i_{=}$	i_y	i_{y0}	6mm	8mm	10mm	12mm	6mm	8mm	10mm	12mm
	(mm)			(cm^2)	(kg/m)	(cm^4)		(cm)			(cm)				(cm)			
└100×63×8	10	15.0	33.2	12.6	9.88	39.4	127	1.77	3.18	1.37	2.52	2.60	2.67	2.75	4.82	4.89	4.97	5.05
10	10	15.8	34.0	15.5	12.1	47.1	154	1.74	3.15	1.35	2.57	2.64	2.72	2.79	4.86	4.94	5.02	5.69
6	10	19.7	29.5	10.6	8.35	61.2	107	2.40	3.17	1.72	3.30	3.37	3.44	3.52	4.54	4.61	4.69	4.76
7	10	16.1	35.7	12.3	9.66	70.1	123	2.39	3.16	1.72	3.32	3.39	3.46	3.54	4.57	4.64	4.71	4.79
└100×80×8	10	20.5	30.4	13.9	10.9	78.6	138	2.37	3.14	1.71	3.34	3.41	3.48	3.56	4.59	4.36	4.74	4.81
10	10	21.3	31.2	17.2	13.5	94.6	167	2.35	3.12	1.69	3.38	3.45	3.53	3.60	4.63	4.70	4.78	4.85
6	10	15.7	35.3	10.6	8.35	42.9	133	2.01	3.54	1.54	2.74	2.81	2.88	2.97	5.22	5.29	5.36	5.44
7	10	16.1	35.7	12.3	9.66	49.0	153	2.00	3.53	1.53	2.76	2.83	2.90	2.93	5.24	5.31	5.39	5.46
└110×70×8	10	16.5	36.2	13.9	10.9	54.9	172	1.93	3.51	1.53	2.78	2.85	2.93	3.00	5.26	5.34	5.41	5.49
10	10	17.2	37.0	17.2	13.5	65.9	208	1.9	3.43	1.51	2.81	2.89	2.96	3.04	5.30	5.38	5.46	5.53
7	11	18.0	40.1	14.1	11.1	74.4	228	2.30	4.02	1.76	3.11	3.18	3.25	3.32	5.89	5.97	6.04	6.12
└125×80×8	11	18.4	40.6	16.0	12.6	83.5	257	2.28	4.01	1.75	3.13	3.20	3.27	3.34	5.92	6.00	6.07	6.15
10	11	19.2	41.4	19.7	15.6	101	312	2.26	3.96	1.74	3.17	3.24	3.31	3.38	5.96	6.04	6.11	6.19
12	11	20.0	42.2	23.4	18.3	117	364	2.24	3.95	1.72	3.21	3.28	3.35	3.43	6.00	6.08	6.15	6.23
8	12	20.4	45.0	18.0	14.2	121	366	2.59	4.50	1.98	3.49	3.56	3.63	3.70	6.58	6.65	6.72	6.79
└140×90×10	12	21.2	45.8	22.3	17.5	146	445	2.56	4.47	1.96	3.52	3.59	3.66	3.74	6.26	6.69	6.77	6.84
12	12	21.9	46.6	26.4	20.7	170	522	2.54	4.44	1.95	3.55	3.62	3.70	3.77	6.66	6.74	6.81	6.89

续上表

角钢型号	单角钢										双角钢							
	圆角 R	重心距		截面积	质量	惯性矩		回转半径			i_{y1}，当 a 为下列数				i_{y2}，当 a 为下列数			
		z_x	z_y			I_x	I_y	i_x	i_y	i_{y0}	6mm	8mm	10mm	12mm	6mm	8mm	10mm	12mm
		(mm)		(cm^2)	(kg/m)	(cm^4)		(cm)			(cm)				(cm)			
14	12	22.7	47.4	30.5	23.9	192	594	2.51	4.42	1.94	3.59	3.67	3.74	3.81	6.70	3.78	6.85	9.93
10	13	22.8	52.4	25.3	19.9	205	669	2.85	5.14	2.19	3.84	3.91	3.98	4.05	7.56	7.63	7.70	7.78
12	13	23.6	53.2	30.1	23.6	239	785	2.82	5.11	2.17	3.88	3.95	4.02	4.09	7.60	7.67	7.75	7.82
└160×100×14	13	24.3	54.0	34.7	27.2	271	896	2.80	5.08	2.16	3.91	3.98	4.05	4.12	7.64	7.71	7.79	7.86
16	13	25.1	54.8	39.3	30.8	302	1003	2.77	5.05	2.16	3.95	4.02	4.09	4.17	7.68	7.75	7.83	7.91
10	14	24.4	58.9	28.4	22.3	278	956	3.13	5.80	2.42	4.16	4.23	4.29	4.36	8.47	8.56	8.63	8.71
12	14	25.2	59.8	33.7	26.5	325	1125	3.10	5.78	2.40	4.19	4.26	4.33	4.40	8.53	8.61	8.68	8.76
└180×110×14	14	25.9	60.6	39.0	30.5	370	1287	3.08	5.75	2.39	4.22	4.29	4.36	4.43	8.57	8.65	8.72	8.80
16	14	26.7	61.4	44.1	34.6	412	1443	3.06	5.72	2.38	4.26	4.33	4.40	4.47	8.61	8.69	8.76	8.84
12	14	28.3	65.4	37.9	29.8	483	1571	3.57	6.44	2.74	4.75	4.81	4.88	4.95	9.39	9.47	9.54	9.61
14	14	29.1	66.2	43.9	34.4	551	1801	3.54	6.41	2.73	4.78	4.85	4.92	4.99	9.43	9.50	9.58	9.65
└200×125×16	14	29.9	67.0	49.7	39.0	615	2023	3.52	6.38	2.71	4.82	4.89	4.96	5.03	9.47	9.54	9.62	9.69
18	14	30.6	67.8	55.5	43.6	677	2238	3.49	6.35	2.70	4.85	4.92	4.99	5.07	9.51	9.58	9.66	9.74

附录表 7:手工电弧焊和埋弧焊焊接接头基本形式与尺寸

序号	适用厚度(mm)	基本形式	焊缝形式	基本尺寸(mm)	标注方法
1	≤6	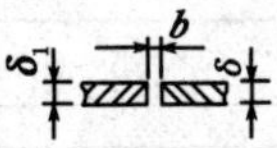		δ: ≤6; b: $\frac{1}{2}\delta \pm 1$	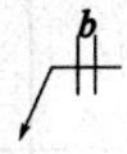
2	≤6	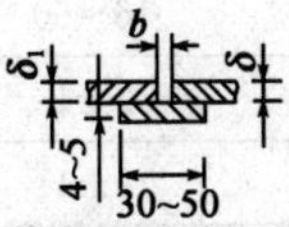 4~5; 30~50		δ: ≤6; b: =δ	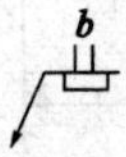
3	6~16	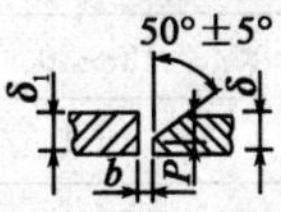 50°±5°	 S≥0.7δ	δ: 6~9 / >9~16; b: 1±1 / 2±1; P: 2±1 / 2±1	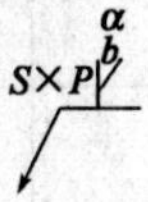 S×P
4					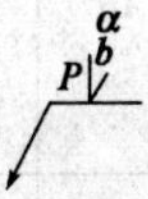 P
5	6~26	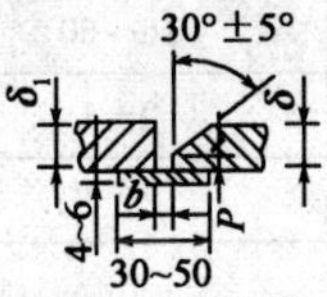 30°±5°; 4~6; 30~50		δ: 6~9 / >9~15 / >15~26; b: 6±1 / 8±1 / 9±1; P: 2±1 / 2±1 / 2±1	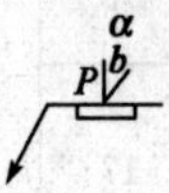 P
6	6~16	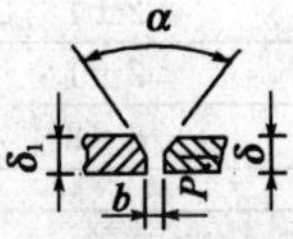 α	 S≥0.7δ	δ: 6~9 / >9~16; a: 55°±5° / 55°±5°; b: 1±1 / 2±1; P: 1^{+1}_{-0} / 2±1	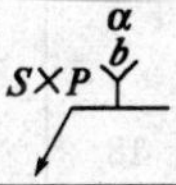 S×P
7					 P
8	6~26	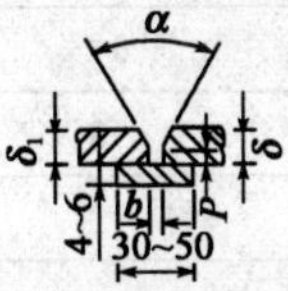 α; 4~6; 30~50		δ: 6~12 / >12~26; b: 6±1 / 9±1; P: 2±1 / 2±1; d: 45°±5° / 35°±5°	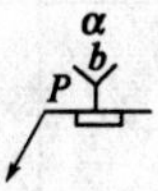 P
9	≥12	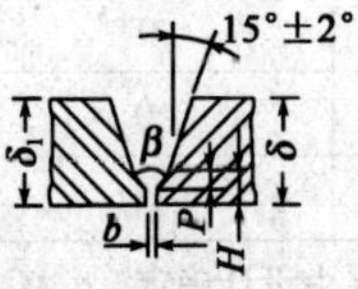 15°±2°; β		δ: ≥12; β: 60°±5°; b: 2^{+1}_{-2}; P: 2±1; H: 10±2	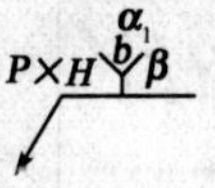 P×H
10					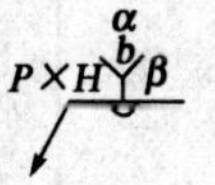 P×H

续上表

序号	适用厚度(mm)	基本形式	焊缝形式	基本尺寸(mm)		标注方法
11	≥10	15°±2° R δ_1 δ 1.0 b P		δ	≥10	P×R α_1 b β
12				b	2±1	P×R α_1 b
				P	2±1	
				R	5～6	
13	16～60	30°±5° R δ_1 δ 1.0 b P		δ	16～60	P×R α_1 b
14				b	2±1	P×R α b
				P	2±1	
				R	8～10	
15	12～30	55°±5° δ P b 55°±5°		δ	12～30	P α b
				b	2±1	
				P	2±1	
16	16～60	60°±5° δ_1 δ P b 60°±5°		δ	16～60	P α b
17				b	2±1	P α b H
				P	2±1	
18	30～60	15°±2° R 1.0 δ_1 δ P b		δ	30～60	P×R α_1 b
				b	2±1	
				P	2±1	
				R	6～8	
19	≤6	δ b δ_1	S≥0.7δ	δ	≤6	b
20			K	b	0^{+2}	b K
				K_{min}	3	
21	6～30	l δ b δ_1	K K_1	δ	6～30	K_1
22			K K_1	b	0^{+2}	K K_1
				K	>0.5δ	
				K_{min}	4	
				l由设计确定		

续上表

序号	适用厚度(mm)	基本形式	焊缝形式	基本尺寸(mm)	标注方法
23	6～20	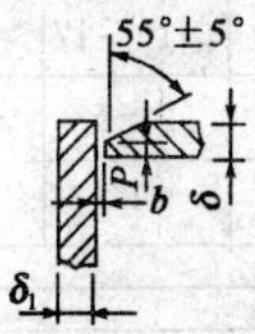 55°±5°	$S \geqslant 0.7\delta$	δ: 6～10, >10～20; b: 1±1, 2±1; P: 1±1, 2±1; K_{min}: 4, 5	S×P α b
24					P α b K
25	≥12	30°±5°, 4～5		δ: ≥12; b: 6～9; P: 2±1	P α b
26	16～60	30°±5°, R, 1.0		δ: 16～60; b: 2±1; P: 2±1; R: 8～10	P×R α_1 b
27					P×R α_1 b K
28	12～30	60°±5°	$S \geqslant 0.7\delta$	δ: 12～17, ≥17～30; b: 0^{+3}; P: 2±1; K_{min}: 4, 6	S×R α b
29					P α b K
30	20～40	55°±5°, 55°±5°		δ: 20～40; b: 2±1; P: 2±1	P α b
31	1～2	R, H		δ: 1～2; b: 0^{+1}; R: 1～2; H: 3	H×R b
32	2～60	0+2		δ: 2～3, >3～6, >6～9, >9～12; K_{min}: 2, 3, 4, 5; δ: >12～16, >16～23, >23～30, >30～60; K_{min}: 6, 8, 10, 12; K、l、e由设计确定	K
33					K
34			l e l	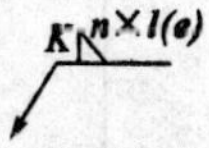	K n×l(e)
35			l e l		K n×l(e)

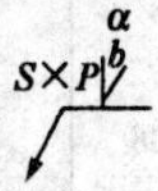

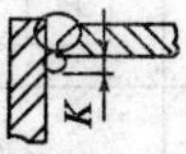

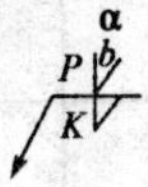

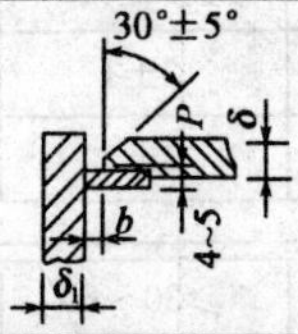

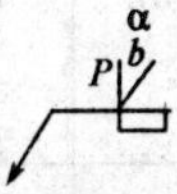

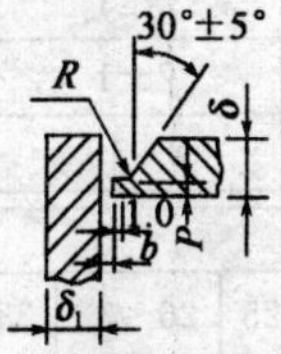

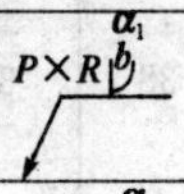

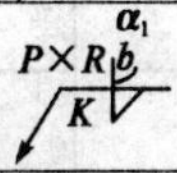

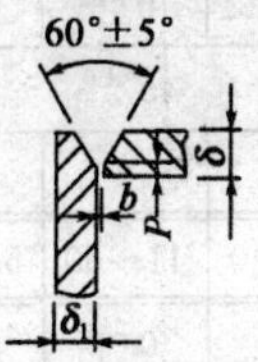

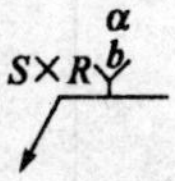

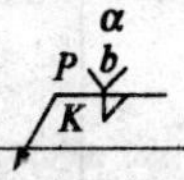

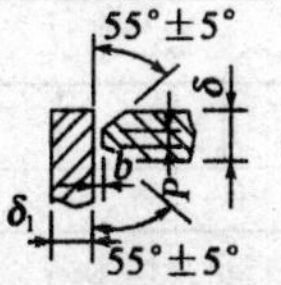

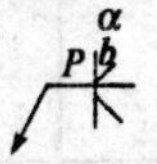

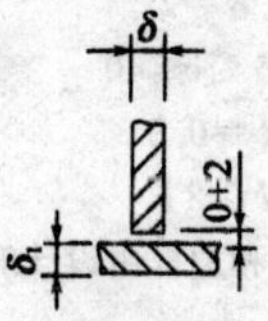

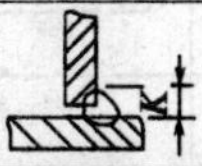

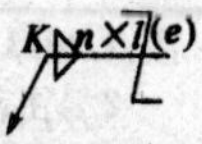

续上表

序号	适用厚度(mm)	基本形式	焊缝形式	基本尺寸(mm)	标注方法
36	6～30			δ: 6～10 / >10～17 / >17～30 b: 1±1 / 2±1 / 3±1 P: 1±1 / 2±1 / 2±1	
37	12～40			δ: ≥12～40 b: 2±1 P: 2±1	
38	30～60			δ: ≥30～60 b: 2±1 P: 2±1 R: 8～10	
39	20～60			δ: 20～25 / 26～32 / 33～36 b: 0^{+1} / 0^{+1} / 0^{+1} r: $45°^{+0}_{-5°}$ P: 6 / 8 / 10 δ: 37～40 / 41～50 / 51～60 b: 0^{+1} / 0^{+1} / 0^{+1} r: $45°^{+0}_{-5°}$ P: 12 / 15 / 18	局部熔透焊缝
40	2～30			δ: ≥2～5 / >5～30 b: 0^{+1} / 0^{+1} l: ≥2(δ_1+δ)或≥5δ K_{min}: δ+b	
41	≥2			δ=2 2δ≤c≤40 R=0.5c l≥2R 焊点间距 e 和边框由设计确定	

注：1. 板厚 δ ≥ δ 。

2. Yβ 表示双 V 形坡口形式，β 表示其角度。

附录表8:埋弧焊焊接接头基本形式与尺寸

序号	适用厚度(mm)	基本形式	焊缝形式	基本尺寸(mm)	标注方法
1	≤12		$S \geqslant 0.7\delta$	δ: ≤12; b: 0^{+1}	
2	≤12			δ: ≤12; b: 0^{+1}	
3	≤12			δ: ≤12; b: 0^{+1}	
4	≤12			δ: ≥3～5, >5～9, >9～12; b: 3±1, 4±1, 6±1	TD
5	≤12			δ: ≥3～5, >5～9, >9～12; b: 2±1, 3±1, 4±1	HD
6	10～24			δ: ≥10～20; b: 0^{+1}; P: 4±1	HD
7	10～24			δ: ≥10～16, >16～20; b: 0^{+1}; P: 6±1, 7±1	
8	16～50			δ: ≥10～20, >20～30, >30～50; b: 6±1, 8±1, 10±1; P: 2±1	TD
9	10～24			δ: ≥10～16, >16～24; b: 0^{+1}, 0^{+1}; P: 6±1, 8±1; α: 70°±5°, 90°±5°	HD

续上表

序号	适用厚度(mm)	基本形式	焊缝形式	基本尺寸(mm)	标注方法
10	16～50	30°±5°; δ_1; δ; 5～10; b; P; 30～50		δ: ≥16～20 / >20～30 / >30～50; b: 6±1 / 8±1 / 10±1; P: 2±1	P, α, b, TD
11	≥20	10°±2°; β; δ_1; δ; H; b; P		δ: ≥20; H: 11±2; P: 2±1; b: 2±1; β: 70°±5°	P×H, α_1, b, β, SF
12	20～30	55°±5°; P; δ_1; δ; b; H; 55°±5°		δ: ≥20～30; b: 0^{+1}; P: 8±1	P, α, b
13					P, H, α, b
14	20～40	80°±5°; δ_1; δ; H; P; b; 80°±5°		δ: 20～40; b: 0^{+1}; P: 6±1	P, α, b
15					P, H, α, b
16	40～160	α_1; R; δ_1; δ; P; b		δ: ≥40～100 / >100～160; a: 10°±2° / 6°±2°; b: 0^{+1}; P: 8±1; R: 6±1	P×R, α_1, b
17	40～130	α_1; R; δ_1; δ; P; H; b; 60°±5°		δ: ≥40～60 / >60～90 / >90～130; a: 10°±2° / 8°±2° / 4°±2°; b: 0^{+2}; H: 12±1; P: 2±1; R: 10±1	P×R, H, α_1, b, SF

续上表

序号	适用厚度(mm)	基本形式	焊缝形式	基本尺寸(mm)	标注方法
18	6～10			δ: 6～8 | 9～14 b: 0^{+1} K_{min}: 4 | 5	
19	10～20			δ: 10～15 | >5～20 b: 0^{+1} P: 5±1 K_{min}: 4 | 6	
20	20～50			δ: 20～50 b: 0^{+1} P: 5±1 H: 8±1 K_{min}: 6	
21 22	2～20			δ: 2～6 | >6～10 | >10～14 | >14～20 b: 0^{+1} | 0^{+1} | 0^{+1} | 0^{+1} K_{min}: 3 | 4 | 5 | 6 K、l、e 由设计确定	
23 24	2～60			δ: >2～5 | >5～12 | >12～18 | >18～25 | >25～40 | >40～60 b: 0^{+1} | 0^{+2} K_{min}: 3 | 4 | 6 | 8 | 10 | 12	
25	10～24			δ: 10～15 | >15～20 | >20～24 b: 0^{+1} P: 4±1 K_{min}: 6 | 8 | 10	
26	16～40			δ: 16～40 b: 0^{+1} P: 4±1	

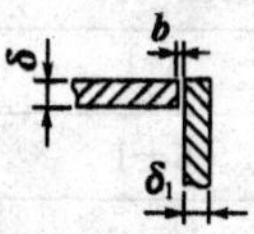

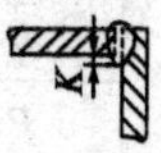

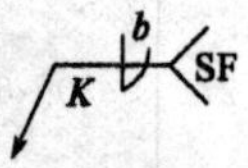

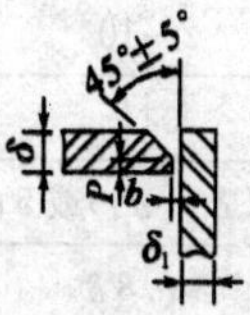

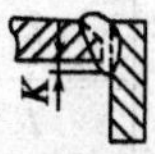

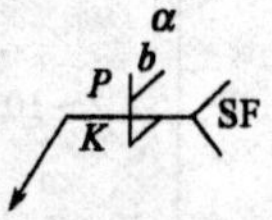

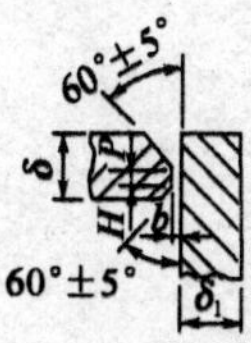

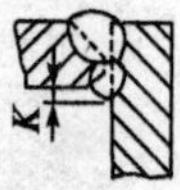

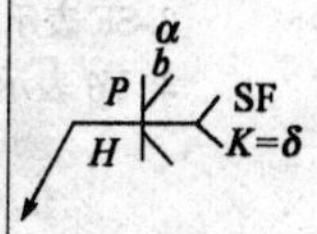

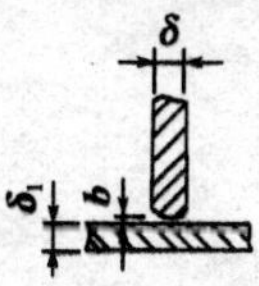

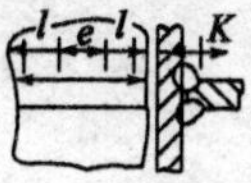

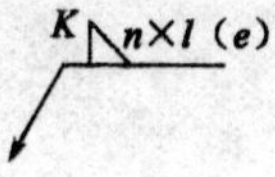

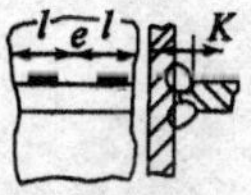

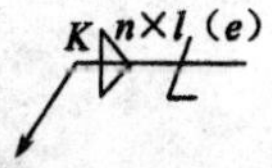

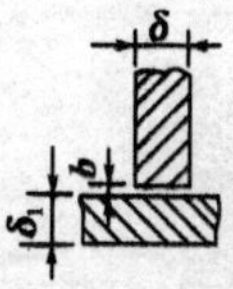

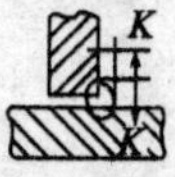

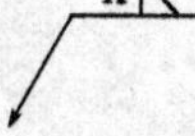

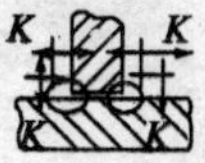

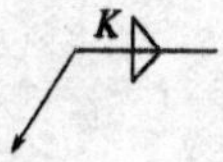

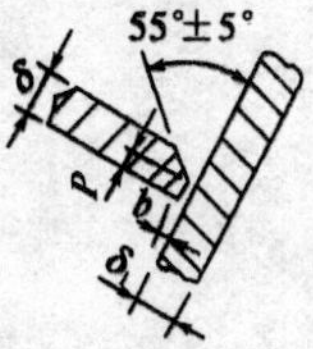

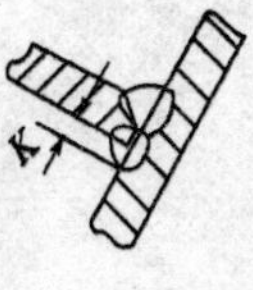

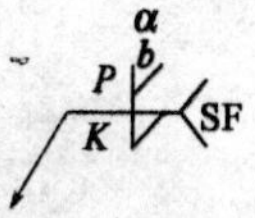

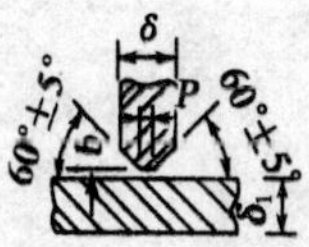

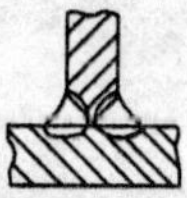

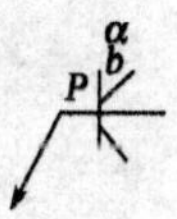

续上表

序号	适用厚度(mm)	基本形式	焊缝形式	基本尺寸(mm)		标注方法
27	30～60			δ	30～60	
				b	0^{+1}	
				P	6±1	
				R	10±1	
28	2～10			δ	2～10	
				b	0^{+1}	
				l	$\geqslant 2(\delta+\delta_1)$或$5\delta$	
				K	$\geqslant 0.8\delta$	

注：1. HD表示采用焊剂垫，TD表示采用钢垫板。

2. SF表示手工封底。

3. $Y\beta$表示双V形坡口形式，β表示角度。

附录表 9:轴心受压钢结构构件的稳定系数

钢结构设计规范 a 类截面轴心受压构件的稳定系数 φ

$\lambda\sqrt{\frac{f_y}{235}}$	0	1	2	3	4	5	6	7	8	9
0	1.000	1.000	1.000	1.000	0.999	0.999	0.998	0.998	0.997	0.996
10	0.995	0.994	0.993	0.992	0.991	0.989	0.988	0.986	0.985	0.983
20	0.981	0.979	0.977	0.976	0.974	0.972	0.970	0.968	0.966	0.964
30	0.963	0.961	0.959	0.957	0.955	0.952	0.950	0.948	0.946	0.944
40	0.941	0.939	0.937	0.934	0.932	0.929	0.927	0.924	0.921	0.919
50	0.916	0.913	0.910	0.907	0.904	0.900	0.897	0.894	0.890	0.886
60	0.883	0.879	0.875	0.871	0.867	0.863	0.858	0.854	0.849	0.844
70	0.839	0.834	0.829	0.824	0.818	0.813	0.807	0.801	0.795	0.789
80	0.733	0.776	0.770	0.763	0.757	0.750	0.743	0.736	0.728	0.721
90	0.714	0.706	0.699	0.691	0.684	0.676	0.668	0.661	0.653	0.645
100	0.638	0.630	0.622	0.615	0.607	0.600	0.592	0.585	0.577	0.570
110	0.563	0.555	0.548	0.541	0.534	0.527	0.520	0.514	0.507	0.500
120	0.494	0.488	0.481	0.475	0.469	0.463	0.457	0.451	0.445	0.440
130	0.434	0.429	0.423	0.418	0.412	0.407	0.402	0.397	0.392	0.387
140	0.383	0.378	0.373	0.369	0.364	0.360	0.356	0.351	0.347	0.343
150	0.339	0.335	0.331	0.327	0.323	0.320	0.316	0.312	0.309	0.305
160	0.302	0.298	0.295	0.292	0.289	0.285	0.282	0.279	0.276	0.273
170	0.270	0.267	0.264	0.262	0.259	0.256	0.253	0.251	0.248	0.246
180	0.243	0.241	0.238	0.236	0.233	0.231	229	226	0.224	0.222
190	0.220	0.218	0.215	0.213	0.211	0.209	0.207	0.205	0.203	0.201
200	0.199	0.198	0.196	0.194	0.192	0.190	0.189	0.187	0.185	0.183
210	0.182	0.180	0.179	0.177	0.175	0.174	0.172	0.171	0.169	0.168
220	0.166	0.165	0.164	0.162	0.161	0.159	0.158	0.157	0.155	0.154
230	0.153	0.152	0.150	0.149	0.148	0.147	0.146	0.144	0.143	0.142
240	0.141	0.140	0.139	0.138	0.136	0.135	0.134	0.133	0.132	0.131
250	0.130									

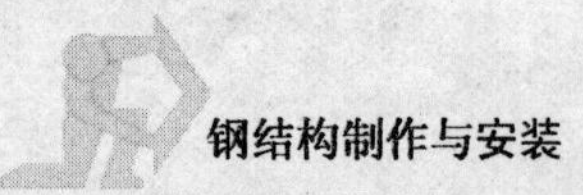

钢结构设计规范 b 类截面轴心受压构件的稳定系数 φ

$\lambda\sqrt{\frac{f_y}{235}}$	0	1	2	3	4	5	6	7	8	9
0	1.000	1.000	1.000	0.999	0.999	0.998	0.997	0.996	0.995	0.994
10	0.992	0.991	0.989	0.987	0.985	0.983	0.981	0.978	0.976	0.973
20	0.970	0.967	0.963	0.960	0.957	0.953	0.950	0.946	0.943	0.939
30	0.936	0.932	0.929	0.925	0.922	0.918	0.914	0.910	0.906	0.903
40	0.899	0.895	0.891	0.887	0.882	0.878	0.874	0.870	0.865	0.861
50	0.856	0.852	0.847	0.842	0.838	0.833	0.828	0.823	0.818	0.813
60	0.807	0.802	0.797	0.791	0.786	0.780	0.774	0.769	0.763	0.757
70	0.751	0.745	0.739	0.732	0.726	0.720	0.714	0.707	0.701	0.694
80	0.688	0.681	0.675	0.668	0.661	0.655	0.648	0.641	0.635	0.628
90	0.621	0.614	0.608	0.601	0.594	0.588	0.581	0.575	0.568	0.561
100	0.555	0.549	0.542	0.536	0.529	0.523	0.517	0.511	0.505	0.499
110	0.493	0.487	0.481	0.475	0.470	0.464	0.458	0.483	0.447	0.442
120	0.437	0.432	0.426	0.421	0.416	0.411	0.406	0.402	0.397	0.392
130	0.387	0.383	0.378	0.374	0.370	0.365	0.361	0.357	0.353	0.349
140	0.345	0.341	0.337	0.333	0.329	0.326	0.322	0.318	0.315	0.311
150	0.308	0.304	0.301	0.298	0.295	0.291	0.288	0.285	0.282	0.279
160	0.276	0.273	0.270	0.267	0.265	0.262	0.259	0.256	0.254	0.251
170	0.249	0.246	0.244	0.241	0.239	0.236	0.234	0.232	0.229	0.227
180	0.225	0.223	0.220	0.218	0.216	0.214	0.212	0.210	0.208	0.206
190	0.204	0.202	0.200	0.198	0.197	0.195	0.193	0.191	0.190	0.188
200	0.186	0.184	0.183	0.181	0.180	0.178	0.176	0.175	0.173	0.172
210	0.170	0.169	0.167	0.166	0.165	0.163	0.162	0.160	0.159	0.158
220	0.156	0.155	0.154	0.153	0.151	0.150	0.149	0.148	0.146	0.145
230	0.144	0.143	0.142	0.141	0.140	0.138	0.137	0.136	0.135	0.134
240	0.133	0.132	0.131	0.130	0.129	0.128	0.127	0.126	0.125	0.124
250	0.123									

钢结构设计规范 c 类截面轴心受压构件的稳定系数 φ

$\lambda\sqrt{\frac{f_y}{235}}$	0	1	2	3	4	5	6	7	8	9
0	1.000	1.000	1.000	0.999	0.999	0.998	0.997	0.996	0.995	0.993
10	0.992	0.990	0.988	0.986	0.983	0.981	0.978	0.976	0.973	0.970
20	0.966	0.959	0.953	0.947	0.940	0.934	0.928	0.921	0.915	0.909
30	0.902	0.896	0.890	0.884	0.877	0.871	0.865	0.858	0.852	0.846
40	0.839	0.833	0.826	0.820	0.814	0.807	0.801	0.794	0.788	0.781
50	0.775	0.768	0.762	0.755	0.748	0.742	0.735	0.729	0.722	0.715
60	0.709	0.702	0.695	0.689	0.682	0.676	0.669	0.662	0.656	0.649
70	0.643	0.636	0.629	0.623	0.616	0.610	0.604	0.597	0.591	0.584
80	0.578	0.572	0.566	0.559	0.553	0.547	0.541	0.535	0.529	0.523
90	0.517	0.511	0.505	0.500	0.494	0.488	0.483	0.477	0.472	0.467
100	0.463	0.458	0.454	0.449	0.445	0.441	0.436	0.432	0.428	0.423
110	0.419	0.415	0.411	0.407	0.403	0.399	0.395	0.391	0.387	0.383
120	0.379	0.375	0.371	0.367	0.364	0.360	0.356	0.353	0.349	0.346
130	0.342	0.339	0.335	0.332	0.328	0.325	0.322	0.319	0.315	0.312
140	0.309	0.306	0.303	0.300	0.297	0.294	0.291	0.288	0.285	0.282
150	0.280	0.277	0.274	0.271	0.269	0.266	0.264	0.261	0.258	0.256
160	0.254	0.251	0.249	0.246	0.244	0.242	0.239	0.237	0.235	0.233
170	0.230	0.228	0.226	0.224	0.222	0.220	0.218	0.216	0.214	0.212
180	0.210	0.208	0.206	0.205	0.203	0.201	0.199	0.197	0.196	0.194
190	0.192	0.190	0.189	0.187	0.186	0.184	0.182	0.181	0.179	0.178
200	0.176	0.175	0.173	0.172	0.170	0.169	0.168	0.166	0.165	0.163
210	0.162	0.161	0.159	0.158	0.157	0.156	0.154	0.153	0.152	0.151
220	0.150	0.148	0.147	0.146	0.145	0.144	0.143	0.142	0.140	0.139
230	0.138	0.137	0.136	0.135	0.134	0.133	0.132	0.131	0.130	0.129
240	0.128	0.127	0.126	0.125	0.124	0.124	0.123	0.122	0.121	0.120
250	0.119									

钢结构设计规范 d 类截面轴心受压构件的稳定系数 φ

$\lambda\sqrt{\frac{f_y}{235}}$	0	1	2	3	4	5	6	7	8	9
0	1.000	1.000	0.999	0.999	0.998	0.996	0.994	0.992	0.990	0.987
10	0.984	0.981	0.978	0.974	0.969	0.965	0.960	0.955	0.949	0.944
20	0.937	0.927	0.918	0.909	0.900	0.891	0.883	0.874	0.865	0.857
30	0.848	0.840	0.831	0.823	0.815	0.807	0.799	0.790	0.782	0.774
40	0.766	0.759	0.751	0.743	0.735	0.728	0.720	0.712	0.705	0.697
50	0.690	0.683	0.675	0.668	0.661	0.654	0.646	0.639	0.632	0.625
60	0.618	0.612	0.605	0.598	0.591	0.585	0.578	0.572	0.565	0.559
70	0.552	0.546	0.540	0.534	0.528	0.522	0.516	0.510	0.504	0.498
80	0.493	0.487	0.481	0.476	0.470	0.465	0.460	0.454	0.449	0.444
90	0.439	0.434	0.429	0.424	0.419	0.414	0.410	0.405	0.401	0.397
100	0.394	0.390	0.387	0.383	0.380	0.376	0.373	0.370	0.366	0.363
110	0.359	0.356	0.353	0.350	0.346	0.343	0.340	0.337	0.334	0.331
120	0.328	0.325	0.322	0.319	0.316	0.313	0.310	0.307	0.304	0.301
130	0.299	0.296	0.293	0.290	0.288	0.285	0.282	0.280	0.277	0.275
140	0.272	0.270	0.267	0.265	0.262	0.260	0.258	0.255	0.253	0.251
150	0.248	0.246	0.244	0.242	0.240	0.237	0.235	0.233	0.231	0.229
160	0.227	0.225	0.223	0.221	0.219	0.217	0.215	0.213	0.212	0.210
170	0.208	0.206	0.204	0.203	0.201	0.199	0.197	0.196	0.194	0.192
180	0.191	0.189	0.188	0.186	0.184	0.183	0.181	0.180	0.178	0.177
190	0.176	0.174	0.173	0.171	0.170	0.168	0.167	0.166	0.164	0.163
200	0.162									

参考文献

[1] 盛一芳.建筑结构[M].北京:人民交通出版社,2008.
[2] 汤金华.钢结构制造与安装[M].南京:东南大学出版社,2006.
[3] 中国建筑科学研究院.GB 50009—2001 建筑结构荷载规范[S].北京:中国建筑工业出版社,2002.
[4] 中国建筑科学研究院.混凝土结构施工图平面整体表示方法制图规则和构造详图(03G101-1)[M].北京:中国建筑工业出版社.
[5] 中国建筑科学研究院.GB 50011—2010 建筑抗震设计规范[S].北京:中国建筑工业出版社,2011.
[6] 中国建筑科学研究院.GB/T 50105—2010 建筑结构制图标准[S].北京:中国建筑工业出版社,2011.
[7] 中国建筑科学研究院.GB 50068—2001 建筑结构可靠度设计统一标准[S].北京:中国建筑工业出版社,2002.
[8] 中国建筑科学研究院.GBJ 83—85 建筑结构设计通用符号、计量单位和基本术语[S].北京:中国建筑工业出版社,1985.
[9] 中国建筑科学研究院.GB 50017—2003 钢结构设计规范[S].北京:中国建筑工业出版社,2003.
[10] 中国建筑科学研究院.GB 50018—2002 冷弯薄壁型钢结构技术规范[S].北京:中国建筑工业出版社,2002.
[11] 中国建筑科学研究院.JGJ 99—98 高层民用建筑钢结构技术规程[S].北京:中国建筑工业出版社,1998.
[12] 中国建筑科学研究院.CECS 102:2002 门式刚架轻型房屋钢结构技术规程[S].北京:中国建筑工业出版社,2002.
[13] 冶金工业部建筑研究院.GB 50205—2001 钢结构工程施工质量验收规范[S].北京:中国计划出版社,2002.
[14] 中国建筑科学研究院.JGJ 81—91 建筑钢结构焊接技术规程[S].北京:中国建筑工业出版社,1992.
[15] 中国建筑科学研究院.JGJ 82—91 钢结构高强螺栓连接的设计、施工与验收规程[S].北京:中国建筑工业出版社,1991.
[16] 中国建筑科学研究院.JGJ 78—91 网架结构工程质量检验评定标准[S].北京:中国建筑工业出版社,1992.
[17] 中国建筑科学研究院.JG/J 10—2009 钢网架螺栓球节点[S].北京:中国标准出版社,2009.
[18] 中国建筑科学研究院.JG/T 11—2009 钢网架焊接空心球节点[S].北京:中国标准出版

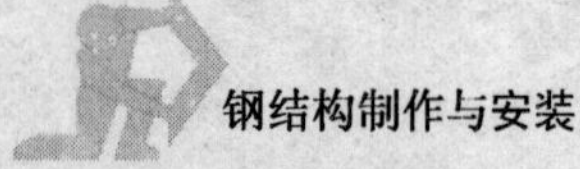

社,2009.

[19] 沈祖炎,陈以一,陈扬骥. 房屋钢结构设计[M]. 北京:中国建筑工业出版社,2007.

[20] 陈绍蕃. 钢结构:下册,房屋建筑钢结构设计[M]. 北京:中国建筑工业出版社,2003.

[21] 李昂,于景文,李群. 钢结构设计规范(GB 50017—2003)实施手册[M]. 合肥:安徽文化音像出版社,2003.

[22] 陈远春. 建筑钢结构工程设计施工实例与图集[M]. 北京:金版电子出版社,2003.

[23] 中国建筑科学研究院. GB/T 50502—2009 施工组织设计规范[S]. 北京:中国建筑工业出版社,2009.